手把手教你开发一款 Android 智能机

Android 嵌入式系统开发实战
——玩转 Linux 内核驱动开发

疯壳团队　陈万里　黄世林　刘　燃　编著

西安电子科技大学出版社

内 容 简 介

Android 是当下最火的智能操作系统。本书以实际开发为例，由浅入深，带领读者快速掌握 Android 驱动开发的所有技能。本书作者具有多年的项目实战开发经验，书中包含了 Android 驱动开发所需的各方面的技术知识，从开发工具获取、开发环境搭建、电路图的简单分析，到真机下载与调试，都有详细讲解。

本书分为 3 章，分别从开发前的准备、开发基础知识和开发实战三个方面介绍 Android 驱动的开发工作。本书注重理论和实践相结合，从电路图的分析入手，用实际的实验环境和例子为 Android 驱动的开发提供完整的案例。

对于想要从事 Android 驱动程序研发工作的在校大学生、程序开发爱好者或转行从业者，这是一本很好的入门教材；而对于已经入行，正在从事 Android 驱动程序开发的程序员来说，本书也能给予一定的参考和指导。本书语言通俗易懂，即使是从没接触过 Android 驱动开发的读者也能顺利上手，并能根据书中的实例进行实践。

随书的源码、视频、套件都可以通过 https://www.fengke.club/GeekMart/su_f90xheDAs.jsp 社区论坛获取。

图书在版编目(CIP)数据

Android 嵌入式系统开发实战：玩转 Linux 内核驱动开发 / 疯壳团队等编著. —西安：
西安电子科技大学出版社，2018.11
ISBN 978-7-5606-5137-8

Ⅰ. ①A… Ⅱ. ①疯… Ⅲ. ①移动终端—应用程序—程序设计 ②Linux 操作系统—程序设计
Ⅳ. ①TN929.53 ②TP316.85

中国版本图书馆 CIP 数据核字(2018)第 249523 号

策划编辑 高 樱
责任编辑 祝婷婷 阎 彬
出版发行 西安电子科技大学出版社(西安市太白南路 2 号)
电 话 (029)88242885 88201467 邮 编 710071
网 址 www.xduph.com 电子邮箱 xdupfxb001@163.com
经 销 新华书店
印刷单位 陕西天意印务有限责任公司
版 次 2018 年 11 月第 1 版 2018 年 11 月第 1 次印刷
开 本 787 毫米×1092 毫米 1/16 印张 23.875
字 数 572 千字
印 数 1～3000 册
定 价 53.00 元
ISBN 978-7-5606-5137-8 / TN
XDUP 5439001-1

前　言 PREFACE

Android 是一种基于 Linux 的自由及开放源代码的操作系统，主要用于移动设备，如智能手机和平板电脑，由 Google 公司和开放手机联盟主导其开发，目前它统一的中文名称是“安卓”。Android 操作系统最初由 Andy Rubin 开发，主要支持手机，2005 年 8 月由 Google 公司收购注资。2007 年 11 月，Google 公司与 84 家硬件制造商、软件开发商及电信营运商组建开放手机联盟，共同研发改良 Android 系统。随后 Google 公司以 Apache 开源许可证的授权方式，发布了 Android 的源代码。第一部 Android 智能手机发布于 2008 年 10 月，此后，Android 的应用逐渐扩展到平板电脑及其他领域，如电视、数码相机、游戏机等。2011 年第一季度，Android 在全球的市场份额首次超过塞班(Symbian)系统，跃居全球第一。2013 年第四季度，Android 平台手机的全球市场份额已经达到 78.1%。2013 年 9 月 24 日，谷歌开发的操作系统 Android 迎来了 5 岁生日，全世界采用这款系统的设备数量已经达到 10 亿台。

Android 系统应用越来越广泛，市面上介绍 Android 开发的相关书籍也不少，但多是介绍 Android 应用程序开发的，而这对于想要从事 Android 驱动开发的人员来说，连入门都有点困难，这是因为首先很难找到一个开放的 ARM 硬件平台，并且平台上还要引出相应的硬件引脚或已经连接了相应的硬件模块供开发调试。正是基于此种现状，编者决定撰写本书。本书根据编者多年的 Android 驱动研发经验，以平板电脑研发为例，讲解实际产品开发流程，总结实际项目开发中的常见问题及常用知识点，帮助读者快速入门并学会 Android 驱动开发技能。

我们的开发板采用 RK3128 芯片方案，并引出了多组接口供用户开发和测试，希望用户的创意和灵感可以赋予芯片更完美的表现。RK3128 采用 Cortex-A7 架构四核 1.3 GHz 处理器，集成 Mali-400MP2 GPU，拥有优秀的运算与图形处理能力；板载千兆以太网口、2.4 GHz Wi-Fi 和蓝牙 4.0，展现出不俗的网络扩展和传输性能；同时可支持 Android 4.4 系统，并拥有丰富的硬件资源与扩展接口，所以它是一台扩展性特别强的卡片电脑。

本书的内容几乎涵盖了 Android 驱动开发中的所有知识点，虽然有些知识点讲得并不是很深入，但却告诉了读者如何获取相关资料。书中的章节内容都是根据实际项目开发步骤，按照从易到难的顺序安排的，建议读者按顺序学习。本书前面两章是 Android 平台相关的基础知识，读者首先需掌握开发环境的配置，然后掌握系统的编译方法。只有配置好了开发环境，并能使用相应的指令编译代码且上机通过，才能进行后面章节的学习。在学习完所有的知识点后，编者以一个个的项目实战来提高读者的学习兴趣，让读者学会如何运用前面所学的知识。最后本书配套了一个商用的平板或机顶盒产品，作为读者实战开发的调试设备。

本书的特点如下：

(1) 实用性强。本书以真实的商用产品方案 RK3128 为例，全面讲解 Android 驱动开发流程和技能。虽然是以 RK3128 为例讲解的，但是相应的知识可以运用到任何使用 Android 的设备中。

(2) 专业权威。本书作者是 Android 驱动的一线开发者，拥有多年的 Android 项目开发经验，负责多款 Android 产品的开发及量产维护工作，书中内容全部来自真实项目的开发总结。

(3) 内容全面。本书基本涵盖了 Android 驱动开发的所有知识点。

(4) 实验可靠。书中所有源码都经过真实环境验证，有极高的含金量。

(5) 售后答疑。所有读者都可在 https://www.fengke.club/GeekMart/su_f90xheDAs.jsp 网站社区论坛提问，作者会不定期答疑。

本书的适用范围如下：

(1) 想从事 Android 驱动研发工作的在校大学生、程序开发爱好者或转行从业者。

(2) 已经入行，正在从事 Android 驱动开发的工程师。

(3) Android 驱动开发培训机构和单位。

(4) 高校教师或学生，本书可作为高校 Android 开发实验课程的教材。

本书由刘燃负责策划审校，第 1 章和第 3 章由刘燃、陈万里共同编写，第 2 章由陈万里、黄世林共同编写。特别感谢深圳疯壳团队的各位小伙伴们，他们为本书的编写提供了可靠的技术支撑与精神鼓励。此外，还要感谢西安电子科技大学出版社的工作人员，正是他们的支持才有本书的出版。

关于本书的源码，读者可以通过 https://www.fengke.club/GeekMart/su_f90xheDAs.jsp 社区论坛免费下载。由于时间仓促，尽管作者认真校验过本书的所有内容，但难免还有一些纰漏，读者可通过社区论坛与作者互动。

编　者
2018 年 6 月

目　录 CONTENTS

第 1 章　开发前的准备

Android 是一个支持多种移动设备的开源软件堆栈以及对应的由 Google 公司领导的开源项目。Android 的开放源代码项目(AOSP)代码库可从 https://source.android.com 网站上获得，供读者创建定制的 Android 堆栈版本，将设备和相应的配件移植到 Android 平台，同时确保读者的设备符合兼容性要求。

此外，Android 平台不存在任何行业参与者一手限制或控制其他参与者创新的情况，Android 是一个开放的平台。所以，我们才可以针对消费类商品打造一个完整的高品质操作系统，并支持对源代码进行定制和移植，而且不需要向 Google 公司交一分钱。Android 系统是一个基于 Apache License 软件许可的开源手机操作系统，底层以 Linux 操作系统为内核，可以直接从 Android 的官方网站上下载最新的 Android 源码和相关开发工具包。

由于 Android 原生的代码不可能支持所有设备，因此想要在自己的设备(包括手机、智能电视、平板电脑、车载系统等)上运行某一个分支的 Android，就需要定制开发一些应用或者驱动程序，使得 Android 可以识别相应设备中的硬件设备(包括屏幕、蓝牙、Wi-Fi、音频、传感器等)，这个为特定设备定制 Android 的过程可以叫做“移植”。在移植过程中做得最多的开发工作就是支持各种硬件设备。因为 Android 系统是基于 Linux 内核的，疯壳开发板的 Linux 内核是 3.10.49(版本号可以在内核的 Makefile 中看到)，所以支持各种硬件的工作就变成编写 Linux 驱动程序了，因此讲移植就必须要讲 Linux 驱动开发。

如果开发者想要有自己的启动界面，也可以叫 Launcher(如 MIUI、EMUI、Mifavor)，或者定制的应用程序，则必须进行 Android 应用程序开发。这里推荐 Google 公司指定的应用开发工具 Android Studio。有时候为了开发方便，开发者也可以直接在 Android 源代码中直接开发应用程序，这样可以省去另外搭建环境的麻烦，而且可以随着 Android 源代码一起编译发布。

1.1　Android 系统移植准备及简介

1.1.1　Android 系统架构

Android 开发可以自由实现设备规格和驱动程序。硬件抽象层 (HAL) 提供了一种用于在 Android 平台堆叠和硬件之间创建软件的标准方法。Android 操作系统也是开放源代码系统，因此它可以贡献自己的接口。

为确保设备能够保持较高的质量水平并提供一致的用户体验，每部设备都必须通过兼

容性测试套件(CTS)中的测试。CTS 可验证设备是否符合一定的质量标准，此类标准可确保应用稳定运行并提供良好的用户体验。

在将 Android 移植到硬件之前，我们首先需要花点时间从更高层面上了解 Android 系统架构。由于驱动程序和 HAL 会与 Android 进行交互，因此了解 Android 的工作原理可帮助我们浏览 Android 开放源代码项目(AOSP)源代码树中的多个代码层。

1. 应用框架

应用框架最常被应用开发者使用。作为硬件开发者，应该非常了解开发者 API(应用程序编程接口)，因为很多此类 API 都可直接映射到底层 HAL 接口，并可提供与实现驱动程序相关的实用信息。

2. Binder IPC

Binder 进程间通信(IPC)机制允许应用框架跨越进程边界并调用 Android 系统服务代码，从而使得高级框架 API 能与 Android 系统服务进行交互。在应用框架级别，开发者无法看到此类通信的过程，但一切似乎都在“按部就班地运行”。

3. 系统服务

应用框架 API 所提供的功能可与系统服务通信，以访问底层硬件。服务是集中的模块化组件，例如窗口管理器、搜索服务或通知管理器。Android 包含两组服务：“系统”(诸如窗口管理器和通知管理器之类的服务)和“媒体”(与播放和录制媒体相关的服务)。

4. 硬件抽象层

硬件抽象层(HAL)会定义一个标准接口以供硬件供应商实现，并允许 Android 忽略较低级别的驱动程序实现。借助 HAL 可以顺利实现相关功能，而不会影响或无需更改更高级别的系统。HAL 实现会被封装成模块(.so)文件，并会由 Android 系统适时地加载。必须为产品所提供的特定硬件实现相应的 HAL。Android 并不要求 HAL 实现与设备驱动程序之间进行标准交互，因此我们可以自由地根据具体情况执行适当的操作。不过，要使 Android 系统能够与硬件正确互动，必须遵守各个针对特定硬件的 HAL 接口中的定义。

Android 系统架构如图 1-1 所示。

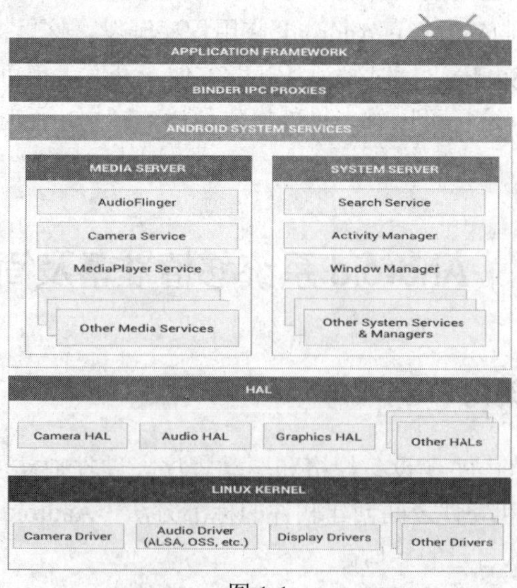

图 1-1

1.1.2 Android 子系统

Android 是一个庞大的开放的嵌入式系统，它不仅可以实现基本的打电话、发信息的功能，还可以实现更复杂的多媒体处理、2D 和 3D 游戏处理、信息感知处理等。图 1-2 所示的硬件抽象层组件列出了一些 Android 所支持和实现的子系统。

图 1-2

Android 的子系统主要包含以下几种：

(1) Android RIL。RIL(Radio Interface Layer)子系统即无线电接口系统，主要用于管理用户的电话、短信、数据通信等相关功能。

(2) Android Input。Input 子系统用来处理所有来自用户的输入数据，如触摸屏、声音控制物理按键和各种 sensor 设备。

(3) Android GUI。GUI 即图形用户接口，它用来负责显示系统图形化界面，主要是让用户和系统进行交互。Android 的 GUI 系统和其他各子系统密切相关，是 Android 中最重要的子系统之一。例如：通过 OpenGL 库处理 3D 游戏，通过 SurfaceFlinger 来重叠几个图形界面。

(4) Android Audio。Audio 为 Android 的音频处理子系统，主要用于音频方面的数据流传输和控制功能，也负责音频设备的管理。Android 的 Audio 系统和多媒体处理紧密相连，如视频的音频处理和播放、电话通信及录音等。

(5) Android Media。Media 为 Android 的多媒体子系统，它是 Android 系统中最庞大的子系统，与硬件编解码、OpenCore 多媒体框架、Android 多媒体框架等相关，如视频播放器、Camera 摄像预览等。

(6) Android Connectivity。Connectivity 为 Android 的连接子系统，它是 Android 设备的重要组成部分，包括一般的网络连接，如以太网、Wi-Fi、蓝牙连接、GPS 定位、NFC 等。

(7) Android Sensor。Sensor 为 Android 的传感器子系统，它为当前设备提供了更有效的交互性，并且给一些应用程序和应用体验提供了技术支持。传感器子系统和手机的硬件设备紧密相关，如 g-sensor 陀螺仪、proximity 距离感应器、magnetic 磁力传感器等。

1.1.3 Android 应用程序开发过程

Android 应用程序开发是基于 Android 架构提供的 API 和类库编写应用程序的，这些应用程序是完全的 Java 代码程序(也可以用 C/C++开发相应的 library 供 Java 调用)，它们构建在 Android 系统提供的 API 之上。

开发 Android 应用程序可以基于 Google 公司提供的 Android SDK 开发工具包，也可以直接在 Android 源码中进行编写。Android 应用程序开发方式如下：

(1) Android SDK 开发。它提供给程序员一种最快捷的开发方式，基于 IDE 开发环境和 SDK 套件，快速开发出标准的 Android 应用程序。但是，对于一些要修改框架代码或基于自定义 API 的高级开发，这种方式难以胜任。

(2) Android 源码开发。基于 Android 提供的源码进行开发，可以最大限度地体现出开源的强大优势，让用户自定义个性的 Android 系统，开发出与众不同的应用程序。这种方式更适合于系统级开发，对程序员要求比较高，这也是本书的重点。

1.1.4 Android 源码开发过程

1．搭建开发环境

推荐使用单独一台电脑安装 Ubuntu 12.04 系统来下载和编译 Android 源代码。如果使用虚拟机编译，则推荐机器内存最少为 8 G。作者也在网站上为读者准备了一个可以编译整个 Android 系统(包括 Uboot、Kernel 和 Android)的虚拟机开发环境(最少配置 4G 内存)，读者可以下载下来直接使用，唯一缺点就是编译 Android 时有点慢。

2．下载 Android 源码

受益于 Android 的开源特点，Android 源码中包含大量的技术知识，可以在阅读源码过程中更深入地了解 Android 系统的奥秘，为我们编写更高效、更有特点的应用程序打下基础。同时，Android 的源码中提供的应用程序示例、设计模式、软件架构为将来编写大型应用程序提供了经验。本书提供了相应的适合开发板的源码，大家可以在此基础上完成编译和调试。

3．配置开发环境

为了编译 Android 源码，Ubuntu 系统可能需要安装很多工具包。为了代码的阅读，也需要特别配置 Samba 来和 Windows 系统共享代码，以便阅读。

4．编译 Android 源码

通过编译 Android 源码，生成开发环境及目标系统，从而为系统底层开发、系统定制与优化做准备。通过分析编译过程，可以学习到大型工程的代码管理与编译方法。

1.1.5 Android 系统移植

Android 系统的移植主要分为两个部分：系统移植和应用程序移植。应用程序移植是

指将一些通用的应用程序，如串口程序、GPS 程序、浏览器等，移植到某一特定的硬件平台上。由于不同硬件平台有些许差异，故 Android SDK API 可能也有所不同(部分硬件厂商会更改部分 Android SDK API 来适应自身的硬件，当然也许这样兼容性会变差)，或者将应用程序从低版本移植到高版本的 Android 上。为了保证应用程序可以在新的硬件平台上正常运行，需要对源码进行一些修改，但是如果没有或无法获取源码，则只能重新在新的平台上实现了。一般的 Android 应用程序移植并不涉及驱动和 HAL 程序库的移植，因为 Android 应用程序的移植并不在本书的讨论范围内，所以本书后面所说的 Android 移植通常都是指 Android 操作系统的移植(包括 Linux 驱动、HAL 程序库的移植)。

Android 系统的移植是指让 Android 操作系统在某一特定的硬件平台上运行。一个操作系统在特定硬件平台上运行首先必须要支持硬件平台的 CPU 架构。Linux 内核本身已经支持很多常用的 CPU 架构(x86、ARM、PowerPC 等)，基于此，将 Android 在不同的 CPU 架构之间移植并不用过多地改动，或许只是调整一下相应的编译选项即可。如果要让 Android 在不同的平台上正常运行，则只是支持 CPU 架构还不够，必须要让 Android 可以识别平台支持的各种硬件外设(如声卡、显示设备、触摸设备、网络设备等)，这些工作都是由 Linux 内核完成的，这里面的主要工作就是写 Linux 驱动程序。因此，系统移植的最主要工作最终变成移植 Linux 驱动程序。例如，为硬件平台增加一个新型的 GPS 模块，就需要为这个 GPS 模块编写新的驱动程序，或修改原来的驱动程序，目的就是要使 Linux 内核可以与 GPS 模块正常通信。

Android 系统增加了一个属于它自己特有的硬件抽象层(HAL，Hardware Abstraction Layer)，为了方便，本书后面都用 HAL 表示硬件抽象层。HAL 不应该算是完全的驱动程序，只是一个普通的 Linux 程序库(.so 文件)，它为 Android SDK 提供访问 Linux 驱动的媒介。也就是说，Android 系统并不像其他的 Linux 系统一样由应用程序可以直接访问驱动，而是中间通过 HAL 隔离。Google 这样设计的原因是：由于 Linux 内核是基于 GPL 开源协议的，而很多驱动厂商不愿意开放源代码，所以增加 HAL 将 Linux 驱动的业务逻辑放在 HAL 层，这样处理 Linux 驱动开源协议就会只开源非核心源代码并放在 Linux 驱动中，从而绕开 GPL 协议。

Android 移植在很大程度上是 Linux 内核的移植，Linux 内核移植主要就是移植驱动程序。不同 Linux 内核版本的驱动程序不能通用，需要重新修改源代码，并在新的 Linux 内核下重新编译才能运行在新的 Linux 内核版本中。Android 版本和 Linux 版本没有直接的联系，无论哪个 Android 版本，它的 Linux 内核版本都可以是 Linux 2.6 或 Linux 3.0，不同的可能是小版本号。

1.1.6 Linux 内核版本

Linux 内核版本有两种：稳定版和开发版。内核版本号由三组数字组成，其中第一组数字为目前发布的内核主版本；第二组数字若为偶数则表示稳定版本，若为奇数则表示开发中版本；第三组数字为错误修补的次数。

例如“2.6.18-128.ELsmp”中：第一组数字“2”为主版本号；第二组数字“6”为次版本号，表示稳定版本(因为有偶数)；第三组数字“18”为修订版本号，表示修改的次数。头两组数字合在一起可以描述内核系列，如稳定版的 2.6.0 表示它是 2.6 版内核系列。“128”是这个当前版本的第 5 次微调 patch，而 ELsmp 指出了当前内核是为 ELsmp 特别调校的 EL(Enterprise Linux)；“smp”表示支持多处理器，即该内核版本支持多处理器。读者可以到网站 http://www.kernel.org 浏览详细的 Linux 内核版本信息。

1.1.7 Android驱动程序开发过程

由于 Linux 的内核版本更新很快(稳定版本 1 至 3 月更新一次，升级版本 1 至 2 周更新一次)，每一次内核变化就意味着 Linux 驱动改变(至少驱动程序也要在新的 Linux 内核下保证编译通过)，所以 Linux 内核的不断变化对从事 Linux 驱动开发的程序员有较大的影响。但是不管学习哪个 Linux 版本的驱动，方法和步骤是基本相同的，所以对于学习驱动的版本影响有限，只要掌握了一个版本的驱动开发，就能够举一反三。

学习 Linux 驱动开发只有 Linux 内核还不够，还必须有一个可以开发 Linux 驱动的操作系统环境，并可以基于这个环境测试驱动程序。因为 Google 在测试 Android 源码时使用的是 Ubuntu Linux，因此，强烈建议使用 Ubuntu Linux12.04 或以上版本来开发、编译、测试 Linux 驱动。本书所有的源码都是基于 Ubuntu Linux12.04 编译和测试的。疯壳网站会提供相应的 Virtual Box 编译虚拟机映像文件(Ubuntu Linux12.04，内存为 4 GB，登录名/密码为 fengke/fengke)，并且已经配置好了 Android 和 Linux 驱动编译环境。读者可以很方便地基于这个虚拟机开发环境来编译和运行本书所讲到的所有例子。

为了测试 Linux 驱动在 Android 中的运行效果，最好准备一块开发板。当开发完驱动程序后，需要在支持 Android 的开发板上测试驱动程序以便正常运行。本书建议采用疯壳的 Android 开发板，这样可以完整无误地支持本书所有的例子程序。

嵌入式设备的硬件由 CPU、存储器和各种外设组成。随着技术的飞速发展，芯片的集成度也越来越高，往往 CPU 内部就集成了存储器和外设适配器，这样的芯片也称为 SOC。ARM、PowerPC、MIPS 等处理器都集成了 UART、USB 控制器、SDRAM 控制器等，有的处理器还集成了片内 RAM 和 FLash。

驱动所指的对象是存储器和外设，不是针对 CPU 核的。Linux 将存储器和外设分为三大类。

(1) 字符设备：以字节为最小访问单位的设备，一般通过字符设备文件来访问字符设备驱动程序。字符驱动程序负责驱动字符设备，这样的驱动通常支持 open、close、read、write 系统调用，应用程序可以通过设备文件(比如/dev/ttySAC0 等)来访问字符设备(串口)。

(2) 块设备：以块(一般 512 字节)为最小传输单位的设备，常见的块设备包括硬盘、Flash、sd 卡。大多数 Unix 系统中，块设备不能按字节处理数据；而在 Linux 系统中则允许块设备传送任意数目的字节。

块设备的特别之处有：

① 操作硬件接口的实现方式不一样。块设备驱动程序是先将用户发来的数据组织成块，再写入设备的；或从设备中读出若干块数据，再从中挑出用户需要的数据的。

② 数据块上的数据可以有一定的格式。通常在块设备中按一定的格式存放数据，不同的文件系统类型就是定义这些格式的。内核中，文件系统的层次位于块设备驱动程序上

面的，这意味着块设备驱动程序除了向用户层提供与字符设备一样的接口外，还要向内核其他部件提供一些接口，这些接口用户看不到，但是可以使用这些接口在块设备上存放文件系统，挂载块设备。

块设备与字符设备的区别仅仅在于驱动向内核提供的接口不一样，而向用户层提供的接口是一样的。

(3) 网络接口：可以是一个硬件设备，如网卡；也可以是纯软件的设备，比如回环接口(lo)。一个网络接口负责发送和接收数据报文。网络驱动程序不同于字符设备和块设备。内核提供了一套和数据包传输相关的函数，而不是普通的系统调用(open/write)。

Linux 驱动开发的难点是什么，有什么好的方法来克服？

Linux 内核对各种设备的驱动开发提供了完善的框架支持，对应某个驱动，把对外的接口弄清楚即可。打个比方，一个设备可能在不同的 OS 上需要支持，比如 reeBSD/Windows 等，每个 OS 都有自己定义的接口，设备的驱动定义好与这些 OS 接口的连接，剩下的就是设备本身的特性管理以及驱动接口中对设备管理函数的调用，比如寄存器访问、配置管理、缓冲区管理、数据收发等，比较重要的是中断和同步的控制，要避免数据处理时的死锁。

比如网卡驱动，基本的要求是提供内核需要的接口，这样网卡驱动才能挂接到系统中，剩下的就是接口需要调用网卡驱动的内部函数，来对网卡进行控制、数据收发和管理等。

Linux 支持的设备种类繁多，不可能所有的都能掌握，即使是某一子系统也只能熟悉，因为同类设备还有许多自由的特性。写驱动的步骤可以概括如下：

(1) 阅读设备规范，对设备的运行机理有所了解。为了减少干扰，不考虑要支持的 OS，独立于 OS 考虑基本的功能如何实现。

(2) 参考同类设备在 Linux 内核中的驱动架构。

(3) 提供基本的 Linux 设备驱动接口和实现设备的基本功能，比如网卡收发小数据量。

(4) 在性能上逐步提示，比如网卡传输的数据量加大、中断及时处理、避免死锁等。

(5) 对边界条件进行完善，网卡驱动可保证特殊大小的数据包完整传输。

(6) 对设备进行更高级控制的支持，比如网卡支持 ethtool 等工具。

(7) 反复调试、改进和优化。

1.2 开发环境搭建

1.2.1 从零开始搭建 Ubuntu 开发环境

我们为大家准备了一个安装好的不带有任何编译工具包并基于免费的 VirtualBox 的 Ubuntu12.04 原始虚拟机，名字叫 ubuntu-fengke-raw.vdi，初学者可以在此基础上完成编译环境的搭建工作。下面开始讲解如何设置虚拟机，复制 ubuntu-fengke-raw.vdi 到当前目录并改名为 ubuntu-fengke-rk3128.vdi(为什么复制一个新的 vdi 文件？这样做的目的是在接下来对虚拟机的操作中如果出现了错误可以推翻重来)。

1．虚拟机创建

虚拟机创建的步骤如下：

(1) 在图1-3中点击“New”按钮新建一个Virtual Machine，然后点击“Next”按钮。

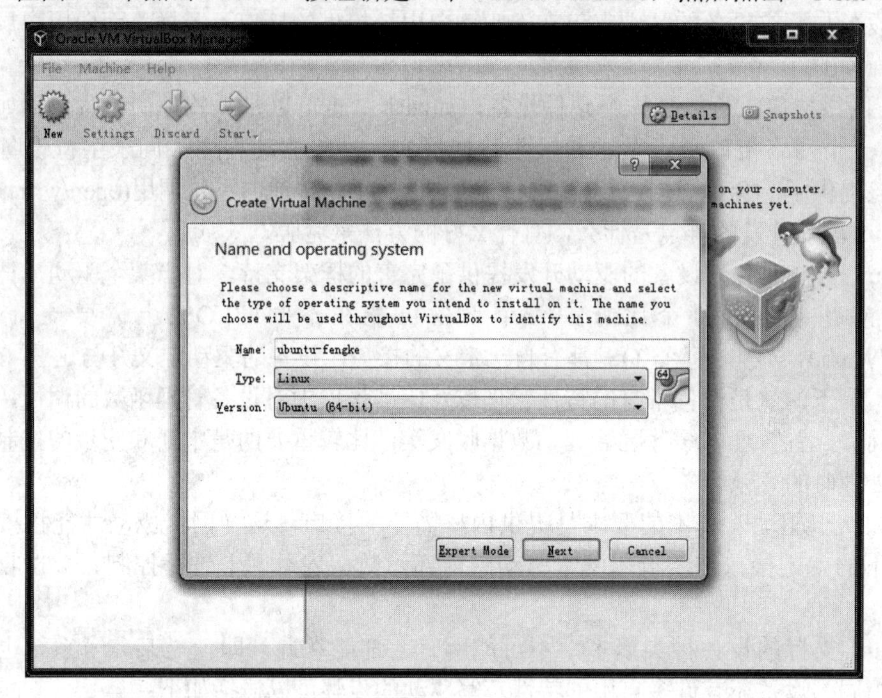

图1-3

(2) 在图1-4所示的界面中设置内存大小为4096 MB(4 GB)，然后点击“Next”按钮。

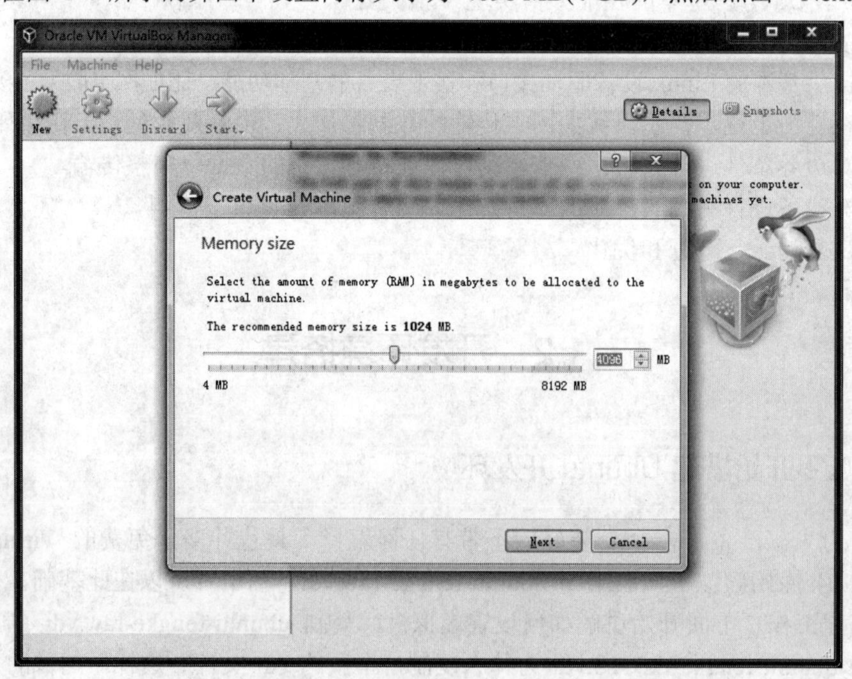

图1-4

(3) 如图 1-5 所示，选择名字是 ubuntu-fengke-rk3128.vdi 已经存在的虚拟硬盘，并点击“Create”按钮。

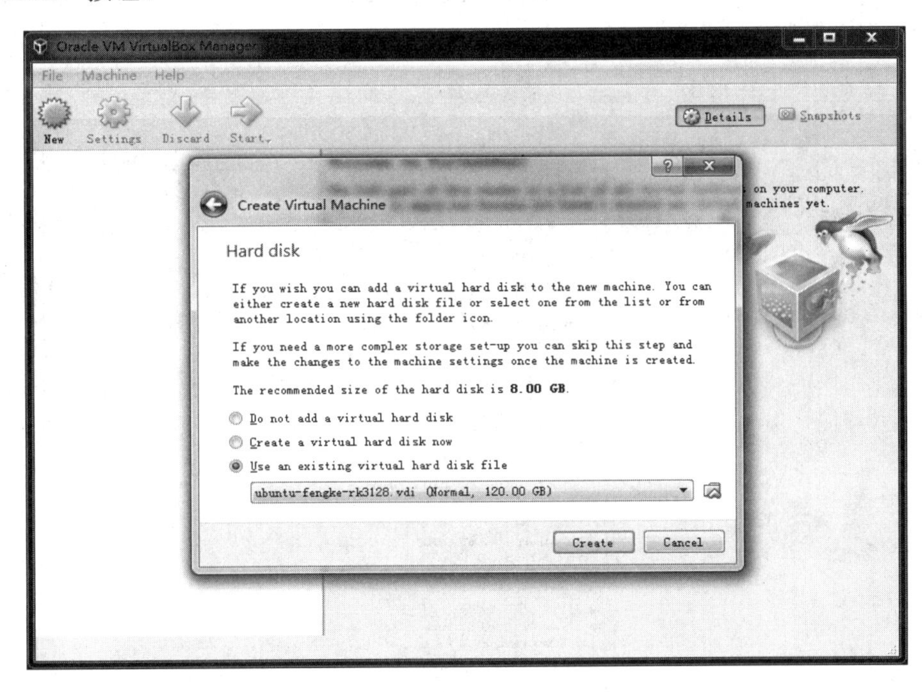

图 1-5

(4) 最终生成一个如图 1-6 所示的新的虚拟机 ubuntu-fengke。

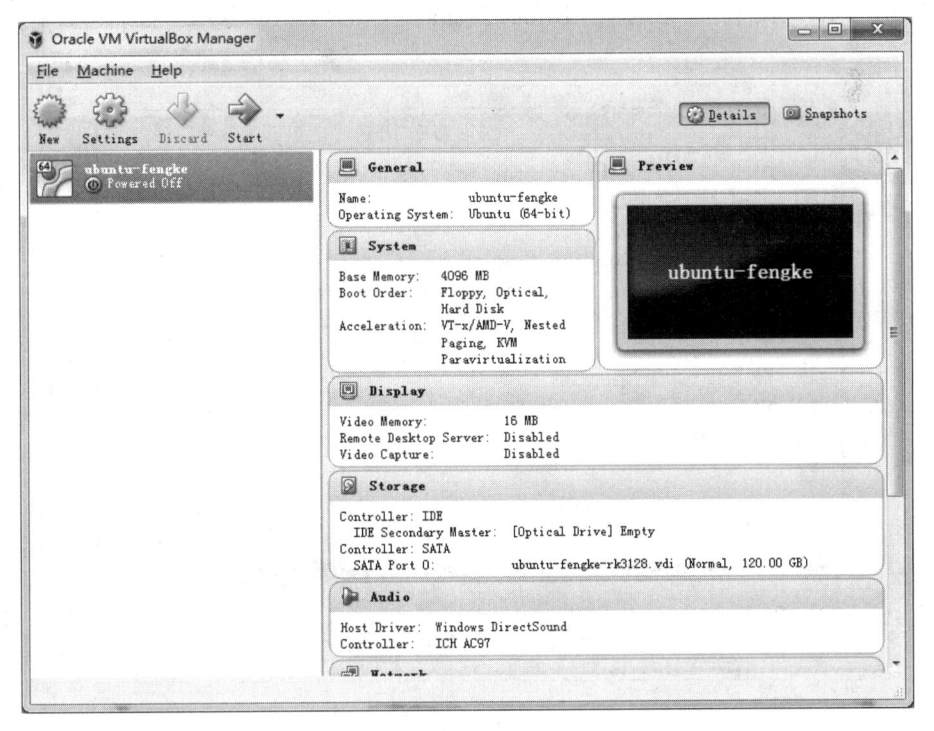

图 1-6

2．网络设置

为了能够和主机共享网络，这里将网络设置成 bridge 模式。具体步骤为在图 1-7 所示的界面中点击“Network”。

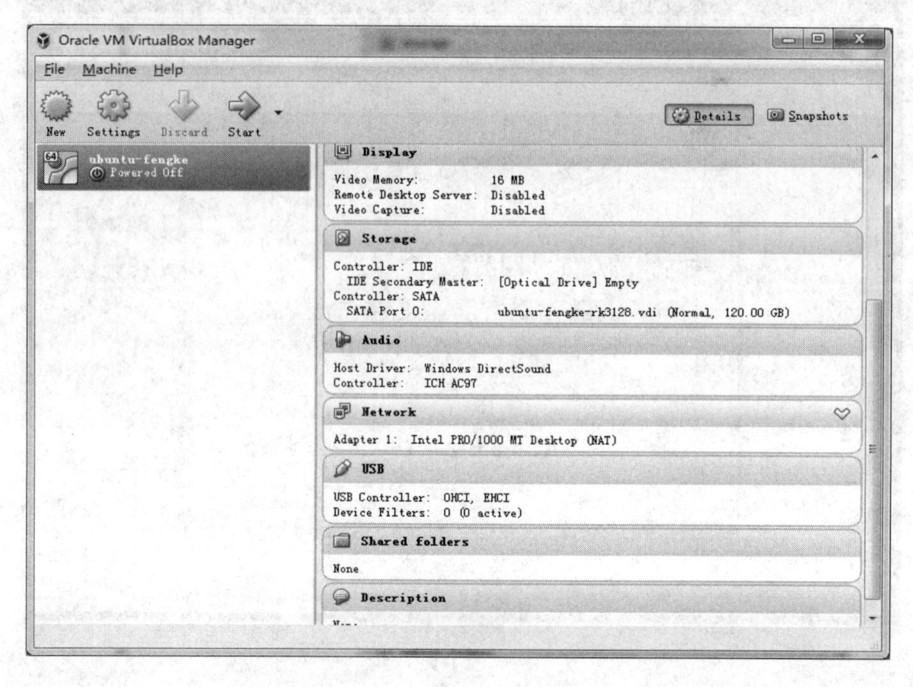

图 1-7

在如图 1-8 所示的界面中选择“Bridge Adapter”，然后点击“OK”按钮即设置完成。

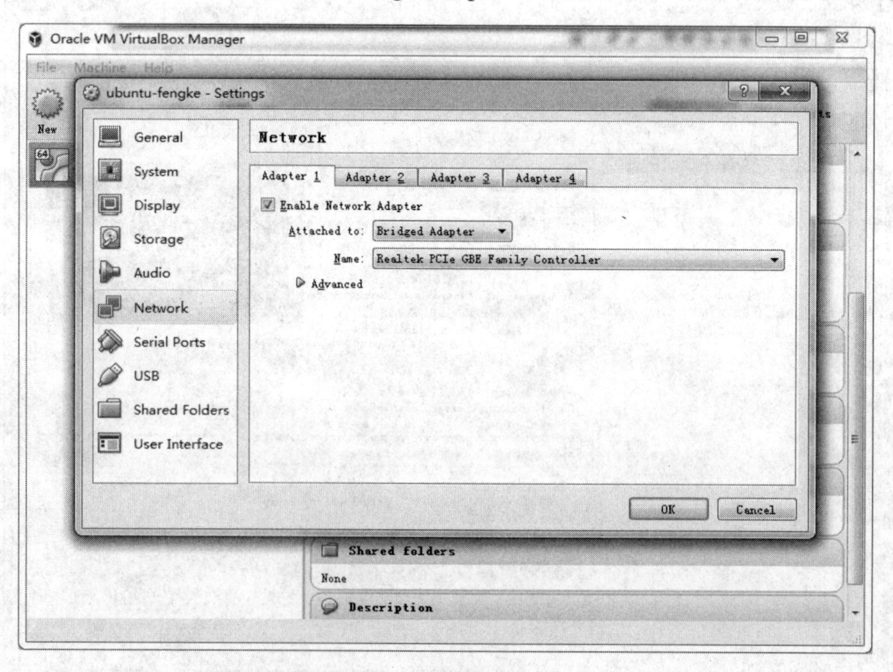

图 1-8

3．启动虚拟机

在如图 1-9 所示界面中的“Password”处输入密码：fengke。

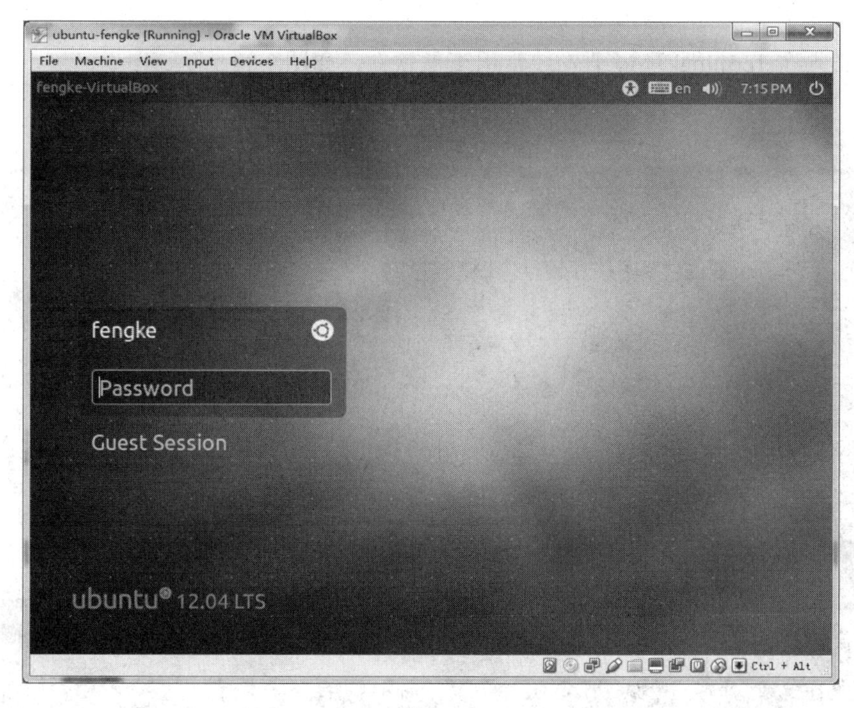

图 1-9

输入密码后虚拟机正常启动，启动后的界面如图 1-10 所示。

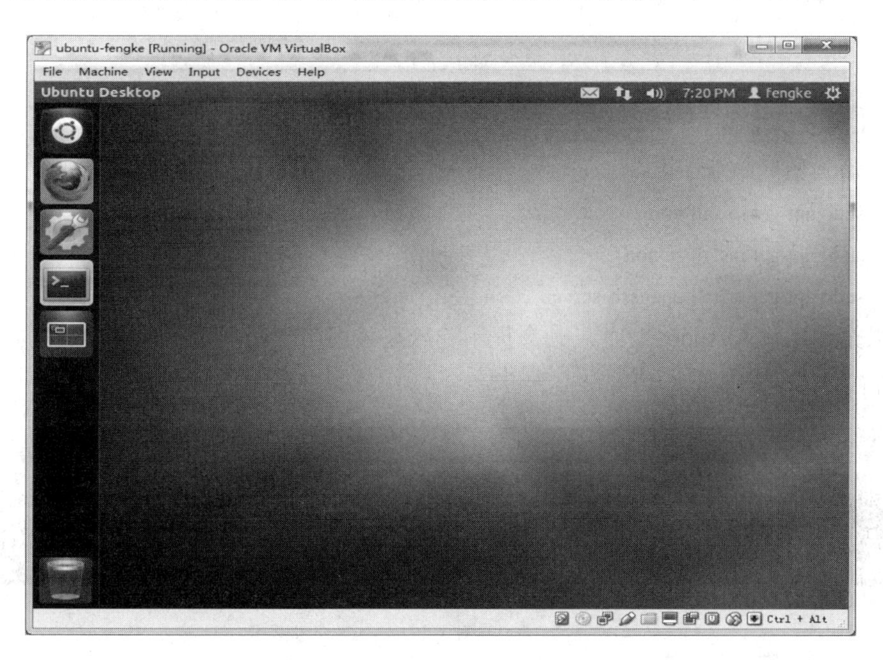

图 1-10

注意：此虚拟机已经安装了 Guest Additions。

1.2.2 安装开发环境

首先必须在 Terminal 环境下安装常用工具软件，如图 1-11 所示。

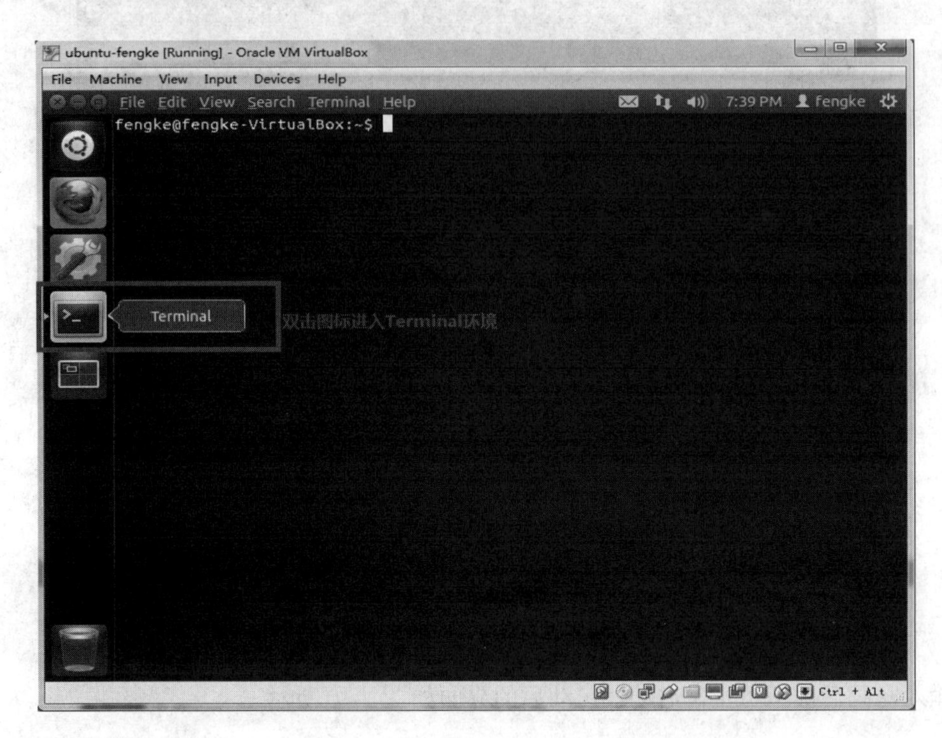

图 1-11

1．工具安装准备

依次输入如下命令：

```
sudo apt-get install vim
sudo apt-get install samba
sudo apt-get install openssh-server
```

如果第一次输入 sudo 命令，则会提示输入超级用户密码(密码是 fengke)，如图 1-12 所示。

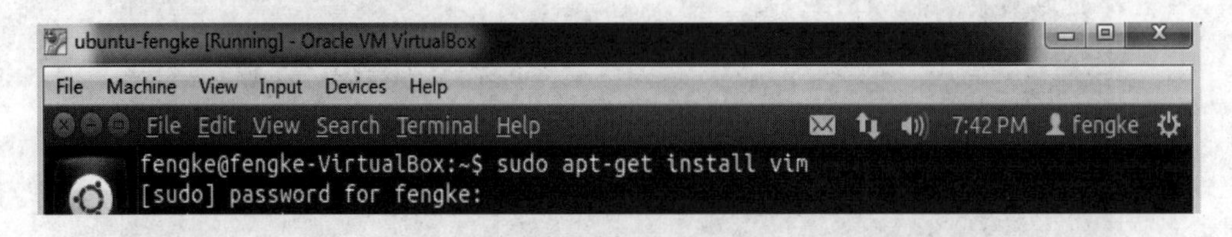

图 1-12

2．samba 配置

编辑 samba 配置文件/etc/samba/smb.conf，如图 1-13 所示。

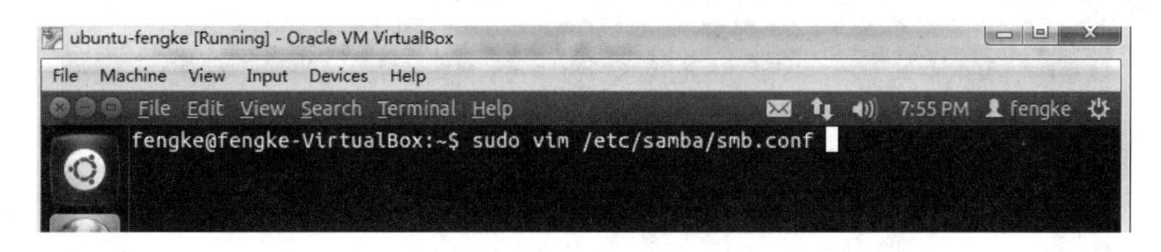

图 1-13

在文件 smb.conf 的末尾增加如下语句：

```
[fengke]
    commet = share directory
    path = /home/fengke
    writeable = yes
```

创建 samba 用户并重启 smaba 服务，代码如下：

```
sudo smbpasswd -a fengke ---  此命令要求输入密码(这里输入的密码是:fengke)
sudo service smbd restart
```

访问 samba 目录的步骤如下：

(1) 用 ifconfig 命令查询 ip 地址，如图 1-14 所示。

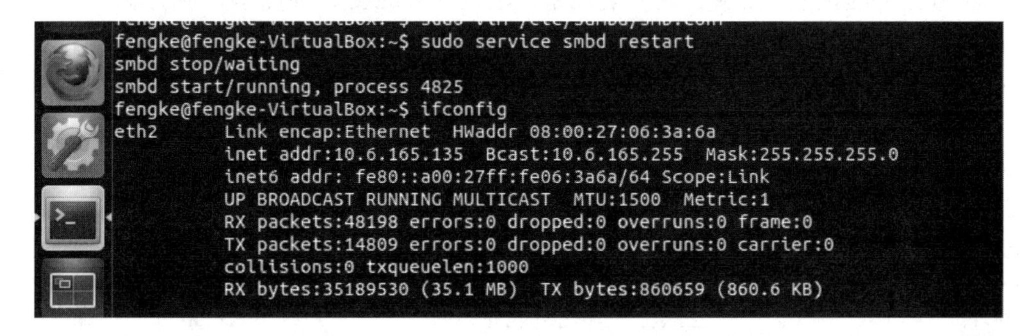

图 1-14

(2) 在 Windows 中输入 ip 地址，如图 1-15 所示，准备访问 samba 服务。

图 1-15

(3) 出现如图 1-16 所示的画面，发现 samba 共享目录 fengke。

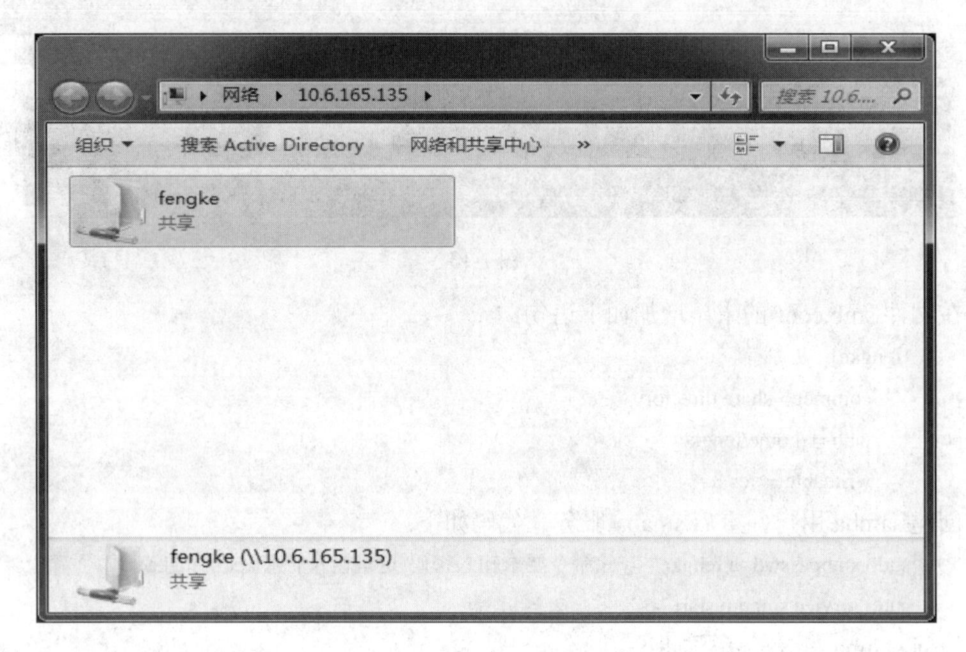

图 1-16

(4) 双击 fengke 目录，输入用户名和密码(fengke/fengke)，如图 1-17 所示。

图 1-17

3．如何用 Windows 工具访问虚拟机

(1) SSH 访问方式。好用的收费工具有 secureCRT；推荐的免费工具有 Xshell、Putty 和本书讲解使用的 MobaXterm。图 1-18 所示的是使用 MobaXterm 的 SSH 访问方式登录的显示界面。

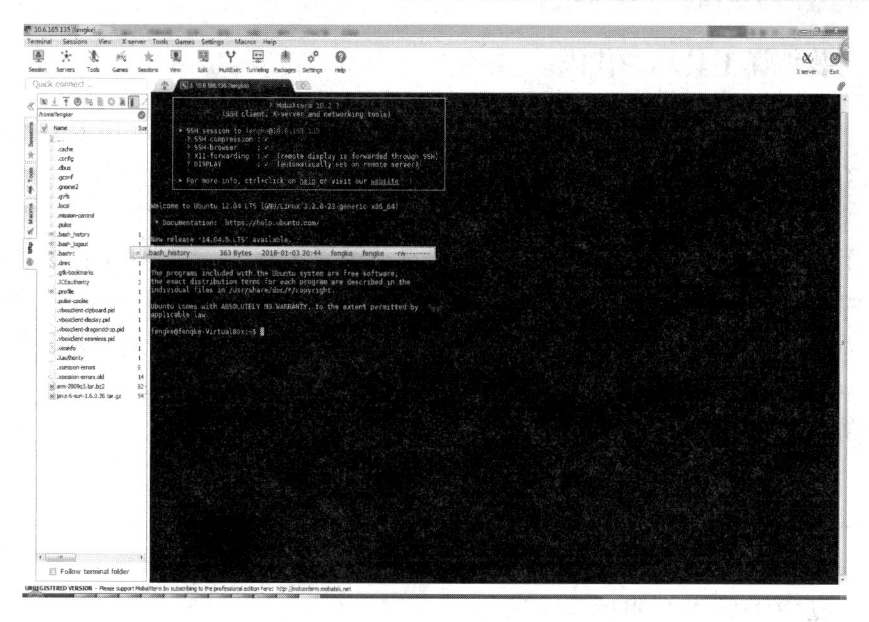

图 1-18

(2) samba 映射访问方式。右键点击 fengke 目录(见图 1-19)，并点击“映射网络驱动器”，程序会提示映射成哪一个盘符(本机映射成 W 盘，见图 1-20)，然后打开“计算机”就可以看到刚才映射的 W 盘。

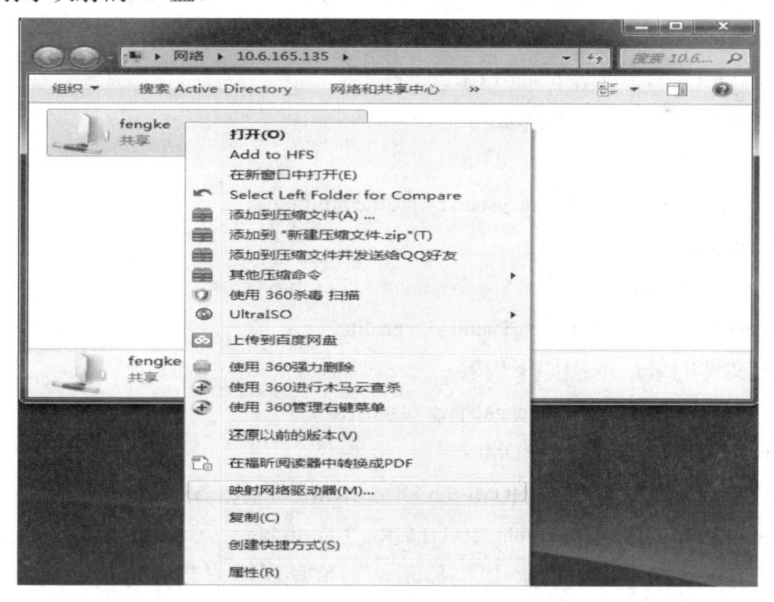

图 1-19

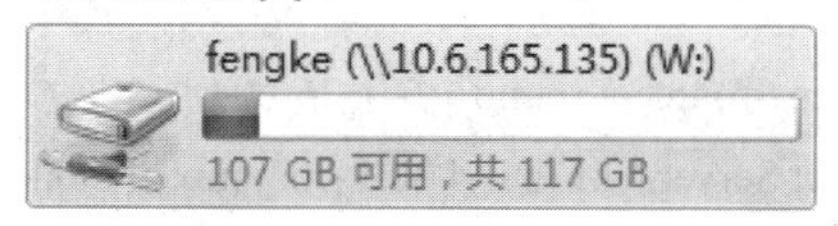

图 1-20

1.2.3 安装编译工具和源代码

首先本书所有代码编译环境都是基于 ubuntu-12.04-desktop-amd64 版本的，机器内存至少为 8 G，如果配置虚拟机则要保证内存不小于 4 G。疯壳网站已经为大家准备好了 Android 源码、编译 Android 源码的 JDK、编译工具链和制作好的虚拟机，可以先自行下载，再进行相应的环境配置练习，或在一个准备好编译环境并已经完全编译过的虚拟机上直接编译源码。建议在进行开发或学习之前，先花时间进行环境配置和一次完整的编译，这样可以加速大家对 Android 系统的理解。整个 Android 系统编译好后，虚拟机大概会有 50 G，所以这里需要预留 100 G 的硬盘空间来进行相应的开发、学习、测试。Android 在虚拟机下编译也是一个很耗时的工作，即使编译时没有提示任何错误，也希望大家耐心等待编译结束。

1. Java 环境配置

(1) 将 java-6-sun-1.6.0.26.tar.gz 拷贝到之前的 samba 目录，即/home/fengke，具体如下：

```
fengke@fengke-VirtualBox:~$ pwd
/home/fengke
fengke@fengke-VirtualBox:~$ ls
java-6-sun-1.6.0.26.tar.gz
```

(2) 用命令 tar zxvf java-6-sun-1.6.0.26.tar.gz 解压到当前目录，具体如下：

```
fengke@fengke-VirtualBox:~$ ls
java-6-sun-1.6.0.26    java-6-sun-1.6.0.26.tar.gz
```

(3) 配置 Java 环境变量，具体如下：

```
fengke@fengke-VirtualBox:~$ cd /etc/
fengke@fengke-VirtualBox:/etc$ sudo cp profile profile-bak
[sudo] password for fengke:
fengke@fengke-VirtualBox:/etc$ sudo chmod 777 profile
fengke@fengke-VirtualBox:/etc$ sudo vim profile
```

在 profile 文件的最后增加如下内容：

```
export JAVA_HOME=/home/fengke/java-6-sun-1.6.0.26
export JRE_HOME=$JAVA_HOME/jre
export CLASSPATH=$JAVA_HOME/lib:$JRE_HOME/lib:$CLASSPATH
export PATH=$JAVA_HOME/bin:$PATH:$JRE_HOME/bin
```

然后查看 JDK 是否安装成功，如果显示下列信息说明安装成功。

```
fengke@fengke-VirtualBox:/etc$ source profile
fengke@fengke-VirtualBox:/etc$ java -version
java version "1.6.0_26"
Java(TM) SE Runtime Environment (build 1.6.0_26-b03)
Java HotSpot(TM) 64-Bit Server VM (build 20.1-b02, mixed mode)
fengke@fengke-VirtualBox:/etc$
```

2. 交叉编译工具链安装

(1) 将 arm-2009q3.tar.bz2 拷贝到之前的 samba 目录，即/home/fengke。

(2) 在/usr/local/下新建 arm 目录，具体如下：

```
fengke@fengke-VirtualBox:/etc$ cd /usr/local/
fengke@fengke-VirtualBox:/usr/local$ sudo mkdir arm
fengke@fengke-VirtualBox:/usr/local$ ls
arm   bin   etc   games   include   lib   man   sbin   share   src
fengke@fengke-VirtualBox:/usr/local$
```

(3) 将 arm-2009q3.tar.bz2 拷贝到/usr/local/arm 目录下并解压，具体如下：

```
fengke@fengke-VirtualBox:/usr/local$ cd /home/fengke/
fengke@fengke-VirtualBox:~$ sudo tar -jxvf arm-2009q3.tar.bz2 -C /usr/local/arm/
```

(4) 通过命令 ls -l /usr/local/arm/ arm-2009q3 检查安装结果，具体如下：

```
fengke@fengke-VirtualBox:~$ ls -l /usr/local/arm/arm-2009q3/
total 20
drwxr-xr-x 6 root root 4096 Oct 17   2009 arm-none-linux-gnueabi
drwxr-xr-x 2 root root 4096 Oct 17   2009 bin
drwxr-xr-x 3 root root 4096 Oct 17   2009 lib
drwxr-xr-x 4 root root 4096 Oct 17   2009 libexec
drwxr-xr-x 3 root root 4096 Oct 17   2009 share
fengke@fengke-VirtualBox:~$
```

3. 安装 Android 编译环境库文件

按照以下内容安装 Android 编译环境库文件：

```
sudo apt-get install git gnupg flex bison gperf build-essential zip curl linux-libc-dev:i386 libc6-dev libncurses5-dev:i386 x11proto-core-dev libx11-dev:i386 libreadline6-dev:i386 libgl1-mesa-glx:i386 g++-multilib mingw32 tofrodos gcc-multilib ia32-libs python-markdown libxml2-utils xsltproc zlib1g-dev:i386 lzop libssl1.0.0 libssl-dev
```

如果有安装出错，可以通过以下几个方法先尝试解决。

(1) 按照以下方法更新一下系统：

```
sudo apt-get update
sudo apt-get upgrade
```

(2) 单独安装出错的库文件，而不是用上面提到的全部库一起安装的方法。如：

```
sudo apt-get install gnupg --- 举例安装库 gnupg
```

4. 源码的准备

fengke_rk3128.tar.gz0～fengke_rk3128.tar.gz04 是源码；fengke_rk3128_md5 是源码文件对应的 MD5 值；unpackScript.sh 是源码解压脚本。这 7 个文件必须放于同一个目录下(见图 1-21)才能完成解压工作，相应的解压命令是./unpackScript.sh。如果解压有问题，则在 Ubuntu 环境里用命令 md5sum fengke_rk3128.tar.gz0x 来检测下载的压缩文件的 MD5 值和 fengke_rk3128_md5 文件中所列出的 MD5 值是否一样，如果不同则要重新下载相应的压缩文件。

```
fengke@fengke-VirtualBox:~$ cd fengke_source/
fengke@fengke-VirtualBox:~/fengke_source$ ls -la
total 4697000
drwxr-xr-x  2 fengke fengke       4096 Jan  7 13:11 .
drwxr-xr-x 13 fengke fengke       4096 Jan  7 13:08 ..
-rwxr--r--  1 fengke fengke        285 Jan  2 14:59 fengke_rk3128_md5
-rwxr--r--  1 fengke fengke 1073741824 Jan  2 14:50 fengke_rk3128.tar.gz00
-rwxr--r--  1 fengke fengke 1073741824 Jan  2 14:50 fengke_rk3128.tar.gz01
-rwxr--r--  1 fengke fengke 1073741824 Jan  2 14:50 fengke_rk3128.tar.gz02
-rwxr--r--  1 fengke fengke 1073741824 Jan  2 14:51 fengke_rk3128.tar.gz03
-rwxr--r--  1 fengke fengke  514723582 Jan  2 14:51 fengke_rk3128.tar.gz04
-rwxr--r--  1 fengke fengke        651 Jan  2 15:02 readme.txt
-rwxr--r--  1 fengke fengke       1194 Nov 20 11:45 unpackScript.sh
fengke@fengke-VirtualBox:~/fengke_source$ ./unpackScript.sh
Hello everyone, thanks for buying fengke rk3128 platform!!!
wait a while, md5 checking...
```

图 1-21

5. 搭建 Android 应用程序开发环境

Android 应用程序存放路径简单介绍如下：

- /system/priv-app：系统的核心应用，这些应用能使用系统级的权限，包括 Launcher、systemui、settingsprovider 等。
- system/app：系统自带的应用程序，无法删除，只能和 Android 源代码一起编译。
- data/app：用户程序安装的目录，有删除权限，安装的 APP 一般都在此目录下。

1) 利用Android源代码环境编译应用程序

如果开发系统级的应用程序，则源代码的编译最好放在 Android 的源代码开发环境中去编译，利用串口或 ADB 来调试。但是应用程序有很多规则必须遵守，如页面布局、xml 文件配置等，这些是需要掌握的 Android 应用程序开发的必备知识。如果界面的开发没有一个集成开发环境，则不仅开发不直观，而且容易犯错。

所以这里给大家介绍一个技巧，可以利用疯壳网站上为大家提供的一个准备好的 Eclipse 开发环境，先用 Eclipse 创建 Android 工程调试好基本参数(如界面、资源等)，再直接复制整个目录到 Android 的开发环境中，并利用 mm 或 mmm 单独编译即可。

利用 Eclipse 创建工程，如图 1-22 所示。

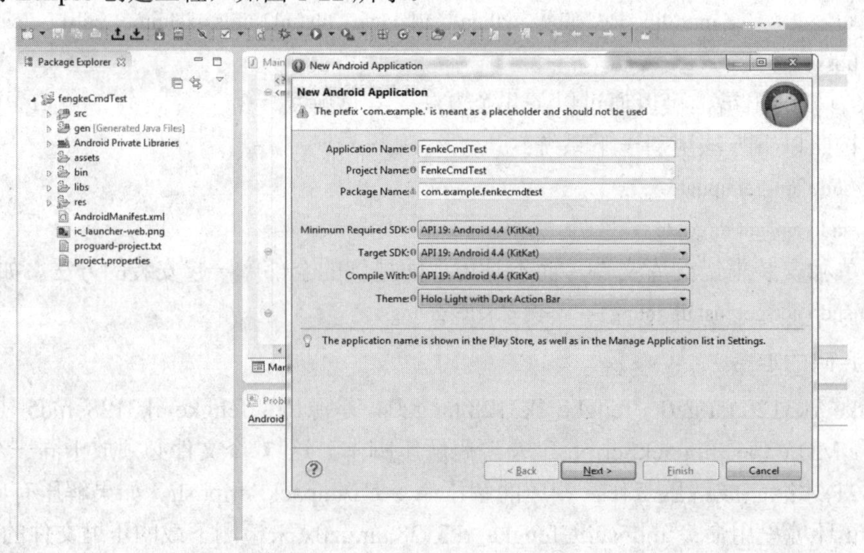

图 1-22

创建好的工程目录和文件如图 1-23 所示。

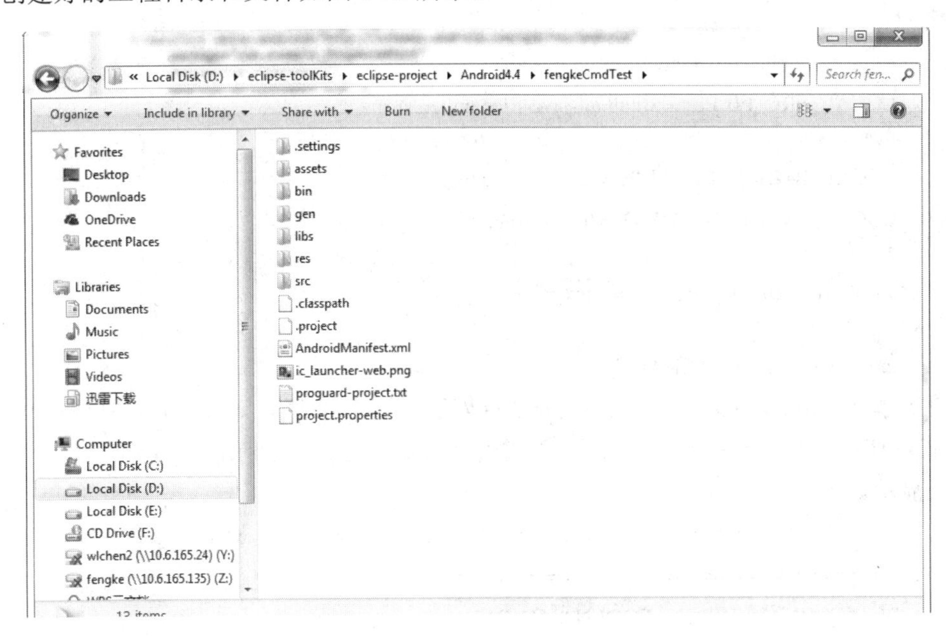

图 1-23

拷贝整个 FengkeCmdTest 到$(dir)/fengke_source/fengke_rk3128/external，然后用 mm 命令单独编译，如图 1-24 所示。

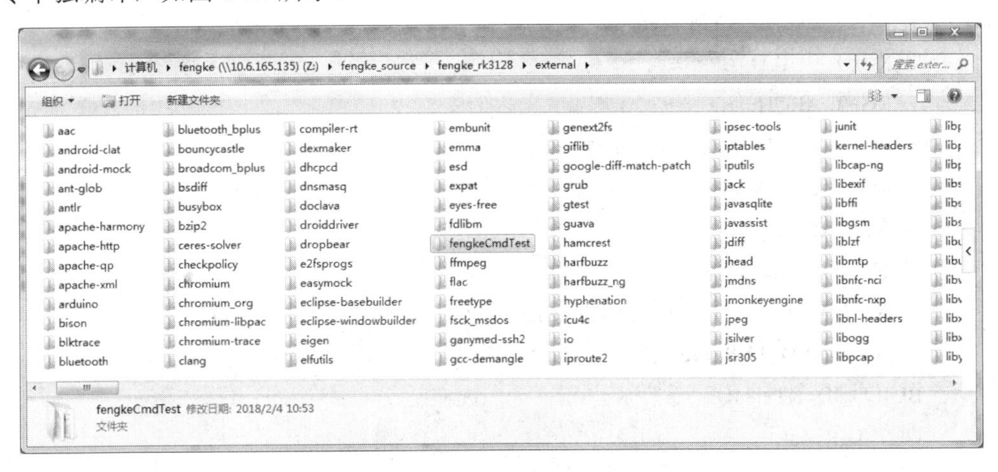

图 1-24

但是这时候编译会出现一个问题，如下：

```
fengke@fengke-VirtualBox:~/fengke_source/fengke_rk3128$ mmm external/fengkeCmdTest/
No Android.mk in external/fengkeCmdTest.
```

会提示没有相应的 Android.mk，这个文件是内核模块编译的关键。接下来我们从其他目录中拷贝一个 Android.mk，并修改如下：

```
LOCAL_PATH:= $(call my-dir)
include $(CLEAR_VARS)
```

```
LOCAL_MODULE_TAGS := optional

# Only compile source java files in this apk.
LOCAL_SRC_FILES := $(call all-java-files-under, src)

LOCAL_PACKAGE_NAME := fengkeCmdTest
LOCAL_PRIVILEGED_MODULE := true

#LOCAL_SDK_VERSION := current

include $(BUILD_PACKAGE)
```

再次执行 mmm external/fengkeCmdTest/后，整个编译顺利进行，最终生成一个fengkeCmdTest.apk。接下来就可以手工推送(push)到开发板中运行和测试这个 APP 了。编译结果显示如下：

```
fengke@fengke-VirtualBox:~/fengke_source/fengke_rk3128$ mmm external/fengkeCmdTest/
============================================
PLATFORM_VERSION_CODENAME=REL
PLATFORM_VERSION=4.4.4
TARGET_PRODUCT=rk312x
TARGET_BUILD_VARIANT=eng
TARGET_BUILD_TYPE=release
TARGET_BUILD_APPS=
TARGET_ARCH=arm
TARGET_ARCH_VARIANT=armv7-a-neon
TARGET_CPU_VARIANT=cortex-a7
HOST_ARCH=x86
HOST_OS=linux
HOST_OS_EXTRA=Linux-3.2.0-23-generic-x86_64-with-Ubuntu-12.04-precise
HOST_BUILD_TYPE=release
BUILD_ID=KTU84Q
OUT_DIR=out
============================================
...
target Dex: fengkeCmdTest
Copying: out/target/common/obj/APPS/fengkeCmdTest_intermediates/classes.dex
target Package: fengkeCmdTest (out/target/product/rk312x/obj/APPS/fengkeCmdTest_intermediates/
package.apk)
...
Install: out/target/product/rk312x/system/priv-app/fengkeCmdTest.apk
make: Leaving directory `/home/fengke/fengke_source/fengke_rk3128'
```

2) 利用Google提供的集成开发环境Android Studio在Win7上开发

(1) 安装和配置 JDK。

① 从 Oracle 官方网站上下载 JDK(本文使用 jdk1.8.0_121)，下载完成后双击安装，安装后记住安装目录 C:\Program Files\Java\jdk1.8.0_121。

② 安装完成后开始配置环境变量，右击“我的电脑”，选择“属性”，在出现的对话框中选择“高级系统设置”，如图 1-25 所示。

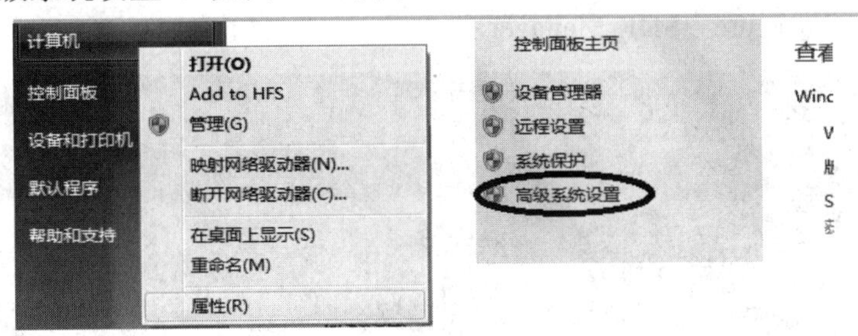

图 1-25

③ 在如图 1-26 所示的对话框中选择“环境变量”。

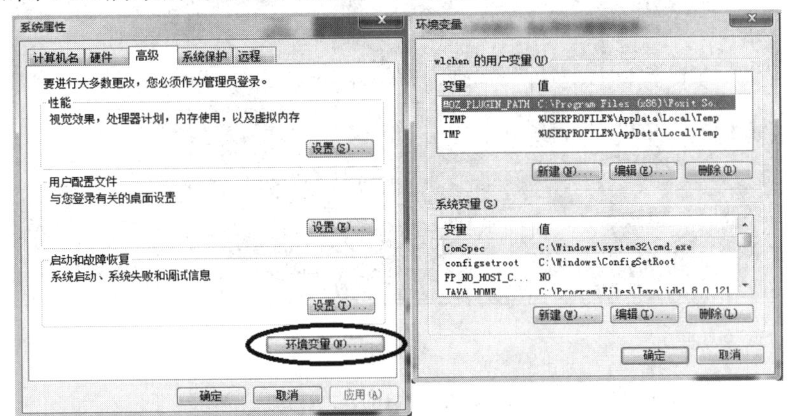

图 1-26

④ 系统变量中新建名为“JAVA_HOME”的变量名，变量值为之前安装 JDK 的路径 C:\Program Files\Java\jdk1.8.0_121；在已有的系统变量“path”的变量值上加“;%JAVA_HOME%\bin;%JAVA_HOME%\jre\bin”(注意，每个变量值是以“;”隔开的，变量值开头的分号就起这个作用)，自此配置完成。

⑤ 下面检验是否配置成功，运行 cmd 命令并在出现的命令行中输入 java -version 命令，如果出现如图 1-27 所示的界面则表示配置成功。

图 1-27

(2) 配置 Android Studio。

我们在网站上为大家准备了 Android APP 开发工具，包括一个已经集成了 ADT 的 Eclipse 环境和一个 Android Studio 环境。Google 推荐大家使用 Android Studio 开发环境，本书作者也同样推荐这个开发环境，下面讲解如何配置 Android Studio。

① 网站上准备好的 Android Studio 解压就可以使用，不需要安装。双击 studio64.exe(64 位 Win7 用 studio64.exe，32 位系统双击 studio.exe)，出现如图 1-28 所示的界面，执行命令 Configure→SDK Manager。

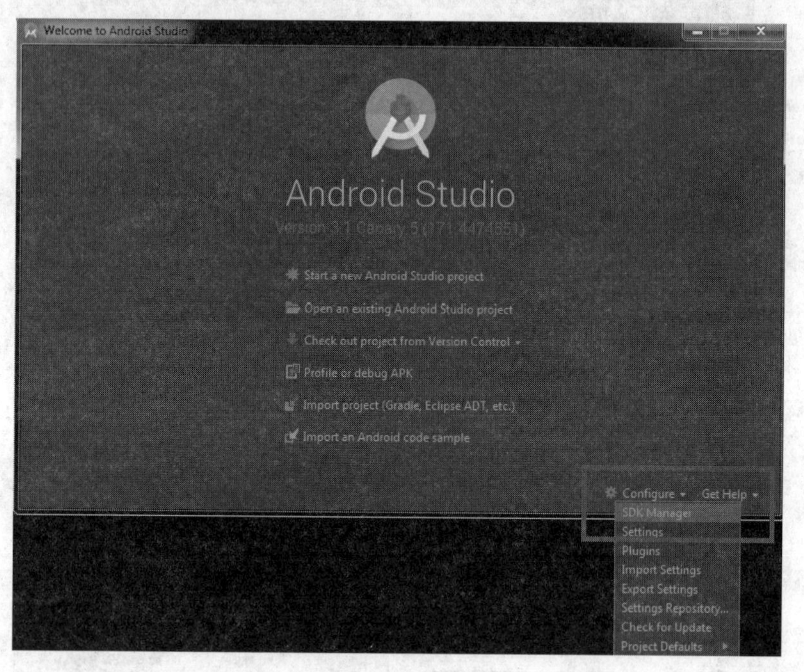

图 1-28

② 接下来配置 SDK 环境，只需要进行相应的 SDK 选择即可。在如图 1-29 所示的三个 tab(SDK Platforms、SDK Tools、SDK Update Sites)页面下的选项可以进行适当的选择配置(Android 4.4(KitKat)是必选项)，选择后会自动完成下载和安装。

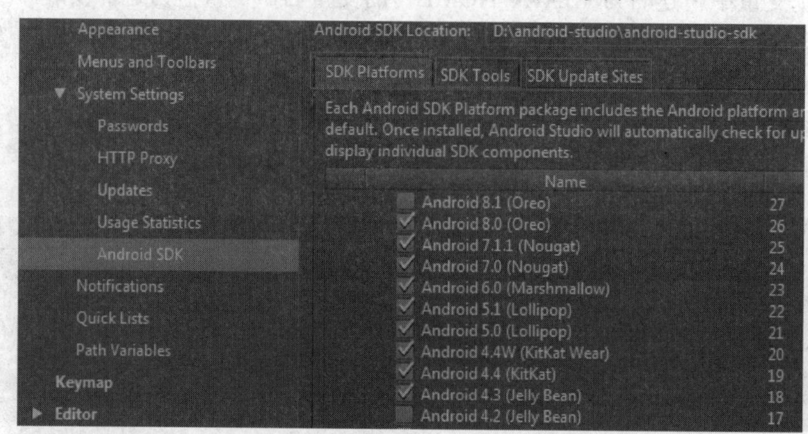

图 1-29

6. 虚拟机压缩

整个 U-Boot、Linux、Android 系统编译完成后，虚拟机大小会扩张为 46G 左右，这时候会占用大量的空间。因为虚拟机文件只会不断用新的空间而没有回收机制，所以即使编译 clean 后，空间也不会变小。这时候压缩就显得尤为重要，接下来简单讲解一下虚拟机空间的压缩方法。

(1) 通过 zerofree 置零闲置空间。执行下面的命令安装 zerofree(见图 1-30)：

```
sudo apt-get install zerofree -y
```

```
fengke@fengke-VirtualBox:~$ sudo apt-get install zerofree -y
[sudo] password for fengke:
Reading package lists... Done
Building dependency tree
Reading state information... Done
The following NEW packages will be installed:
  zerofree
0 upgraded, 1 newly installed, 0 to remove and 0 not upgraded.
Need to get 7,272 B of archives.
After this operation, 61.4 kB of additional disk space will be used.
Get:1 http://cn.archive.ubuntu.com/ubuntu/ precise/universe zerofree amd64 1.0.1-2ubuntu1 [7,272 B]
Fetched 7,272 B in 3s (1,941 B/s)
Selecting previously unselected package zerofree.
(Reading database ... 150716 files and directories currently installed.)
Unpacking zerofree (from .../zerofree_1.0.1-2ubuntu1_amd64.deb) ...
Processing triggers for man-db ...
Setting up zerofree (1.0.1-2ubuntu1) ...
fengke@fengke-VirtualBox:~$
```

图 1-30

(2) 按住 Shift 键重启系统，启动后选择“recovery mode”(见图 1-31)，然后选择 root (见图 1-32)，进入 shell 界面。

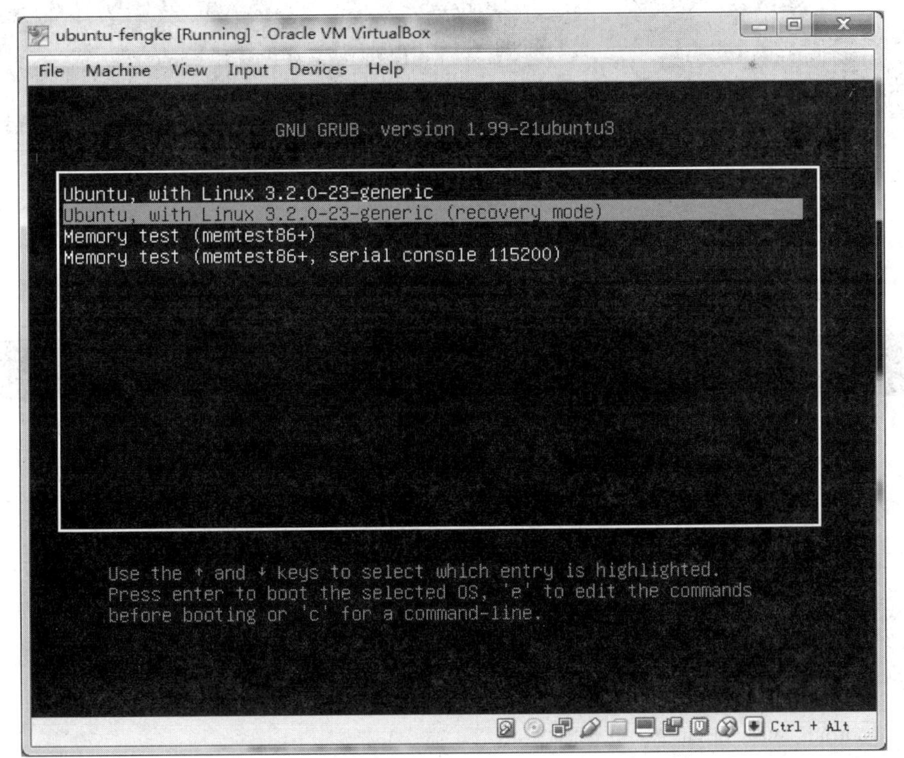

图 1-31

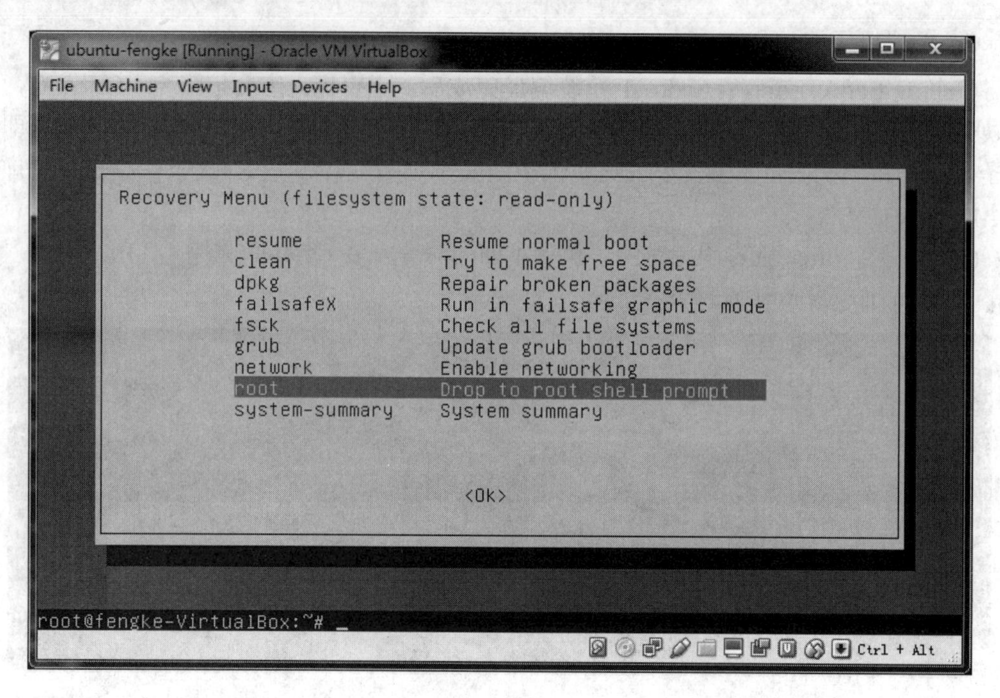

图 1-32

(3) 用 df 命令查看磁盘名字，可以看到的是/dev/sda1，如图 1-33 所示。

```
root@fengke-VirtualBox:~# df
Filesystem     1K-blocks     Used Available Use% Mounted on
/dev/sda1      123555804 48373464  68995796  42% /
udev             2016216        0   2016216   0% /dev
none              810000      680    809320   1% /run/shm
root@fengke-VirtualBox:~# _
```

图 1-33

(4) 执行下面的命令，完成指令后关闭虚拟机(见图 1-34)：

zerofree /dev/sda1 --- 此命令没有任何提示

```
root@fengke-VirtualBox:~#
root@fengke-VirtualBox:~# zerofree /dev/sda1
root@fengke-VirtualBox:~# _
```

图 1-34

(5) 宿主机以管理员模式打开命令提示符，执行以下命令(见图 1-35)：

$(dir)\VBoxManage.exe modifyhd $(dir)\ubuntu-fengke-rk3128.vdi" --compact

注意：分别执行如下 clean 操作后再进行 zerofree 和压缩。

u-boot：make distclean

kernel：make mrproper

android：make clean

clean 后的压缩结果大概是 20 G。

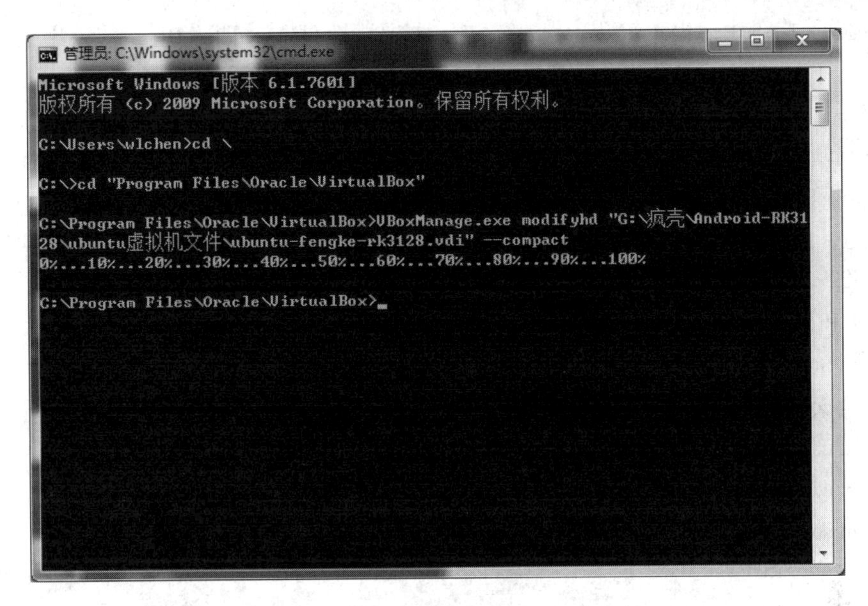

图 1-35

1.3 使用 Git 管理源代码

1.3.1 用 Git 命令初始化代码

本书不介绍 Git 的使用，只是告诉大家作者在开发的过程中如何利用 Git 来做个人版本管理，如何查看那些文件已经修改和修改了什么。

因为这里要创建作者自己的 Git 管理方式，所以需要删除掉原有的 Git 信息。可以用如下命令完成原有 Git 信息的删除工作：

```
find -name .git -exec rm -rf {} \;
```

注意：这个命令后面有个分号必须写上，显示输出如图 1-36 或图 1-37 所示的两张截图。

```
fengke@fengke-VirtualBox:~$ cd fengke_source/fengke_rk3128/
fengke@fengke-VirtualBox:~/fengke_source/fengke_rk3128$ ls
abi     bootable  buildspec.mk  developers   docs        hardware  libnativehelper  mkimage.sh  packages
art     build     cts           development  external    kernel    Makefile         ndk         pdk
bionic  build.sh  dalvik        device       frameworks  libcore   manifest.xml     out         prebuilts
fengke@fengke-VirtualBox:~/fengke_source/fengke_rk3128$ find -name .git -exec rm -rf {} \;
fengke@fengke-VirtualBox:~/fengke_source/fengke_rk3128$
```

图 1-36

```
fengke@fengke-VirtualBox:~/fengke_source/fengke_rk3128$ find -name .git -exec rm -rf {} \;
find: `./.git': No such file or directory
fengke@fengke-VirtualBox:~/fengke_source/fengke_rk3128$
```

图 1-37

这条命令或许什么也不输出，或者输出一些无用信息。如果输出一些无用信息，读者可以搜索一下目录下面是否有.git 目录或文件，一般执行如上命令后，相应的.git 信息会全部删除掉。

接下来我们将整个 fengke_rk3128 的所有代码用一个.git 库来管理，这样最简单，但是 Git 工具解析时会有点耗时。如果读者对 Git 非常了解，则可以尝试用 module 的方式来管理 Android、Kernel、U-Boot。本节只描述一种简单的方法，使用 module 的方法读者可以自己去查询一下 Git 的帮助信息。输入如下命令来第一次初始化 fengke_rk3128 整个目录(见图 1-38 和图 1-39)：

```
git init
git config user.name fengke
git config user.email fengke@fengke.club
git add -A
git commit -s -m "02-01-2018-22:33, create fengke platform for Android KitKat."
```

```
fengke@fengke-VirtualBox:~/fengke_source/fengke_rk3128$ git init
Initialized empty Git repository in /home/fengke/fengke_source/fengke_rk3128/.git/
fengke@fengke-VirtualBox:~/fengke_source/fengke_rk3128$ git config user.name fengke
fengke@fengke-VirtualBox:~/fengke_source/fengke_rk3128$ git config user.email fengke@fengke.club
fengke@fengke-VirtualBox:~/fengke_source/fengke_rk3128$ git add -A
fengke@fengke-VirtualBox:~/fengke_source/fengke_rk3128$ git commit -s -m "02-01-2018-22:33, create fengke platform for Android KitKat."
[master (root-commit) f3e08e6] 02-01-2018-22:33, create fengke platform for Android KitKat.
```

图 1-38

```
 create mode 100755 vendor/widevine/framework/Android.mk
 create mode 100755 vendor/widevine/framework/com.google.widevine.software.drm.jar
 create mode 100755 vendor/widevine/framework/com.google.widevine.software.drm.xml
 create mode 100755 vendor/widevine/libs/Android.mk
 create mode 100755 vendor/widevine/libs/libWVStreamControlAPI_L3.so
 create mode 100755 vendor/widevine/libs/libdrmdecrypt.so
 create mode 100755 vendor/widevine/libs/libdrmwvmplugin.so
 create mode 100755 vendor/widevine/libs/libwvdrm_L3.so
 create mode 100755 vendor/widevine/libs/libwvdrmengine.so
 create mode 100755 vendor/widevine/libs/libwvm.so
 create mode 100755 vendor/widevine/widevine.mk
fengke@fengke-VirtualBox:~/fengke_source/fengke_rk3128$ ls
abi     bootable  buildspec.mk  developers   docs        hardware  libnativehelper  mkimage.sh  packages
art     build     cts           development  external    kernel    Makefile         ndk         pdk
bionic  build.sh  dalvik        device       frameworks  libcore   manifest.xml     out         prebuilts
fengke@fengke-VirtualBox:~/fengke_source/fengke_rk3128$ ls -l .git
total 54284
drwxrwxr-x   2 fengke fengke     4096 Feb  1 22:26 branches
-rw-rw-r--   1 fengke fengke      105 Feb  1 22:34 COMMIT_EDITMSG
-rw-rw-r--   1 fengke fengke      142 Feb  1 22:27 config
-rw-rw-r--   1 fengke fengke       73 Feb  1 22:26 description
-rw-rw-r--   1 fengke fengke       23 Feb  1 22:26 HEAD
drwxrwxr-x   2 fengke fengke     4096 Feb  1 22:26 hooks
-rw-rw-r--   1 fengke fengke 55541944 Feb  1 22:34 index
drwxrwxr-x   2 fengke fengke     4096 Feb  1 22:26 info
drwxrwxr-x   3 fengke fengke     4096 Feb  1 22:35 logs
drwxrwxr-x 260 fengke fengke     4096 Feb  1 22:28 objects
drwxrwxr-x   4 fengke fengke     4096 Feb  1 22:26 refs
fengke@fengke-VirtualBox:~/fengke_source/fengke_rk3128$
```

图 1-39

Git 上传成功后，可以用 ls 命令看到当前的目录下有一个.git 目录。读者可以浏览一下这个目录。

1.3.2 用 smartgit 工具进行图形化管理

用 smartgit 工具进行图形化管理，必须用 Mobaxterm 启动。读者自行下载一个 smartgit

工具(个人使用免费，免费版本的 smartgit 总要求用户第一次安装的是最新版本，所以请读者自行下载)，然后放入指定目录，作者放入的目录是/home/fengke/fengke_source。为了编译 Android4.4，整个虚拟环境使用的是 Java 1.6 SDK，如图 1-40 所示。但是 smartgit 使用的 Java 环境是 1.8 SDK 的(网站为大家准备好了 jdk-8u131-linux-i586.tar.gz)，所以这里 smartgit 需要特殊的配置。

```
fengke@fengke-VirtualBox:~$ ls
arm-2009q3.tar.bz2  java-6-sun-1.6.0.26          smartgit-linux-17_1_4.tar.gz
fengke_source       java-6-sun-1.6.0.26.tar.gz
fengke@fengke-VirtualBox:~$ pwd
/home/fengke
fengke@fengke-VirtualBox:~$ java -version
java version "1.6.0_26"
Java(TM) SE Runtime Environment (build 1.6.0_26-b03)
Java HotSpot(TM) 64-Bit Server VM (build 20.1-b02, mixed mode)
fengke@fengke-VirtualBox:~$
```

图 1-40

smartgit 安装指示：

(1) 解压(tar zxvf smartgit-linux-17_1_4.tar.gz)到一个指定的目录：/home/fengke。

(2) 配置 Java 1.8 SDK 路径：/home/fengke/jdk1.8.0_131/jre。

(3) 用脚本(/home/fengke/smartgit/bin/)./smartgit.sh 启动。

如果应用启动失败，例如环境中的 Java Runtime Environment(JRE)和 smartgit 需要的 1.8 版本不匹配，则可以用如下方法指定 JRE 路径。

在路径~/.smartgit/smartgit.vmoptions 中增加如下这行(并增加 JRE 的正确路径)：

```
jre=/home/fengke/jdk1.8.0_131/jre
```

具体如图 1-41 所示。

```
fengke@fengke-VirtualBox:~$ pwd
/home/fengke
fengke@fengke-VirtualBox:~$ mkdir .smartgit
fengke@fengke-VirtualBox:~$ cd .smartgit/
fengke@fengke-VirtualBox:~/.smartgit$ ls
fengke@fengke-VirtualBox:~/.smartgit$ vi smartgit.vmoptions
fengke@fengke-VirtualBox:~/.smartgit$ cat smartgit.vmoptions
fengke@fengke-VirtualBox:~/.smartgit$ vi smartgit.vmoptions
fengke@fengke-VirtualBox:~/.smartgit$ cat smartgit.vmoptions
jre=/home/fengke/jdk1.8.0_131/jre
fengke@fengke-VirtualBox:~/.smartgit$
```

图 1-41

启动 smartgit 应用程序(./smartgit.sh)，如图 1-42 所示。

```
fengke@fengke-VirtualBox:~$ cd smartgit/bin
fengke@fengke-VirtualBox:~/smartgit/bin$ ls
add-menuitem.sh  remove-menuitem.sh  smartgit-128.png  smartgit-256.png  smartgit-32.png  smartgit-48.png  smartgit-64.png  smartgit.sh  smartgit.vmoptions
fengke@fengke-VirtualBox:~/smartgit/bin$ ./smartgit.sh
```

图 1-42

第一次启动会出现如图 1-43 所示的配置画面(选择 Non-commercial 版本)。

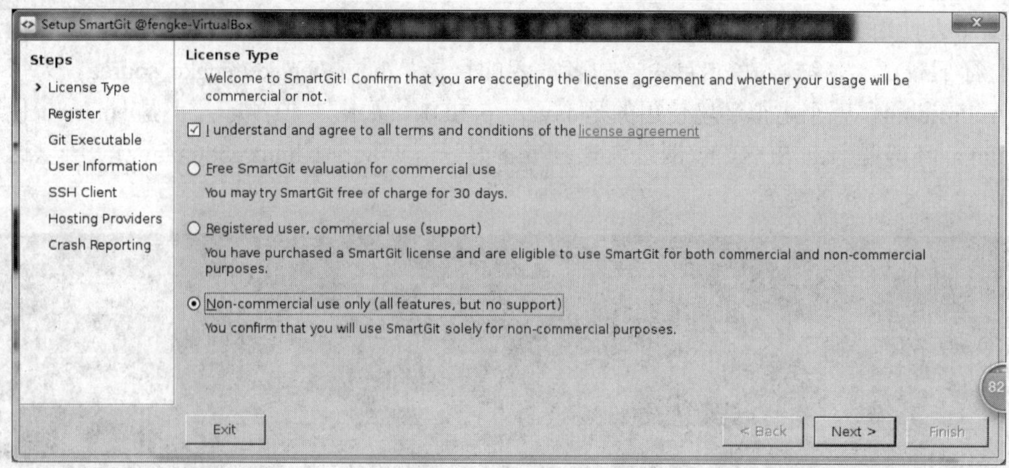

图 1-43

在图 1-43 中，点击“Next”按钮后进入如图 1-44 所示的界面，该界面需要等几十秒(大概 15 秒)后才能选择，所以要耐心等待。

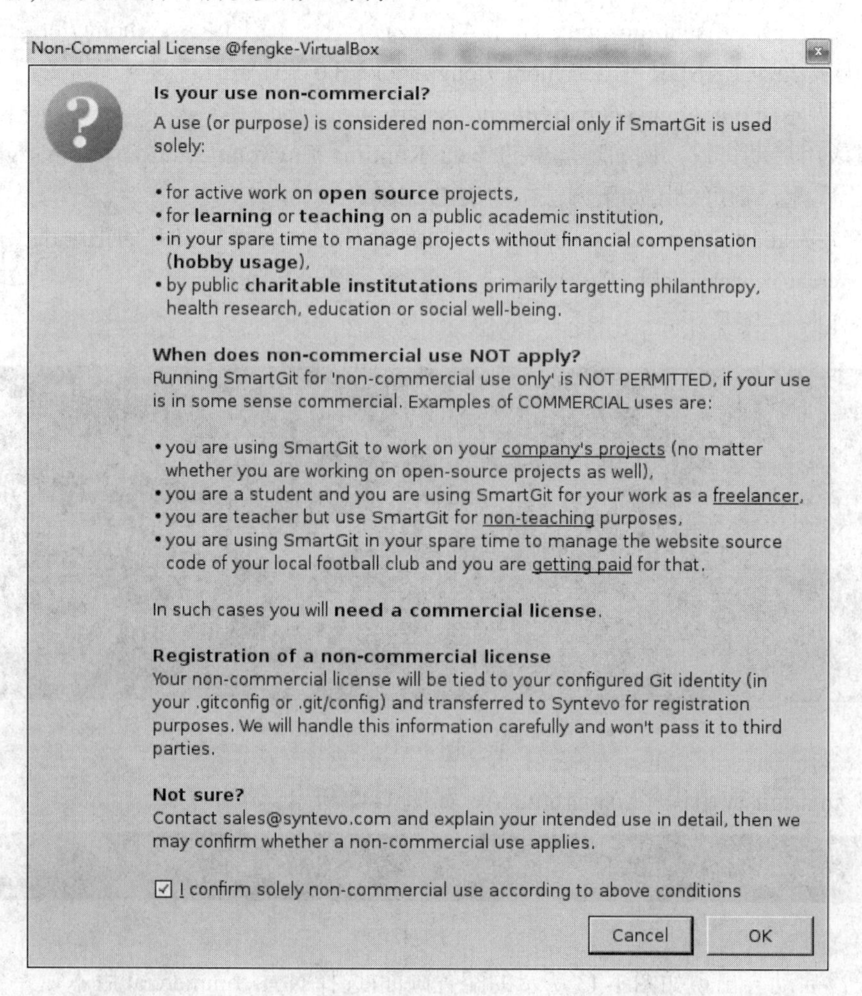

图 1-44

选择使用系统预先安装的 Git 命令，如图 1-45 所示。有时候提示 Git 版本太低，需要相应的高版本，此时读者可自行下载安装，这里不再赘述 Git 的安装。

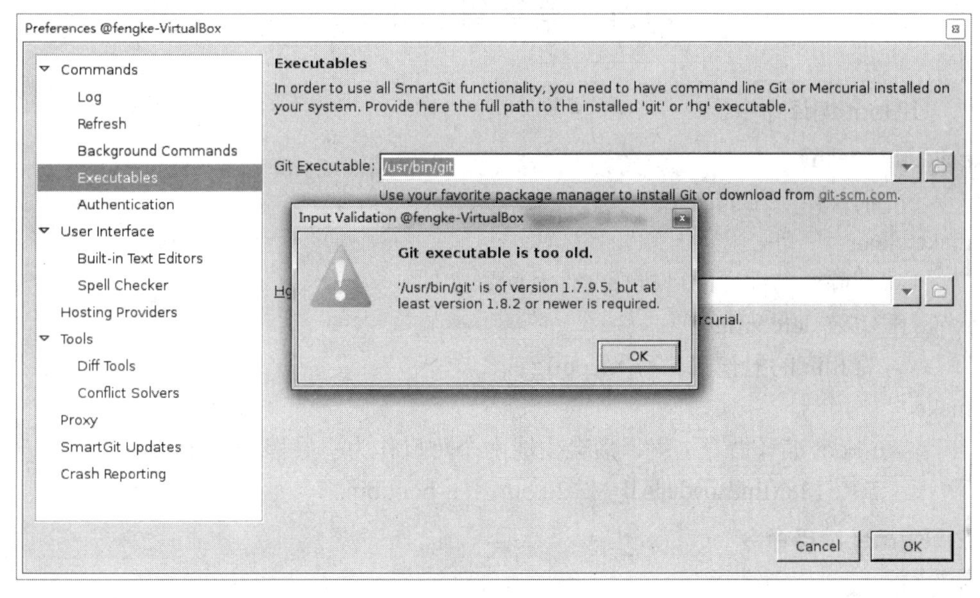

图 1-45

整个 smartgit 配置好后出现如图 1-46 所示的图形界面，这样可以告别命令行用图形界面来查看代码的修改。smartgit 使用非常方便，希望读者可以适应用这个工具而告别简单点的命令行 Git 显示，以便大大提高代码修改查看和阅读的效率。

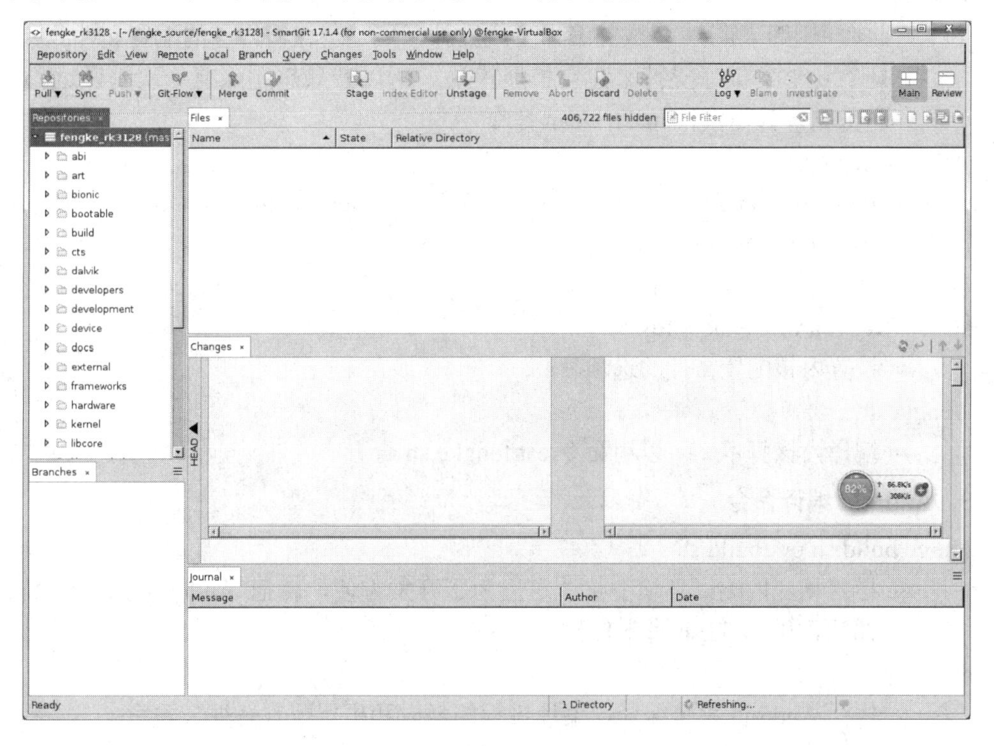

图 1-46

1.4　常用编译命令

1．U-Boot 编译命令

make distclean

　　--- 清除所有生成的文件

make clean

　　--- 清除之前编译的可执行文件及配置文件

make rk3128_defconfig

　　--- 将相应的配置文件写入.config

make

　　--- u-boot 编译命令，编译后会生成两个可以作为引导程序的 img：RK3128MiniLoaderAll_V2.20.bin 和 u-boot.bin

2．Kernel 编译命令

make mrproper

　　--- 此命令会删除所有的编译生成文件、内核配置文件(.config 文件)和各种备份文件，所以几乎只在第一次执行内核编译前才用这条命令。实际上，makemrproper 在具体执行时第一步就是调用 make clean

make clean

　　--- 此命令用于删除大多数的编译生成文件，但是会保留内核的配置文件.config，还有足够的编译支持来建立扩展模块。所以若只想删除前一次编译过程的残留数据，只需执行 make clean 命令

make rockchip_fengke_defconfig

　　--- rockchip_fengke_defconfig，文件位于目录 kernel/arch/arm/configs/rockchip_htfyun_defconfig

　　--- 这条命令执行相当于在/kernel 目录生成内核配置文件.config(config 前面有个点)

make ARCH=arm menuconfig

　　--- 设置内核配置文件的选项

./fengke.sh

　　--- 编译内核脚本，可以用命令 cat fengke.sh 查看

3．Android 编译命令

source build.sh or . build.sh

　　--- 导入相应的编译环境变量。这里为了开发方便，就把 Android 原生的编步骤简化，用 build.sh 脚本代替

make

　　--- 执行 Android 系统编译，编译过程的耗时和机器配置有很大关系

./mkimage.sh

--- 制作编译后的 image，存放于目录$(dir)/rockdev/Image-rk312x/

Android 编译脚本生成的命令(在执行 source build.sh 后产生)如下：

m

--- 等同于系统编译的 make 命令

mm

--- 编译当前目录下的模块，它和 mmm 一样，不编译依赖模块

mmm

--- 编译指定目录下的模块，但不编译它所依赖的其他模块

4. Android 源码编译

Android 的完整编译，需要编译三个部分：U-Boot、Kernel、Android。这三个部分的config 我们都已根据开发板配置好了，大家只要编译即可。下面是具体的编译命令。

(1) 编译 U-Boot。进入源码根目录，输入下面的命令：

```
cd u-boot/
make rk3128_defconfig      --- 设置 u-boot 的编译配置文件
Make -j4                   --- 表示 4 个线程同时 make，一般设置为 CPU Core 的个数
```

最终生成两个镜像，即 RK3128MiniLoaderAll_V2.20.bin 和 uboot.img，如图 1-47 所示。

```
        ./tools/loaderimage --pack u-boot.bin uboot.img
out:RK3128MiniLoaderAll.bin
fix opt:RK3128MiniLoaderAll_V2.20.bin
merge success(RK3128MiniLoaderAll_V2.20.bin)
pack input u-boot.bin
pack file size:327564
crc = 0xe2a1ff79
uboot version:U-Boot 2014.10-RK3128-09-01750-gc6fa616 (Dec 13 2016 - 08:17:29)
pack uboot.img success!
```

图 1-47

如果编译出错，可以先 make clean 一下，再 make -j4。

(2) 编译内核。在 Android 源码根目录输入下面的命令：

```
cd kernel
make rockchip_fengke_defconfig
    --- 设置 kernel 的编译配置文件
./bstudy.sh
```

bstudy.sh 是一个简单的编译脚本，大家看一下就明白了，主要是为了减少输入。编译完成了，最终生成两个镜像，即 kernel.img 和 resource.img，如图 1-48 所示。

```
  Kernel: arch/arm/boot/zImage is ready
  Image:  kernel.img is ready
Pack to resource.img successed!
  Image:  resource.img (with rk3128-study.dtb logo.bmp logo_kernel.bmp) is ready
```

图 1-48

如果编译出错，一般是缺少某些工具或者库文件，可以通过 sudo apt-get install 命令来

安装需要的工具。

(3) 编译 Android。在 Android 源码根目录输入下面的命令：

```
source build.sh
      --- 这个语句是设置编译环境，其中最重要的是设置 Java 路径
make -j6
```

一次完整的编译，看服务器的配置，估计需要 2 个小时以上。编译顺利的话，再执行./mkimage.sh 命令就会生成可以烧写的固件，如图 1-49 所示。

```
sst@htfyS12:~/work/rk3128/expose-sdk4.4$ ./mkimage.sh
TARGET_PRODUCT=rk312x
TARGET_HARDWARE=rk30board
system filesysystem is ext4
create boot.img without kernel... done.
create recovery.img with kernel and with out resource... done.
create misc.img.... done.
create system.img... done.
```

图 1-49

最终在 rockdev/Image-rk312x/目录下生成 6 个镜像(见图 1-50)，我们用到的是 boot.img、misc.img、recovery.img、system.img。

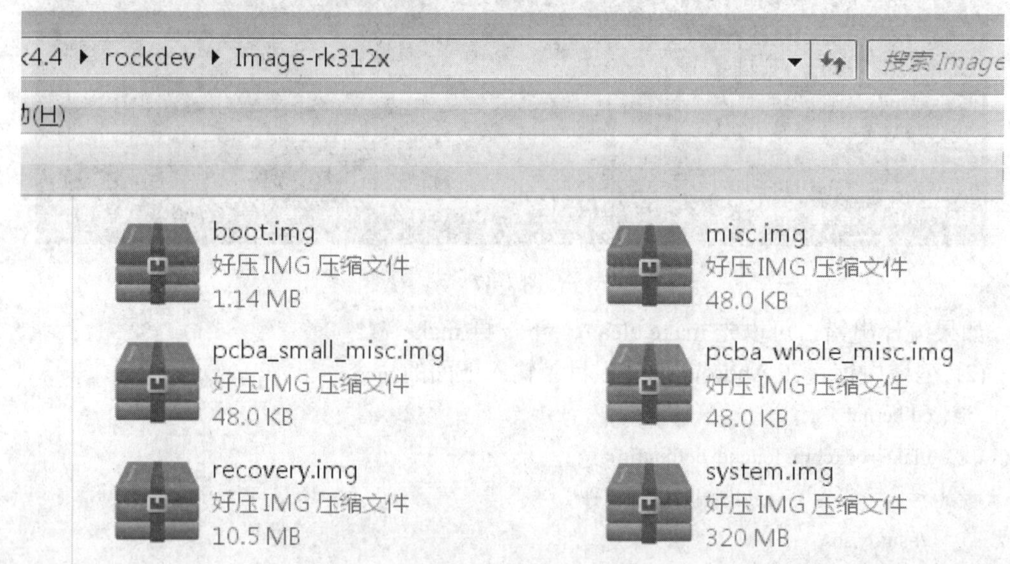

图 1-50

如果编译 Android 的过程中出现错误，原因就是 Ubuntu 的环境没有设置好或需要的库文件没有安装。我们网站为大家准备了一个已经完全编译通过的虚拟机镜像，大家可以下载后直接开始练习。

Android 编译生成的中间文件和目标文件全部都在 out 目录下，但是我们关注的是 target 目录。如果我们需要手工修改一些参数配置，可以直接修改 out/target/product/

rk312x/root/目录或者 out/target/product/rk312x/system/目录，然后调用./mkimage.sh 生成新的固件。关于 Android 的编译，网上有很多文档。我们发布的配合 SDK 开发板的源码，很多配置都已经配好了，所以有些步骤就可以省去，比如对于编译类型的配置，就在源码根目录下面的 buildspec.mk 文件里面定义了默认情况下的编译类型，如下：

```
# Choose a variant to build.  If you don't pick one, the default is eng.
# User is what we ship.  Userdebug is that, with a few flags turned on
# for debugging.  Eng has lots of extra tools for development.
ifndef TARGET_BUILD_VARIANT
    #TARGET_BUILD_VARIANT:=user
    #TARGET_BUILD_VARIANT:=userdebug
    TARGET_BUILD_VARIANT:=eng
endif
```

1.5 搭建开发板的测试环境

开发板是开发和学习嵌入式技术的主要硬件设备，虽然可以在 PC 的 Windows 环境下开发驱动程序，然后重新编译成 ARM 架构的 Linux 驱动模块，但最终是要在开发板上进行测试的。这主要是因为 ARM 架构的开发板和基于 x86 架构的 PC 在 CPU 指令以及二进制格式上有很大的不同。而且如果 Linux 驱动需要访问硬件(LCD、Wi-Fi、触摸设备等)，并且这些硬件很难在 PC 上进行模拟，那就要在带有这些硬件的开发板上进行调试和测试。

Android 开发板从原理上来讲可以说与我们经常使用的手机设备类似，也包括显示屏、触摸屏、键盘、Wi-Fi 等模块。但与手机最大的不同是在开发板上安装嵌入式系统要比手机容易得多。而且一般开发板有许多扩展的接口，可以很轻松适配定制的硬件。因此，开发板相对于手机来说，更适合进行程序测试，尤其适合对底层的 Linux 驱动程序进行测试。开发板很多电路都是暴露的，看上去就像一块集成电路板。

目前市面上的开发板型号和种类很多，国产的 Rockchip 在平板方案上相对比较流行。本书后面章节所使用的开发板没有特殊说明，都是指 Rockchip 3128 开发板。本书实例也是基于 Rockchip 3128 平台进行开发、编译和验证的。

1. 疯壳开发板简介

疯壳开发板采用的是瑞芯微(Rockchip)基于 Cortex-A7 架构开发的最高频率 1.3 GHz 的四核处理器 RK3128，它集成 Mali-400MP2 GPU，内建 2D 加速器，支持 OpenGL ES1.1/2.0，可以实现 1080P H.265 硬件解码和 1080P H.264 视频编码，拥有优秀的运算与图形处理能力；板载千兆以太网口、2.4 GHz Wi-Fi 和蓝牙 4.0，展现了不俗的网络扩展和传输性能；当前运行 Android4.4 系统，并拥有丰富的硬件资源与扩展接口，所以它是一台扩展性非常强的平板电脑。

2. 安装串口调试工具 MobaXterm

MobaXterm 是个人免费软件，下载下来解压即可使用，支持串口、SSH、Telnet 等工具，如图 1-51 所示。

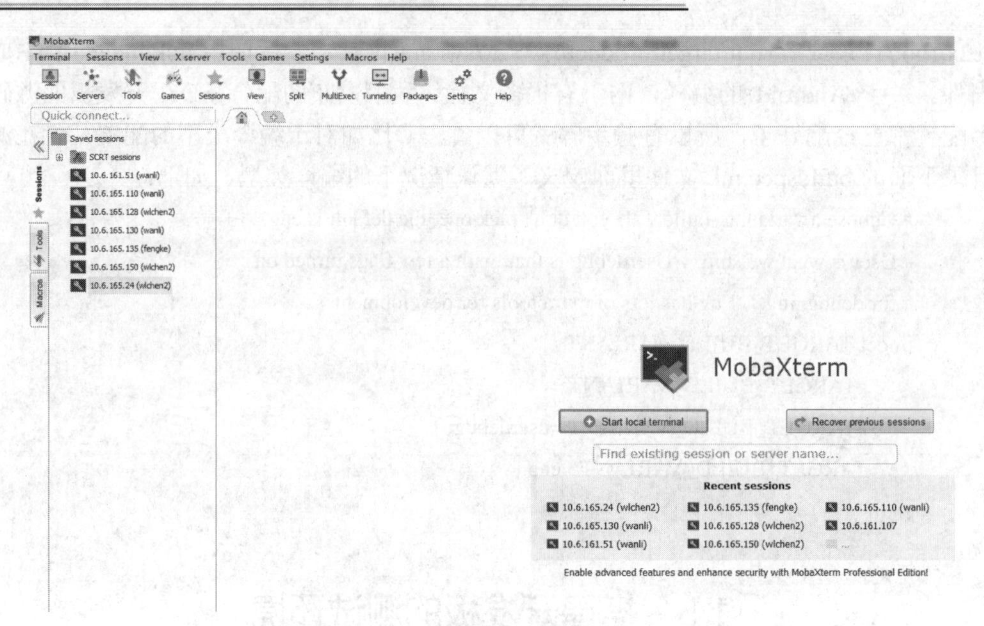

图 1-51

3. Android Studio 连接开发板

Android Studio 的集成开发环境如何创建应用程序，读者可以自己去尝试一下，或者学习后面的章节(有专门的介绍)。这里主要是简单演示一下如何表示 Android Studio 集成开发环境与开发板建立连接，并利用开发板真机调试应用程序，或者用 Android Studio 的可视化环境打印开发板的 Log 信息。

(1) 点击“Run app”，如图 1-52 所示。

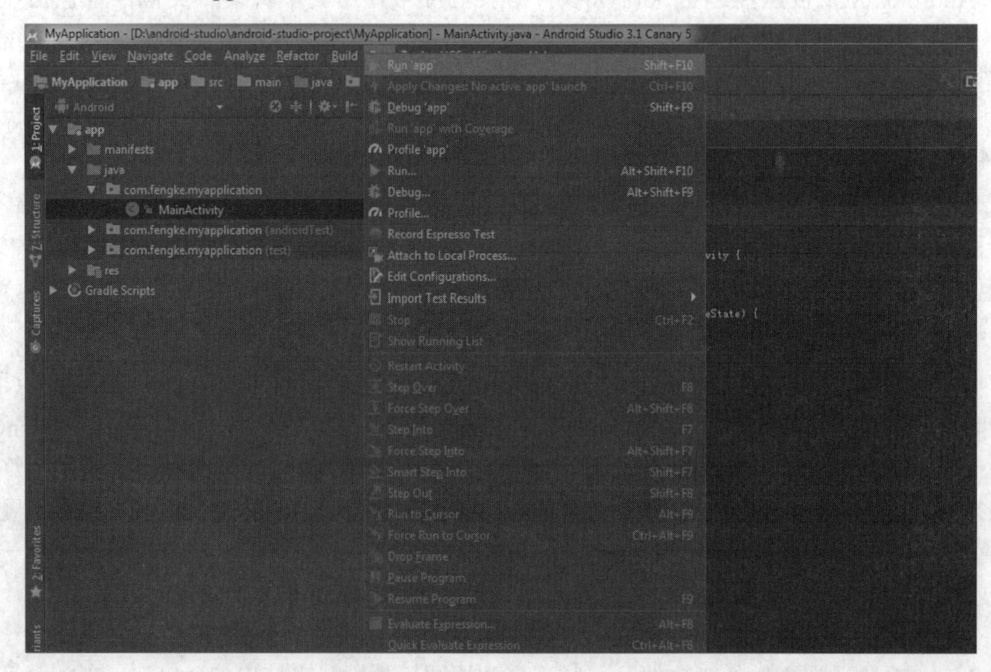

图 1-52

(2) 自动匹配开发板(点击运行 APP 后开发环境会查询 ADB 来匹配)。如果出现如图 1-53 所示的画面，则表示开发板已经正常识别，可以用真机来调试。

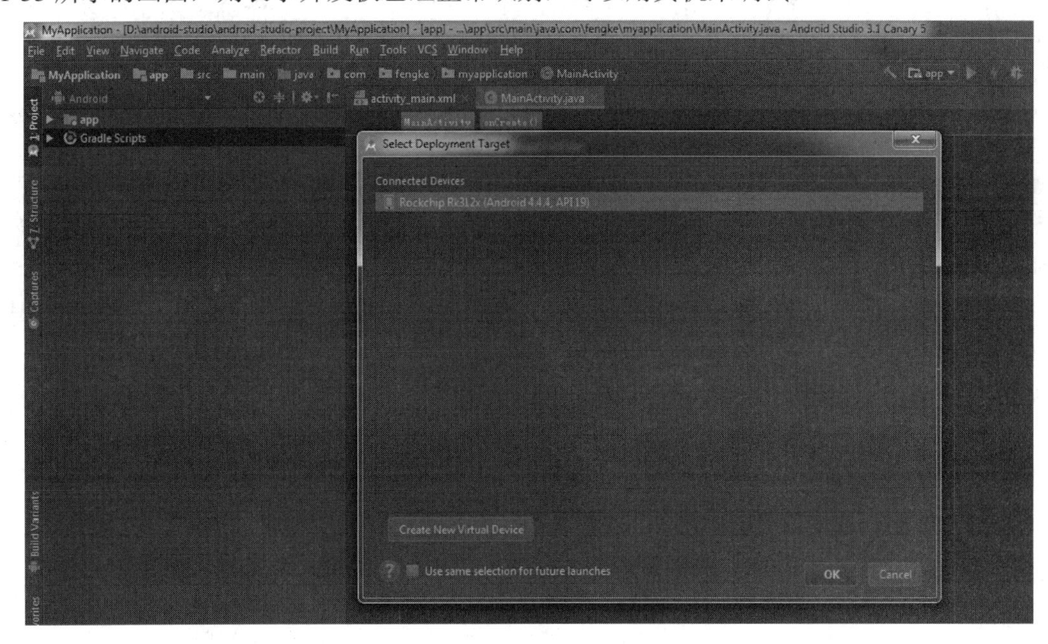

图 1-53

4. Android 固件烧写

烧写有专门的烧写工具，在 Android 源码根目录下面的目录 RKTools\windows\AndroidTool\AndroidTool_Release_v2.33\AndroidTool.exe 中。工具有 Linux 版本和 Windows 版本，我们用的都是 Windows 版本，打开烧写工具，显示界面如图 1-54 所示。

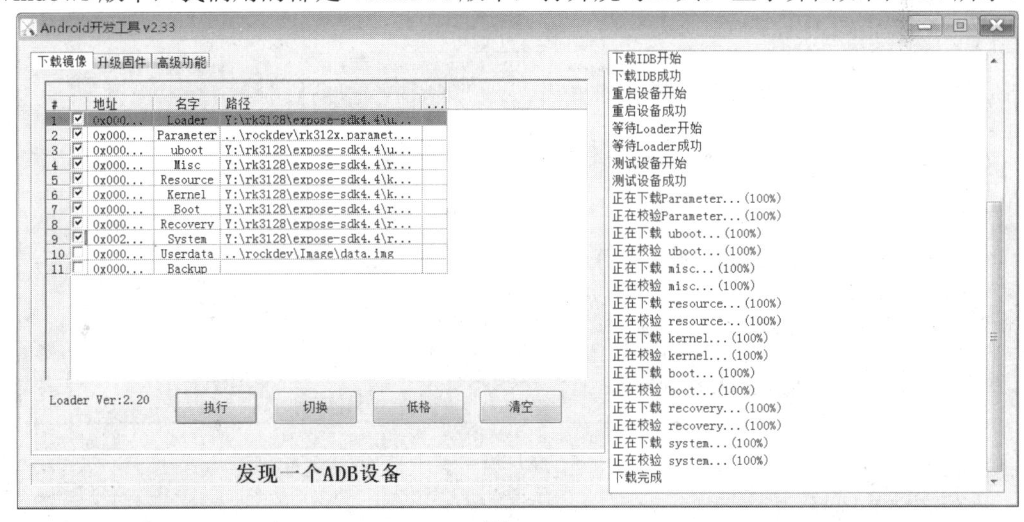

图 1-54

上面工具显示的设备是正常模式(ADB 设备)，要在烧写模式下才能通过工具烧写新的固件。可以通过以下三种方式进入烧写模式：

(1) 点击烧写工具的切换按钮(有时候会失败，此时可改用下面的方式)。

(2) 通过 ADB 工具输入 adb reboot loader 命令，可进入 Loader 模式。

(3) 上面两种模式在系统正常的情况下可以工作(即 USB ADB 可以认到)，系统异常的情况下，可以按 Recovery 键上电或者复位，则会进入 MASKROM 模式。

Loader 模式的提示如图 1-55 所示。

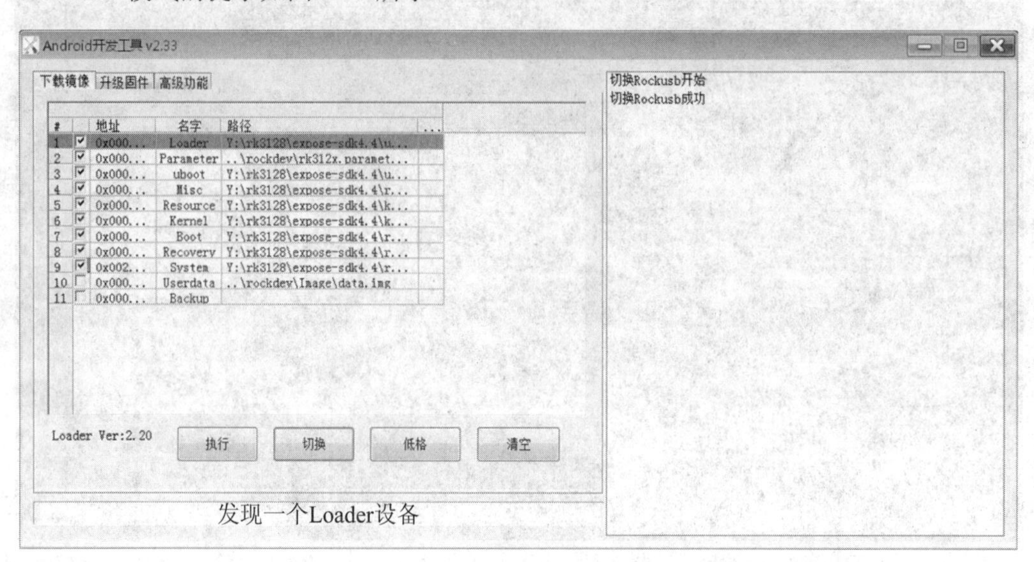

图 1-55

MASKROM 模式的提示如图 1-56 所示。

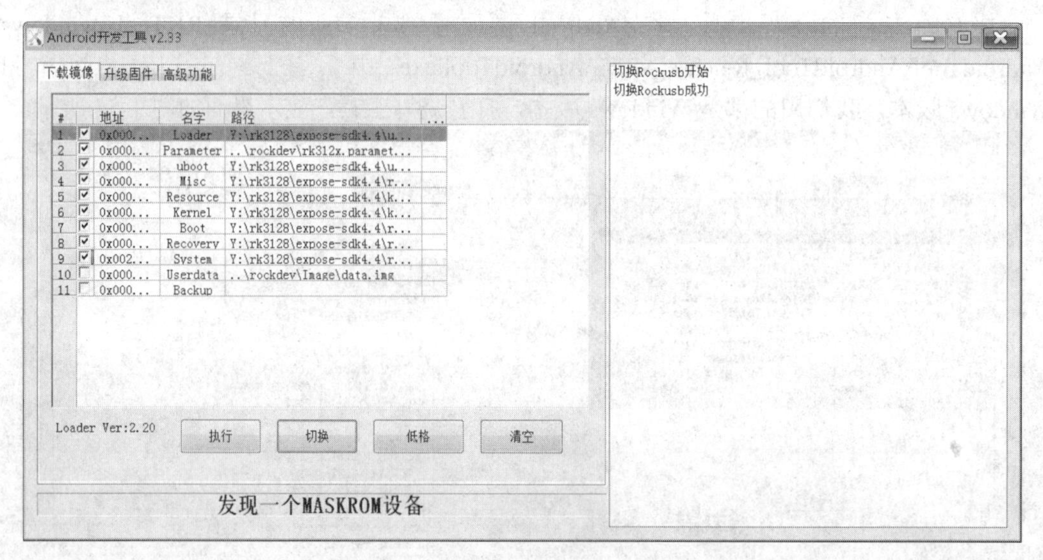

图 1-56

烧写文件的选择：

(1) Loader 选择 U-Boot 目录下面编译出来的 RK3128MiniLoaderAll_V2.20.bin，如果是 MASKROM 设备，必须要选择并烧写 Loader。

(2) Parameter 使用默认的工具目录下面的 ../rockdev/rk312x.parameter.txt，这个不能随便修改。

(3) uboot 选择 U-Boot 目录下面编译出来的 uboot.img。

(4) Resource 和 Kernel 选择 Kernel 目录下面编译出来的 kernel.img 和 resource.img。

(5) Misc、Boot、Recovery、System 选择 rockdev/Image-rk312x/目录下面的 boot.img、misc.img、recovery.img 和 system.img。这个目录下面还有两个 img 文件，即 pcba_small_misc.img 和 pcba_whole_misc.img，这个是做 PCBA 测试用的，不用管它。

文件选择好后，点击“执行”按钮就会开始烧写。烧写完了，设备会自动重启，可以看到 Android 已在运行。第一次烧写，需要烧写上面所有的几个固件，后续开发中，可以只烧写修改了的 image 文件。比如仅仅修改了内核的驱动，则只烧写 kernel.img 即可；仅仅修改了 dts 文件，则只需要烧写 resource.img 即可；只修改了属性配置，比如 init.rc、default.prop 文件，则只烧写 boot.img 即可。这样可以大大加快开发调试的速度。

第2章 开发基础知识

2.1 BootLoader 简介

2.1.1 BootLoader 的概念

当嵌入式开发板上电时，即使执行一个最简单的程序，都需要检测并初始化非常多的硬件。每种体系结构、处理器都有一组预定义的动作和配置，其中包含从存储设备获取初始化代码的功能。初始化代码就是 BootLoader 的一部分，它负责启动 CPU 和相关的硬件设备。

上电复位时，大多数处理器都有一个获取第一条执行指令的默认地址，硬件设计人员利用该默认地址来进行存储空间的布局。这样一上电就可以从一个通用的已知地址获取相应的代码，然后建立接下来的各种软件控制。

BootLoader 提供最初的初始化代码，并检测和初始化单板，这样就可以执行其他的程序。最初的初始化代码都是由该处理器体系结构下的汇编语言编写的。BootLoader 执行完基本的处理器和平台的初始化后，它的主要工作就是引导操作系统，在定位、解压、加载操作系统到内存空间后，将相应的控制器移交给操作系统。另外，BootLoader 可能含有一些高级特性，比如校验操作系统镜像、升级操作系统镜像、从多个操作系统镜像中选择性引导。与传统 PC 上的 BIOS 不一样，当操作系统获取控制权后，嵌入式下的 BootLoader 就不复存在了。

2.1.2 U-Boot 简单分析

U-Boot 作为一款流行的功能强大的开源 BootLoader 项目，非常值得我们仔细研读和学习，在开发板上我们选择使用的 BootLoader 就是 U-Boot，通过学习它可以全面地了解 BootLoader 是如何一步步引导操作系统的。本节通过如下几个方面来描述 U-Boot。

1．U-Boot 简介

U-Boot 的全称为 Universal Boot Loader，是遵循 GPL 条款的开放源码项目，从 FADSROM、8xxROM、PPCBOOT 逐步发展演化而来，其源码目录、编译方法与 Linux 内核有非常多的相似之处。事实上，不少 U-Boot 源代码就是相应的 Linux 内核源代码的简化，这一点在一些设备驱动上尤为明显，读者可以从 U-Boot 源代码的注释中体会到这一点。U-Boot 不仅仅支持嵌入式 Linux 系统的引导，还支持 NetBSD、VxWorks、QNX、

RTEMS、ARTOS、LynxOS、Android 等嵌入式操作系统。其目前要支持的目标操作系统是 OpenBSD、NetBSD、FreeBSD、4.4BSD、Linux、SVR4、Esix、Solaris、Irix、SCO、Dell、NCR、VxWorks、LynxOS、pSOS、QNX、RTEMS、ARTOS、Android。这是 U-Boot 中 Universal 的一层含义，另外一层含义则是 U-Boot 除了支持 PowerPC 系列的处理器外，还能支持 MIPS、x86、ARM、NIOS、XScale 等诸多常用系列的处理器。这两个特点正是 U-Boot 项目的开发目标，即支持尽可能多的嵌入式处理器和嵌入式操作系统。就目前来看，U-Boot 对 PowerPC 系列处理器的支持最为丰富，对 Linux 的支持最完善，其他系列的处理器和操作系统基本是在 2002 年 11 月 PPCBOOT 改名为 U-Boot 后逐步扩充的。从 PPCBOOT 向 U-Boot 的顺利过渡，很大程度上归功于 U-Boot 的维护人——德国 DENX 软件工程中心 Wolfgang Denk(以下简称 W.D.)本人精湛的专业水平和执着不懈的努力。当前，U-Boot 项目正在 W.D. 的领军之下，由众多有志于开放源码 BootLoader 移植工作的嵌入式开发人员将各个不同系列嵌入式处理器的移植工作不断展开和深入，以支持更多的嵌入式操作系统的装载与引导。

U-Boot 的优点如下：

(1) 开放源码；

(2) 支持多种嵌入式操作系统内核，如 Linux、NetBSD、VxWorks 等；

(3) 支持多个处理器系列，如 PowerPC、ARM、x86、MIPS；

(4) 有较高的可靠性和稳定性；

(5) 有高度灵活的功能设置，适合 U-Boot 调试、操作系统的不同引导要求、产品发布等；

(6) 有丰富的设备驱动源码，如串口、以太网、SDRAM、FLASH、LCD、RTC、键盘等；

(7) 有较为丰富的开发调试文档与强大的网络技术支持。

2. U-Boot 的目录结构

U-Boot 的目录大致可以分为以下三类：

(1) 第一类目录与处理器体系结构或者开发板硬件直接相关。

① arch：CPU 体系结构相关的代码，比如大家熟悉的 ARM、MIPS、x86、PowerPC、avr32 等。

② board：目标板相关文件，主要包含 SDRAM、FLASH 驱动。

③ include：U-Boot 头文件；尤其是 configs 子目录下与目标板相关的配置头文件是移植过程中经常要修改的文件。

(2) 第二类目录是一些通用的函数或者驱动程序。

① common：独立于处理器体系结构的通用代码，如内存大小探测与故障检测。

② driver：通用设备驱动，如 CFI FLASH 驱动。

③ fs：包含的文件系统代码。

④ lib：与处理器体系无关的库文件，如 MD5、CRC 等算法实现。

⑤ net：与网络功能相关的文件目录，实现了一个 4 层网络协议栈，如 bootp、nfs、tftp、arp 等。

⑥ post：上电自检文件目录，这个目录里可以增加一些特定硬件的自检程序。

(3) 第三类目录是U-Boot的应用程序、工具、测试程序或技术描述文档。

① api：API接口，为其他应用提供的与机器类型、系统结构无关的API。

② doc：U-Boot的说明文档，学习U-Boot的第一手资料。

③ examples：可在U-Boot下运行的示例程序，如hello_world.c、timer.c。

④ test：测试脚本和代码。

⑤ tools：用于创建U-Boot S-RECORD和BIN镜像文件的工具。

因为U-Boot是一个完整成熟的嵌入式BootLoader框架，更多的工作主要集中在模块的配置和移植上，所以我们主要分析一下第一类目录。

(1) arch目录有很多子目录，都是按照体系结构进行划分的，比如ARM、MIPS、avr32、m68k、PowerPC、x86这些常见的体系结构。本书所介绍的开发板是以ARM体系结构为基础的，所以这里重点关心的是ARM目录下的结构。对于ARM目录，主要分析CPU目录、dts目录和lib目录。CPU目录是根据ARM Core的各个不同版本进行划分的，如ARM11、ARM720t、ARMv7等。例如在ARMv7版本的目录下，又有一些通用代码和与处理器相关的代码，其中与处理器相关的代码会放在对应的子目录下面。dts目录是CPU资源的描述，也是写驱动程序获取系统资源配置的来源。lib目录则放置ARM体系结构下通用的汇编代码和C代码，比如处理协处理器的cache-cp15.c，处理中断的interrupts.c，处理重定位的relocate.s等。

(2) board目录里面放置各种目标板的相关代码，如Rockchip目录下有相应的rk32xx、rk33xx板级初始化和测试代码。

(3) include目录里面放置了公用的头文件，其中configs子目录下放置了与目标板相关的配置文件，rk_default_config.h里面就包含了本书所使用的开发板的板级配置相关宏定义。

最后再介绍一下examples目录。因为在所有的开放源代码中，都会有一个examples目录，其下会放置一些简单的Demo实例，相当于一个理解代码的入门向导，目的是为了帮助源代码阅读者更快地上手这个开源项目。学习软件的第一个例子经常都是Hello World，U-Boot也写了一个Hello World示例，该示例相当于一个独立的可运行程序，是由BootLoader引导执行的，有能力的读者可以尝试编译和运行一下这个Hello World Demo程序，相信这样会对程序的启动执行有不一样的理解，对U-Boot的工作原理有进一步认识。

3. 配置和编译U-Boot

在大概了解U-Boot及其目录结构后，就可以开始配置和编译U-Boot了。在U-Boot源码中有一个Readme文件，这个文件描述了如何配置并编译U-Boot，如果大家英语不错或有充足的时间，建议去阅读一下这个文档，这个文档可以让读者知道为什么要这么做。

正确编译U-Boot代码的过程如下：

(1) 首先是编译器的问题，如果使用GNU交叉编译工具链，要确保环境变量的设置生效。前面介绍过相关文档描述交叉工具链的环境配置，这里不做过多描述。

(2) 为特定的开发板建立配置文件，输入make xxx_config(开发板对应的config文件是 rk3128_defconfig)就可以。其中“xxx_config”代表一个存在的配置文件名称，如果一开始不知道该配置什么选项，可以参考一个已有的平台配置文件然后再慢慢加需要的东西。这条命令的主要任务就是在 U-Boot 的根目录下生成相应的.config 文件，这个文件是一个隐藏文件，用命令 ls -la 可以查看(见图 2-1)。有兴趣的读者可以用 cat.config 命令看一下里面的内容，或者将左边的文件浏览框中的.config 文件直接拖到 Windows 目录中用文本浏览器查看。

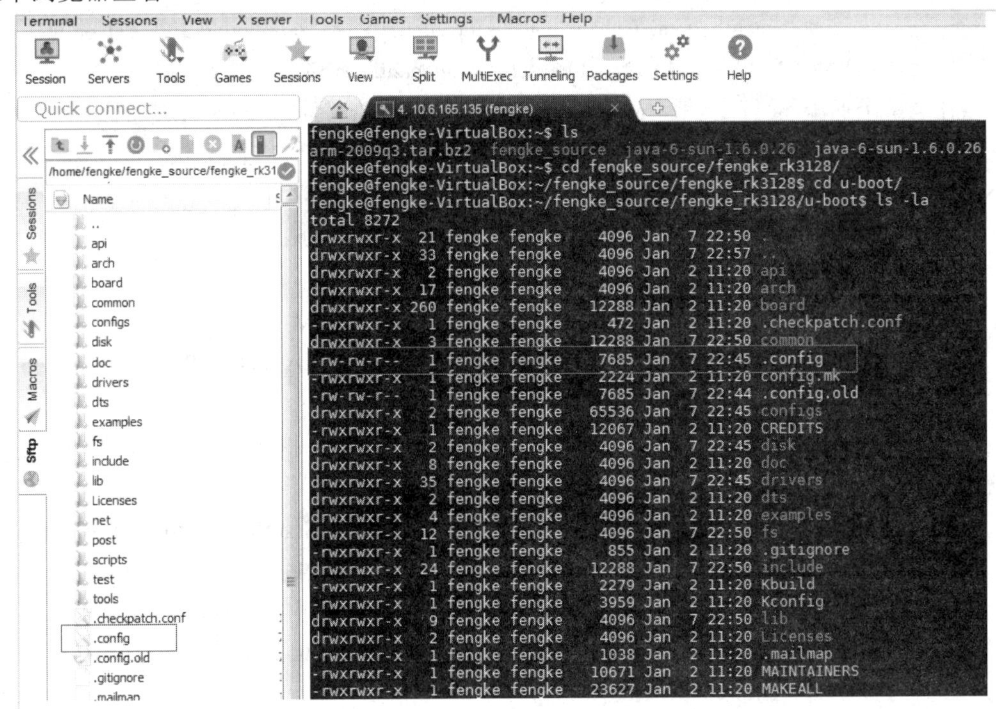

图 2-1

(3) 最后，输入 make 命令即可得到 U-Boot 镜像文件。其中的“u-boot.bin”是二进制文件，“u-boot”是 ELF 格式的文件。

这个过程的详细操作步骤如下，第一步只是命令输入，相对简单。下面介绍第二步和第三步，如何生成配置文件和如何生成 bin 文件。

> 如何在 Makefile 中增加调试信息，利用 echo 命令，如想打印“Hello World”，可以这样做：@echo "Hello World"。echo 加了@，命令会正常执行，但命令本身不回显(默认是显示命令到标准输出)；未加@，则 echo 后的命令体会执行也会回显。

第二步：为开发板建立配置文件 rk3128_defconfig，内容如下：

CONFIG_SYS_EXTRA_OPTIONS="RKCHIP_RK3128,PRODUCT_MID,SECOND_LEVEL_BOOTLOADER"

CONFIG_ARM=y =====> arm 架构

CONFIG_ROCKCHIP_ARCH32=y =====> 32 位系统

```
CONFIG_PLAT_RK30XX=y      =====> RK30XX 平台
# CONFIG_SYS_MALLOC_CLEAR_ON_INIT is not set
```

然后输入 make rk3128_defconfig 命令，接下来分析这个命令做了什么：

```
%config: scripts_basic outputmakefile FORCE
    @echo "... $(Q) $(CONFIG_SHELL) $(srctree) $@"
        =====>增加的调试信息，命令输出如下
        ... @ /bin/bash /home/fengke/fengke_source/fengke_rk3128/u-boot rk3128_defconfig
    +$(Q)$(CONFIG_SHELL) $(srctree)/scripts/multiconfig.sh $@
```

由于%是个通配符(有的是写成%_config 不是%config，写法不同不过没有区别)，所以无论 make 后面跟何种配置文件，make xxx_config 都是指向这个目标的。命令中的 CONFIG_SHELL 在 Makefile 之前有如下定义：

```
CONFIG_SHELL := $(shell if [ -x "$$BASH" ]; then echo $$BASH; \
    else if [ -x /bin/bash ]; then echo /bin/bash; \
    else echo sh; fi ; fi)
export CONFIG_SHELL HOSTCC HOSTCFLAGS HOSTLDFLAGS CROSS_COMPILE AS LD
CC
```

该定义表明 CONFIG_SHELL 用的是命令 sh 还是 bash(sh 和 bash 的区别为 bash 是 sh 的增强版本)。

我们继续来看完整的命令：+(Q)(CONFIG_SHELL) $(srctree)/scripts/multiconfig.sh $@，这里参数的具体含义在上面已经打印出来。因此实际执行的命令是/bin/bash $(srctree)/scripts/multiconfig.sh rk3128_defconfig。该脚本执行后会生成相应的.config 文件，如下：

```
fengke@fengke-VirtualBox:~/fengke_source/fengke_rk3128/u-boot$ make rk3128_defconfig
  HOSTCC    scripts/basic/fixdep
  HOSTCC    scripts/kconfig/conf.o
  SHIPPED   scripts/kconfig/zconf.tab.c
  SHIPPED   scripts/kconfig/zconf.lex.c
  SHIPPED   scripts/kconfig/zconf.hash.c
  HOSTCC    scripts/kconfig/zconf.tab.o
  HOSTLD    scripts/kconfig/conf
#
# configuration written to .config
#
```

接下来执行 make 命令编译 U-Boot，make 命令执行后会在 include 目录中生成 config.h 文件，如下：

```
/* Automatically generated - do not edit    */
#define CONFIG_RKCHIP_RK3128        1
#define CONFIG_PRODUCT_MID          1
#define CONFIG_SECOND_LEVEL_BOOTLOADER    1
#define CONFIG_BOARDDIR board/rockchip/rk32xx
```

```
#include <config_defaults.h>
#include <configs/rk30plat.h>
#include <asm/config.h>
#include <config_fallbacks.h>
#include <config_uncmd_spl.h>
```

前面三条命令是由之前定义的 rk3128_defconfig 文件中的 CONFIG_SYS_EXTRA_OPTIONS 指定产生的。

4．U-Boot 代码改动分析

Android 系统为了加快启动速度，于是在 U-Boot 启动后不等待，直接引导 Kernel 并加载 Android 系统。但是开发时为了调试，有时候必须进入 U-Boot，所以这里做了一点小改动，在系统启动时等待 3 秒钟，如果用户有输入(这里必须连接串口才能输入/输出)就进入 U-Boot，否则就加载 Kernel。

启动时等待 3 秒钟，修改如下：

```
$(dir)/u-boot/include/configs/rk_default_config.h


/*
 * Environment setup
 */
/* use preboot to detect key press for fastboot */
/* if you want to enable bootdelay, define CONFIG_PREBOOT as:
 *  #define CONFIG_PREBOOT "setenv bootdelay 3"
 * else just do as:
 *  #define CONFIG_PREBOOT
 */
#define CONFIG_PREBOOT setenv bootdelay 3
#define CONFIG_CMD_BOOTRK
#define CONFIG_BOOTCOMMAND       "bootrk"
```

这句话的意思也可以理解成设置 U-Boot 的环境变量 bootdelay 的值为 3(意思是最大延迟 3 秒钟等待用户输入)。可以进入 U-Boot 用命令 printenv 来查看当前的环境变量值，如图 2-2 所示。

```
Hit any key to stop autoboot:  0
rkboot #
rkboot # printenv
baudrate=115200
bootargs=loglevel=0
bootcmd=bootrk
bootdelay=3
fastboot_unlocked=0
initrd_high=0xffffffff=n
preboot=setenv bootdelay 3
verify=n

Environment size: 161/508 bytes
rkboot #
```

图 2-2

2.2 Kernel 简介

2.2.1 内核基本概念

1. 物理地址和虚拟地址

驱动编程时能够直接访问寄存器地址吗？答案是不能的，必须通过函数 ioremap()进行地址重映射。

虚拟空间：0～3G 用户空间为 0x00000000～0xbfffffff；3～4G 内核空间为 0xc0000000～0xffffffff。每个用户进程都有独立的用户空间(虚拟地址 0～3G)，而内核空间是唯一的(共享)。Linux 内核采用了最简单的映射方式来映射物理内存，即把物理地址＋PAGE_OFFSET 按照线性关系直接映射到内核空间。PAGE_OFFSET 大小为 0xC000000 (=3G)。但是 Linux 内核并没有把整个 1G 空间用于线性映射，而只映射了最多 896M 物理内存，预留了最高端的 128M 虚拟地址空间给 I/O 设备和其他用途。

2. 系统调用

系统调用(System Call)是操作系统为在用户态运行的进程与硬件设备进行交互提供的一组接口。当用户进程需要发生系统调用时，CPU 通过软中断切换到内核态开始执行内核系统调用函数。下面介绍 Linux 下三种发生系统调用的方法。

(1) 通过 bionic 提供的库函数调用。

通常情况，每个特定的系统调用对应了至少一个 bionic 封装的库函数，如系统提供的打开文件系统调用 sys_open 对应的是 bionic 中的 open 函数；其次 bionic 一个单独的 API 可能调用多个系统调用，如提供的 printf 函数就会调用 sys_open、sys_mmap、sys_write、sys_close 等系统调用；另外，多个 API 也可能只对应同一个系统调用，如 malloc、calloc、free 等函数用来分配和释放内存，它们都利用了内核的 sys_brk 的系统调用。

举例来说，我们通过 chmod 函数来改变文件 etc/passwd 的属性为 444，代码如图 2-3 所示。

```
#include <sys/types.h>
#include <sys/stat.h>
#include <errno.h>
#include <stdio.h>

int main()
{
        int rc;

        rc = chmod("/etc/passwd", 0444);
        if (rc == -1)
                fprintf(stderr, "chmod failed, errno = %d\n", errno);
        else
                printf("chmod success!\n");
        return 0;
}
```

图 2-3

编译运行(不能加 sudo)，输出结果为 chmod failed，errorno = 1。

错误码在/usr/include/asm-generic/errno-base.h(不是源代码目录，是 ubuntu 编译环境目录)文件中有描述。

(2) 使用 syscall 直接调用。

自己通过编译内核增加了一个系统调用，这时 bionic 不可能有新增系统调用的封装 API，此时我们可以利用 bionic 提供的 syscall 函数直接调用。该函数定义在 unistd.h 头文件中，函数原型是：long int syscall(long int sysno, ...)。其中，“sysno”是系统调用号，每个系统调用都有唯一的系统调用号来标识，在 sys/syscall.h 中有所有可能的系统调用号的宏定义；“...”为剩余可变长的参数，为系统调用所带的参数。可带 0～5 个不等的参数，如果超过特定系统调用能带的参数，多余参数被忽略。该函数返回值为特定系统调用的返回值，在系统调用成功之后可以将该返回值转化为特定的类型，如果系统调用失败则返回 −1，错误代码存放在 errno 中。

(3) 通过 int 指令陷入。

3. 内核线程

内核只有线程，没有进程，因为内核代码空间只有一份。

我们经常会遇到一些情况，需要内核在后台执行某些操作，这时可以使用 kernel threads 来实现，它仅仅存在于内核空间。kernelthreads 与 normal processes 的重要区别就是 kernelthreads 没有地址空间，因此它们的 mm 指针就是 NULL。kernel threads 仅仅在内核空间中活动，不会切换到用户空间。但是，kernelthreads 与 normal processes 一样，也是 schedulable 和 preemptable(可调度并且可抢占的)。

Linux 系统也有一些 tasks 会委托给 kernel threads 去处理，最明显的就是 flush task 和 ksoftirqd task，在 Linux 系统中运行 ps –ef 命令就可以看到这些内核线程，如图 2-4 所示。

```
UID        PID  PPID  C STIME TTY          TIME CMD
root         1     0  0 Aug17 ?        00:00:08 /sbin/init
root         2     0  0 Aug17 ?        00:00:00 [kthreadd]
root         3     2  0 Aug17 ?        00:04:03 [ksoftirqd/0]
root         5     2  0 Aug17 ?        00:00:00 [kworker/0:0H]
root         7     2  0 Aug17 ?        00:50:14 [rcu_sched]
root         8     2  0 Aug17 ?        00:00:00 [rcu_bh]
root         9     2  0 Aug17 ?        00:01:33 [migration/0]
root        10     2  0 Aug17 ?        00:00:21 [watchdog/0]
root        11     2  0 Aug17 ?        00:00:21 [watchdog/1]
root        12     2  0 Aug17 ?        00:01:30 [migration/1]
root        13     2  0 Aug17 ?        00:03:21 [ksoftirqd/1]
root        15     2  0 Aug17 ?        00:00:00 [kworker/1:0H]
root        16     2  0 Aug17 ?        00:00:18 [watchdog/2]
root        17     2  0 Aug17 ?        00:01:33 [migration/2]
root        18     2  0 Aug17 ?        00:02:37 [ksoftirqd/2]
root        20     2  0 Aug17 ?        00:00:00 [kworker/2:0H]
root        21     2  0 Aug17 ?        00:00:18 [watchdog/3]
root        22     2  0 Aug17 ?        00:01:36 [migration/3]
root        23     2  0 Aug17 ?        00:02:42 [ksoftirqd/3]
root        25     2  0 Aug17 ?        00:00:00 [kworker/3:0H]
root        26     2  0 Aug17 ?        00:00:00 [kdevtmpfs]
root        27     2  0 Aug17 ?        00:00:00 [netns]
root        28     2  0 Aug17 ?        00:00:00 [perf]
root        29     2  0 Aug17 ?        00:00:03 [khungtaskd]
root        30     2  0 Aug17 ?        00:00:00 [writeback]
root        31     2  0 Aug17 ?        00:00:00 [ksmd]
root        32     2  0 Aug17 ?        00:01:33 [khugepaged]
root        33     2  0 Aug17 ?        00:00:00 [crypto]
root        34     2  0 Aug17 ?        00:00:00 [kintegrityd]
root        35     2  0 Aug17 ?        00:00:00 [bioset]
root        36     2  0 Aug17 ?        00:00:00 [kblockd]
root        37     2  0 Aug17 ?        00:00:00 [ata_sff]
root        38     2  0 Aug17 ?        00:00:00 [md]
root        39     2  0 Aug17 ?        00:00:00 [devfreq_wq]
```

图 2-4

其实并不止这两个task，如图2-4显示的一样，还有很多kernel threads执行的tasks。kernelthreads是在系统启动时由其他的kernel threads创建的。一个kernel thread只能由其他的kernel thread创建。从已存在的kernel thread孵化出新的kernel thread的接口在<linux/kthread.h>中进行了声明，具体如下：

```
struct task_struct *kthread_create(int (*threadfn)(void*data),void *data,const char namefmt[], ...)
__attribute__((format(printf,3, 4)));
```

新task是由kthread kernel process通过clone()系统调用创建的。新的process将运行threadfn函数，这个函数是通过data参数传递的。这个process将被命名为namefmt，变量参数列表中的namefmt采用的是printf-style formatting的参数。这个process在创建后，处于unrunnable的状态，直到显示的调用wake_up_process()函数后，它才开始运行(或者runnable)。

也可以通过一个函数创建一个process并且让它变成runnable：kthread_run()，具体代码如下：

```
#define kthread_run(threadfn, data, namefmt, ...)                \
({                                                               \
      structtask_struct *__k                                     \
          =kthread_create(threadfn, data, namefmt, ## __VA_ARGS__);\
          if(!IS_ERR(__k))                                       \
              wake_up_process(__k);                              \
          __k;                                                   \
})
```

这个例程是一个宏，同时调用了kthread_create()和wake_up_process()。一旦开始，kernel thread就会一直存在直到它自己调用do_exit()函数或者内核的其他部分调用thread_stop()函数，并且将kthread_create()返回的task_struct结构的地址传递给thread_stop()：int kthread_stop(struct task_struct *k)。

4．内核中的同步和线程间的通信方式

1) 线程间的通信方式

(1) 使用全局变量。主要由于多个线程可能更改全局变量，因此全局变量最好声明为volatile。

(2) 使用消息实现通信。

2) 线程间的同步方式

(1) 临界区。

(2) 互斥量。

(3) 信号量。

(4) 事件。

3) 进程间通信方式

(1) 管道(pipe)。

(2) 信号(signal)。

(3) 共享内存(shared memory)。

(4) domain socket。

5. 中断

在/proc 目录下面，有两个与中断子系统相关的文件和子目录，它们是：

/proc/interrupts：文件

/proc/irq：子目录

读取 interrupts 会依次显示 IRQ 编号、每个 CPU 对该 IRQ 的处理次数、中断控制器的名字、IRQ 的名字，以及驱动程序注册该 IRQ 时使用的名字。

/proc/irq 目录下面会为每个注册的 IRQ 创建一个以 IRQ 编号为名字的子目录，每个子目录下分别有以下条目：

```
smp_affinity          -- IRQ 和 CPU 之间的亲缘绑定关系
smp_affinity_hint     -- 只读条目，用于用户空间做 IRQ 平衡只用
spurious              -- 可以获得该 IRQ 被处理和未被处理的次数的统计信息
handler_name          -- 驱动程序注册该 IRQ 时传入的处理程序的名字
```

根据 IRQ 的不同，以上条目不一定会全部都出现。

6. 时钟和定时器管理

时钟硬件，即一种产生定时中断的电路。

实时时钟(Real Time Clock，RTC)主要作用是给 Linux 系统提供时间。RTC 因为是电池供电的，所以掉电后时间不丢失。Linux 内核把 RTC 用作“离线”的时间与日期维护器。当 Linux 内核启动时，它从 RTC 中读取时间与日期，作为基准值。在运行期间内核完全抛开 RTC，以软件的形式维护系统的当前时间与日期，并在需要时将时间回写 RTC 芯片。

与 RTC 核心有关的文件有：

```
/drivers/rtc/class.c          --- 这个文件向 linux 设备模型核心注册了一个类 RTC，然后向
                                  驱动程序提供了注册/注销接口
/drivers/rtc/rtc-dev.c        --- 这个文件定义了基本的设备文件操作函数 open、read 等
/drivers/rtc/interface.c      --- 顾名思义，这个文件主要提供了用户程序与 RTC 驱动的接口
                                  函数，用户程序一般通过 ioctl 与 RTC 驱动交互，这里定义了
                                  每个 ioctl 命令需要调用的函数
/drivers/rtc/rtc-sysfs.c      --- 与 sysfs 有关
/drivers/rtc/rtc-proc.c       --- 与 proc 文件系统有关
/include/linux/rtc.h          --- 定义了与 RTC 有关的数据结构
```

时钟中断的周期(tick)。tick 仿佛是人的脉搏，不停地向各个器官提供血液。tick 在操作系统中，是分时调度最基础的组成部分。tick 是 Hz 的倒数，意即 timer interrupt 每发生一次中断的时间。如 Hz 为 250 时，tick 为 4 毫秒。

相关的代码文件有：

```
kernel/kernel/time/*
```

全局变量(jiffies)，64 位系统就是 64 位变量，记录上电开始所经历的 tick 数。

全局变量 jiffies 用来记录自系统启动以来产生的节拍的总数。启动时，内核将该量初

始化为 0，此后，每次时钟中断处理程序都会增加该变量的值。一秒内时钟中断的次数等于 Hz，所以 jiffies 一秒内增加的值也就是 Hz。系统运行时间以秒为单位，等于 jiffies/Hz。

jiffies 定义于文件<linux\Jiffies.h>中，和 arch 有关。

2.2.2 内核理论基础——如何阅读内核源码

Linux 内核基本全部是用 C 语言编写的。系统调度以及中断，系统调用(SWI)有部分代码使用汇编来写，如 kernel/arch/arm/kernel/entry-armv.S 文件，后缀名是.S 的文件基本都是汇编语言代码。

基本所有 C 语言语法以及预编译语法，Linux 内核里面都可以找到使用的例子。这里就以 kernel\include\linux\init.h 为例子，简单介绍一下 Linux 内核是如何使用 C 语言的，这里包括了编译的语法和连接脚本。通过这个例子，希望大家能够找到一个阅读内核源码的方法。

内核的 C 语言入口函数是什么？就是 Kernel\init\main.c 下面的 start_kernel 函数。大家有兴趣可以浏览一下源码，我们这里主要讲解 init.h 文件。下面是文件的源码：

```
#ifndef _LINUX_INIT_H
#define _LINUX_INIT_H

#include <linux/compiler.h>
#include <linux/types.h>

/* These macros are used to mark some functions or
 * initialized data (doesn't apply to uninitialized data)
 * as 'initialization' functions. The kernel can take this
 * as hint that the function is used only during the initialization
 * phase and free up used memory resources after
 *
 * Usage:
 * For functions:
 *
 * You should add __init immediately before the function name, like:
 *
 * static void __init initme(int x, int y)
 * {
 *      extern int z; z = x * y;
 * }
 *
 * If the function has a prototype somewhere, you can also add
 * __init between closing brace of the prototype and semicolon:
```

```
 *
 * extern int initialize_foobar_device(int, int, int) __init;
 *
 * For initialized data:
 * You should insert __initdata between the variable name and equal
 * sign followed by value, e.g.:
 *
 * static int init_variable __initdata = 0;
 * static const char linux_logo[] __initconst = { 0x32, 0x36, ... };
 *
 * Don't forget to initialize data not at file scope, i.e. within a function,
 * as gcc otherwise puts the data into the bss section and not into the init
 * section.
 *
 * Also note, that this data cannot be "const".
 */

/* These are for everybody (although not all archs will actually
    discard it in modules) */
#define __init          __section(.init.text) __cold notrace
#define __initdata  __section(.init.data)
#define __initconst __constsection(.init.rodata)
#define __exitdata  __section(.exit.data)
#define __exit_call __used __section(.exitcall.exit)

/*
 * Some architecture have tool chains which do not handle rodata attributes
 * correctly. For those disable special sections for const, so that other
 * architectures can annotate correctly.
 */
#ifdef CONFIG_BROKEN_RODATA
#define __constsection(x)
#else
#define __constsection(x) __section(x)
#endif

/*
 * modpost check for section mismatches during the kernel build.
 * A section mismatch happens when there are references from a
```

```
 * code or data section to an init section (both code or data).
 * The init sections are (for most archs) discarded by the kernel
 * when early init has completed so all such references are potential bugs.
 * For exit sections the same issue exists.
 *
 * The following markers are used for the cases where the reference to
 * the *init / *exit section (code or data) is valid and will teach
 * modpost not to issue a warning.  Intended semantics is that a code or
 * data tagged __ref* can reference code or data from init section without
 * producing a warning (of course, no warning does not mean code is
 * correct, so optimally document why the __ref is needed and why it's OK).
 *
 * The markers follow same syntax rules as __init / __initdata.
 */
#define __ref            __section(.ref.text) noinline
#define __refdata        __section(.ref.data)
#define __refconst       __constsection(.ref.rodata)

/* compatibility defines */
#define __init_refok     __ref
#define __initdata_refok __refdata
#define __exit_refok     __ref


#ifdef MODULE
#define __exitused
#else
#define __exitused  __used
#endif

#define __exit           __section(.exit.text) __exitused __cold notrace

/* Used for HOTPLUG_CPU */
#define __cpuinit        __section(.cpuinit.text) __cold notrace
#define __cpuinitdata    __section(.cpuinit.data)
#define __cpuinitconst   __constsection(.cpuinit.rodata)
#define __cpuexit        __section(.cpuexit.text) __exitused __cold notrace
#define __cpuexitdata    __section(.cpuexit.data)
#define __cpuexitconst   __constsection(.cpuexit.rodata)
```

```
/* Used for MEMORY_HOTPLUG */
#define __meminit          __section(.meminit.text) __cold notrace
#define __meminitdata      __section(.meminit.data)
#define __meminitconst     __constsection(.meminit.rodata)
#define __memexit          __section(.memexit.text) __exitused __cold notrace
#define __memexitdata      __section(.memexit.data)
#define __memexitconst     __constsection(.memexit.rodata)

/* For assembly routines */
#define __HEAD          .section".head.text","ax"
#define __INIT          .section".init.text","ax"
#define __FINIT         .previous

#define __INITDATA      .section".init.data","aw",%progbits
#define __INITRODATA    .section".init.rodata","a",%progbits
#define __FINITDATA     .previous

#define __CPUINIT        .section       ".cpuinit.text", "ax"
#define __CPUINITDATA    .section       ".cpuinit.data", "aw"
#define __CPUINITRODATA  .section       ".cpuinit.rodata", "a"

#define __MEMINIT           .section    ".meminit.text", "ax"
#define __MEMINITDATA       .section    ".meminit.data", "aw"
#define __MEMINITRODATA     .section    ".meminit.rodata", "a"

/* silence warnings when references are OK */
#define __REF           .section        ".ref.text", "ax"
#define __REFDATA       .section        ".ref.data", "aw"
#define __REFCONST      .section        ".ref.rodata", "a"

#ifndef __ASSEMBLY__
/*
 * Used for initialization calls..
 */
typedef int (*initcall_t)(void);
typedef void (*exitcall_t)(void);

extern initcall_t __con_initcall_start[], __con_initcall_end[];
```

```
extern initcall_t __security_initcall_start[], __security_initcall_end[];

/* Used for contructor calls. */
typedef void (*ctor_fn_t)(void);
/* Defined in init/main.c */
extern int do_one_initcall(initcall_t fn);
extern char __initdata boot_command_line[];
extern char *saved_command_line;
extern unsigned int reset_devices;

/* used by init/main.c */
void setup_arch(char **);
void prepare_namespace(void);
void __init load_default_modules(void);

extern void (*late_time_init)(void);

extern bool initcall_debug;

#endif

#ifndef MODULE

#ifndef __ASSEMBLY__

/* initcalls are now grouped by functionality into separate
 * subsections. Ordering inside the subsections is determined
 * by link order.
 * For backwards compatibility, initcall() puts the call in
 * the device init subsection.
 *
 * The 'id' arg to __define_initcall() is needed so that multiple initcalls
 * can point at the same handler without causing duplicate-symbol build errors.
 */

#define __define_initcall(fn, id) \
    static initcall_t __initcall_##fn##id __used \
    __attribute__((__section__(".initcall" #id ".init"))) = fn

/*
```

```
 * Early initcalls run before initializing SMP.
 *
 * Only for built-in code, not modules.
 */
#define early_initcall(fn)              __define_initcall(fn, early)

/*
 * A "pure" initcall has no dependencies on anything else, and purely
 * initializes variables that couldn't be statically initialized.
 *
 * This only exists for built-in code, not for modules.
 * Keep main.c:initcall_level_names[] in sync.
 */
#define pure_initcall(fn)               __define_initcall(fn, 0)

#define core_initcall(fn)               __define_initcall(fn, 1)
#define core_initcall_sync(fn)          __define_initcall(fn, 1s)
#define postcore_initcall(fn)           __define_initcall(fn, 2)
#define postcore_initcall_sync(fn)      __define_initcall(fn, 2s)
#define arch_initcall(fn)               __define_initcall(fn, 3)
#define arch_initcall_sync(fn)          __define_initcall(fn, 3s)
#define subsys_initcall(fn)             __define_initcall(fn, 4)
#define subsys_initcall_sync(fn)        __define_initcall(fn, 4s)
#define fs_initcall(fn)                 __define_initcall(fn, 5)
#define fs_initcall_sync(fn)            __define_initcall(fn, 5s)
#define rootfs_initcall(fn)             __define_initcall(fn, rootfs)
#define device_initcall(fn)             __define_initcall(fn, 6)
#define device_initcall_sync(fn)        __define_initcall(fn, 6s)
#define late_initcall(fn)               __define_initcall(fn, 7)
#define late_initcall_sync(fn)          __define_initcall(fn, 7s)

#define __initcall(fn) device_initcall(fn)

#define __exitcall(fn) \
    static exitcall_t __exitcall_##fn __exit_call = fn

#define console_initcall(fn) \
    static initcall_t __initcall_##fn \
    __used __section(.con_initcall.init) = fn
```

```
#define security_initcall(fn) \
	static initcall_t __initcall_##fn \
	__used __section(.security_initcall.init) = fn

struct obs_kernel_param {
	const char *str;
	int (*setup_func)(char *);
	int early;
};

/*
 * Only for really core code.  See moduleparam.h for the normal way.
 *
 * Force the alignment so the compiler doesn't space elements of the
 * obs_kernel_param "array" too far apart in .init.setup.
 */
#define __setup_param(str, unique_id, fn, early)			\
	static const char __setup_str_##unique_id[] __initconst	\
		__aligned(1) = str; \
	static struct obs_kernel_param __setup_##unique_id	\
		__used __section(.init.setup)			\
		__attribute__((aligned((sizeof(long)))))	\
		= { __setup_str_##unique_id, fn, early }

#define __setup(str, fn)					\
	__setup_param(str, fn, fn, 0)

/* NOTE: fn is as per module_param, not __setup!  Emits warning if fn
 * returns non-zero. */
#define early_param(str, fn)					\
	__setup_param(str, fn, fn, 1)

/* Relies on boot_command_line being set */
void __init parse_early_param(void);
void __init parse_early_options(char *cmdline);
#endif /* __ASSEMBLY__ */

/**
```

```
 * module_init() - driver initialization entry point
 * @x: function to be run at kernel boot time or module insertion
 *
 * module_init() will either be called during do_initcalls() (if
 * builtin) or at module insertion time (if a module).   There can only
 * be one per module.
 */
#define module_init(x)      __initcall(x);

/**
 * module_exit() - driver exit entry point
 * @x: function to be run when driver is removed
 *
 * module_exit() will wrap the driver clean-up code
 * with cleanup_module() when used with rmmod when
 * the driver is a module.   If the driver is statically
 * compiled into the kernel, module_exit() has no effect.
 * There can only be one per module.
 */
#define module_exit(x)      __exitcall(x);

#else /* MODULE */

/* Don't use these in loadable modules, but some people do... */
#define early_initcall(fn)          module_init(fn)
#define core_initcall(fn)           module_init(fn)
#define postcore_initcall(fn)       module_init(fn)
#define arch_initcall(fn)           module_init(fn)
#define subsys_initcall(fn)         module_init(fn)
#define fs_initcall(fn)             module_init(fn)
#define device_initcall(fn)         module_init(fn)
#define late_initcall(fn)           module_init(fn)

#define security_initcall(fn)       module_init(fn)

/* Each module must use one module_init(). */
#define module_init(initfn)                          \
    static inline initcall_t __inittest(void)        \
    { return initfn; }                               \
```

```
    int init_module(void) __attribute__((alias(#initfn)));

/* This is only required if you want to be unloadable. */
#define module_exit(exitfn)                          \
    static inline exitcall_t __exittest(void)        \
    { return exitfn; }                               \
    void cleanup_module(void) __attribute__((alias(#exitfn)));

#define __setup_param(str, unique_id, fn)  /* nothing */
#define __setup(str, func)                 /* nothing */
#endif

/* Data marked not to be saved by software suspend */
#define __nosavedata __section(.data..nosave)

/* This means "can be init if no module support, otherwise module load may call it." */
#ifdef CONFIG_MODULES
#define __init_or_module
#define __initdata_or_module
#define __initconst_or_module
#define __INIT_OR_MODULE    .text
#define __INITDATA_OR_MODULE    .data
#define __INITRODATA_OR_MODULE  .section ".rodata","a",%progbits
#else
#define __init_or_module __init
#define __initdata_or_module __initdata
#define __initconst_or_module __initconst
#define __INIT_OR_MODULE __INIT
#define __INITDATA_OR_MODULE __INITDATA
#define __INITRODATA_OR_MODULE __INITRODATA
#endif /*CONFIG_MODULES*/

#ifdef MODULE
#define __exit_p(x) x
#else
#define __exit_p(x) NULL
#endif

#endif /* _LINUX_INIT_H */
```

下面我们来分析一下这个文件。__section 的作用是定义一个代码或者数据段的名字，其定义如下：

```
# define __section(S) __attribute__ ((__section__(#S)))
```

定义名字有什么用呢？代码或者数据段有了名字，编译器就可以根据名字把不同的段组织到特定的位置，就可以方便维护或者简化流程。比如所有__init 定义的函数都在.init.text 段，这些段的函数都是启动的时候只运行一次的函数，把它们放到一起，在系统初始化完成之后，这部分代码所占用的空间便可以回收使用。

下面我们看#define __define_initcall(fn, id)的定义，拷贝下来方便分析：

```
#define __define_initcall(fn, id) \
    static initcall_t __initcall_##fn##id __used \
    __attribute__((__section__(".initcall" #id ".init"))) = fn
```

这个其实就是定义一个 static 的函数指针变量，并初始化该变量为 fn。也就是这个指针里面的内容就是 fn 函数的地址。而这个 static 变量的属性被定义为“".initcall" #id ".init"”。我们把这个宏#define core_initcall(fn)__define_initcall(fn, 1)来进行展开。

定义：core_initcall(cpufreq_core_init) 展开后为

```
Static initcall_t __initcall_cpufreq_core_init1 __used __attribute__((__section__(".initcall1.init"))) = 
cpufreq_core_init;
```

下面不同的定义，确定了不同属性名字的指针数组，如图 2-5 所示。

```
00196: #define pure_initcall(fn)          __define_initcall(fn, 0)
00197:
00198: #define core_initcall(fn)          __define_initcall(fn, 1)
00199: #define core_initcall_sync(fn)       __define_initcall(fn, 1s)
00200: #define postcore_initcall(fn)        __define_initcall(fn, 2)
00201: #define postcore_initcall_sync(fn)   __define_initcall(fn, 2s)
00202: #define arch_initcall(fn)          __define_initcall(fn, 3)
00203: #define arch_initcall_sync(fn)       __define_initcall(fn, 3s)
00204: #define subsys_initcall(fn)        __define_initcall(fn, 4)
00205: #define subsys_initcall_sync(fn)     __define_initcall(fn, 4s)
00206: #define fs_initcall(fn)            __define_initcall(fn, 5)
00207: #define fs_initcall_sync(fn)         __define_initcall(fn, 5s)
00208: #define rootfs_initcall(fn)        __define_initcall(fn, rootfs)
00209: #define device_initcall(fn)        __define_initcall(fn, 6)
00210: #define device_initcall_sync(fn)     __define_initcall(fn, 6s)
00211: #define late_initcall(fn)          __define_initcall(fn, 7)
00212: #define late_initcall_sync(fn)       __define_initcall(fn, 7s)
```

图 2-5

定义了这些数组之后，有什么用呢？我们先来看内核的连接脚本 kernel/arch/arm/kernel/vmlinux.lds 里面有关于.init.data : { ...}段的定义：

__initcall_start = .; *(.initcallearly.init) __initcall0_start = .; *(.initcall0.init) *(.initcall0s.init) __initcall1_start = .; *(.initcall1.init) *(.initcall1s.init) __initcall2_start = .; *(.initcall2.init) *(.initcall2s.init) __initcall3_start = .; *(.initcall3.init) *(.initcall3s.init) __initcall4_start = .; *(.initcall4.init) *(.initcall4s.init) __initcall5_start = .; *(.initcall5.init) *(.initcall5s.init) __initcallrootfs_start = .; *(.initcallrootfs.init) *(.initcallrootfss.init) __initcall6_start = .; *(.initcall6.init) *(.initcall6s.init) __initcall7_start = .; *(.initcall7.init) *(.initcall7s.init) __initcall_end = .;

这样通过脚本，就可以按照顺序把不同的初始化函数放到不同的优先级数组里面了。那么这些定义的数组在哪里访问或者使用呢？我们来看 kernel\init\main.c 文件里面有下面的定义，如图 2-6 所示。

```
00709: extern initcall_t __initcall_start[];
00710: extern initcall_t __initcall0_start[];
00711: extern initcall_t __initcall1_start[];
00712: extern initcall_t __initcall2_start[];
00713: extern initcall_t __initcall3_start[];
00714: extern initcall_t __initcall4_start[];
00715: extern initcall_t __initcall5_start[];
00716: extern initcall_t __initcall6_start[];
00717: extern initcall_t __initcall7_start[];
00718: extern initcall_t __initcall_end[];
00719:
00720: static initcall_t *initcall_levels[] __initdata = {
00721:     __initcall0_start,
00722:     __initcall1_start,
00723:     __initcall2_start,
00724:     __initcall3_start,
00725:     __initcall4_start,
00726:     __initcall5_start,
00727:     __initcall6_start,
00728:     __initcall7_start,
00729:     __initcall_end,
00730: };
00731:
```

图 2-6

图 2-6 中的 extern 定义的函数指针数组正是连接脚本里面定义的变量。下面我们看初始化函数，如图 2-7 所示。

```
00744: static void __init do_initcall_level(int level)
00745: {
00746:     extern const struct kernel_param __start___param[], __stop___param[];
00747:     initcall_t *fn;
00748:
00749:     strcpy(static_command_line, saved_command_line);
00750:     parse_args(initcall_level_names[level],
00751:            static_command_line, __start___param,
00752:            __stop___param - __start___param,
00753:            level, level,
00754:            &repair_env_string);
00755:
00756:     for (fn = initcall_levels[level]; fn < initcall_levels[level+1]; fn++)
00757:         do_one_initcall(*fn);
00758: }
00759:
00760: static void __init do_initcalls(void)
00761: {
00762:     int level;
00763:
00764:     for (level = 0; level < ARRAY_SIZE(initcall_levels) - 1; level++)
00765:         do_initcall_level(level);
00766: }
```

图 2-7

图 2-7 中的 do_initcalls 函数就是根据初始化数组的优先级顺序调用不同的函数进行初始化了。这个优先级从 0 开始，直到 7 结束。

通过以上介绍大家就能明白整个连接和调用过程了，这里总结如下：

(1) 在驱动代码里面使用 fs_initcall(rk_screen_init)或者 module_init(rk29_gps_init)等生

成初始化的 static 函数指针。

(2) 内核连接的时候，会根据变量的段属性(通过 __attribute__((__section__(".initcall" #id ".init")))指定)把相同属性的变量放到一个连续的段内。

(3) 根据连接脚本 kernel/arch/arm/kernel/vmlinux.lds，不同属性的段会按照特定的顺序保存在 .init.data : { ... } 段的 __initcall_start 和 __initcall_end 之间。图 2-8 和图 2-9 所示是内核编译输出的符号表截图(kernel\System.map)。

```
68650  c0c0d134 T __initcall_start
68651  c0c0d134 t __initcall_trace_init_flags_sys_exitearly
68652  c0c0d134 T __setup_end
68653  c0c0d138 t __initcall_trace_init_flags_sys_enterearly
68654  c0c0d13c t __initcall_init_static_idmapearly
68655  c0c0d140 t __initcall_rockchip_pl330_l2_cache_initearly
68656  c0c0d144 t __initcall_rockchip_cpu_axi_initearly
68657  c0c0d148 t __initcall_spawn_ksoftirqdearly
68658  c0c0d14c t __initcall_init_workqueuesearly
68659  c0c0d150 t __initcall_check_cpu_stall_initearly
68660  c0c0d154 t __initcall_migration_initearly
68661  c0c0d158 t __initcall_cpu_stop_initearly
68662  c0c0d15c t __initcall_rcu_register_oom_notifierearly
68663  c0c0d160 t __initcall_rcu_scheduler_really_startedearly
68664  c0c0d164 t __initcall_rcu_spawn_gp_kthreadearly
68665  c0c0d168 t __initcall_relay_initearly
68666  c0c0d16c t __initcall_tracer_alloc_buffersearly
68667  c0c0d170 t __initcall_init_eventsearly
68668  c0c0d174 t __initcall_init_trace_printkearly
68669  c0c0d178 t __initcall_event_trace_memsetupearly
68670  c0c0d17c T __initcall0_start
68671  c0c0d17c t __initcall_ipc_ns_init0
68672  c0c0d180 t __initcall_init_mmap_min_addr0
68673  c0c0d184 t __initcall_init_cpufreq_transition_notifier_list0
68674  c0c0d188 t __initcall_net_ns_init0
68675  c0c0d18c T __initcall1_start
68676  c0c0d18c t __initcall_vfp_init1
68677  c0c0d190 t __initcall_ptrace_break_init1
68678  c0c0d194 t __initcall_register_cpufreq_notifier1
```

图 2-8

```
69569  c0c0df64 t __initcall_rockchip_wifi_init_module_
69570  c0c0df68 t __initcall_rockchip_wifi_init_module_
69571  c0c0df6c t __initcall_init7
69572  c0c0df70 t __initcall_sensor_init7
69573  c0c0df74 t __initcall_rtc_hctosys7
69574  c0c0df78 t __initcall_sync_debugfs_init7
69575  c0c0df7c t __initcall_clk_debug_init7
69576  c0c0df80 t __initcall_rockchip_headset_init7
69577  c0c0df84 t __initcall_rk1000_codec_proc_init7
69578  c0c0df88 t __initcall_rockchip_spdif_init7
69579  c0c0df8c t __initcall_tcp_congestion_default7
69580  c0c0df90 t __initcall_tcp_fastopen_init7
69581  c0c0df94 t __initcall_ip_auto_config7
69582  c0c0df98 t __initcall_clk_disable_unused7s
69583  c0c0df9c t __initcall_snd_usb_audio_init7s
69584  c0c0dfa0 t __initcall_alsa_sound_last_init7s
69585  c0c0dfa4 t __initcall_initialize_hashrnd7s
69586  c0c0dfa8 T __con_initcall_end
69587  c0c0dfa8 T __con_initcall_start
69588  c0c0dfa8 T __initcall_end
69589  c0c0dfa8 t __initcall_selinux_init
```

图 2-9

排列的顺序就是 early — 0 — 0s — 1 ··· —7 — 7s。

(4) 内核初始化程序会按照先后顺序调用各个初始化函数，从而完成整个系统的初始化。

所以我们查找一个函数，是 static 的，外部也没有任何地方调用这个函数，那么它是怎么被调用的呢？刚刚讲的就是一种常用的手段。内核里面有很多类似的使用，大家可以多阅读，多体会。下面再讲内核里面常用的一个宏定义 container_of，源码文件在 kernel\include\linux\kernel.h，定义如图 2-10 所示。

```
00776: /**
00777:  * container_of - cast a member of a structure out to the containing structure
00778:  * @ptr:    the pointer to the member.
00779:  * @type:   the type of the container struct this is embedded in.
00780:  * @member: the name of the member within the struct.
00781:  *
00782:  */
00783: #define container_of(ptr, type, member) ({          \
00784:     const typeof( ((type *)0)->member ) *__mptr = (ptr);    \
00785:     (type *)( (char *)__mptr - offsetof(type,member) );})
00786:
```

图 2-10

kernel.h 这个头文件里面有很有用的定义，大家可以仔细阅读。这个宏的作用就是通过一个结构体里面某个变量的指针(起始地址)获取到整个结构体的指针。

这个宏有什么作用呢？在内核源码里面搜索 container_of 会找到一大堆的使用，这里随便举一个例子 ，串口驱动 kernel\include\linux\module.h 文件里面 module_attribute 的定义，如图 2-11 所示。

```
00047: struct module_attribute {
00048:     struct attribute attr;
00049:     ssize_t (*show)(struct module_attribute *, struct module_kobject *,
00050:             char *);
00051:     ssize_t (*store)(struct module_attribute *, struct module_kobject *,
00052:              const char *, size_t count);
00053:     void (*setup)(struct module *, const char *);
00054:     int (*test)(struct module *);
00055:     void (*free)(struct module *);
00056: };
```

图 2-11

其中，前面第一个成员变量是 struct attribute attr，这个是 sysfs.h 里面定义的一个通用的属性。

然后我们看 kernel/params.c 里面的 module_attr_show 函数，源码如下：

```
/* module-related sysfs stuff */
static ssize_t module_attr_show(struct kobject *kobj,
                struct attribute *attr,
                char *buf)
{
```

```
    struct module_attribute *attribute;
    struct module_kobject *mk;
    int ret;

    attribute = to_module_attr(attr);
    mk = to_module_kobject(kobj);

    if (!attribute->show)
        return -EIO;

    ret = attribute->show(attribute, mk, buf);

    return ret;
}
```

其中，#define to_module_attr(n) container_of(n, struct module_attribute, attr)这里面container_of 的作用就是把一个 struct attribute *attr 的指针转换为 struct module_attribute *attribute 的指针。为什么要这样转呢？因为 sysfs_op 里面定义的类型就是这样的，如图 2-12 所示。struct sysfs_ops 里面定义的是最基本的数据类型。module_sysfs_ops 根据自己的需要做了扩展，这个有一点类似 C++里面的继承。通过这种方法，可使数据的处理清晰简洁，模块的关联性小。

```
00894: static const struct sysfs_ops module_sysfs_ops = {
00895:         .show = module_attr_show,
00896:         .store = module_attr_store,
00897: };
```

图 2-12

我们在阅读 Linux 内核源码的时候，一定要把关键点弄懂。首先起码要把语法弄懂，对于一些复杂的宏，我们可以自己手工展开或者写个小程序测试。涉及算法的，要多参考一下相关方面的资料，熟悉算法原理。另外，可能还要结合连接脚本以及反汇编进行细节分析。

最后讲一个简单的 C 语言的例子结束本节的内容。这也是一个很简单的例子，源码如下：

```
#include "stdio.h"
#include "string.h"

#define ALIGNS( x , a)          ((x+a)&(~a))
#define ALIGN4( x )             ALIGNS(x,3)
#define ALIGN8( x )             ALIGNS(x,7)

#define VAR_CALL_ALIGN(x)   ALIGN4( x )
```

```
#warning "this is a warnning"

void var_parameter_test_std(const char* fmt , ... )
{
    va_list arg_ptr;
    va_start(arg_ptr,fmt);
    char c;
    int nArgValue;
    char *ArgChars;

    printf("STD:&fmp=%p,arg_ptr=%p\n" ,&fmt , arg_ptr ); // sizeof(fmt) = 4.

    do
     {
         c =*fmt;
         if (c != '%' )
         {
              putchar(c);                    //照原样输出字符
         }
         else
        {
        //按格式字符输出数据
              switch(*++fmt) {
              case 'd':
                   nArgValue = va_arg(arg_ptr,int);
                   printf("%d",nArgValue);
                   break;
              case 'x':
                  nArgValue = va_arg(arg_ptr,int);
                   printf("0x%0x",nArgValue);
                   break;
              case 's':
                  ArgChars = va_arg(arg_ptr,char*);
                  //printf("arg_ptr=%p,pChars=%p\n" ,arg_ptr, ArgChars );
                  printf("%s",ArgChars);
                  //sz = strlen((char*)pArg);
                  // sz = ALIGN4(strlen((char*)pArg));
                  break;
              case 'c':
                  /*
```

```
                note: (so you should pass 'int' not 'char' to 'va_arg')
                note: if this code is reached, the program will abort
                */
                c = (char)va_arg(arg_ptr,int);
                //c = va_arg(arg_ptr,char);   //使用 char 会怎样呢？？
                putchar(c);
                break;
            default:
                break;
            }
        }
        ++fmt;
    }while (*fmt != '\0');
    va_end(arg_ptr);
    putchar('\n');
}

// use for var parameter
void var_parameter_test(const char* fmt , ... )
{
    char* pArg=NULL;            //等价于原来的 va_list
    char c;
    //注意不要写成 pArg = fmt !!因为这里要对参数取址，而不是取值
    pArg = (char*) &fmt;
    pArg += VAR_CALL_ALIGN(sizeof(fmt));          //等价于原来的 va_start
    //pArg += ALIGN4(strlen(fmt));
    printf("MY:&fmp=%p,pArg=%p\n" ,&fmt , pArg ); // sizeof(fmt) = 4.
    //printf("string-par=%s\n" ,*((char**)pArg));
    do
    {
        c =*fmt;
        if (c != '%' )
        {
            putchar(c);                //照原样输出字符
        }
        else
        {
            //按格式字符输出数据
            int sz = sizeof(int);
            switch(*++fmt) {
```

```
                case 'd':
                    printf("%d",*((int*)pArg));
                    break;
                case 'x':
                    printf("%#x",*((int*)pArg));
                    break;
                case 's':
                    printf("%s",*((char**)pArg));
                    //sz = strlen((char*)pArg);
                    sz = sizeof(char*);
                    break;
                case 'c':
                    putchar(*((char*)pArg));
                    sz = 1;
                    break;
                default:
                    break;
                }
                //获取下一个可变参数
                pArg += VAR_CALL_ALIGN(sizeof(int)); //等价于原来的 va_arg
            }
            ++fmt;
        }while (*fmt != '\0');
        pArg = NULL;            //等价于 va_end

        putchar('\n');
        return;

}

int main( int argc , char* argv[] )
{
    printf("Hello Part1-C-grogram\n");

    var_parameter_test_std("STD-""FORMAT:%s%c!score=%d" ,
        "Do you love c program?" , 'y' , 100 );
    var_parameter_test("MY-""FORMAT:%s%c!score=%d" ,
        "Do you love c program?" , 'n' , 66 );

    printf("Press Enter to Exit:");
```

```
        getc(stdin);
        return 0;
    }
```

这个例子很简单，就是实现一个可变参数的函数。我们知道可变参数，C 语言库提供了很好的支持，就是用 va_list、va_start、va_arg、va_end。

```
#define va_start(v,l)        __builtin_va_start(v,l)
#define va_end(v)            __builtin_va_end(v)
#define va_arg(v,l)          __builtin_va_arg(v,l)
```

说明这个可变参数的支持已经从语言的语法变成编译器的默认支持。

我们用自己的函数来实现这个可变参数，主要的作用就是想让大家了解指针的使用，了解可变参数的传递和使用，了解 C 语言是怎样传递参数的。

本节课程我们没有详细讲解 C 语言的语法，对于语法，大家即使不清楚，也可以在网上找到。C 语言好比砖和瓦，Linux 好比一栋雄伟的大厦，那些编码高手就是能工巧匠。一门语言，最关键的就是编译器。我们有时候看一些 C 代码总是云里雾里的，但是编译器却一点也不含糊。想想我们现在用的电脑，用的手机，天上跑的飞机，海里游的潜艇，里面处理器运行的核心代码基本都是 C 语言编写的，这是多么神奇的事情。

2.2.3 内核理论基础——设备树 DTS

DTS 即 Device Tree Source 设备树源码，Device Tree 是一种描述硬件的数据结构，它起源于 OpenFirmware (OF)。在 Linux 2.6 中，ARM 架构的板极硬件细节过多地被硬编码在 arch/arm/plat-xxx 和 arch/arm/mach-xxx，比如板上的 Platform 设备、Resource、i2c_board_info、spi_board_info 以及各种硬件的 Platform_data，这些板级细节代码对内核来讲只不过是垃圾代码。而采用 Device Tree 后，许多硬件的细节可以直接透过它传递给 Linux，而不再需要在 Kernel 中进行大量的冗余编码。

现有 ARM 平台的相关编码规范如下：

- ARM 的核心代码保存在 arch/arm 目录下；
- ARM SoC 的 architecture 代码保存在 arch/arm 目录下；
- ARM SoC 的周边外设模块的驱动保存在 drivers 目录下；
- ARM SoC 的特定代码在 arch/arm/mach-xxx 目录下；
- ARM SOC board specific 由 DeviceTree 机制来负责传递硬件拓扑和硬件资源信息。

本质上，Device Tree 只是改变了原来用 hardcode 方式将 HW 配置信息嵌入到内核代码的方法，改用 Bootloader 传递一个 DB 的形式。如果大家以前用过 Samsung 芯片的开发板，或许知道写驱动时候获取资源(相关寄存器配置)的方式就是 hardcode 的方式完成的。

如果我们认为 Kernel 是一个函数，那么什么样的入参应该赋予这个函数，或者说 Kernel 在运行时需要什么样的配置信息。以下列出一些常用的配置：

- 识别 platform 的信息；
- runtime 的配置参数；

- 设备的拓扑结构以及特性；
- 设备私有参数，可以是一段内存空间打包给 Kernel。

对于嵌入式系统，在系统启动阶段，Bootloader 会加载内核并将控制权转交给内核。此外，还需要把上述的私有参数信息传递给 Kernel，以便 Kernel 可以有较大的灵活性。在 Linux Kernel 中，Device Tree 的设计目标就是如此。

1. DTS 基础知识

1) DTS的加载过程

如果要使用 Device Tree，则用户首先要了解自己的硬件配置和系统运行参数(可以从“RK3128 技术参考手册”获取相关的信息)，并把这些信息组织成 Device Tree Source File。通过 DTC(Device Tree Compiler)，可以将这些适合人类阅读的 Device Tree Source File 变成适合机器处理的 Device Tree Binary File(这里有一个更好听的名字：DTB，Device Tree Blob)。在系统启动的时候，启动程序(例如：Firmware、BootLoader)可以将保存在 Flash 中的 DTB 拷贝到内存(当然也可以通过其他方式，例如可以通过 Bootloader 的交互式命令加载 DTB，或者 Firmware 可以探测到 Device 的信息，组织成 DTB 保存在内存中)，并把 DTB 的起始地址传递给客户程序(例如 OS Kernel，Bootloader 或者其他特殊功能的程序)，如图 2-13 所示。对于计算机系统(Computer System)，一般是 Firmware→Bootloader→OS，对于嵌入式系统，一般是 Bootloader→OS。

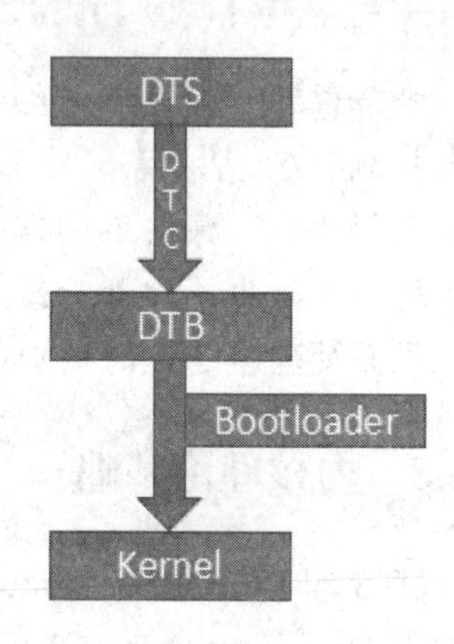

图 2-13

2) DTS的描述信息

Device Tree 由一系列被命名的结点(node)和属性(property)组成，而结点本身可包含子结点。所谓属性，其实就是成对出现的 name 和 value。在 Device Tree 中，可描述的信息包括(原先这些信息大多被硬编码到 Kernel 中)以下方面：

(1) CPU Core 的数量和类别；

(2) 内存基地址和大小；

(3) 总线和桥(UART)；

(4) 外设连接(I2C、SPI)；

(5) 中断控制器和中断使用情况；

(6) GPIO 控制器和 GPIO 使用情况；

(7) Clock 控制器和 Clock 使用情况(可以了理解成定时器)。

它基本上就是画一棵电路板上 CPU、总线、设备组成的树。Bootloader 会将这棵树传递给内核，然后内核可以识别这棵树，并根据它展开 Linux 内核中的 platform_device、i2c_client、spi_device 等设备，而这些设备用到的内存、IRQ 等资源，也被传递给了内核，内核会将这些资源绑定给展开的相应设备。

是否 Device Tree 需要描述系统中的所有硬件信息？答案是否定的。事实上，如果可以动态探测到的设备是不需要描述的，例如 USB Device。不过对于 SoC 上的 USBHost-

Controller 无法动态识别，需要在 Device Tree 中描述。同样的道理，在 Computer System 中，PCI Device 可以被动态探测到，不需要在 Device Tree 中描述，但是 PCI Bridge 如果不能被动态探测到，那么就需要描述了。

.dts 文件是一种 ASCII 文本格式的 Device Tree 描述，此文本格式非常人性化，适合人类的阅读习惯。基本上，在 ARM Linux 中，一个.dts 文件对应一个 ARM 的 machine，一般放置在内核的 arch/arm/boot/dts/目录。由于一个 SoC 可能对应多个 machine(一个 SoC 可以对应多个产品和电路板)，势必这些.dts 文件需包含许多共同的部分，Linux 内核为了简化，把 SoC 公用的部分或者多个 machine 共同的部分一般提炼为.dtsi，类似于 C 语言的头文件。其他的 machine 对应的.dts 包含这个.dtsi。例如，对于 RK3288 而言，rk3288.dtsi 就被 rk3288-chrome.dts 所引用，rk3288-chrome.dts 有如下一行代码：

```
#include "rk3288.dtsi"
```

对于 RK3128(开发板中用的是 rk3128-study.dts)，它包含了 rk312x.dtsi、rk312x-clocks.dtsi、rk312x-pinctrl.dtsi、rk312x-sdk.dtsi 这几个关键的文件。当然，和 C 语言的头文件类似，.dtsi 也可以包含其他的.dtsi，例如几乎所有的 ARM SoC 的.dtsi 都引用了 skeleton.dtsi，即#include"skeleton.dtsi"。例如，rk312x.dtsi 就有如图 2-14 所示的包含。

```
#include <dt-bindings/interrupt-controller/arm-gic.h>
#include <dt-bindings/suspend/rockchip-pm.h>
#include <dt-bindings/sensor-dev.h>
#include <dt-bindings/clock/rk_system_status.h>
#include <dt-bindings/rkfb/rk_fb.h>

#include "skeleton.dtsi"
#include "rk312x-clocks.dtsi"
#include "rk312x-pinctrl.dtsi"

/ {
    compatible = "rockchip,rk312x";
    rockchip,sram = <&sram>;
    interrupt-parent = <&gic>;
```

图 2-14

正常情况下所有的.dts 文件以及.dtsi 文件都含有一个根节点“/”，这样包含之后就会造成有很多个根节点？按理说 Device Tree 既然是一个树，那么其只能有一个根节点，所有其他的节点都是派生于根节点的 child node(子节点)。其实 Device Tree Compiler 会对 DTS 的 node 进行合并，最终生成的 DTB 中只有一个 root node。

Device Tree 的基本单元是 node(节点)。这些 node 被组织成树状结构，除了 root node(根节点)，每个 node 都只有一个 parent(父节点)。一个 Device Tree 文件中只能有一个 root node。每个 node 中包含了若干的 property/value 来描述该 node 的一些特性。每个 node 用节点名字(node name)标识，节点名字的格式是 node-name@unit-address。如果该 node 没有 reg 属性(后面会描述这个属性)，那么该节点名字中必须不能包括@和 unit-address。unit-address 的具体格式是和设备挂在哪个 bus(总线)上相关。例如对于 CPU，其 unit-address 就是从 0 开始编址，以后逐渐加一。而具体的设备，例如以太网控制器，其 unit-address 就是寄存器地址。root node 的 node name 是确定的，必须是“/”。RK3128 的

CPU 属性描述如下(CPU 一共由 4 个 Core 组成)：

```
cpus {
        #address-cellas = <1>;
        #size-cells = <0>;

        cpu@0 {
                device_type = "cpu";
                compatible = "arm,cortex-a7";
                reg = <0xf00>;
        };
        cpu@1 {
                device_type = "cpu";
                compatible = "arm,cortex-a7";
                reg = <0xf01>;
        };
        cpu@2 {
                device_type = "cpu";
                compatible = "arm,cortex-a7";
                reg = <0xf02>;
        };
        cpu@3 {
                device_type = "cpu";
                compatible = "arm,cortex-a7";
                reg = <0xf03>;
        };
};
```

在一个树状结构的 Device Tree 中，如何引用一个 node 呢？要想唯一指定一个 node，必须使用全部完整路径(full path)标识，例如/node-name-1/node-name-2/.../node-name-N。

3) DTS的组成

```
/ {
    node1 {
        a-string-property = "string";
        a-string-list-property = "string A", "string B";
        a-byte-data-property = [0x01 0x02 0x03 0x04];
        child-node1 {
            first-child-property;
            second-child-property= <66>;
            a-string-property = "string C";
        };
        child-node2 {
```

```
            };
        };
        node2 {
            # an-empty-property;
            a-cell-property = <1 2 3 4>; /* each number (cell) is a uint32 */
            child-node1 {
            };
        };
    };
```

上述.dts 文件是一个类似于伪代码的描述，并不是真实的.dts 描述，但它基本表征了一个 Device Tree 源文件的结构，分别是：

(1) 一个 root 结点“/”；

(2) root 结点下面含一系列子结点，本例中为“node1”和“node2”；

(3) 结点“node1”下又含有一系列子结点，本例中为“child-node1”和“child-node2”；

(4) 各结点都有一系列属性。这些属性可能为空，如“an-empty-property”；可能为字符串，如“a-string-property”；可能为字符串数组，如“a-string-list-property”；可能为 cells(由 U32 整数组成)，如“second-child-property”；可能为二进制数，如“a-byte-data-property”。

下面以一个最简单的开发板为例来看如何写一个.dts 文件，假设此开发板的配置如下(有时候配置需要和硬件工程师一起确定)：

(1) 1 个双核 ARM Cortex-A7 32 位处理器；

(2) ARM 的 local bus 上的内存映射区域分布了 2 个串口(分别位于 0xXXXF1000 和 0xXXXF2000)、GPIO 控制器(位于 0xXXXF3000)、SPI 控制器(位于 0xXXX15000)、中断控制器(位于 0xXXX40000)和一个 external bus 桥；

(3) External bus 桥上又连接了 SMC SMC91111 Ethernet(位于 0xXXX00000)、I2C 控制器(位于 0xXXX60000)、64MB NOR Flash(位于 0x30000000)；

(4) External bus 桥上连接的 I2C 控制器所对应的 I2C 总线上又连接了 Maxim DS1338 实时钟(I2C 地址为 0x58)。

其对应的.dts 文件为

```
/ {
    compatible = "rockchip,rk8xxx";
    #address-cells = <1>;
    #size-cells = <1>;
    interrupt-parent = <&intc>;

    cpus {
        #address-cells = <1>;
        #size-cells = <0>;
        cpu@0 {
```

```
            device_type = "cpu";
            compatible = "arm,cortex-a7";
            reg = <0>;
        };
        cpu@1 {
            device_type = "cpu";
            compatible = "arm,cortex-a7";
            reg = <1>;
        };
    };

    serial@xxxf0000 {
        compatible = "arm,pl011";
        reg = <0xxxxf0000 0x1000>;
        interrupts = <1 0>;
    };

    serial@xxxf2000 {
        compatible = "arm,pl011";
        reg = <0xxxxf2000 0x1000>;
        interrupts = <2 0>;
    };

gpio@xxxf3000 {
        compatible = "arm,pl061";
        reg = <0xxxxf3000 0x1000
                0xxxxf4000 0x0010>;
        interrupts = <3 0>;
    };

    intc: interrupt-controller@xxx40000 {
        compatible = "arm,pl190";
        reg = <0xxxx40000 0x1000>;
        interrupt-controller;
        #interrupt-cells = <2>;
    };

    spi@xxx15000 {
        compatible = "arm,pl022";
        reg = <0xxxx15000 0x1000>;
```

```
            interrupts = <4 0>;
        };

        external-bus {
            #address-cells = <2>
            #size-cells = <1>;
            ranges = <0 0  0xxxx00000   0x10000         //Chipselect 1, Ethernet
                      1 0  0xxxx60000   0x10000         //Chipselect 2, i2c controller
                      2 0  0x30000000   0x1000000>;     //Chipselect 3, NOR Flash

            ethernet@0,0 {
                compatible = "smc,smc91c111";
                reg = <0 0 0x1000>;
                interrupts = <5 2>;
            };

            i2c@1,0 {
                compatible = "acme,a1234-i2c-bus";
                #address-cells = <1>;
                #size-cells = <0>;
                reg = <1 0 0x1000>;
                rtc@58 {
                    compatible = "maxim,ds1338";
                    reg = <58>;
                    interrupts = <7 3>;
                };
            };

            flash@2,0 {
                compatible = "samsung,k8f1315ebm", "cfi-flash";
                reg = <2 0 0x4000000>;
            };
        };
    };
```

上述.dts 文件中，root 结点"/"的 compatible 属性 compatible = "rockchip,rk8xxx"，定义了系统的名称。它的组织形式为<manufacturer>，<model>。Linux 内核透过 root 结点"/"的 compatible 属性即可判断它启动的是什么 machine。

在.dts 文件的每个设备，都有一个 compatible 属性，compatible 属性为用户驱动和设备的绑定。compatible 属性是一个字符串的列表，列表中的第一个字符串表征了结点代表的确切设备，形式为<manufacturer>，<model>，其后的字符串表征可兼容的其他设备。可以说前面的是特指，后面的则涵盖更广的范围。

接下来 root 结点“/”的 cpus 子结点下面又包含 2 个 CPU 子结点，描述了此 machine 上的 2 个 CPU Core，并且二者的 compatible 属性为 arm,cortex-a7。

注意 cpus 和 cpus 的 2 个 CPU 子结点的命名，它们遵循的组织形式为<name>[@<unit-address>]，<>中的内容是必选项，[]中的内容则为可选项。name 是一个 ASCII 字符串，用于描述结点对应的设备类型，如 3com Ethernet 适配器对应的结点 name 宜为 ethernet，而不是 3com509。如果一个结点描述的设备有地址，则应该给出@unit-address。多个相同类型设备结点的 name 可以一样，只要 unit-address 不同即可，如本例中含有 cpu@0、cpu@1 以及 serial@101f0000 与 serial@101f2000 这样的同名结点。设备的 unit-address 地址也经常在其对应结点的 reg 属性中给出。

reg 的组织形式为 reg = <address1 length1 [address2 length2][address3 length3] ... >，其中的每一组 address length 表明了设备使用的一个地址范围。address 为 1 个或多个 32 位的整型(即 cell)，而 length 则为 cell 的列表或者为空(若#size-cells = 0)。address 和 length 字段是可变长的，父结点的#address-cells 和#size-cells 分别决定了子结点的 reg 属性的 address 和 length 字段的长度。

在本例中，root 结点的#address-cells = <1>和#size-cells =<1>决定了 Serial、GPIO、SPI 等结点的 address 和 length 字段的长度分别为 1。cpus 结点的#address-cells= <1>和#size-cells =<0>决定了 2 个 cpu 子结点的 address 为 1，而 length 为空，于是形成了 2 个 cpu 的 reg =<0>和 reg =<1>。external-bus 结点的#address-cells= <2>和#size-cells =<1>决定了其下的 Ethernet、I2C、Flash 的 reg 字段形如 reg = <0 00x1000>、reg = <1 00x1000>和 reg = <2 00x4000000>。其中，address 字段长度为 0，开始的第一个 cell(0、1、2)是对应的片选，第 2 个 cell(0，0，0)是相对该片选的基地址，第 3 个 cell(0x1000、0x1000、0x4000000)为 length。特别要留意的是 I2C 结点中定义的#address-cells = <1>和#size-cells =<0>，又作用到了 I2C 总线上连接的 RTC，它的 address 字段为 0x58，是设备的 I2C 地址。

root 结点的子结点描述的是 CPU 的视图，因此 root 子结点的 address 区域就直接位于 CPU 的 memory 区域。但是，经过总线桥后的 address 往往需要经过转换才能对应 CPU 的 memory 映射。external-bus 的 ranges 属性定义了经过 external-bus 桥后的地址范围如何映射到 CPU 的 memory 区域，代码如下：

```
ranges = <0 0    0xxxx00000   0x10000       // Chipselect 1, Ethernet
          1 0    0xxxx60000   0x10000       // Chipselect 2, i2c controller
          2 0    0x30000000   0x1000000>;   // Chipselect 3, NOR Flash
```

ranges 是地址转换表，其中的每个项目是一个子地址、父地址以及在子地址空间的大小的映射。映射表中的子地址、父地址分别采用子地址空间的#address-cells 和父地址空间的#address-cells 大小。对于本例而言，子地址空间的#address-cells 为 2，父地址空间的#address-cells 值为 1，因此 0 0 0x10100000 0x10000 的前 2 个 cell 为 external-bus 后片选 0 上偏移 0，第 3 个 cell 表示 external-bus 后片选 0 上偏移 0 的地址空间被映射到 CPU 的 0x10100000 位置，第 4 个 cell 表示映射的大小为 0x10000。ranges 的后面 2 个项目的含义可以类推。

Device Tree 中还可以中断连接信息，对于中断控制器而言，它提供如下属性：

(1) interrupt-controller。这个属性为空，中断控制器应该加上此属性表明自己的身份。

(2) #interrupt-cells。它与#address-cells 和#size-cells 相似，它表明连接此中断控制器的设备的 interrupts 属性的 cell 大小。

在整个 Device Tree 中，与中断相关的属性还包括：

(1) interrupt-parent。设备结点透过它来指定它所依附的中断控制器的 phandle，当结点没有指定 interrupt-parent 时，则从父级结点继承。对于本例而言，root 结点指定了 interrupt-parent= <&intc>，其对应于 intc: interrupt-controller@10140000，而 root 结点的子结点并未指定 interrupt-parent，因此它们都继承了 intc，即位于 0x10140000 的中断控制器。

(2) interrupts。用到了中断的设备结点透过它指定中断号、触发方法等，具体这个属性含有多少个 cell，由它依附的中断控制器结点的#interrupt-cells 属性决定。而具体每个 cell 又是什么含义，一般由驱动的实现决定，而且也会在 Device Tree 的 binding 文档中说明。

譬如，对于 ARM GIC 中断控制器而言，#interrupt-cells 为 3，它 3 个 cell 的具体含义 kernel/Documentation/devicetree/bindings/arm/gic.txt 有如图 2-15 所示的文字说明。

```
Main node required properties:

- compatible : should be one of:
    "arm,cortex-a15-gic"
    "arm,cortex-a9-gic"
    "arm,cortex-a7-gic"
    "arm,arm11mp-gic"
- interrupt-controller : Identifies the node as an interrupt controller
- #interrupt-cells : Specifies the number of cells needed to encode an
  interrupt source.  The type shall be a <u32> and the value shall be 3.

  The 1st cell is the interrupt type; 0 for SPI interrupts, 1 for PPI
  interrupts.

  The 2nd cell contains the interrupt number for the interrupt type.
  SPI interrupts are in the range [0-987].  PPI interrupts are in the
  range [0-15].

  The 3rd cell is the flags, encoded as follows:
    bits[3:0] trigger type and level flags.
        1 = low-to-high edge triggered
        2 = high-to-low edge triggered
        4 = active high level-sensitive
        8 = active low level-sensitive
    bits[15:8] PPI interrupt cpu mask.  Each bit corresponds to each of
    the 8 possible cpus attached to the GIC.  A bit set to '1' indicated
    the interrupt is wired to that CPU.  Only valid for PPI interrupts.

- reg : Specifies base physical address(s) and size of the GIC registers. The
  first region is the GIC distributor register base and size. The 2nd region is
  the GIC cpu interface register base and size.
```

图 2-15

一个设备还可能用到多个中断号。对于 ARM GIC 而言，若某设备使用了 SPI(Shared Peripheral Interrupts，此外还有 PPI(Private Peripheral Interrupts)和 SGI(Software Generated Interrupts))的 168、169 号 2 个中断，如果都是高电平触发，则该设备结点的 interrupts 属性可定义为

```
interrupts =<0 168 4>, <0 169 4>;
```

4) DTC(Device Tree Compiler)

DTC 是将.dts 编译为.dtb 的工具。DTC 的源代码位于内核的 kernel/scripts/dtc 目录，在 Linux 内核使用了 Device Tree 的情况下，编译内核的时候主机工具 dtc 会被编译出来，对应 scripts/dtc/Makefile 中的“hostprogs-y := dtc”这一 hostprogs 编译 target。

在 Linux 内核的 arch/arm/boot/dts/Makefile 中，描述了当某种 SoC 被选中后，哪些.dtb 文件会被编译出来，如与 CONFIG_ARCH_ROCKCHIP 对应的.dtb 包括：

```
dtb-$(CONFIG_ARCH_ROCKCHIP) += rk3188-tb.dtb
```

2．疯壳开发板的 DTS 编译

在疯壳开发环境的 Linux Kernel 中，Makefile 文件 kernel/arch/arm/boot/dts/Makefile 中并没有指定相应的配置选项。那是如何在 Kernel 环境中的编译生成 rk3128-study.dtb 文件的？

Makefile 有个规定，当在本目录下的 Mafefile 中没有找到需要的包含文件时候，可以向上一级目录中的 Makefile 或在本目录 Makefile 中包含的 Makefile 中去寻找相关的信息。本开发板的 Kernel 环境中，这里查看上两级目录的 Makefile(kernel/arch/arm)中的 L301，即

```
%.dtb: scripts
	$(Q)$(MAKE) $(build)=$(boot)/dts MACHINE=$(MACHINE) $(boot)/dts/$@
```

这句话的意思是后缀名是 dtb 的文件要用 script 来重建。$@表示规则中的目标文件集，$@最终会被解释成 rk3128-study.dtb。也就是说，%代表的就是 rk3128-study，rk3128-study 是在编译时候带入的参数。编译内核的命令是./fengke.sh，这个文件的内容是：

```
make -j8 rk3128-study.img
```

3．修改 DTS 后如何烧写 Flash

如果读者修改了任何一个.dts 或相关的.dtsi 文件后，则如何烧写相应的文件到系统中才有效？Kernel 编译后会生成两个文件 resource.img 和 resource.img，resource.img 里面就包含了相应的.dtb 文件，相应的细节可以参考如下 Makefile(kernel/arch/arm)：

```
LOGO := $(notdir $(wildcard $(srctree)/logo.bmp))
LOGO_KERNEL := $(notdir $(wildcard $(srctree)/logo_kernel.bmp))
%.img: %.dtb kernel.img $(LOGO) $(LOGO_KERNEL)
	$(Q)$(srctree)/resource_tool $(objtree)/arch/arm/boot/dts/$*.dtb $(LOGO) $(LOGO_KERNEL)
	@echo '  Image:   resource.img (with $*.dtb $(LOGO) $(LOGO_KERNEL)) is ready'
```

所以选择 Resource 并执行就是烧写更新了系统中的.dtb 文件。因为修改了 DTS 必定会修改 Kernel 相应的解析源代码，所以如图 2-16 所示，同时烧写 Kernel 和 Resource 来更新内核和.dtb。

图 2-16

2.2.4 内核理论基础——定时器

在计算机编程上，我们需要用到很多周期性或者非周期性的定时器来执行一些定时任务。比如让进程休眠指定的时间，或者超时等待一个事件发生，或者定时读取 ADC 的值等。另外很多场合下，我们也需要一个准确的计时，告诉我们现在是什么时间，或者想知道一段代码运行了多长时间，比如多媒体的音视频同步。Android 的 Java 编程上面也用到很多定时器，比如 timer 以及 Handler 里面的 postDelayMessage 等。所有的这些定时或者计时功能，都是依赖内核里面提供的高精度定时器来实现的。内核里面关于定时器这部分代码已经很完善了，并且和平台相关性小，所以大家基本不用修改。但是由于定时器是一个基本功能，了解一下这一块的内容，对于理解整个内核是非常有帮助的。我们这节内容就是通过源码来说明内核里面定时和计时功能是怎么实现的。同时也讲解内核里面和定时、超时相关的一些接口。

首先从硬件基础讲起，要实现计时，必须要有一个计时器，一般系统都有一个 RTC。RTC 就是实时时钟，一般直接从电池供电，系统掉电了也能维持运行，通过一个 32.786K 的晶振来进行计时。RTC 的功耗很低，一般一颗纽扣电池就可以运行几年。RTC 一般都是通过 I2C 接口访问的，时间精确到秒。如果只用 RTC 作为系统定时器，显然不能满足系统的定时需求，并且频繁通过 I2C 访问，效率低下。所以基本所有的芯片内部都会集成自己的定时器。如我们的开发板，用的是 ARM Cortex-A7 四核 CPU，每一个核内部都有自己的计时器。计时器输入时钟频率是 24 MHz(1MHz=1000 kHz)，这样一个周期大概是 41 纳秒，这个精度目前来说，已经足够了。

下面来看开发板平台上面的 timer 是怎么定义的，用下面的命令查找：

```
grep -nr timer arch/arm/boot/dts/rk312*
```

结果输出如图 2-17 所示。

```
sst@htfyS12:~/work/rk3128/expose-sdk4.4/kernel$ grep -nr timer arch/arm/boot/dts/rk312*
Binary file arch/arm/boot/dts/rk3128-study.dtb matches
arch/arm/boot/dts/rk312x-clocks.dtsi:1799:                    "reserved",         "g_pclk_timer",
arch/arm/boot/dts/rk312x-clocks.dtsi:1897:                    "g_clk_pvtm_func",        "clk_timer0",
arch/arm/boot/dts/rk312x-clocks.dtsi:1899:                    "clk_timer1",       "clk_timer2",
arch/arm/boot/dts/rk312x-clocks.dtsi:1900:                    "clk_timer3",       "clk_timer4",
arch/arm/boot/dts/rk312x-clocks.dtsi:1902:                    "clk_timer5",       "g_hclk_spdif",
arch/arm/boot/dts/rk312x.dtsi:135:      timer {
arch/arm/boot/dts/rk312x.dtsi:136:              compatible = "arm,armv7-timer";
arch/arm/boot/dts/rk312x.dtsi:142:      timer@20044000 {
arch/arm/boot/dts/rk312x.dtsi:143:              compatible = "rockchip,timer";
```

图 2-17

clk_timer1，clk_timer2 这些是 SoC 芯片内部定时器。如果处理器(CPU)内部没有定时器，就用这些定时器进行计时。但是对于 Cortex A7 来说，内部是集成了一个高精度的定时器的，所以相关定义应该是在下面一行：

```
arch/arm/boot/dts/rk312x.dtsi:136:          compatible = "arm,armv7-timer";
```

打开这个文件，把 136 行附近的内容摘取出来如下：

```
timer {
    compatible = "arm,armv7-timer";
    interrupts = <GIC_PPI 13 (GIC_CPU_MASK_SIMPLE(4) | IRQ_TYPE_LEVEL_HIGH)>,
                 <GIC_PPI 14 (GIC_CPU_MASK_SIMPLE(4) | IRQ_TYPE_LEVEL_HIGH)>;
    clock-frequency = <24000000>;
};
```

这个 timer 里面，主要定义了定时器的输入时钟频率和中断属性。接下来看和这个定时器相对应的驱动代码在哪里。通过下面的命令进行查找：

```
grep -nr arm,armv7-timer drivers/clocksource/
```

输出结果如图 2-18 所示。

```
sst@htfyS12:~/work/rk3128/expose-sdk4.4/kernel$ grep -nr arm,armv7-timer drivers/clocksource/
Binary file drivers/clocksource/arm_arch_timer.o matches
drivers/clocksource/arm_arch_timer.c:605:       { .compatible   = "arm,armv7-timer",    },
drivers/clocksource/arm_arch_timer.c:611:       { .compatible   = "arm,armv7-timer-mem", },
drivers/clocksource/arm_arch_timer.c:669:CLOCKSOURCE_OF_DECLARE(armv7_arch_timer, "arm,armv7-timer", arch_timer_init);
drivers/clocksource/arm_arch_timer.c:735:CLOCKSOURCE_OF_DECLARE(armv7_arch_timer_mem, "arm,armv7-timer-mem",
Binary file drivers/clocksource/built-in.o matches
```

图 2-18

应该可以看到，驱动代码是 drivers/clocksource/arm_arch_timer.c 文件。如果读者不知道哪里的 drivers 下面有 clocksource 目录，可以直接查找 drivers 目录，结果也是一样的，只是时间会长一点。下面是这个文件初始化的部分代码：

```
static const struct of_device_id arch_timer_of_match[] __initconst = {
        { .compatible   = "arm,armv7-timer",    },
        { .compatible   = "arm,armv8-timer",    },
        {},
};
```

```
static void __init arch_timer_common_init(void)
{
        unsigned mask = ARCH_CP15_TIMER | ARCH_MEM_TIMER;
        /* Wait until both nodes are probed if we have two timers */
        if ((arch_timers_present & mask) != mask) {
                if (of_find_matching_node(NULL, arch_timer_mem_of_match) &&
                        !(arch_timers_present & ARCH_MEM_TIMER))
                        return;
                if (of_find_matching_node(NULL, arch_timer_of_match) &&
                        !(arch_timers_present & ARCH_CP15_TIMER))
                        return;
        }
        arch_timer_banner(arch_timers_present);
        arch_counter_register(arch_timers_present);
        arch_timer_arch_init();
}

static void __init arch_timer_init(struct device_node *np)
{
        int i;
        if (arch_timers_present & ARCH_CP15_TIMER) {
                pr_warn("arch_timer: multiple nodes in dt, skipping\n");
                return;
        }
        arch_timers_present |= ARCH_CP15_TIMER;
        for (i = PHYS_SECURE_PPI; i < MAX_TIMER_PPI; i++)
                arch_timer_ppi[i] = irq_of_parse_and_map(np, i);
        arch_timer_detect_rate(NULL, np);
        /*
         * If HYP mode is available, we know that the physical timer
         * has been configured to be accessible from PL1. Use it, so
         * that a guest can use the virtual timer instead.
         *
         * If no interrupt provided for virtual timer, we'll have to
         * stick to the physical timer. It'd better be accessible...
         */
        if (is_hyp_mode_available() || !arch_timer_ppi[VIRT_PPI]) {
                arch_timer_use_virtual = false;
                if (!arch_timer_ppi[PHYS_SECURE_PPI] ||
                !arch_timer_ppi[PHYS_NONSECURE_PPI]) {
```

```
                pr_warn("arch_timer: No interrupt available, giving up\n");
                return;
            }
        }
        arch_timer_register();
        arch_timer_common_init();
}

CLOCKSOURCE_OF_DECLARE(armv7_arch_timer, "arm,armv7-timer", arch_timer_init);
CLOCKSOURCE_OF_DECLARE(armv8_arch_timer, "arm,armv8-timer", arch_timer_init);
```

CLOCKSOURCE_OF_DECLARE 的定义在 include/linux/clocksource.h 文件，如下：

```
extern void clocksource_of_init(void);
#define CLOCKSOURCE_OF_DECLARE(name, compat, fn)                \
    static const struct of_device_id __clksrc_of_table_##name   \
        __used __section(__clksrc_of_table)                     \
        = { .compatible = compat,                               \
            .data = (fn == (clocksource_of_init_fn)NULL) ? fn : fn }
```

这个宏定义了一个 clocksource，第一个参数是这个 clocksource 的名称；第二个参数是 compatible 的名称，用与 DTS 做匹配；第三个参数是初始化入口。如果在 DTS 设备树文件里面也定义了同样名称的设备，那么这个宏后面的初始化函数(arch_timer_init)就会被调用，并且参数就是在 DTS 里面定义的这个设备节点。初始化函数通过这个设备节点就可以获取到 timer 相关的一些信息，比如 clock 的频率等。至于怎么从这个宏调用到 arch_timer_init 函数，有兴趣的读者可以自行分析，这里不再详细讲解。

接下来看初始化函数 arch_timer_init。每一个 ARM 处理器内部都有一个 timer，因为每一个处理器都会用到定时功能。

- arch_timers_present：变量和相关语句用于防止重复初始化。
- irq_of_parse_and_map：是分析设备节点 np 下面定义的 irq 信息。在这里，定义了两个中断：GIC_PPI 13 和 GIC_PPI 14。
- arch_timer_detect_rate(NULL, np)：获取 timer 的时钟频率，就是查找设备节点 np 下面关于 clock-frequency 的定义。
- arch_timer_register()：这个函数的主要作用就是注册一个 clock_event_device。最终通过 clockevents_config_and_register(clk, arch_timer_rate, 0xf, 0x7fffffff)函数注册 clock_event_device。接下来会详细讲解 clock_event_device 相关的部分。
- arch_timer_common_init()：这个函数主要是通过 arch_counter_register 函数调用 clocksource_register_hz(&clocksource_counter, arch_timer_rate)注册一个 clocksource_counter。

通过这个初始化函数就注册了一个 clock_event_device 和一个 clocksource 设备。我们先来看 clock_event_device 的定义，源码文件在：include/linux/clockchips.h，相关定义如下：

```
/* Clock event mode commands */
enum clock_event_mode {
        CLOCK_EVT_MODE_UNUSED = 0,
        CLOCK_EVT_MODE_SHUTDOWN,
        CLOCK_EVT_MODE_PERIODIC,
        CLOCK_EVT_MODE_ONESHOT,
        CLOCK_EVT_MODE_RESUME,
};
/*
* Clock event features
*/
#define CLOCK_EVT_FEAT_PERIODIC        0x000001
#define CLOCK_EVT_FEAT_ONESHOT         0x000002
#define CLOCK_EVT_FEAT_KTIME           0x000004
/*
 * x86(64) specific misfeatures:
 *
 * - Clockevent source stops in C3 State and needs broadcast support.
 * - Local APIC timer is used as a dummy device.
 */
#define CLOCK_EVT_FEAT_C3STOP          0x000008
#define CLOCK_EVT_FEAT_DUMMY           0x000010

/*
 * Core shall set the interrupt affinity dynamically in broadcast mode
 */
#define CLOCK_EVT_FEAT_DYNIRQ          0x000020

/*
 * Clockevent device is based on a hrtimer for broadcast
 */
#define CLOCK_EVT_FEAT_HRTIMER         0x000080

/**
 * struct clock_event_device - clock event device descriptor
 * @event_handler:     Assigned by the framework to be called by the low
 *                     level handler of the event source
 * @set_next_event:    set next event function using a clocksource delta
 * @set_next_ktime:    set next event function using a direct ktime value
```

```
 * @next_event:         local storage for the next event in oneshot mode
 * @max_delta_ns:       maximum delta value in ns
 * @min_delta_ns:       minimum delta value in ns
 * @mult:               nanosecond to cycles multiplier
 * @shift:              nanoseconds to cycles divisor (power of two)
 * @mode:               operating mode assigned by the management code
 * @features:           features
 * @retries:            number of forced programming retries
 * @set_mode:           set mode function
 * @broadcast:          function to broadcast events
 * @min_delta_ticks:    minimum delta value in ticks stored for reconfiguration
 * @max_delta_ticks:    maximum delta value in ticks stored for reconfiguration
 * @name:               ptr to clock event name
 * @rating:             variable to rate clock event devices
 * @irq:                IRQ number (only for non CPU local devices)
 * @bound_on:           Bound on CPU
 * @cpumask:            cpumask to indicate for which CPUs this device works
 * @list:               list head for the management code
 * @owner:              module reference
 */
struct clock_event_device {
    void                (*event_handler)(struct clock_event_device *);
    int                 (*set_next_event)(unsigned long evt, struct clock_event_device *);
    int                 (*set_next_ktime)(ktime_t expires, struct clock_event_device *);
    ktime_t             next_event;
    u64                 max_delta_ns;
    u64                 min_delta_ns;
    u32                 mult;
    u32                 shift;
    enum clock_event_mode   mode;
    unsigned int    features;
    unsigned long   retries;

    void                (*broadcast)(const struct cpumask *mask);
    void                (*set_mode)(enum clock_event_mode mode, struct clock_event_device *);
    void                (*suspend)(struct clock_event_device *);
    void                (*resume)(struct clock_event_device *);
    unsigned long       min_delta_ticks;
    unsigned long       max_delta_ticks;
```

```
    const char              *name;
    int                     rating;
    int                     irq;
    int                     bound_on;
    const struct cpumask    *cpumask;
    struct list_head        list;
    struct module           *owner;
} ____cacheline_aligned;
```

clock event device 包括了其工作模式，特性以及相关控制变量和回调函数。struct clock_event_device 前面的注释详细介绍了各个成员变量的作用，这个需要仔细阅读。另外，这个结构体是定义为 cacheline 对齐的。Clock event 设备的最主要的功能就是定时产生一个中断(时间精度达到纳秒)，当中断来的时候，就调用 event_handler 指定的回调函数。mult 和 shift 主要用来快速把 nanoseconds 转换为 clock 的 cycle，通过乘法和移位来替代耗时的除法。大家可以看看 clocks_calc_mult_shift 函数，怎么通过 clock 的频率来计算 mult 和 shift。我们把 arm_arch_timer.c 里面关于 clock event 的注册和初始化代码摘取出来如下：

```
static void __cpuinit __arch_timer_setup(unsigned type, struct clock_event_device *clk)
{
    clk->features = CLOCK_EVT_FEAT_ONESHOT;

    if (type == ARCH_CP15_TIMER) {
        clk->features |= CLOCK_EVT_FEAT_C3STOP;
        clk->name = "arch_sys_timer";
        clk->rating = 450;
        clk->cpumask = cpumask_of(smp_processor_id());
        if (arch_timer_use_virtual) {
            clk->irq = arch_timer_ppi[VIRT_PPI];
            clk->set_mode = arch_timer_set_mode_virt;
            clk->set_next_event = arch_timer_set_next_event_virt;
        } else {
            clk->irq = arch_timer_ppi[PHYS_SECURE_PPI];
            clk->set_mode = arch_timer_set_mode_phys;
            clk->set_next_event = arch_timer_set_next_event_phys;
        }
    } else {
        clk->name = "arch_mem_timer";
        clk->rating = 400;
        clk->cpumask = cpu_all_mask;
        if (arch_timer_mem_use_virtual) {
```

```
                clk->set_mode = arch_timer_set_mode_virt_mem;
                clk->set_next_event = arch_timer_set_next_event_virt_mem;
            } else {
                clk->set_mode = arch_timer_set_mode_phys_mem;
                clk->set_next_event = arch_timer_set_next_event_phys_mem;
            }
        }

        clk->set_mode(CLOCK_EVT_MODE_SHUTDOWN, clk);

        clockevents_config_and_register(clk, arch_timer_rate, 0xf, 0x7fffffff);
    }
    /**
     * clockevents_config_and_register - Configure and register a clock event device
     * @dev:    device to register
     * @freq:   The clock frequency
     * @min_delta:      The minimum clock ticks to program in oneshot mode
     * @max_delta:      The maximum clock ticks to program in oneshot mode
     *
     * min/max_delta can be 0 for devices which do not support oneshot mode.
     */
    void clockevents_config_and_register(struct clock_event_device *dev,
                            u32 freq, unsigned long min_delta,
                            unsigned long max_delta)
    {
        dev->min_delta_ticks = min_delta;
        dev->max_delta_ticks = max_delta;
        clockevents_config(dev, freq);
        clockevents_register_device(dev);
    }
    EXPORT_SYMBOL_GPL(clockevents_config_and_register);
```

__arch_timer_setup 函数定义的 type 是 ARCH_CP15_TIMER。clock_event_device 是 percpu 变量，每一个 CPU 有自己独立的一个 clock_event_device。并且这个__arch_timer_setup 函数在 CPU 被启动的时候才会初始化(即在 CPU 的 CPU_STARTING 回调函数里面调用)，并且在 CPU 关闭的时候关闭(CPU_DYING)。arch_timer_use_virtual 的值是 false。Clock event 里面最重要的就是设置下一个定时中断的函数 clk->set_next_event = arch_timer_set_next_event_phys。另外，通过 clockevents_config_and_register 函数我们知道，min_delta_ticks 的值是 0xF，max_delta_ticks 的值是 0x7fffffff。min_delta_ticks 决定了一个定时器可以允许的最小周期，我们按 24M 时钟来看，一个时钟周期大概是 41 纳秒，

15 个周期是 615 纳秒，即 0.6 微秒。通过上节我们知道，CPU 产生一个中断，需要进行 CPU 模式切换、现场保护、调用中断处理函数、现场恢复等操作，这些操作是需要一定时间的。如果定时器的时间间隔设置得太小且 CPU 处理能力又不够，那么 CPU 就不能在指定时间内及时处理中断，就没有意义了。

下面我们再看 clocksource 的定义，在头文件 include/linux/clocksource.h 里面，我们把相关源文件截取出来如下：

```
/**
 * struct clocksource - hardware abstraction for a free running counter
 *  Provides mostly state-free accessors to the underlying hardware.
 *  This is the structure used for system time.
 *
 * @name:          ptr to clocksource name
 * @list:          list head for registration
 * @rating:        rating value for selection (higher is better)
 *                 To avoid rating inflation the following
 *                 list should give you a guide as to how
 *                 to assign your clocksource a rating
 *                 1-99: Unfit for real use
 *                         Only available for bootup and testing purposes.
 *                 100-199: Base level usability.
 *                         Functional for real use, but not desired.
 *                 200-299: Good.
 *                         A correct and usable clocksource.
 *                 300-399: Desired.
 *                         A reasonably fast and accurate clocksource.
 *                 400-499: Perfect
 *                         The ideal clocksource. A must-use where
 *                         available.
 * @read:                  returns a cycle value, passes clocksource as argument
 * @enable:                optional function to enable the clocksource
 * @disable:               optional function to disable the clocksource
 * @mask:                  bitmask for two's complement
 *                         subtraction of non 64 bit counters
 * @mult:                  cycle to nanosecond multiplier
 * @shift:                 cycle to nanosecond divisor (power of two)
 * @max_idle_ns:           max idle time permitted by the clocksource (nsecs)
 * @maxadj:                maximum adjustment value to mult (~11%)
 * @flags:                 flags describing special properties
 * @archdata:              arch-specific data
```

```
 * @suspend:          suspend function for the clocksource, if necessary
 * @resume:           resume function for the clocksource, if necessary
 * @cycle_last:       most recent cycle counter value seen by ::read()
 */
struct clocksource {
    /*
     * Hotpath data, fits in a single cache line when the
     * clocksource itself is cacheline aligned.
     */
    cycle_t (*read)(struct clocksource *cs);
    cycle_t cycle_last;
    cycle_t mask;
    u32 mult;
    u32 shift;
    u64 max_idle_ns;
    u32 maxadj;
#ifdef CONFIG_ARCH_CLOCKSOURCE_DATA
    struct arch_clocksource_data archdata;
#endif

    const char *name;
    struct list_head list;
    int rating;
    int (*enable)(struct clocksource *cs);
    void (*disable)(struct clocksource *cs);
    unsigned long flags;
    void (*suspend)(struct clocksource *cs);
    void (*resume)(struct clocksource *cs);

    /* private: */
#ifdef CONFIG_CLOCKSOURCE_WATCHDOG
    /* Watchdog related data, used by the framework */
    struct list_head wd_list;
    cycle_t cs_last;
    cycle_t wd_last;
#endif
} ____cacheline_aligned;

/*
```

```
 * Clock source flags bits::
 */
#define CLOCK_SOURCE_IS_CONTINUOUS          0x01
#define CLOCK_SOURCE_MUST_VERIFY            0x02

#define CLOCK_SOURCE_WATCHDOG               0x10
#define CLOCK_SOURCE_VALID_FOR_HRES         0x20
#define CLOCK_SOURCE_UNSTABLE               0x40
#define CLOCK_SOURCE_SUSPEND_NONSTOP        0x80

/* simplify initialization of mask field */
#define CLOCKSOURCE_MASK(bits) (cycle_t)((bits) < 64 ? ((1ULL<<(bits))-1) : -1)
```

我们注意到，struct clocksource 结构体也是 cacheline 对齐的。大家要仔细阅读结构体定义前面的注释说明，基本也就明白每一个变量的作用了。我们把 arm_arch_timer.c 里面 clocksource 相关的部分代码摘取出来如下：

```
static struct clocksource clocksource_counter = {
    .name   = "arch_sys_counter",
    .rating  = 400,
    .read    = arch_counter_read,
    .mask    = CLOCKSOURCE_MASK(56),
    .flags   = CLOCK_SOURCE_IS_CONTINUOUS,
};

static inline u64 arch_counter_get_cntvct(void)
{
    u64 cval;
    isb();
    asm volatile("mrrc p15, 1, %Q0, %R0, c14" : "=r" (cval));
    return cval;
}
static void __init arch_counter_register(unsigned type)
{
    u64 start_count;

    /* Register the CP15 based counter if we have one */
    if (type & ARCH_CP15_TIMER)
            arch_timer_read_counter = arch_counter_get_cntvct;
    else
            arch_timer_read_counter = arch_counter_get_cntvct_mem;
```

```
        if (!arch_timer_use_virtual)
                if (arch_timer_read_counter == arch_counter_get_cntvct)
                        arch_timer_read_counter = arch_counter_get_cntpct;

        start_count = arch_timer_read_counter();
        clocksource_register_hz(&clocksource_counter, arch_timer_rate);
        cyclecounter.mult = clocksource_counter.mult;
        cyclecounter.shift = clocksource_counter.shift;
        timecounter_init(&timecounter, &cyclecounter, start_count);
}
static inline s64 timekeeping_get_ns(struct timekeeper *tk)
{
        cycle_t cycle_now, cycle_delta;
        struct clocksource *clock;
        s64 nsec;

        /* read clocksource: */
        clock = tk->clock;
        cycle_now = clock->read(clock);

        /* calculate the delta since the last update_wall_time: */
        cycle_delta = (cycle_now - clock->cycle_last) & clock->mask;

        nsec = cycle_delta * tk->mult + tk->xtime_nsec;
        nsec >>= tk->shift;

        /* If arch requires, add in get_arch_timeoffset() */
        return nsec + get_arch_timeoffset();
}
```

CLOCKSOURCE_MASK(56)定义这个 clocksource 最大计数值是 56 bit 的，当计数器(64 bit)的值大于 56 bit(二进制 56 个 1)的时候，就回滚为 0。mask 的主要作用是用于计算当前计数器和上一个计数器的差值，大家阅读上面摘取出来的 timekeeping_get_ns 函数就可明白。arch_counter_get_cntvct 就是我们定义的 clocksource 的最终 read 函数，这个函数返回来的是 timer 计数器的 clock 周期数 cycle。可以通过 clocksource_cyc2ns 函数把周期数转换为纳秒。arch_timer_rate 是 clocksource 的时钟频率，这里是 24M。上面的 rating 决定了优先级，当系统有多个 clocksource 可以选择的时候，会选择优先级最高的，值越大，优先级越高。下面是从配套开发板上面打印出来的关于定时器的 LOG：

```
<4>[    0.000000] tick_set_periodic_handler:broadcast=0
<4>[    0.000000] CPU: 0 PID: 0 Comm: swapper/0 Not tainted 3.10.0 #862
```

```
<4>[    0.000000] [<c0013e44>] (unwind_backtrace+0x0/0xe0) from [<c001175c>]
(show_stack +0x10/0x14)
<4>[    0.000000] [<c001175c>] (show_stack+0x10/0x14) from [<c007eef4>]
(tick_set_periodic_ handler+0x20/0x4c)
<4>[    0.000000] [<c007eef4>] (tick_set_periodic_handler+0x20/0x4c) from [<c007e364>]
(tick_ setup_periodic+0xc/0x48)
<4>[    0.000000] [<c007e364>] (tick_setup_periodic+0xc/0x48) from [<c007e5e0>]
(tick_check_ new_device+0x14c/0x188)
<4>[    0.000000] [<c007e5e0>] (tick_check_new_device+0x14c/0x188) from [<c007dc3c>]
(clockevents _ register_device+0xb0/0x124)
<4>[    0.000000] [<c007dc3c>] (clockevents_register_device+0xb0/0x124) from [<c0809aa0>]
(arch_ timer_setup+0x14/0x70)
<4>[    0.000000] [<c0809aa0>] (arch_timer_setup+0x14/0x70) from [<c0b81640>]
(arch_timer_ register + 0xf0/0x168)
<4>[    0.000000] [<c0b81640>] (arch_timer_register+0xf0/0x168) from [<c0b81a04>]
(arch_timer_ init+0xbc/0xe0)
<4>[    0.000000] [<c0b81a04>] (arch_timer_init+0xbc/0xe0) from [<c0b811a4>]
(clocksource_of_ init+0x20/0x44)
<4>[    0.000000] [<c0b811a4>] (clocksource_of_init+0x20/0x44) from [<c0b5bc5c>]
(rk312x_dt_ init_timer+0x2c/0x44)
<4>[    0.000000] [<c0b5bc5c>] (rk312x_dt_init_timer+0x2c/0x44) from [<c0b57288>]
(time_init +0x1c/0x30)
<4>[    0.000000] [<c0b57288>] (time_init+0x1c/0x30) from [<c0b54960>]
(start_kernel +0x178/0x2d0)
<4>[    0.000000] [<c0b54960>] (start_kernel+0x178/0x2d0) from [<60008074>] (0x60008074)
<4>[    0.000000] __arch_timer_setup:ce
    mult=103079215, shift=32, event_handler = tick_handle_ periodic + 0x0/0x8c, rate=24000000
<6>[    0.000000] Architected cp15 timer(s) running at 24.00MHz (phys).
<6>[    0.000000] Switching to timer-based delay loop
<6>[    0.000000] sched_clock: ARM arch timer >56 bits at 24000kHz, resolution 41ns
```

为了详细了解 clock event 的初始化流程，上面的 LOG 特地加了一个 dump_stack 打印堆栈。大家通过堆栈可以知道，定时器的初始化是通过 start_kernel 里面的 time_init 调用过来的。现在，高精度的 clock event 和 clocksource 都注册了。有了高精度的 clock event 和 clock source，内核就可以实现高精度的中断和计时了。我们来大概看看内核是怎么来处理的，如何查看？先从中断开始。我们再看一看 arm_arch_timer.c 里面的初始化代码：

```
static int __init arch_timer_register(void)
{
    int err;
    int ppi;
```

```
arch_timer_evt = alloc_percpu(struct clock_event_device);
if (!arch_timer_evt) {
        err = -ENOMEM;
        goto out;
}

if (arch_timer_use_virtual) {
        ppi = arch_timer_ppi[VIRT_PPI];
        err = request_percpu_irq(ppi, arch_timer_handler_virt,
                        "arch_timer", arch_timer_evt);
} else {
        ppi = arch_timer_ppi[PHYS_SECURE_PPI];
        err = request_percpu_irq(ppi, arch_timer_handler_phys,
                        "arch_timer", arch_timer_evt);
        if (!err && arch_timer_ppi[PHYS_NONSECURE_PPI]) {
                ppi = arch_timer_ppi[PHYS_NONSECURE_PPI];
                err = request_percpu_irq(ppi, arch_timer_handler_phys,
                                "arch_timer", arch_timer_evt);
                if (err)
                        free_percpu_irq(arch_timer_ppi[PHYS_SECURE_PPI], arch_timer_evt);
        }
}

if (err) {
        pr_err("arch_timer: can't register interrupt %d (%d)\n", ppi, err);
        goto out_free;
}

err = register_cpu_notifier(&arch_timer_cpu_nb);
if (err)
        goto out_free_irq;

err = arch_timer_cpu_pm_init();
if (err)
        goto out_unreg_notify;

/* Immediately configure the timer on the boot CPU */
arch_timer_setup(this_cpu_ptr(arch_timer_evt));

return 0;
```

```
out_unreg_notify:
    unregister_cpu_notifier(&arch_timer_cpu_nb);
out_free_irq:
    if (arch_timer_use_virtual)
            free_percpu_irq(arch_timer_ppi[VIRT_PPI], arch_timer_evt);
    else {
            free_percpu_irq(arch_timer_ppi[PHYS_SECURE_PPI], arch_timer_evt);
            if (arch_timer_ppi[PHYS_NONSECURE_PPI])
                    free_percpu_irq(arch_timer_ppi[PHYS_NONSECURE_PPI], arch_timer_evt);
    }


out_free:
    free_percpu(arch_timer_evt);
out:
    return err;
}
```

request_percpu_irq 注册定时器的中断处理函数。每个 CPU 有自己的内部定时器，因此也有自己内部独立的定时器中断。register_cpu_notifier 就实现了前面讲到的，当 CPU 启动的时候，启动其内部定时器，当 CPU 关闭的时候关闭定时器。顺着定时器的中断回调函数 arch_timer_handler_phys 往下分析，当定时器的中断来了，最终会调用下面的函数：

```
static __always_inline irqreturn_t timer_handler(const int access,struct clock_event_device *evt)
{
    unsigned long ctrl;
    ctrl = arch_timer_reg_read(access, ARCH_TIMER_REG_CTRL, evt);
    if (ctrl & ARCH_TIMER_CTRL_IT_STAT) {
            ctrl |= ARCH_TIMER_CTRL_IT_MASK;
            arch_timer_reg_write(access, ARCH_TIMER_REG_CTRL, ctrl, evt);
            evt->event_handler(evt);
            return IRQ_HANDLED;
    }
    return IRQ_NONE;
}
```

我们看到，timer_handler 的核心就是调用 clock_event_device 的 event_handler。那这个 event_handler 到底是什么呢？这个值应该是在初始化的时候赋值。我们跟踪一下代码看看：arch_timer_register→arch_timer_setup→__arch_timer_setup→clockevents_config_and_register→clockevents_register_device→tick_check_new_device。

与内核 timer 相关的文件集中在 kernel/kernel/timer 目录下面，我们看看 tick_check_new_device 函数，这个函数在 kernel/time/tick-common.c 文件里面的代码如下：

```
/*
 * Check, if the new registered device should be used.
 */
void tick_check_new_device(struct clock_event_device *newdev)
{
    struct clock_event_device *curdev;
    struct tick_device *td;
    int cpu;
    unsigned long flags;

    raw_spin_lock_irqsave(&tick_device_lock, flags);

    cpu = smp_processor_id();
    if (!cpumask_test_cpu(cpu, newdev->cpumask))
        goto out_bc;

    td = &per_cpu(tick_cpu_device, cpu);
    curdev = td->evtdev;

    /* cpu local device ? */
    if (!tick_check_percpu(curdev, newdev, cpu))
        goto out_bc;

    /* Preference decision */
    if (!tick_check_preferred(curdev, newdev))
        goto out_bc;

    if (!try_module_get(newdev->owner))
        return;

    /*
     * Replace the eventually existing device by the new
     * device. If the current device is the broadcast device, do
     * not give it back to the clockevents layer !
     */
    if (tick_is_broadcast_device(curdev)) {
        clockevents_shutdown(curdev);
        curdev = NULL;
    }
```

```
        clockevents_exchange_device(curdev, newdev);
        tick_setup_device(td, newdev, cpu, cpumask_of(cpu));
        if (newdev->features & CLOCK_EVT_FEAT_ONESHOT)
                tick_oneshot_notify();

        raw_spin_unlock_irqrestore(&tick_device_lock, flags);
        return;

out_bc:
        /*
         * Can the new device be used as a broadcast device ?
         */
        tick_install_broadcast_device(newdev);
        raw_spin_unlock_irqrestore(&tick_device_lock, flags);
}
```

我们看到，通过 cpu = smp_processor_id()获取当前代码执行的 CPU，然后再获取到当前 CPU 正在使用的当前 clock_event_device *curdev，之后就比较 curdev 和 newdev，选择一个更加合适的 clock event。clockevents_exchange_device 会把要替换掉的 dev 关闭掉，并且保证新的 dev 是处于 shutdown 状态，然后通过 tick_setup_device(td, newdev, cpu, cpumask_of(cpu))设置新的 clock event。这个函数内部又会通过 tick_setup_oneshot(newdev, handler, next_event)设置 newdev 的 event_handler。在 tick_setup_device 函数的最后面增加下面一条打印语句来打印这个 event_handler：

```
printk("%s:td->mode=%d,event handler=%pF\n",__func__,td->mode,newdev->event_handler);
```

打印出来的 LOG 如下：

```
<4>[    0.000000] tick_setup_device:td->mode=0,event handler=tick_handle_periodic+0x0/0x8c
... ...
<4>[    0.620821] CPU1: Booted secondary processor
<4>[    0.620872] tick_setup_device:td->mode=0,event handler=tick_handle_periodic+0x0/0x8c
<6>[    0.620895] CPU1: thread -1, cpu 1, socket 15, mpidr 80000f01
<4>[    0.640526] CPU2: Booted secondary processor
<4>[    0.640562] tick_setup_device:td->mode=0,event handler=tick_handle_periodic+0x0/0x8c
<6>[    0.640580] CPU2: thread -1, cpu 2, socket 15, mpidr 80000f02
<4>[    0.660262] CPU3: Booted secondary processor
<4>[    0.660299] tick_setup_device:td->mode=0,event handler=tick_handle_periodic+0x0/0x8c
<6>[    0.660317] CPU3: thread -1, cpu 3, socket 15, mpidr 80000f03
<6>[    0.660499] Brought up 4 CPUs
```

大家可以看到，四个 CPU 启动的时候，都分别调用了 tick_setup_device 函数。这里插入一点，大家想想，为什么内核的镜像在没有任何调试信息的情况下，还可以用%pF 打印出函数的名称来呢？有兴趣的读者可以看源码并结合链接脚本分析一下。有了%pF 打印函数名称的功能，我们看 LOG 就更加方便了。

从打印出来的 LOG 看，定时中断是进入了 tick_setup_periodic 函数。看这个函数名字，应该是周期性的中断，似乎和高精度定时器一点关系都没有。怎么回事呢？可以先不管，先通过命令查找一下 tick_handle_periodic，命令是：grep -nr tick_handle_periodic kernel/time，输出结果如图 2-19 所示。

```
sst@htfyS12:~/work/rk3128/expose-sdk4.4/kernel$ grep -nr tick_handle_periodic kernel/time
kernel/time/tick-common.c:83:void tick_handle_periodic(struct clock_event_device *dev)
kernel/time/tick-internal.h:20:extern void tick_handle_periodic(struct clock_event_device *dev);
kernel/time/tick-internal.h:133:        dev->event_handler = tick_handle_periodic;
Binary file kernel/time/tick-broadcast.o matches
kernel/time/tick-broadcast.c:157:                       dev->event_handler = tick_handle_periodic;
kernel/time/tick-broadcast.c:282:static void tick_handle_periodic_broadcast(struct clock_event_device *dev)
kernel/time/tick-broadcast.c:397:                       dev->event_handler = tick_handle_periodic;
kernel/time/tick-broadcast.c:399:                       dev->event_handler = tick_handle_periodic_broadcast;
Binary file kernel/time/tick-common.o matches
Binary file kernel/time/built-in.o matches
```

图 2-19

Broadcast 是 0，所以最终 timer 的中断处理函数是 kernel/time/tick-common.c 里面的 tick_handle_periodic 函数。摘取出其代码如下：

```
/*
 * Event handler for periodic ticks
 */
void tick_handle_periodic(struct clock_event_device *dev)
{
    int cpu = smp_processor_id();
    ktime_t next;

    tick_periodic(cpu);

    if (dev->mode != CLOCK_EVT_MODE_ONESHOT)
        return;
    /*
     * Setup the next period for devices, which do not have
     * periodic mode:
     */
    next = ktime_add(dev->next_event, tick_period);
    for (;;) {
        if (!clockevents_program_event(dev, next, false))
            return;
        /*
         * Have to be careful here. If we're in oneshot mode,
         * before we call tick_periodic() in a loop, we need
```

```
                 * to be sure we're using a real hardware clocksource.
                 * Otherwise we could get trapped in an infinite
                 * loop, as the tick_periodic() increments jiffies,
                 * when then will increment time, posibly causing
                 * the loop to trigger again and again.
                 */
                if (timekeeping_valid_for_hres())
                        tick_periodic(cpu);
                next = ktime_add(next, tick_period);
        }
}
```

在这个函数里面，tick_periodic(cpu)是主要的处理 tick 时间的函数。但是我们同时也看到了，如果 dev->mode 等于 CLOCK_EVT_MODE_ONESHOT 的话，就会通过 clockevents_program_event 函数启动一个基于 clock event 的周期性中断。中断的处理函数还是 tick_periodic(cpu)。周期性的定时器中断处理函数就先讲到这里，上面的疑问先放一边，我们来看看高精度定时器的相关部分。先看结构体的定义，在 include/linux/hrtimer.h 文件里面，摘取相关部分源码如下：

```
/*
 * Mode arguments of xxx_hrtimer functions:
 */
enum hrtimer_mode {
    HRTIMER_MODE_ABS = 0x0,         /* Time value is absolute */
    HRTIMER_MODE_REL = 0x1,         /* Time value is relative to now */
    HRTIMER_MODE_PINNED = 0x02, /* Timer is bound to CPU */
    HRTIMER_MODE_ABS_PINNED = 0x02,
    HRTIMER_MODE_REL_PINNED = 0x03,
};

/*
 * Return values for the callback function
 */
enum hrtimer_restart {
    HRTIMER_NORESTART,      /* Timer is not restarted */
    HRTIMER_RESTART,        /* Timer must be restarted */
};

/*
 * Values to track state of the timer
 *
```

```
 * Possible states:
 *
 * 0x00     inactive
 * 0x01     enqueued into rbtree
 * 0x02     callback function running
 * 0x04     timer is migrated to another cpu
 *
 * Special cases:
 * 0x03     callback function running and enqueued
 *          (was requeued on another CPU)
 * 0x05     timer was migrated on CPU hotunplug
 *
 * The "callback function running and enqueued" status is only possible on
 * SMP. It happens for example when a posix timer expired and the callback
 * queued a signal. Between dropping the lock which protects the posix timer
 * and reacquiring the base lock of the hrtimer, another CPU can deliver the
 * signal and rearm the timer. We have to preserve the callback running state,
 * as otherwise the timer could be removed before the softirq code finishes the
 * the handling of the timer.
 *
 * The HRTIMER_STATE_ENQUEUED bit is always or'ed to the current state
 * to preserve the HRTIMER_STATE_CALLBACK in the above scenario. This
 * also affects HRTIMER_STATE_MIGRATE where the preservation is not
 * necessary. HRTIMER_STATE_MIGRATE is cleared after the timer is
 * enqueued on the new cpu.
 *
 * All state transitions are protected by cpu_base->lock.
 */
#define HRTIMER_STATE_INACTIVE    0x00
#define HRTIMER_STATE_ENQUEUED 0x01
#define HRTIMER_STATE_CALLBACK 0x02
#define HRTIMER_STATE_MIGRATE     0x04

/**
 * struct hrtimer - the basic hrtimer structure
 * @node: timerqueue node, which also manages node.expires,
 *          the absolute expiry time in the hrtimers internal
 *          representation. The time is related to the clock on
 *          which the timer is based. Is setup by adding
```

```
 *          slack to the _softexpires value. For non range timers
 *          identical to _softexpires.
 * @_softexpires: the absolute earliest expiry time of the hrtimer.
 *          The time which was given as expiry time when the timer
 *          was armed.
 * @function:     timer expiry callback function
 * @base:  pointer to the timer base (per cpu and per clock)
 * @state:  state information (See bit values above)
 * @start_site:     timer statistics field to store the site where the timer
 *          was started
 * @start_comm: timer statistics field to store the name of the process which
 *          started the timer
 * @start_pid: timer statistics field to store the pid of the task which
 *          started the timer
 *
 * The hrtimer structure must be initialized by hrtimer_init()
 */
struct hrtimer {
    struct timerqueue_node          node;
    ktime_t                         _softexpires;
    enum hrtimer_restart            (*function)(struct hrtimer *);
    struct hrtimer_clock_base       *base;
    unsigned long                   state;
#ifdef CONFIG_TIMER_STATS
    int                             start_pid;
    void                            *start_site;
    char                            start_comm[16];
#endif
};
```

hrtimer 是什么意思呢？源码文件里面有说明：hrtimers - High-resolution kernel timers。大家照例要仔细阅读源码里面的注释。hrtimer 结构体最重要的是两个变量，一个是_softexpires，定义超时的时间；另一个是 function，定义超时的回调函数。Function 的返回值可以告诉系统，这个定时器是否需要重新再启动。struct timerqueue_node node 用于管理这个 hrtimer 内部用的是 RB 树(红黑树，一种近似平衡的排序二叉树)，有兴趣的读者可以深入了解一下。继续看这个头文件，可以看到 hrtimer 的主要接口，相关部分代码摘取如下来方便阅读：

```
/* Exported timer functions: */
/* Initialize timers: */
extern void hrtimer_init(struct hrtimer *timer, clockid_t which_clock, enum hrtimer_mode mode);
```

```
...
/* Basic timer operations: */
extern int hrtimer_start(struct hrtimer *timer, ktime_t tim, const enum hrtimer_mode mode);
extern int hrtimer_start_range_ns(struct hrtimer *timer, ktime_t tim,
                        unsigned long range_ns, const enum hrtimer_mode mode);
extern int
__hrtimer_start_range_ns(struct hrtimer *timer, ktime_t tim,
                        unsigned long delta_ns,
                        const enum hrtimer_mode mode, int wakeup);

extern int hrtimer_cancel(struct hrtimer *timer);
extern int hrtimer_try_to_cancel(struct hrtimer *timer);

static inline int hrtimer_start_expires(struct hrtimer *timer, enum hrtimer_mode mode)
{
    unsigned long delta;
    ktime_t soft, hard;
    soft = hrtimer_get_softexpires(timer);
    hard = hrtimer_get_expires(timer);
    delta = ktime_to_ns(ktime_sub(hard, soft));
    return hrtimer_start_range_ns(timer, soft, delta, mode);
}

static inline int hrtimer_restart(struct hrtimer *timer)
{
    return hrtimer_start_expires(timer, HRTIMER_MODE_ABS);
}
...
/* Precise sleep: */
extern long hrtimer_nanosleep(struct timespec *rqtp,
                        struct timespec __user *rmtp,
                        const enum hrtimer_mode mode,
                        const clockid_t clockid);
extern long hrtimer_nanosleep_restart(struct restart_block *restart_block);

extern void hrtimer_init_sleeper(struct hrtimer_sleeper *sl, struct task_struct *tsk);

extern int schedule_hrtimeout_range(ktime_t *expires, unsigned long delta,
                        const enum hrtimer_mode mode);
```

```
extern int schedule_hrtimeout_range_clock(ktime_t *expires,
            unsigned long delta, const enum hrtimer_mode mode, int clock);
extern int schedule_hrtimeout(ktime_t *expires, const enum hrtimer_mode mode);

/* Soft interrupt function to run the hrtimer queues: */
extern void hrtimer_run_queues(void);
extern void hrtimer_run_pending(void);

/* Bootup initialization: */
extern void __init hrtimers_init(void);
```

hrtimer 的主要使用流程就是通过 hrtimer_init 初始化一个 hrtimer，然后通过 hrtimer_start 或者 hrtimer_start_range_ns 启动这个 hrtimer。由于 hrtimer_init 没有设置回调函数的参数，所以要在开始这个 timer 之前，手工对 struct hrtimer *timer 结构体赋值定时回调函数 function。hrtimer 启动之后，当超时时间到的时候，我们设置的回调函数就会被调用。如果回调函数返回 HRTIMER_RESTART，则系统会根据我们设置的超时，自动再启动这个 timer。定义或者启动的函数里面都有一个 enum hrtimer_mode mode 的参数，这个用来定义 hrtimer 的模式，主要有两种：HRTIMER_MODE_ABS 和 HRTIMER_MODE_REL。HRTIMER_MODE_ABS 指定的超时时间是一个绝对的时间点，年月日时分秒再加上纳秒。HRTIMER_MODE_REL 指定一个相对时间，就是从 start 函数调用时的当前时间后的一段时间。

由上面的定义我们看到，nanosleep 也是通过 hrtimer 来实现的。Hrtimer 的实现函数在 kernel/kernel/hrtimer.c 文件，文件太大，故源码未再摘取。Hrtimer.c 里面有一个初始化函数 hrtimers_init，但是从这个函数也看不出和 clock event 以及上面提到的周期性中断有什么关系。那么，系统提供的高精度 clock event 是怎么和 hrtimer 模块建立联系的呢？现在看来，没有其他线索，我们继续回来看周期性的处理函数 tick_handle_periodic 函数。这个函数里面最主要的工作是 tick_periodic，源码摘取如下以方便分析：

```
/*
 * Periodic tick
 */
static void tick_periodic(int cpu)
{
    if (tick_do_timer_cpu == cpu) {
            write_seqlock(&jiffies_lock);

            /* Keep track of the next tick event */
            tick_next_period = ktime_add(tick_next_period, tick_period);

            do_timer(1);
            write_sequnlock(&jiffies_lock);
```

```
        }

        update_process_times(user_mode(get_irq_regs()));
        profile_tick(CPU_PROFILING);
    }
```

我们知道，tick_periodic 处理函数是从每个 CPU 的定时中断里面调用过来的，但是 do_timer(1)只需要调用一次即可，不需要每个 CPU 都调用一次，所以 tick_do_timer_cpu 变量就用来指定哪个 CPU 可以调用 do_timer 语句。update_process_times 和 profile_tick 则需要对每个 CPU 都进行操作。通过 grep 可以查到 update_process_times 函数，在 kernel/kernel/timer.c 文件，函数源码如下：

```
/*
 * Called from the timer interrupt handler to charge one tick to the current
 * process.  user_tick is 1 if the tick is user time, 0 for system.
 */
void update_process_times(int user_tick)
{
    struct task_struct *p = current;
    int cpu = smp_processor_id();

    /* Note: this timer irq context must be accounted for as well. */
    account_process_tick(p, user_tick);
    run_local_timers();
    rcu_check_callbacks(cpu, user_tick);
#ifdef CONFIG_IRQ_WORK
    if (in_irq())
            irq_work_run();
#endif
    scheduler_tick();
    run_posix_cpu_timers(p);
}
```

这个函数里面重要的函数就是 run_local_timers()，也就是执行每个 CPU 内部独立的 timer。我们跟进去看看：

```
/*
 * Called by the local, per-CPU timer interrupt on SMP.
 */
void run_local_timers(void)
{
    hrtimer_run_queues();
    raise_softirq(TIMER_SOFTIRQ);
}
```

这个函数看起来很简单，一个是 hrtimer_run_queues()，和 hrtimer 有关系；另外一个就是 raise_softirq(TIMER_SOFTIRQ)，触发 timer 的软中断。我们来看看 hrtimer_run_queues，这个似乎和我们要分析的 hrtimer 关系比较大。源码摘取如下：

```
/*
 * Called from hardirq context every jiffy
 */
void hrtimer_run_queues(void)
{
    struct timerqueue_node *node;
    struct hrtimer_cpu_base *cpu_base = &__get_cpu_var(hrtimer_bases);
    struct hrtimer_clock_base *base;
    int index, gettime = 1;

    if (hrtimer_hres_active())
            return;

    for (index = 0; index < HRTIMER_MAX_CLOCK_BASES; index++) {
            base = &cpu_base->clock_base[index];
            if (!timerqueue_getnext(&base->active))
                    continue;

            if (gettime) {
                    hrtimer_get_softirq_time(cpu_base);
                    gettime = 0;
            }

            raw_spin_lock(&cpu_base->lock);

            while ((node = timerqueue_getnext(&base->active))) {
                    struct hrtimer *timer;

                    timer = container_of(node, struct hrtimer, node);
                    if (base->softirq_time.tv64 <=
                                    hrtimer_get_expires_tv64(timer))
                            break;

                    __run_hrtimer(timer, &base->softirq_time);
            }
            raw_spin_unlock(&cpu_base->lock);
    }
}
```

大家看这个函数，为什么 hrtimer_hres_active()为 true 的时候，就直接返回了呢？难道这个函数只在 hrtimer 没有 active 的时候才会执行？这个跟我们理解的有点出入。我们再来看看 TIMER_SOFTIRQ 的软中断做些什么。可以通过下面的命令来查找这个 TIMER_SOFTIRQ：

```
grep -nr TIMER_SOFTIRQ kernel/
```

输出结果如图 2-20 所示。

```
sst@htfyS12:~/work/rk3128/expose-sdk4.4/kernel$ grep -nr TIMER_SOFTIRQ kernel/
kernel/time/tick-sched.c:681:    raise_softirq_irqoff(TIMER_SOFTIRQ);
kernel/timer.c:1385:    raise_softirq(TIMER_SOFTIRQ);
kernel/timer.c:1656:    open_softirq(TIMER_SOFTIRQ, run_timer_softirq);
Binary file kernel/softirq.o matches
kernel/hrtimer.c:1040:                  raise_softirq_irqoff(HRTIMER_SOFTIRQ);
kernel/hrtimer.c:1044:                  __raise_softirq_irqoff(HRTIMER_SOFTIRQ);
kernel/hrtimer.c:1806:  open_softirq(HRTIMER_SOFTIRQ, run_hrtimer_softirq);
Binary file kernel/built-in.o matches
```

图 2-20

可以看到，这个 TIMER_SOFTIRQ 最终执行的代码是 run_timer_softirq，源码摘取如下：

```
/*
 * This function runs timers and the timer-tq in bottom half context.
 */
static void run_timer_softirq(struct softirq_action *h)
{
    struct tvec_base *base = __this_cpu_read(tvec_bases);

    hrtimer_run_pending();

    if (time_after_eq(jiffies, base->timer_jiffies))
            __run_timers(base);
}
```

在这个函数里面，我们看到一个和 hrtimer 相关的函数 hrtimer_run_pending()。我们再把这个函数摘取出来分析一下：

```
/*
 * Called from timer softirq every jiffy, expire hrtimers:
 *
 * For HRT its the fall back code to run the softirq in the timer
 * softirq context in case the hrtimer initialization failed or has
 * not been done yet.
 */
void hrtimer_run_pending(void)
{
    if (hrtimer_hres_active())
            return;
```

```
    /*
     * This _is_ ugly: We have to check in the softirq context,
     * whether we can switch to highres and / or nohz mode. The
     * clocksource switch happens in the timer interrupt with
     * xtime_lock held. Notification from there only sets the
     * check bit in the tick_oneshot code, otherwise we might
     * deadlock vs. xtime_lock.
     */
    if (tick_check_oneshot_change(!hrtimer_is_hres_enabled()))
            hrtimer_switch_to_hres();
}
```

可以看到函数开始的判断，如果 hrtimer_hres_active()是 true，则直接返回。这个条件和 hrtimer_run_queues 刚好相反。也就是说当 hrtimer 还没有激活的时候，才会执行下面的操作。大家看上面代码的注解就知道，当系统具有 oneshot 的高精度定时器，并且允许启动 hrtimer，则会调用 hrtimer_switch_to_hres()切换到高精度的 timer 模式。我们再来看看 hrtimer_switch_to_hres()这个函数，代码如下：

```
/*
 * Switch to high resolution mode
 */
static int hrtimer_switch_to_hres(void)
{
    int i, cpu = smp_processor_id();
    struct hrtimer_cpu_base *base = &per_cpu(hrtimer_bases, cpu);
    unsigned long flags;

    if (base->hres_active)
            return 1;

    local_irq_save(flags);

    if (tick_init_highres()) {
            local_irq_restore(flags);
            printk(KERN_WARNING "Could not switch to high resolution "
                              "mode on CPU %d\n", cpu);
            return 0;
    }
    base->hres_active = 1;
    for (i = 0; i < HRTIMER_MAX_CLOCK_BASES; i++)
            base->clock_base[i].resolution = KTIME_HIGH_RES;
```

```
        tick_setup_sched_timer();
        /* "Retrigger" the interrupt to get things going */
        retrigger_next_event(NULL);
        local_irq_restore(flags);
        return 1;
    }
```

如果 hrtimer 已经启动了，则直接返回，否则通过 tick_init_highres()把 timer 切换到高精度模式。如果成功，则设置相应标志，并通过 tick_setup_sched_timer()建立一个基于 hrtimer 的 tick 定时器。最后通过 retrigger_next_event(NULL)来启动整个 hrtimer。我们跟踪进入 tick_init_highres 函数，源码如下：

```
/**
 * tick_init_highres - switch to high resolution mode
 *
 * Called with interrupts disabled.
 */
int tick_init_highres(void)
{
    return tick_switch_to_oneshot(hrtimer_interrupt);
}
/**
 * tick_switch_to_oneshot - switch to oneshot mode
 */
int tick_switch_to_oneshot(void (*handler)(struct clock_event_device *))
{
    struct tick_device *td = &__get_cpu_var(tick_cpu_device);
    struct clock_event_device *dev = td->evtdev;

    if (!dev || !(dev->features & CLOCK_EVT_FEAT_ONESHOT) ||
                !tick_device_is_functional(dev)) {

            printk(KERN_INFO "Clockevents: "
                "could not switch to one-shot mode:");
            if (!dev) {
                printk(" no tick device\n");
            } else {
                if (!tick_device_is_functional(dev))
                    printk(" %s is not functional.\n", dev->name);
                else
                    printk(" %s does not support one-shot mode.\n",dev->name);
```

```
            }
            return -EINVAL;
        }

        td->mode = TICKDEV_MODE_ONESHOT;
        dev->event_handler = handler;
        clockevents_set_mode(dev, CLOCK_EVT_MODE_ONESHOT);
        tick_broadcast_switch_to_oneshot();
        return 0;
    }
```

大家可以看到，在 tick_switch_to_oneshot 函数里面，修改了当前 CPU 使用的 clock event 的 event_handler 回调函数，并且把 clock event 的工作模式改为 TICKDEV_MODE_ONESHOT。而这个 event_handler 则被赋值为 hrtimer_interrupt 函数。hrtimer_interrupt 函数在 hrtimer.c 文件，这个函数才是真正的处理所有的 hrtimer 的函数。源码如下：

```
/*
 * High resolution timer interrupt
 * Called with interrupts disabled
 */
void hrtimer_interrupt(struct clock_event_device *dev)
{
    struct hrtimer_cpu_base *cpu_base = &__get_cpu_var(hrtimer_bases);
    ktime_t expires_next, now, entry_time, delta;
    int i, retries = 0;

    BUG_ON(!cpu_base->hres_active);
    cpu_base->nr_events++;
    dev->next_event.tv64 = KTIME_MAX;

    raw_spin_lock(&cpu_base->lock);
    entry_time = now = hrtimer_update_base(cpu_base);
retry:
    expires_next.tv64 = KTIME_MAX;
    /*
     * We set expires_next to KTIME_MAX here with cpu_base->lock
     * held to prevent that a timer is enqueued in our queue via
     * the migration code. This does not affect enqueueing of
     * timers which run their callback and need to be requeued on
     * this CPU.
     */
```

```
cpu_base->expires_next.tv64 = KTIME_MAX;

for (i = 0; i < HRTIMER_MAX_CLOCK_BASES; i++) {
        struct hrtimer_clock_base *base;
        struct timerqueue_node *node;
        ktime_t basenow;

        if (!(cpu_base->active_bases & (1 << i)))
                continue;

        base = cpu_base->clock_base + i;
        basenow = ktime_add(now, base->offset);

        while ((node = timerqueue_getnext(&base->active))) {
                struct hrtimer *timer;

                timer = container_of(node, struct hrtimer, node);

                /*
                 * The immediate goal for using the softexpires is
                 * minimizing wakeups, not running timers at the
                 * earliest interrupt after their soft expiration.
                 * This allows us to avoid using a Priority Search
                 * Tree, which can answer a stabbing querry for
                 * overlapping intervals and instead use the simple
                 * BST we already have.
                 * We don't add extra wakeups by delaying timers that
                 * are right-of a not yet expired timer, because that
                 * timer will have to trigger a wakeup anyway.
                 */

                if (basenow.tv64 < hrtimer_get_softexpires_tv64(timer)) {
                        ktime_t expires;

                        expires = ktime_sub(hrtimer_get_expires(timer),
                                            base->offset);
                        if (expires.tv64 < 0)
                                expires.tv64 = KTIME_MAX;
                        if (expires.tv64 < expires_next.tv64)
                                expires_next = expires;
                        break;
                }
```

```
			__run_hrtimer(timer, &basenow);
		}
	}

	/*
	 * Store the new expiry value so the migration code can verify
	 * against it.
	 */
	cpu_base->expires_next = expires_next;
	raw_spin_unlock(&cpu_base->lock);

	/* Reprogramming necessary ? */
	if (expires_next.tv64 == KTIME_MAX ||
	    !tick_program_event(expires_next, 0)) {
		cpu_base->hang_detected = 0;
		return;
	}

	/*
	 * The next timer was already expired due to:
	 * - tracing
	 * - long lasting callbacks
	 * - being scheduled away when running in a VM
	 *
	 * We need to prevent that we loop forever in the hrtimer
	 * interrupt routine. We give it 3 attempts to avoid
	 * overreacting on some spurious event.
	 *
	 * Acquire base lock for updating the offsets and retrieving
	 * the current time.
	 */
	raw_spin_lock(&cpu_base->lock);
	now = hrtimer_update_base(cpu_base);
	cpu_base->nr_retries++;
	if (++retries < 3)
		goto retry;
	/*
	 * Give the system a chance to do something else than looping
	 * here. We stored the entry time, so we know exactly how long
```

```
     * we spent here. We schedule the next event this amount of
     * time away.
     */
    cpu_base->nr_hangs++;
    cpu_base->hang_detected = 1;
    raw_spin_unlock(&cpu_base->lock);
    delta = ktime_sub(now, entry_time);
    if (delta.tv64 > cpu_base->max_hang_time.tv64)
            cpu_base->max_hang_time = delta;
    /*
     * Limit it to a sensible value as we enforce a longer
     * delay. Give the CPU at least 100ms to catch up.
     */
    if (delta.tv64 > 100 * NSEC_PER_MSEC)
            expires_next = ktime_add_ns(now, 100 * NSEC_PER_MSEC);
    else
            expires_next = ktime_add(now, delta);
    tick_program_event(expires_next, 1);
    printk_once(KERN_WARNING "hrtimer: interrupt took %llu ns\n", ktime_to_ns(delta));
}
```

这个函数比我们想象的处理流程稍微复杂一点。首先 hrtimer 也是每个 CPU 独立的。hrtimer 一共有 HRTIMER_MAX_CLOCK_BASES 种类型。每种类型的 hrtimer 有自己的 hrtimer_clock_base。timerqueue_getnext(&base->active)函数返回来的是经过排序之后最早超时的 hrtimer。如果没有，就返回 NULL。如果返回的 hrtimer 的超时时间小于等于当前时间 basenow，则表明定时器已经超时，则调用__run_hrtimer(timer, &basenow)执行定时器回调函数并做相应处理，否则就记录 expires_next 作为定时器下次超时的时间。由于 timerqueue_getnext 函数返回的是已经排序之后最早超时的 hrtimer，所以如果返回的 hrtimer 还没有超时，则其他所注册的 hrtimer 也都没有超时。

关于高精度的 clock event 以及 hrtimer 我们就讲到这里。有兴趣的读者可以继续阅读源码，深入了解一下。我们接着讲讲 clock_souce。高精度的 clock source 又是在哪里使用呢？主要就在 kernel/kernel/time/timekeeping.c 文件。我们就看一个函数，来分析一下 clock source。这个函数就在 timekeeping.c 里面，源码如下：

```
/**
 * do_gettimeofday - Returns the time of day in a timeval
 * @tv:      pointer to the timeval to be set
 *
 * NOTE: Users should be converted to using getnstimeofday()
 */
void do_gettimeofday(struct timeval *tv)
```

```
{
    struct timespec now;

    getnstimeofday(&now);
    tv->tv_sec = now.tv_sec;
    tv->tv_usec = now.tv_nsec/1000;
}
```

do_gettimeofday 返回当前时间，精度到纳秒(返回的 struct timeval 精度是微秒)。我们跟进去看看 getnstimeofday，最终调用的函数如下：

```
/**
 * __getnstimeofday - Returns the time of day in a timespec.
 * @ts:     pointer to the timespec to be set
 *
 * Updates the time of day in the timespec.
 * Returns 0 on success, or -ve when suspended (timespec will be undefined).
 */
int __getnstimeofday(struct timespec *ts)
{
    struct timekeeper *tk = &timekeeper;
    unsigned long seq;
    s64 nsecs = 0;

    do {
            seq = read_seqcount_begin(&timekeeper_seq);

            ts->tv_sec = tk->xtime_sec;
            nsecs = timekeeping_get_ns(tk);

    } while (read_seqcount_retry(&timekeeper_seq, seq));

    ts->tv_nsec = 0;
    timespec_add_ns(ts, nsecs);

    /*
     * Do not bail out early, in case there were callers still using
     * the value, even in the face of the WARN_ON.
     */
    if (unlikely(timekeeping_suspended))
            return -EAGAIN;
```

```
        return 0;
    }
```

这个函数的核心函数就是 timekeeping_get_ns(这个函数我们前面已经讲过了)，里面就会通过 clocksource 的 read 接口获取当前纳秒精度的时间。那么这个 struct timekeeper *tk 的 tk->clock 到底是不是我们上面注册的高精度 clock source 呢？它是怎么传递到 struct timekeeper 的呢？这个就留给大家自己阅读源码进行分析。另外这个函数为了保证数据的完整性，使用了 seqlock 来进行保护，主要函数是 read_seqcount_begin 和 read_seqcount_retry，有兴趣的读者可以深入了解一下。我们来看看 timekeeper 结构体的定义，在 kernel/include/linux/timekeeper_internal.h 文件，代码如下：

```
/* Structure holding internal timekeeping values. */
struct timekeeper {
    /* Current clocksource used for timekeeping. */
    struct clocksource      *clock;
    /* NTP adjusted clock multiplier */
    u32                     mult;
    /* The shift value of the current clocksource. */
    u32                     shift;
    /* Number of clock cycles in one NTP interval. */
    cycle_t                 cycle_interval;
    /* Last cycle value (also stored in clock->cycle_last) */
    cycle_t                 cycle_last;
    /* Number of clock shifted nano seconds in one NTP interval. */
    u64                     xtime_interval;
    /* shifted nano seconds left over when rounding cycle_interval */
    s64                     xtime_remainder;
    /* Raw nano seconds accumulated per NTP interval. */
    u32                     raw_interval;

    /* Current CLOCK_REALTIME time in seconds */
    u64                     xtime_sec;
    /* Clock shifted nano seconds */
    u64                     xtime_nsec;

    /* Difference between accumulated time and NTP time in ntp
     * shifted nano seconds. */
    s64                     ntp_error;
    /* Shift conversion between clock shifted nano seconds and
     * ntp shifted nano seconds. */
    u32                     ntp_error_shift;
```

```
    /*
     * wall_to_monotonic is what we need to add to xtime (or xtime corrected
     * for sub jiffie times) to get to monotonic time.   Monotonic is pegged
     * at zero at system boot time, so wall_to_monotonic will be negative,
     * however, we will ALWAYS keep the tv_nsec part positive so we can use
     * the usual normalization.
     *
     * wall_to_monotonic is moved after resume from suspend for the
     * monotonic time not to jump. We need to add total_sleep_time to
     * wall_to_monotonic to get the real boot based time offset.
     *
     * - wall_to_monotonic is no longer the boot time, getboottime must be
     * used instead.
     */
    struct timespec          wall_to_monotonic;
    /* Offset clock monotonic -> clock realtime */
    ktime_t                  offs_real;
    /* time spent in suspend */
    struct timespec          total_sleep_time;
    /* Offset clock monotonic -> clock boottime */
    ktime_t                  offs_boot;
    /* The raw monotonic time for the CLOCK_MONOTONIC_RAW posix clock. */
    struct timespec          raw_time;
    /* The current UTC to TAI offset in seconds */
    s32                      tai_offset;
    /* Offset clock monotonic -> clock tai */
    ktime_t                  offs_tai;

};
```

我们可以看到，timekeeper 是基于 clocksource 来实现的。timekeeper 这个模块很复杂，管理了下面几个时间。

- RTC 时间：即年月日时分秒，掉电之后可以继续运行，通过电池来供电。
- wall time：墙上时间，类似于 RTC，但是精度高，由秒和纳秒两部分组成。秒是指 1970 年 1 月 1 日 00:00:00 UTC 时间到现在的秒数。一秒之内的时间就用纳秒表示。刚刚我们讲到的 do_gettimeofday 获取的就是 wall time。
- monotonic time：系统启动之后，单调递增的时间，不包含休眠(二级休眠)时间。
- raw monotonic time：单调递增的时间，不包含休眠(二级休眠)时间，不受 NTP 影响。
- boot time：通过接口 getboottime 获取，系统总启动时间，包含了休眠的时间。

NTP 是网络时间协议(Network Time Protocol)，它是用来同步网络中各个计算机的时间的。

对于高精度的 clock event 和 clock souce，我们就讲到这里。由于它们的内容比较多，我们简单的总结如下：

(1) 我们课程配套 SDK 开发板使用的高精度定时器，是 ARM 处理器内部的定时器，输入时钟是 24M。

(2) 每一个处理器内部都有一个独立的时钟，频率相同；每个处理器单独处理定时中断。

(3) 系统启动的时候，通过 drivers/clocksource/arm_arch_timer.c 的 arch_timer_init 函数初始化高精度的 clock event 和 clock souce。

(4) 内核默认情况下，系统定时器 tick_device 默认工作在 TICKDEV_MODE_PERIODIC 模式。当系统注册了可以支持 CLOCK_EVT_FEAT_ONESHOT 的高精度定时器之后，内核便会通过 tick_switch_to_oneshot 函数切换到 TICKDEV_MODE_ONESHOT 模式，同时支持 hrtimer。

(5) 以上初始化和切换过程，在 SMP 的每一个 CPU 内部都会进行。clock event 属于 per_cpu 变量。

(6) 高精度的 clock event 通过 set_next_event 产生高进度的定时中断，从而实现系统的 hrtimer。高精度的定时器同时需要高精度的 clock source 支持(即系统使用的 clock_source 的 flags 要有 CLOCK_SOURCE_VALID_FOR_HRES 属性)。

(7) 系统 tick_device 即使工作在 TICKDEV_MODE_ONESHOT 模式，也会通过 tick_setup_sched_timer()函数建立一个周期性的 timer(hrtimer)，以便系统调度器和普通的基于 jiffies 的 timer 能够正常工作。

(8) timekeeping 模块维护了系统的高精度计时功能。主要包括 HRTIMER_BASE_MONOTONIC，HRTIMER_BASE_REALTIME，HRTIMER_BASE_BOOTTIME 三种计时。timekeeping 的底层支持是 RTC 和高精度的 clock source。

下面我们讲讲内核里经典的基于 jiffies 的定时器 timer。这个模块的原作者是 Linus Torvalds。Jiffies 是什么呢？就是系统的 tick 节拍的计数器，一个 tick 多长时间呢？是由 Hz 来控制的，每个 tick 的周长就是 1 秒除以 Hz。那么 Hz 是多少呢？我们通过以下命令查找一下：

```
grep -nr HZ .config
```

输出结果如图 2-21 所示。

```
sst@htfyS12:~/work/rk3128/expose-sdk4.4/kernel$ grep -nr HZ .config
74:CONFIG_NO_HZ_COMMON=y
75:# CONFIG_HZ_PERIODIC is not set
76:CONFIG_NO_HZ_IDLE=y
77:CONFIG_NO_HZ=y
98:CONFIG_RCU_FAST_NO_HZ=y
440:CONFIG_HZ=100
```

图 2-21

这样可以直观地看到 Hz 是 100，那么一个 jiffies 代表 10 ms。对于 timer 定时器，我们先看看其结构体的定义和接口函数，这些定义在 kernel/include/linux/timer.h 文件，代码如下：

```
struct timer_list {
    /*
     * All fields that change during normal runtime grouped to the
     * same cacheline
     */
    struct list_head entry;
    unsigned long expires;
    struct tvec_base *base;

    void (*function)(unsigned long);
    unsigned long data;

    int slack;

#ifdef CONFIG_TIMER_STATS
    int start_pid;
    void *start_site;
    char start_comm[16];
#endif
#ifdef CONFIG_LOCKDEP
    struct lockdep_map lockdep_map;
#endif
};
...
extern void add_timer_on(struct timer_list *timer, int cpu);
extern int del_timer(struct timer_list * timer);
extern int mod_timer(struct timer_list *timer, unsigned long expires);
...
extern void add_timer(struct timer_list *timer);
```

大家可以看到，timer 使用一个双向链表 struct list_head 来管理。结构体里面定义了超时的 jiffies 变量 expires，超时回调函数 function 以及回调函数的参数 data。

对于 timer 我们关注两个函数：一个是增加一个 timer 的函数：internal_add_timer→__internal_add_timer；另外一个就是中断到了，运行 timer 的函数：__run_timers(struct tvec_base *base)。其源码在 kernel/kernel/timer.c 文件，代码如下：

```
static void __internal_add_timer(struct tvec_base *base, struct timer_list *timer)
{
    unsigned long expires = timer->expires;
    unsigned long idx = expires - base->timer_jiffies;
    struct list_head *vec;
```

```
        if (idx < TVR_SIZE) {
                int i = expires & TVR_MASK;
                vec = base->tv1.vec + i;
        } else if (idx < 1 << (TVR_BITS + TVN_BITS)) {
                int i = (expires >> TVR_BITS) & TVN_MASK;
                vec = base->tv2.vec + i;
        } else if (idx < 1 << (TVR_BITS + 2 * TVN_BITS)) {
                int i = (expires >> (TVR_BITS + TVN_BITS)) & TVN_MASK;
                vec = base->tv3.vec + i;
        } else if (idx < 1 << (TVR_BITS + 3 * TVN_BITS)) {
                int i = (expires >> (TVR_BITS + 2 * TVN_BITS)) & TVN_MASK;
                vec = base->tv4.vec + i;
        } else if ((signed long) idx < 0) {
                /*
                 * Can happen if you add a timer with expires == jiffies,
                 * or you set a timer to go off in the past
                 */
                vec = base->tv1.vec + (base->timer_jiffies & TVR_MASK);
        } else {
                int i;
                /* If the timeout is larger than MAX_TVAL (on 64-bit
                 * architectures or with CONFIG_BASE_SMALL=1) then we
                 * use the maximum timeout.
                 */
                if (idx > MAX_TVAL) {
                        idx = MAX_TVAL;
                        expires = idx + base->timer_jiffies;
                }
                i = (expires >> (TVR_BITS + 3 * TVN_BITS)) & TVN_MASK;
                vec = base->tv5.vec + i;
        }
        /*
         * Timers are FIFO:
         */
        list_add_tail(&timer->entry, vec);
}
```

这个函数就是把定时器超时 jiffies 和 CPU 定时器当前的 jiffies 的差值(idx)分成不同的区间，然后加入到 struct tvec_base 结构体不同区间数组的双向链表里面。我们再来看看 __run_timers 函数。这个函数在 CPU 每次 tick 中断的时候被调用，是在软中断环境下调用的，代码如下：

```
#define INDEX(N) ((base->timer_jiffies >> (TVR_BITS + (N) * TVN_BITS)) & TVN_MASK)
/**
 * __run_timers - run all expired timers (if any) on this CPU.
 * @base: the timer vector to be processed.
 *
 * This function cascades all vectors and executes all expired timer
 * vectors.
 */
static inline void __run_timers(struct tvec_base *base)
{
    struct timer_list *timer;

    spin_lock_irq(&base->lock);
    while (time_after_eq(jiffies, base->timer_jiffies)) {
            struct list_head work_list;
            struct list_head *head = &work_list;
            int index = base->timer_jiffies & TVR_MASK;

            /*
             * Cascade timers:
             */
            if (!index &&
                    (!cascade(base, &base->tv2, INDEX(0))) &&
                        (!cascade(base, &base->tv3, INDEX(1))) &&
                            !cascade(base, &base->tv4, INDEX(2)))
                    cascade(base, &base->tv5, INDEX(3));
            ++base->timer_jiffies;
            list_replace_init(base->tv1.vec + index, &work_list);
            while (!list_empty(head)) {
                    void (*fn)(unsigned long);
                    unsigned long data;
                    bool irqsafe;

                    timer = list_first_entry(head, struct timer_list,entry);
                    fn = timer->function;
                    data = timer->data;
                    irqsafe = tbase_get_irqsafe(timer->base);
```

```
                    timer_stats_account_timer(timer);

                    base->running_timer = timer;
                    detach_expired_timer(timer, base);

                    if (irqsafe) {
                            spin_unlock(&base->lock);
                            call_timer_fn(timer, fn, data);
                            spin_lock(&base->lock);
                    } else {
                            spin_unlock_irq(&base->lock);
                            call_timer_fn(timer, fn, data);
                            spin_lock_irq(&base->lock);
                    }
            }
        }
        base->running_timer = NULL;
        spin_unlock_irq(&base->lock);
    }
```

while (time_after_eq(jiffies, base->timer_jiffies))函数判断当前 CPU 的 timer_jiffies 是否已经超时。jiffies 其实就是 jiffies_64，通过 do_timer 来维护，在周期性的 tick 函数里面被调用。由于__run_timers 是在软中断环境被调用，不能保证每个 tick 中断都能够及时调用，所以用了一个 while 循环。while(!list_empty(head))循环就是按顺序处理已经超时的 timer list 上面的各个 timer。这个函数最核心的就是 cascade 函数。不过这个函数也比较简单，源码如下：

```
static int cascade(struct tvec_base *base, struct tvec *tv, int index)
{
    /* cascade all the timers from tv up one level */
    struct timer_list *timer, *tmp;
    struct list_head tv_list;

    list_replace_init(tv->vec + index, &tv_list);

    /*
     * We are removing _all_ timers from the list, so we
     * don't have to detach them individually.
     */
    list_for_each_entry_safe(timer, tmp, &tv_list, entry) {
            BUG_ON(tbase_get_base(timer->base) != base);
```

```
                /* No accounting, while moving them */
                __internal_add_timer(base, timer);
        }

        return index;
    }
```

cascade 是层叠的意思，这里可以理解为展开。这个函数就是把一个 struct tvec *tv 里面对应 index 的链表所有的 timer 取出来，再添加一遍(由于 jiffies 改变了，添加的时候就会加到其他相应的 vec 里面)。返回值是 index。timer 的核心还是什么时候该调用 cascade 以及传递的参数是什么。我们看到，index 为 0，或者 INDEX(0)为 0，或者 INDEX(1)、INDEX(2)为 0 的时候，需要继续调用下一级的 cascade。

总结__run_timers 函数的流程如下：

(1) 如果 index = base->timer_jiffies & TVR_MASK 不为 0，也就是 index 在 1～255 之间，则表示 base->tv1.vec+index 所对应的双上链表上面的 timer 已经超时。超时到的 timer 永远在 base->tv1.vec 上面。

(2) 如果 index 是 0，表示 base->timer_jiffies 是 256 的倍数，即当前 base->tv1.vec 上面所有的定时器都已经超时了，需要对下一级的定时器向量进行展开。

(3) #define INDEX(N)((base->timer_jiffies>>(TVR_BITS+(N)*TVN_BITS))& TVN_MASK) 是根据 timer_jiffies 获取到对应第 N 个定时器向量的下标。比如 base->timer_jiffies = 256，则“vec[1], base->timer_jiffies = 512”对应 tv2 的 vec[2]。

(4) 如果 base->timer_jiffies 是(1<< (TVR_BITS+(N+1)*TVN_BITS))的整数倍，则 INDEX(N)返回 0，需要展开其更下一级。比如 base->timer_jiffies 从二进制 B11111111 变到 B1 00000000(index=0)，或者从 B111111 11111111 变到 B1 000000 00000000(INDEX(0)=0)的时候，需要展开，依此类推。

(5) 展开的操作就是把对应对象的双向链表取下来，再重新添加一遍，然后对 base->tv1.vec 上面的 timer 进行超时操作。

(6) 对 timer 的超时操作，核心就是调用 timer 的 timer->function 函数。

大家可以看到 Torvalds 实现的这个时间轮滚算法，非常高效、精妙。代码很简洁，加起来一共也没有多少行。每一次 tick 中断，处理的事情也很少，绝不做任何多余的操作。在__run_timers 里面，绝大部分都是直接调用 tv1 对应的 vec 上面的 timer，只有在适当的时候才进行展开操作。它充分利用了二进制数的进位特征，采取空间换时间的策略，既高效又通俗易懂。

在我们后续开发过程中，可能会使用到 timer 和 hrtimer。对于普通的 timer 定时器，需要注意的是 timer 的精度只能到 jiffies，比如我们这个开发板，Hz=100，精度就是 10 ms。要启动一个 10 ms 以内的定时器，就要用高精度定时器，比如 3 ms、16 ms 或者精确到μs 级别的定时器。另外，定时器 timer 和 hrtime 属于 SOFTIRQ 和 HARDIRQ 上下文，使用注意事项与上节讲到的中断回调函数注意事项一样，在回调函数里面不能有 sleep、wait、mutex_lock 等调用。定时器中断其实就是系统中断的一种。中断的种种规定，在定时器中断上也是适用的。

本节讲了如何注册高精度定时器，高精度计数器以及定时器的中断处理函数。内核里面有基于 tick 的经典定时器和高精度定时器两种定时器，以及高精度的时间计时。我们大概罗列了这些方面相关的接口和实现，还详细讲解了 tick 定时器的时间轮滚算法。我们在阅读这些源码的时候，其实就是和这些前辈们进行交流。内核里面的代码都是经过作者深思熟虑而来的，同时也经历了千锤百炼的考验，有时候我们无法领悟其中的精妙，这个也是很正常的，大家不要灰心丧气，毕竟我们只是阅读代码，没有深入地动手测试或者验证，也没有经历作者需要经历的构思、编码、测试验证的过程。但是，只要持之以恒，多动手实验，总会有一天能够到达我们自己想要的高度。很多代码和接口，要用一遍、跑一遍，才知道其中味道。

2.2.5 内核理论基础——内核异常中断

很多情况下，系统都需要考虑到异常和中断。如果没有中断，大家想想，怎么响应按键，怎么响应触摸？怎么刷屏？一个没有中断的系统要响应外部事件，必须依靠 CPU 轮询进行各种处理，这个是极端低效的，并且实时性也很差。所以无论大大小小的处理器都会有中断控制器和异常向量表，从小巧的 Cortex M0 到复杂的 Cortex A7 都是一样的。这节我们就讲讲内核的异常处理。对于 CPU 来讲，各种突发事件都叫异常，data abort 是一种异常，中断也是一种异常，所以下文就不会去特别区分是中断还是异常。

1. ARM 对中断的处理

讲到 ARM 架构的时候，不得不谈到 ARM 的多种模式，其实每一种模式就是一个异常状态。如图 2-22 所示就是 ARM CPU 的几种模式。

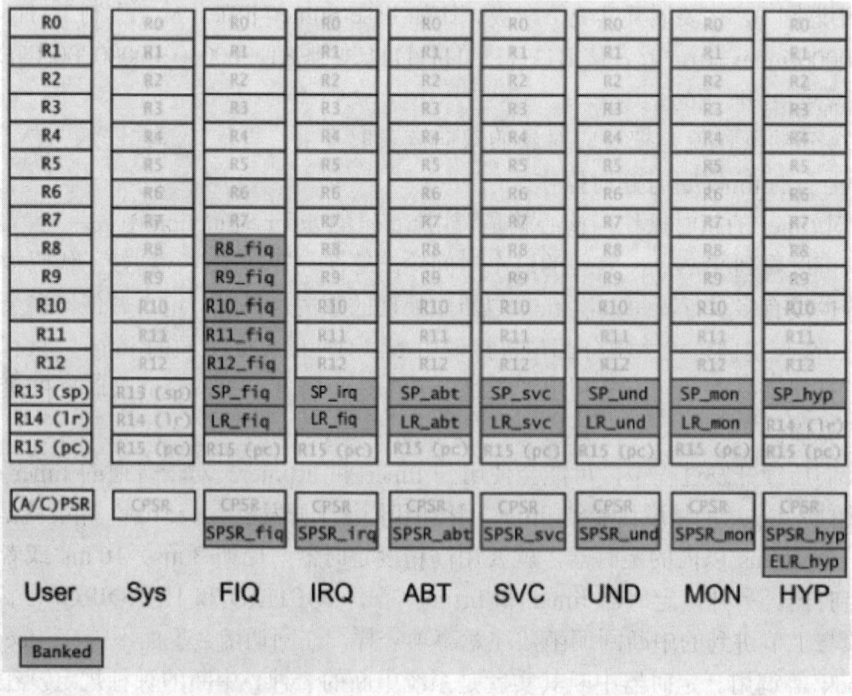

图 2-22

图 2-22 中，SYS、FIQ、IRQ、ABT、SVC、UND 是特权模式，USR 是非特权模式，MON 和 HYP 是和 Security 相关的模式，也是特权模式。图 2-22 中深色背景的寄存器就是影子寄存器，它们是每种模式私有的寄存器，相互之间是独立的。当模式切换的时候，影子寄存器里面的值也跟着切换过来。其中最重要的影子寄存器就是 SP(堆栈)和 LR(返回地址)。CPSR 是当前程序状态寄存器，这个寄存器的低 5 位(bit0～bit4)就决定了当前 CPU 的工作模式。

CPU 每执行完一条指令，都会判断一下是否有中断发生。当然这个判断由硬件完成，不会影响 CPU 的效率。当中断发生并且相应的控制位没有被禁止的时候，处理器自动会进行相应的操作，然后切换到相应的模式(异常是不能被禁止的，比如 data abort、prefect abort 异常)。我们以 IRQ 为例来讲解处理器对异常的处理。当一个 IRQ 请求发生，并且中断允许时，处理器会自动执行下面的操作：

• 把当前的运行地址 PC 拷贝到 IRQ 模式的 LR 寄存器，即 LR_irq，作为异常处理完成之后的返回地址，即使当前已经处于 IRQ 模式，也会进行这个操作。

• 把当前的程序状态寄存器 CPSR 拷贝到 IRQ 模式的 SPSR_irq。

• 整个 ARM 处理器模式切换到 IRQ 模式(通过修改 CPSR 里面的模式标记位)，同时设置 CPSR 寄存器的 I 标志位，禁止再产生 IRQ 中断。此时，影子寄存器就切换到相应模式对应的值。所以不同的模式可以定义不同的堆栈。

• 之后，PC 就转跳到中断向量表的 IRQ 入口地址执行。

至于到达了 IRQ 的入口地址之后如何处理，这个就是内核里面的事情了，后面我们会分析到。

2．中断控制寄存器和中断嵌套(优先级)

一个系统，会有很多种中断，比如 GPIO 中断、I2C 中断、USB 中断等。这些中断有不同的属性配置(如电平触发或者低边缘触发)，还有优先级配置以及使能控制，所以必须有一个专门的中断控制器来管理这些中断，最后所有的中断请求合并为一个 IRQ 请求发送到相应的处理器上面。

ARM 处理器一般都会使用和 CPU 配套的中断控制器，叫做 GIC(Generic Interrupt Controller，通用中断控制器)。GIC 主要做以下两方面的事情：

(1) 控制中断源的状态(如优先级、触发模式、使能标志等)，这个就是 distributor interface。

(2) 把中断派发到指定的 CPU 核(SMP)，这个就是 CPU interface。

GIC 有以下三种模式的中断：

(1) Software Generated Interrupt(SGI)。该模式为软中断，主要用于多核之间的通信。

(2) Private Peripheral Interrupt(PPI)。该模式为每个 CPU 核内部独立的中断，如内部定时器等。

(3) Shared Peripheral Interrupt(SPI)。该模式为可以在多个 CPU 间共享的中断。GIC 可以决定把 SPI 派发给哪个 CPU。

SGI 软中断可由指令触发，硬中断有边缘触发和电平触发两种。关于 GIC，我们大概了解一下其作用即可。下面介绍中断嵌套。

当一个中断正在处理的时候，又发生了另外一个中断。这种情况怎么办呢？在内核里面，是允许中断嵌套的，这样更高优先级的中断可以得到及时响应，保证了系统的实时性。要实现中断嵌套，由上面 CPU 对中断异常的处理流程可知，需要在中断处理流程上注意以下两个方面：

(1) 必须保护好 IRQ 模式下的 SPSR。因为异常发生的时候，CPU 会自动把当前模式的 CPSR 保存到 SPSR_irq。可以通过把 SPSR 压栈来进行保存。

(2) 必须保护好 IRQ 模式下面的 LR。因为异常发生的时候，CPU 会自动把发送异常时运行模式的 PC 保存到 LR_irq，然后 PC 转到 IRQ 的向量表对应入口地址。保存到 LR 就比较麻烦了，我们知道，BL 到一个函数的时候，返回地址就保存在 LR 寄存器。如果在 IRQ 模式里面重新开中断，那么这个 LR 就很有可能被破坏(为什么呢？大家想想)。所以必须切换到其他模式，才能再打开中断。我们不能在 IRQ 模式里面再次开启中断。

后面我们看源码的时候会知道，Linux 内核里面就是这样处理的。图 2-23 所示就是我们配套开发板(RK3128)DTS 里定义的中断控制器 GIC。

```
54  gic: interrupt-controller@10139000 {
55      compatible = "arm,cortex-a15-gic";
56      interrupt-controller;
57      #interrupt-cells = <3>;
58      #address-cells = <0>;
59      reg = <0x10139000 0x1000>,
60            <0x1013a000 0x1000>;
61  };
```

图 2-23

GIC 相关的驱动代码在 drivers/irqchip/irq-gic.c 文件里面，下面是代码片段，感兴趣的读者可以自行阅读。

```
static int gic_cnt __initdata;

static int __init
gic_of_init(struct device_node *node, struct device_node *parent)
{
    void __iomem *cpu_base;
    void __iomem *dist_base;
    u32 percpu_offset;
    int irq;

    if (WARN_ON(!node))
        return -ENODEV;

    dist_base = of_iomap(node, 0);
    WARN(!dist_base, "unable to map gic dist registers\n");
```

```
    cpu_base = of_iomap(node, 1);
    WARN(!cpu_base, "unable to map gic cpu registers\n");

    if (of_property_read_u32(node, "cpu-offset", &percpu_offset))
            percpu_offset = 0;

    gic_init_bases(gic_cnt, -1, dist_base, cpu_base, percpu_offset, node);
    if (!gic_cnt)
            gic_init_physaddr(node);


    if (parent) {
            irq = irq_of_parse_and_map(node, 0);
            gic_cascade_irq(gic_cnt, irq);
    }
    gic_cnt++;
    return 0;
}
IRQCHIP_DECLARE(gic_400, "arm,gic-400", gic_of_init);
IRQCHIP_DECLARE(cortex_a15_gic, "arm,cortex-a15-gic", gic_of_init);
IRQCHIP_DECLARE(cortex_a9_gic, "arm,cortex-a9-gic", gic_of_init);
IRQCHIP_DECLARE(cortex_a7_gic, "arm,cortex-a7-gic", gic_of_init);
IRQCHIP_DECLARE(msm_8660_qgic, "qcom,msm-8660-qgic", gic_of_init);
IRQCHIP_DECLARE(msm_qgic2, "qcom,msm-qgic2", gic_of_init);
```

3．Linux 对中断的处理

下面我们根据源码，讲讲 Linux 对中断和异常的处理。Linux 使用一种跨平台的架构来处理 CPU 的异常，即一个系统所有的异常经过底层处理之后(保存现场，切换模式)，最后的异常处理函数都在 SVC 模式下面执行。所有异常处理的保存现场(退出现场)和系统调度一个进程的保存现场是一样的。这样异常处理和系统调度就可以无缝连接在一起，在异常退出的时候就可以根据需要进行调度(这个就是可抢占式内核)。这种架构使得 C 语言部分代码和底层处理器的架构剥离开来，从而实现了不同平台的代码共享，并且不会影响到执行效率。对于各种异常来说，有两种基本模式要区分，一个是在 USR 模式下面发生的异常，另一个是在 SVC 模式下面发生的异常(其他模式一般不会发生异常，因为异常处理都要切换到 SVC 模式下)。

首先我们从异常向量表来开始讲内核中断异常的处理。前面介绍 ARM 处理器架构的时候提到过异常向量表，现在再深入一点研究。我们看看向量表在哪里。我们知道，底层的代码一般都在每一个 arch 目录下面，我们通过下面的命令来找找：

```
grep -nr vectors arch/arm/kernel
```

显示结果如图 2-24 所示。

```
arch/arm/kernel/traps.c:862:     flush_icache_range(vectors, vectors + PAGE_SIZE * 2);
arch/arm/kernel/process.c:571: * The vectors page is always readable from user space for the
arch/arm/kernel/process.c:609:  return is_gate_vma(vma) ? "[vectors]" :
arch/arm/kernel/entry-armv.S:950: * vectors, rather than ldr's.  Note that this code must not exceed
arch/arm/kernel/entry-armv.S:1128:       .section .vectors, "ax", %progbits
arch/arm/kernel/entry-armv.S:1129:__vectors_start:
arch/arm/kernel/entry-armv.S:1132:      W(ldr)  pc, __vectors_start + 0x1000
arch/arm/kernel/signal.c:384:                  * except when the MPU has protected the vectors
arch/arm/kernel/vmlinux.lds:530:         * The vectors and stubs are relocatable code, and the
arch/arm/kernel/vmlinux.lds:533: __vectors_start = .;
arch/arm/kernel/vmlinux.lds:534: .vectors 0 : AT(__vectors_start) {
arch/arm/kernel/vmlinux.lds:535:  *(.vectors)
arch/arm/kernel/vmlinux.lds:537: . = __vectors_start + SIZEOF(.vectors);
arch/arm/kernel/vmlinux.lds:538: __vectors_end = .;
```

图 2-24

我们看到最有可能定义异常向量表的应该是 arch/arm/kernel/entry-armv.s 文件，打开该文件看看 1129 行，具体如下：

```
.section .vectors, "ax", %progbits
__vectors_start:
    W(b)    vector_rst
    W(b)    vector_und
    W(ldr) pc, __vectors_start + 0x1000
    W(b)    vector_pabt
    W(b)    vector_dabt
    W(b)    vector_addrexcptn
    W(b)    vector_irq
    W(b)    vector_fiq

.data
...
```

我们看到，__vectors_start 确实定义了一组向量表。W(b)是一个宏，在 arch/arm/include/asm/unified.h 里面定义。如果编译内核的时候定义了 CONFIG_THUMB2_KERNEL，那么 W(b)就是 b.w 指令，否则 W(b)就是 b 指令。一般不会定义 CONFIG_THUMB2_KERNEL，所以上面 W(b)vector_irq 就是 b vector_irq。当 CPU 取这条指令执行的时候，就转跳到了 vector_irq 入口处。其他模式的入口也是如此。

我们只重点关注 vector_irq。直接在 entry-armv.s 里面查找 vector_irq 找不到，因为这是通过一个宏来定义的。下面就是源码里面关于 iqr 中断处理函数的定义：

```
/*
 * Interrupt dispatcher
 */
    vector_stub     irq, IRQ_MODE, 4

    .long    __irq_usr                  @  0  (USR_26 / USR_32)
    .long    __irq_invalid              @  1  (FIQ_26 / FIQ_32)
    .long    __irq_invalid              @  2  (IRQ_26 / IRQ_32)
```

```
	.long	__irq_svc			@  3  (SVC_26 / SVC_32)
	.long	__irq_invalid			@  4
	.long	__irq_invalid			@  5
	.long	__irq_invalid			@  6
	.long	__irq_invalid			@  7
	.long	__irq_invalid			@  8
	.long	__irq_invalid			@  9
	.long	__irq_invalid			@  a
	.long	__irq_invalid			@  b
	.long	__irq_invalid			@  c
	.long	__irq_invalid			@  d
	.long	__irq_invalid			@  e
	.long	__irq_invalid			@  f

/*
 * Data abort dispatcher
 * Enter in ABT mode, spsr = USR CPSR, lr = USR PC
 */
	vector_stub	dabt, ABT_MODE, 8

	.long	__dabt_usr			@  0  (USR_26 / USR_32)
	.long	__dabt_invalid			@  1  (FIQ_26 / FIQ_32)
	.long	__dabt_invalid			@  2  (IRQ_26 / IRQ_32)
	.long	__dabt_svc			@  3  (SVC_26 / SVC_32)
	.long	__dabt_invalid			@  4
	.long	__dabt_invalid			@  5
	.long	__dabt_invalid			@  6
	.long	__dabt_invalid			@  7
	.long	__dabt_invalid			@  8
	.long	__dabt_invalid			@  9
	.long	__dabt_invalid			@  a
	.long	__dabt_invalid			@  b
	.long	__dabt_invalid			@  c
	.long	__dabt_invalid			@  d
	.long	__dabt_invalid			@  e
	.long	__dabt_invalid			@  f

/*
 * Prefetch abort dispatcher
 * Enter in ABT mode, spsr = USR CPSR, lr = USR PC
```

```
*/
    vector_stub     pabt, ABT_MODE, 4

    .long   __pabt_usr              @   0 (USR_26 / USR_32)
    .long   __pabt_invalid          @   1 (FIQ_26 / FIQ_32)
    .long   __pabt_invalid          @   2 (IRQ_26 / IRQ_32)
    .long   __pabt_svc              @   3 (SVC_26 / SVC_32)
    .long   __pabt_invalid          @   4
    .long   __pabt_invalid          @   5
    .long   __pabt_invalid          @   6
    .long   __pabt_invalid          @   7
    .long   __pabt_invalid          @   8
    .long   __pabt_invalid          @   9
    .long   __pabt_invalid          @   a
    .long   __pabt_invalid          @   b
    .long   __pabt_invalid          @   c
    .long   __pabt_invalid          @   d
    .long   __pabt_invalid          @   e
    .long   __pabt_invalid          @   f
```

我们看到，通过 vector_stub irq 来定义 IRQ 的异常入口，通过 vector_stub dabt 来定义数据读写异常的入口，通过 vector_stub pabt 来定义取指异常的入口。我们看看 vector_stub 的定义，也是在这个文件里面，代码如下：

```
/*
 * Vector stubs.
 *
 * This code is copied to 0xffff1000 so we can use branches in the
 * vectors, rather than ldr's.   Note that this code must not exceed
 * a page size.
 *
 * Common stub entry macro:
 *     Enter in IRQ mode, spsr = SVC/USR CPSR, lr = SVC/USR PC
 *
 * SP points to a minimal amount of processor-private memory, the address
 * of which is copied into r0 for the mode specific abort handler.
 */
    .macro  vector_stub, name, mode, correction=0
    .align   5

vector_\name:
```

```
    .if \correction
    sub     lr, lr, #\correction
    .endif

    @
    @ Save r0, lr_<exception> (parent PC) and spsr_<exception>
    @ (parent CPSR)
    @
    stmia   sp, {r0, lr}            @ save r0, lr
    mrs     lr, spsr
    str     lr, [sp, #8]            @ save spsr

    @
    @ Prepare for SVC32 mode.   IRQs remain disabled.
    @
    mrs     r0, cpsr
    eor     r0, r0, #(\mode ^ SVC_MODE | PSR_ISETSTATE)
    msr     spsr_cxsf, r0

    @
    @ the branch table must immediately follow this code
    @
    and     lr, lr, #0x0f
 THUMB( adr     r0, 1f                  )
 THUMB( ldr     lr, [r0, lr, lsl #2]    )
    mov     r0, sp
 ARM(   ldr     lr, [pc, lr, lsl #2]    )
    movs    pc, lr          @ branch to handler in SVC mode
ENDPROC(vector_\name)
```

“vector_stub, name”定义了 vector_\name 的汇编函数。vector_stub 宏的 mode 是异常的 mode，correction 就是由于 CPU 的流水线，对不同的异常的返回地址进行调整的。因为 PC 指针代表的是当前取指的地址，一般情况下，它总是比当前执行的地址提前两条指令(因为流水线一般是取指、译码、执行、访存、回写，取指的指令比执行的指令提前两条)，在 ARM 指令集下面，两条指令的偏移量就是 8。另外应注意，vector_stub 是一个汇编宏定义，编译的时候会展开，它定义了一个函数，但是本身不是一个函数，不能使用 bl vector_stub。

我们往下看就会看到根据当前模式转跳到相应的入口地址，如下：

```
ARM(    ldr     lr, [pc, lr, lsl #2]    )
movs    pc, lr          @ branch to handler in SVC mode
```

THUMB()宏在 CONFIG_THUMB2_KERNEL 是定义一条指令，否则就是空的，而 ARM()刚好相反。“ldr lr, [pc, lr, lsl #2]”指令就是根据发生异常时的寄存器状态找到相应的处理函数，把函数地址赋值给 lr 寄存器。通过上面“vector_stub irq, IRQ_MODE, 4”的定义看到，紧跟着后面的就是针对不同模式情况下发生 IRQ 异常的处理函数。发生 IRQ 异常的时候，只有两种有效的模式，即_irq_usr 和_irq_svc，其他的都是_irq_invalid。“movs pc, lr”指令将转跳到相应的入口来执行。要注意这条指令多了一个 s，“movs pc, lr”和“mov pc, lr”的区别就是在转跳到 lr 的时候，同时把 SPSR 拷贝到 CPSR，也就是说这条指令可以同时改变 ARM 处理器的模式。所以当调用到 lr 指定的函数入口的时候，我们已经从 IRQ 模式转为 SVC 模式了。此时的 R0 保存的是 IRQ 模式的 sp，IRQ 的堆栈里面保存了发生异常时的摘取 R0、PC、CPSR 等几个重要的寄存器的值。下面查找_irq_svc，源码摘取出来如下：

```
.align      5
__irq_svc:
    svc_entry
    irq_handler

#ifdef CONFIG_PREEMPT
    get_thread_info tsk
    ldr     r8, [tsk, #TI_PREEMPT]        @ get preempt count
    ldr     r0, [tsk, #TI_FLAGS]          @ get flags
    teq     r8, #0                        @ if preempt count != 0
    movne   r0, #0                        @ force flags to 0
    tst     r0, #_TIF_NEED_RESCHED
    blne    svc_preempt
#endif

    svc_exit r5, irq = 1                  @ return from exception
 UNWIND(.fnend          )
ENDPROC(__irq_svc)
```

这个函数流程简单，因为使用了汇编宏。svc_entry 宏即保存现场到 SVC 的堆栈里面，这个现场就是结构体 struct pt_regs。然后执行 irq_handler，进行中断处理。最后，如果内核是可抢占的，则判断是否需要进行调度。如果需要，就转跳到 svc_preempt 进行调度，否则执行 svc_exit 返回中断之前的现场继续执行。可以看到使用汇编宏指令之后，流程非常清晰明了，汇编代码也可以很好地复用和维护。下面我们看看 IRQ 处理的核心宏 irq_handler，源码摘取出来以方便阅读：

```
/*
 * Interrupt handling.
 */
    .macro irq_handler
```

```
#ifdef CONFIG_MULTI_IRQ_HANDLER
    ldr     r1, =handle_arch_irq
    mov     r0, sp
    adr     lr, BSYM(9997f)
    ldr     pc, [r1]
#else
    arch_irq_handler_default
#endif
9997:
    .endm
```

这个宏也比较简单，我们查找一下 grep CONFIG_MULTI_IRQ_HANDLER .config 就知道 CONFIG_MULTI_IRQ_HANDLER 是定义的，所以这个函数就是转跳到 handle_arch_irq 这个地址里面的值(handle_arch_irq 即是函数指针)。“mov r0, sp”是设置传给 handle_arch_irq 函数的参数，即 struct pt_regs *指针。“adr lr, BSYM(9997f)”是把返回地址设置为下面 9997 的地方，也就是“ldr pc , [r1]”的下一条指令。而“ldr pc, [r1]”是进行函数转跳。那 handle_arch_irq 在哪里定义呢？

我们查找一下 grep -nr handle_arch_irq arch/arm/kernel/ 可以发现(见图 2-25)：

```
sst@htfyS12:~/work/rk3128/expose-sdk4.4/kernel$ grep -nr handle_arch_irq arch/arm/kernel/
Binary file arch/arm/kernel/entry-armv.o matches
arch/arm/kernel/irq.c:127:        if (handle_arch_irq)
arch/arm/kernel/irq.c:130:        handle_arch_irq = handle_irq;
Binary file arch/arm/kernel/setup.o matches
arch/arm/kernel/entry-armv.S:40:          ldr     r1, =handle_arch_irq
arch/arm/kernel/entry-armv.S:1149:        .globl  handle_arch_irq
arch/arm/kernel/entry-armv.S:1150:handle_arch_irq:
Binary file arch/arm/kernel/irq.o matches
arch/arm/kernel/setup.c:854:      handle_arch_irq = mdesc->handle_irq;
Binary file arch/arm/kernel/built-in.o matches
```

图 2-25

设置 handle_arch_irq 的地方有两个，即 arch/arm/kernel/irq.c:130 和 arch/arm/kernel/setup.c:854。我们打开 arch/arm/kernel/irq.c 130 行，可以看到源码，如图 2-26 所示。

```
00124: #ifdef CONFIG_MULTI_IRQ_HANDLER
00125: void __init set_handle_irq(void (*handle_irq)(struct pt_regs *))
00126: {
00127:     if (handle_arch_irq)
00128:         return;
00129:
00130:     handle_arch_irq = handle_irq;
00131: }
00132: #endif
```

图 2-26

可以通过__init set_handle_irq(handle_irq)函数来设置中断处理函数。这个函数在哪里被调用呢？应该是在 DRIVER 里面。我们用过 grep -nr set_handle_irq drivers/ 可以发现(见图 2-27)：

```
sst@htfyS12:~/work/rk3128/expose-sdk4.4/kernel$ grep -nr set_handle_irq drivers/
drivers/irqchip/irq-vic.c:277:  set_handle_irq(vic_handle_irq);
drivers/irqchip/irq-sun4i.c:133:        set_handle_irq(sun4i_handle_irq);
drivers/irqchip/irq-gic.c:1026: set_handle_irq(gic_handle_irq);
drivers/irqchip/irq-vt8500.c:231:       set_handle_irq(vt8500_handle_irq);
drivers/irqchip/irq-s3c24xx.c:612:      set_handle_irq(s3c24xx_handle_irq);
drivers/irqchip/irq-s3c24xx.c:1309:     set_handle_irq(s3c24xx_handle_irq);
Binary file drivers/irqchip/irq-gic.o matches
drivers/irqchip/irq-armada-370-xp.c:283:        set_handle_irq(armada_370_xp_handle_irq);
Binary file drivers/irqchip/built-in.o matches
drivers/irqchip/irq-sirfsoc.c:76:       set_handle_irq(sirfsoc_handle_irq);
Binary file drivers/built-in.o matches
```

图 2-27

可以看到，对于 RK3128 配套开发板来说，应该是在 drivers/irqchip/irq-gic.c 的第1026 行进行设置。打开这个文件，相关代码如图 2-28 所示。

```
01020:
01021: #ifdef CONFIG_SMP
01022:     set_smp_cross_call(gic_raise_softirq);
01023:     register_cpu_notifier(&gic_cpu_notifier);
01024: #endif
01025:
01026:     set_handle_irq(gic_handle_irq);
01027:
01028:     gic_chip.flags |= gic_arch_extn.flags;
01029:     gic_dist_init(gic);
01030:     gic_cpu_init(gic);
01031:     gic_pm_init(gic);
01032: } ? end gic_init_bases ?
01033:
```

图 2-28

可以知道，最终的 IRQ 处理函数是 gic_handle_irq。这个函数也在 irq-gic.c 文件里面，源码摘取如下：

```
static asmlinkage void __exception_irq_entry gic_handle_irq(struct pt_regs *regs)
{
    u32 irqstat, irqnr;
    struct gic_chip_data *gic = &gic_data[0];
    void __iomem *cpu_base = gic_data_cpu_base(gic);

    do {
        irqstat = readl_relaxed(cpu_base + GIC_CPU_INTACK);
        irqnr = irqstat & ~0x1c00;

        if (likely(irqnr > 15 && irqnr < 1021)) {
            irqnr = irq_find_mapping(gic->domain, irqnr);
            handle_IRQ(irqnr, regs);
            continue;
        }
```

```
            if (irqnr < 16) {
                    writel_relaxed(irqstat, cpu_base + GIC_CPU_EOI);
#ifdef CONFIG_SMP
                    handle_IPI(irqnr, regs);
#endif
                    continue;
            }
            break;
    } while (1);
}
```

我们看到这个函数的参数是 struct pt_regs *regs。这个函数主要是通过寄存器，查找到引起中断的终端号，然后调用 handle_IRQ(irqnr, regs)进行相应中断的处理。大家注意，这个函数有一个 while 循环，一次会把所有产生的中断都处理完成，并且 irqnr 大于 15 且小于 1021 的中断会优先处理。我们再来看看 handle_IRQ(irqnr, regs)这个函数。这个函数在 arch/arm/kernel/irq.c 的第 65 行，源码如下：

```
/*
 * handle_IRQ handles all hardware IRQ's.  Decoded IRQs should
 * not come via this function.  Instead, they should provide their
 * own 'handler'.  Used by platform code implementing C-based 1st
 * level decoding.
 */
void handle_IRQ(unsigned int irq, struct pt_regs *regs)
{
    struct pt_regs *old_regs = set_irq_regs(regs);

    irq_enter();

    /*
     * Some hardware gives randomly wrong interrupts.  Rather
     * than crashing, do something sensible.
     */
    if (unlikely(irq >= nr_irqs)) {
            if (printk_ratelimit())
                    printk(KERN_WARNING "Bad IRQ%u\n", irq);
            ack_bad_irq(irq);
    } else {
            generic_handle_irq(irq);
    }

    irq_exit();
```

```
        set_irq_regs(old_regs);
    }
```

大家看到，这个 IRQ 的处理还是和处理器相关的，所以放到了 arch/arm 目录下面。这个函数其实做以下三件事情。

(1) irq_enter()：设置中断标记，主要是通过 __irq_enter() 增加 HARDIRQ_OFFSET 的计数。

(2) generic_handle_irq(irq)：调用不同的 IRQ 对应的中断处理函数。可以看到，对于 IRQ 来说，中断号是最主要的参数，它表明了发生的究竟是哪一个中断，而参数 struct pt_regs *regs 反而被忽略了。

(3) irq_exit()：退出中断处理，包括减少变量 HARDIRQ_OFFSET 的计数。如果此时不是在中断上下文里执行，则需要调用函数 invoke_softirq()进行软中断处理，最后调用函数 tick_irq_exit()退出。softirq 就是我们说的 BH(下半部)。softirq 是一种比 HARD IRQ 优先级低(可以开中断)，但是又比进程上下文优先级高的一种状态。

关于内核里面的 IRQ 处理，在 include\linux\hardirq.h 文件里有几个相关的宏，相关代码如下：

```
...
#define hardirq_count()      (preempt_count() & HARDIRQ_MASK)
#define softirq_count()      (preempt_count() & SOFTIRQ_MASK)
#define irq_count() (preempt_count() & (HARDIRQ_MASK | SOFTIRQ_MASK \| NMI_MASK))

/*
 * Are we doing bottom half or hardware interrupt processing?
 * Are we in a softirq context? Interrupt context?
 * in_softirq - Are we currently processing softirq or have bh disabled?
 * in_serving_softirq - Are we currently processing softirq?
 */
#define in_irq()             (hardirq_count())
#define in_softirq()         (softirq_count())
#define in_interrupt()              (irq_count())
#define in_serving_softirq()        (softirq_count() & SOFTIRQ_OFFSET)
...
/*
 * Are we running in atomic context?   WARNING: this macro cannot
 * always detect atomic context; in particular, it cannot know about
 * held spinlocks in non-preemptible kernels.   Thus it should not be
 * used in the general case to determine whether sleeping is possible.
 * Do not use in_atomic() in driver code.
 */
#define in_atomic()((preempt_count() & ~PREEMPT_ACTIVE) != 0)
```

这些宏用于判断当前的上下文环境，经常会在内核驱动里看到，要理解它们的意思。

4. 自定义的中断处理函数

我们后面写内核驱动的时候，经常会用到中断。各种模块都可以对 CPU 产生中断，比如 I2C、串口、GPIO 等。我们用得最多的是 GPIO 中断。下面看看怎么来注册一个中断。

与中断相关的接口基本都定义在 include/linux/interrupt.h 里面，摘取出部分代码以便阅读：

```
/*
 * These correspond to the IORESOURCE_IRQ_* defines in
 * linux/ioport.h to select the interrupt line behaviour.   When
 * requesting an interrupt without specifying a IRQF_TRIGGER, the
 * setting should be assumed to be "as already configured", which
 * may be as per machine or firmware initialisation.
 */
#define IRQF_TRIGGER_NONE          0x00000000
#define IRQF_TRIGGER_RISING        0x00000001
#define IRQF_TRIGGER_FALLING       0x00000002
#define IRQF_TRIGGER_HIGH          0x00000004
#define IRQF_TRIGGER_LOW           0x00000008
#define IRQF_TRIGGER_MASK  (IRQF_TRIGGER_HIGH | IRQF_TRIGGER_LOW | \
                            IRQF_TRIGGER_RISING | IRQF_TRIGGER_FALLING)
#define IRQF_TRIGGER_PROBE         0x00000010

/*
 * These flags used only by the kernel as part of the
 * irq handling routines.
 *
 * IRQF_DISABLED - keep irqs disabled when calling the action handler.
 *                 DEPRECATED. This flag is a NOOP and scheduled to be removed
 * IRQF_SHARED - allow sharing the irq among several devices
 * IRQF_PROBE_SHARED - set by callers when they expect sharing mismatches to occur
 * IRQF_TIMER - Flag to mark this interrupt as timer interrupt
 * IRQF_PERCPU - Interrupt is per cpu
 * IRQF_NOBALANCING - Flag to exclude this interrupt from irq balancing
 * IRQF_IRQPOLL - Interrupt is used for polling (only the interrupt that is
 *                registered first in an shared interrupt is considered for
 *                performance reasons)
 * IRQF_ONESHOT - Interrupt is not reenabled after the hardirq handler finished.
 *                Used by threaded interrupts which need to keep the
 *                irq line disabled until the threaded handler has been run.
 * IRQF_NO_SUSPEND - Do not disable this IRQ during suspend
 * IRQF_FORCE_RESUME - Force enable it on resume even if IRQF_NO_SUSPEND is set
```

```
 * IRQF_NO_THREAD - Interrupt cannot be threaded
 * IRQF_EARLY_RESUME - Resume IRQ early during syscore instead of at device
 *                resume time.
 */
#define IRQF_DISABLED           0x00000020
#define IRQF_SHARED             0x00000080
#define IRQF_PROBE_SHARED       0x00000100
#define __IRQF_TIMER            0x00000200
#define IRQF_PERCPU             0x00000400
#define IRQF_NOBALANCING        0x00000800
#define IRQF_IRQPOLL            0x00001000
#define IRQF_ONESHOT            0x00002000
#define IRQF_NO_SUSPEND         0x00004000
#define IRQF_FORCE_RESUME       0x00008000
#define IRQF_NO_THREAD          0x00010000
#define IRQF_EARLY_RESUME       0x00020000

#define IRQF_TIMER      (__IRQF_TIMER | IRQF_NO_SUSPEND | IRQF_NO_THREAD)
```

这段代码定义了我们注册中断回调函数时的标志。比较重要的是 IRQF_TRIGGER_MASK 里面定义的 flags，用来声明 GPIO 中断产生的方式。

“typedef irqreturn_t (*irq_handler_t)(int, void *);”指令定义了中断处理函数，包括两个参数，一个是中断号，另一个是注册时设置的指针。

```
#ifdef CONFIG_GENERIC_HARDIRQS
extern int __must_check
request_threaded_irq(unsigned int irq, irq_handler_t handler,
                irq_handler_t thread_fn,
                unsigned long flags, const char *name, void *dev);

static inline int __must_check
request_irq(unsigned int irq, irq_handler_t handler, unsigned long flags,
        const char *name, void *dev)
{
    return request_threaded_irq(irq, handler, NULL, flags, name, dev);
}

extern int __must_check
request_any_context_irq(unsigned int irq, irq_handler_t handler,
                unsigned long flags, const char *name, void *dev_id);

extern int __must_check
```

```
request_percpu_irq(unsigned int irq, irq_handler_t handler,
                   const char *devname, void __percpu *percpu_dev_id);
#else
...
extern void free_irq(unsigned int, void *);
extern void free_percpu_irq(unsigned int, void __percpu *);

struct device;

extern int __must_check
devm_request_threaded_irq(struct device *dev, unsigned int irq,
                   irq_handler_t handler, irq_handler_t thread_fn,
                   unsigned long irqflags, const char *devname,
                   void *dev_id);

static inline int __must_check
devm_request_irq(struct device *dev, unsigned int irq, irq_handler_t handler,
                   unsigned long irqflags, const char *devname, void *dev_id)
{
    return devm_request_threaded_irq(dev, irq, handler, NULL, irqflags,
                                     devname, dev_id);
}

extern void devm_free_irq(struct device *dev, unsigned int irq, void *dev_id);

...
extern void disable_irq_nosync(unsigned int irq);
extern void disable_irq(unsigned int irq);
extern void disable_percpu_irq(unsigned int irq);
extern void enable_irq(unsigned int irq);
extern void enable_percpu_irq(unsigned int irq, unsigned int type);
...
/* IRQ wakeup (PM) control: */
extern int irq_set_irq_wake(unsigned int irq, unsigned int on);

static inline int enable_irq_wake(unsigned int irq)
{
    return irq_set_irq_wake(irq, 1);
}
```

```
static inline int disable_irq_wake(unsigned int irq)
{
    return irq_set_irq_wake(irq, 0);
}
```

以上函数包括了注册中断回调函数 request_threaded_irq 和 request_irq。request_threaded_irq 的 thread_fn 是在线程上下文调用，没有太大的限制。我们请求的 IRQ 需要用 free_irq 来释放。enable_irq、disable_irq 是允许或者禁止指定中断号的中断源产生中断。enable_irq_wake 是允许指定的中断源在系统休眠的情况下仍然可以产生中断并唤醒系统。默认情况下，当系统进入深度休眠的时候，中断是处于禁止(disable)状态的。Interrupt.h 的其余部分定义了 softirq 和 tasklet 的接口，有兴趣的读者可以了解一下。

5．中断处理函数注意事项

通过前面的介绍我们知道，中断处理函数属于关键代码段，优先级很高。中断处理函数一般是在关中断的情况下执行的，因此执行时间应尽可能短小，否则就会对其他的中断产生影响(不能及时响应)，从而可能产生很多不可预知的问题，比如导致音乐播放出现断音等。所以我们的中断处理函数要尽可能简练，只做必要的事情。另外，中断上下文和进程上下文的环境不一样，不能出现等待或者调度的情况。下面的代码都有可能出现被调度出去的可能，因此不能在中断上下文里面调用：

- Msleep。
- sleep_on。
- mutex_lock。
- wait_event 或 wait_event_timeout。
- wait_for_completion 函数。
- 读写 I2C。由于 I2C 是共享总线，有可能此时 I2C 被其他设备使用从而导致 I2C 读写失败。其他共享型总线也是如此。如果非要使用，则要判断函数返回值并做处理。如果没有其他设备或者模块共享这个 I2C，则无此类问题。
- 一般情况下，在中断里面访问和设置 GPIO 是没有问题的。但是如果 GPIO 是通过 I2C 扩展的 GPIO 就需要注意。
- 不能调用 iio_read_channel_raw(channel, &val)之类读取 ADC 值的函数。
- 其他类似的有可能产生竞争而进行调度的代码。

如果中断处理函数的代码需要用到上面这些接口，则可以使用 request_threaded_irq 接口通过 thread_fn 来注册线程的处理函数，这样就没有这些限制了。另外，在中断处理函数里面，可以调用 wake_up、complete、queue_work、queue_delayed_work 这些唤醒类的函数。我们在前面看源码时也看到了，在抢占式内核下，中断退出的时候是可以直接进行系统调度的。

如果有一段代码在 IRQ 处理函数和进程中都被调用，则要注意保护数据的完整性。比如在 IRQ 处理函数和进程中都会设置一个结构体的各个变量。有可能在进程中设置到一半的时候产生中断了，然后在中断里面设置这些变量。当回到进程环境下继续执行的时候，这个结构体的变量就是不完整的。可以在关键代码段增加 local_irq_save(flags)和

local_irq_restore(flags)来进行保护。因为中断什么时候到来是随机的，所以要用这些接口防止代码执行的时候发生中断。为什么是 local 呢，这个和 SMP 有关，我们关闭的只是当前 CPU 的中断，所以是 local 的。如果要在多个 CPU 之间进行数据保护，则需要用 spinlock，比如 spin_lock_irqsave(lock, flags)和 spin_unlock_irqrestore(lock, flags)。当然，和前面提到的理由一样，关闭中断的时间也不能太长。如果可以，应该尽量使用 disable_irq、enable_irq 来关闭可能引起重入访问的中断，或者重新设置流程，避免重入发生。

通过分析源码可知，中断来到时 CPU 要终止当前的运行进程，并且需要保护现场和切换状态。中断处理完了再恢复现场。这个过程对 CPU 来说，伤害是很大的。不但流程被打断(流水线打断)，并且有可能导致“L1 CACHE, L2 CACHE”里面的代码和数据都需要重新加载。所以中断太多，会严重影响系统效率，这就是为什么要有很多专门的外设控制器的原因。比如 I2C 通信有 I2C 控制器，控制器内部有 FIFO，这样就可以自行管理，大大降低 CPU 的中断次数。

最后我们来看一下开发板的中断统计情况：输入 cat /proc/interrupts 命令就可以输出系统的中断信息，结果如图 2-29 所示。

```
           CPU0       CPU1       CPU2       CPU3
 29:      92725      51301      29281      31011       GIC  arch_timer
 30:          0          0          0          0       GIC  arch_timer
 32:      93269          0          0          0       GIC  20078000.pdma
 35:       1603          0          0          0       GIC  Mali_GP
 36:          0          0          0          0       GIC  Mali_GP_MMU, Mali_PP0_MMU, Mali_PP1_MMU
 37:       1885          0          0          0       GIC  Mali_PP0, Mali_PP1
 38:          0          0          0          0       GIC  vpu_service
 39:          0          0          0          0       GIC  vpu_service
 40:          0          0          0          0       GIC  rk312x-camera
 41:     194293          0          0          0       GIC  lcdc0
 42:       2845          0          0          0       GIC  dwc_otg, dwc_otg_pcd, dwc_otg_hcd:usb3
 43:          0          0          0          0       GIC  ehci_hcd:usb1
 46:          0          0          0          0       GIC  dw-mci
 47:     158609          0          0          0       GIC  dw-mci
 48:      10274          0          0          0       GIC  dw-mci
 49:      24898          0          0          0       GIC  2006c000.adc
 56:     387384          0          0          0       GIC  i2c-0
 58:     297257          0          0          0       GIC  i2c-2
 60:          0          0          0          0       GIC  rk_timer
 64:          0          0          0          0       GIC  ohci_hcd:usb2
 67:          2          0          0          0       GIC  otg_bvalid
 76:       1021          0          0          0       GIC  rga
 80:          0          0          0          0       GIC  10108800.iep_mmu, 10108000.iep
 97:          0          0          0          0       GIC  10104440.hevc_mmu
 98:          0          0          0          0       GIC  hevc_service
 99:          0          0          0          0       GIC  10106800.vpu_mmu
106:          0          0          0          0       GIC  debug-signal
160:        661          0          0          0      GPIO  rk808
161:          0          0          0          0     rk808  RTC period
162:        162          0          0        168     rk808  RTC alarm
163:       1000          0          0          0      GPIO  gslX680
164:          4          0          0          0      GPIO  power
165:          8          0          0          0      GPIO  head
166:          6          0          0          0      GPIO  leftear
167:         14          0          0          0      GPIO  rigthear
168:          0          0          0          0      GPIO  dc_det_irq
169:          0          0          0          0      GPIO  chg_stat_irq
170:          0          0          0          0      GPIO  dc_state_irq
171:          0          0          0          0      GPIO  ap6212_wake_host_irq
172:      21335          0          0          0      GPIO  bcmsdh_sdmmc
FIQ:              fiq_glue
IPI0:          0          0          0          0  CPU wakeup interrupts
IPI1:          0          0          0          0  Timer broadcast interrupts
IPI2:      51873     139227      88526     116401  Rescheduling interrupts
IPI3:        220        253        363        381  Function call interrupts
IPI4:          1       2328       2320       2324  Single function call interrupts
IPI5:          0          0          0          0  CPU stop interrupts
IPI6:          0          0          0          0  completion interrupts
IPI7:          0          0          0          0  CPU backtrace
Err:           0
```

图 2-29

图 2-29 所示的第一列是中断号，第二至第五列是每个 CPU 响应的中断次数，第六列和第七列是中断源和中断注册的名称。大家可以关注一下，哪些中断源产生的中断最多。日后在开发中，如果发现系统运行异常缓慢，则可以看看这个中断，有没有一些外设发生异常，频繁地产生大量的中断。

本节介绍了 ARM 处理器对中断的支持以及内核里面对中断的处理过程，还介绍了怎么申请中断，以及中断上下文情况下需要注意的事项。我们要有一个概念，就是系统的中断随时都有可能发生(比如定时器、触摸、按键、LCDC 刷屏中断等)，而我们运行的代码，如果不增加保护，随时在任何语句上面都有可能被切换出去，然后执行其他的指令。所以我们要对关键的数据做保护，否则就可能产生难以解决的低概率随机性问题(一般上层应用不需要考虑这个问题)。中断是一个系统接收外部输入事件的主要方式，我们要了解并会运用中断。

2.2.6 内核理论基础——SMP

要提高一个系统的处理性能，最常用的就是提高 CPU 运行的时钟频率。一般高频意味着高电压、高功耗，并且在一定的工艺水平下，频率都会有一个物理极限，超过这个极限，CPU 就会跑飞。所以在频率达到一定高度之后，就要想别的办法提高处理能力。一个可行的办法就是使用多个 CPU 核，即 SMP(Symmetrical Multi-Processing)。SMP 是对称多处理器的意思。所谓对称，就是系统认为多个核里面每个核的处理能力是相同的，都可以以同样的速度访问整个内存。开发板上面的 CPU 是 4 核 ARM Cortex-A7 架构，这四个 A7 都是独立对等的处理器，有自己独立的“L1 ICACHE, L1 DCACHE”，有自己的独立的 MMU 管理单元和内部定时器。前面介绍 ARM 处理器架构的时候也提到过，这四个处理器是共用 L2 CACHE 的，并且有一个 SCU 单元负责多个处理器 L1 CACHE 数据的同步。我们再来温习一下，如图 2-30 所示。

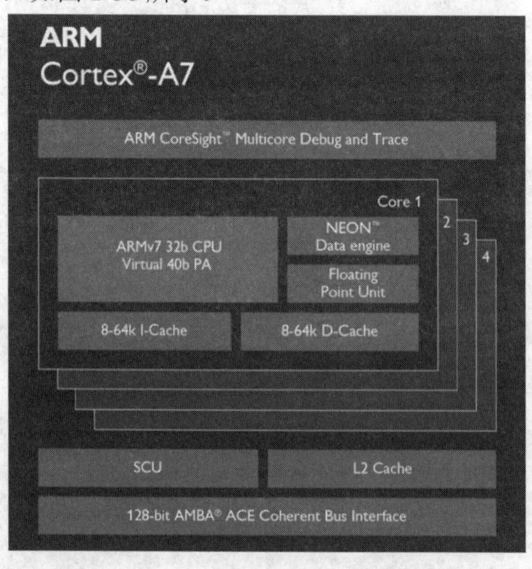

图 2-30

如果要了解 ARM 架构的详细信息，则可以参考 ARM 官网上面的相关文档。建议大家看一些英文文档，虽然比较累，但是收获会很大。

SMP 已经成为未来的趋势，本节就大概了解一下 SMP 相关方面的概念和知识。由于时间有限，只选取基本部分来讲解。想深入了解 SMP 相关概念以及详细流程的读者，可以自行阅读源码或者参考相关资料。

1. 多处理器的基本概念

处理器是不是越多越好？如果单从处理能力来看，肯定是越多越好。但是综合考虑芯片复杂度、工艺、功耗、能效比，那就不一定了。理想情况下，我们希望两个处理器的处理能力是一个处理器的 2 倍，三个处理器的处理能力是一个处理器的 3 倍。但是实际情况不是这么理想的，主要原因是什么呢？一是因为系统有一些操作是不能完全并行化的，比如有好多中断只能在主 CPU 上面运行；二是为了保护数据的完整性，各个 CPU 之间会有一些锁，这个锁也会影响并行执行效率；三是负载不可能做到绝对平均，实际运行过程中总有些 CPU 很忙，有些相对比较空闲，并且负载均衡本身也要耗费一定的 CPU 资源。对于 SMP 的效率，目前大家公认的一个定律是 Amdahl(阿姆达尔定律)法则。Amdahl 是 IMB 的计算机架构师，专门从事计算机架构的开发和研究，这个法则就是以他的名字命名的。处理器并行化的 Amdahl 法则如公式 1 所示。

$$\text{Speedup} = \frac{1}{F + \frac{(1-F)}{N}} \qquad \text{(公式 1)}$$

公式 1 中，N 表示处理器的数目，因数 F 指不能并行化的系统部分，我们来计算一下：假设 F=0.1，即系统有 10%的工作是不能完全并行化的，必须在 cpu0(主 CPU)上面执行：

10 核处理器：N =10，F=0.1，Speedup = 5.26, --- 效率：52.6% (5.26/10 *100%)
6 核处理器：N = 6，F=0.1，Speedup = 4, --- 效率：66.7%
5 核处理器：N = 5，F=0.1，Speedup = 3.57, --- 效率：71.4%
4 核处理器：N = 4，F=0.1，Speedup=3.07 --- 效率：76.5%
2 核处理器：N = 1，F=0.1，Speedup = 1.82. --- 效率：91%

目前在 RK 的系列 ARM 处理器上面，最多的核基本都是四个。最新的芯片是 6 核的，不过是大小核。我们从上面的计算结果可以看到，CPU 核再多下去，提升效果就不明显了。从成本和效果的角度算，这样也就不划算了。

2. 多处理器的启动和关闭

下面看看内核里面多处理器是怎么启动的。前面我们讨论“内核理论基础之内核初始化”的时候，讲到了 Linux 内核的启动流程。当时没有关注多处理部分。现在再来看一看多处理器相关的源码。对于多处理器的管理，有两个方案。一个是每个处理器单独供电或者有单独的复位控制信号，需要 CPU 运行的时候，给 CPU 供电，并提供 clock，不需要的时候，直接关闭电源或者复位 CPU。另外一个方案就是一开机，每个 CPU 都开始运行，然后 CPU 在各自的初始化代码里面判断是哪个 CPU。如果是主 CPU(cpu0)，则运行初始化代码；如果是从 CPU(cpu1～cpu3)，则进入等待状态(低功耗)。当收到主 CPU 唤醒的信号时，再从指定的地址开始运行。第一种方案需要复杂的控制电路，所以一般采用第二种方案。

我们前面在“内核初始化”一节阅读内核启动部分的汇编代码时，似乎没有看到其他 CPU 的控制代码。为什么呢？原来系统上电的时候，首先运行的不是内行里面的代码，而是 U-Boot 里面的代码，其他从 CPU 在 U-Boot 里面已经进行初始化了。所以我们需要看 U-Boot 的汇编来了解这个过程。下面我们就查看一下通用的 ARM SMP 初始化代码。如图 2-31 所示是源码目录里面 U-Boot 目录的目录结构。

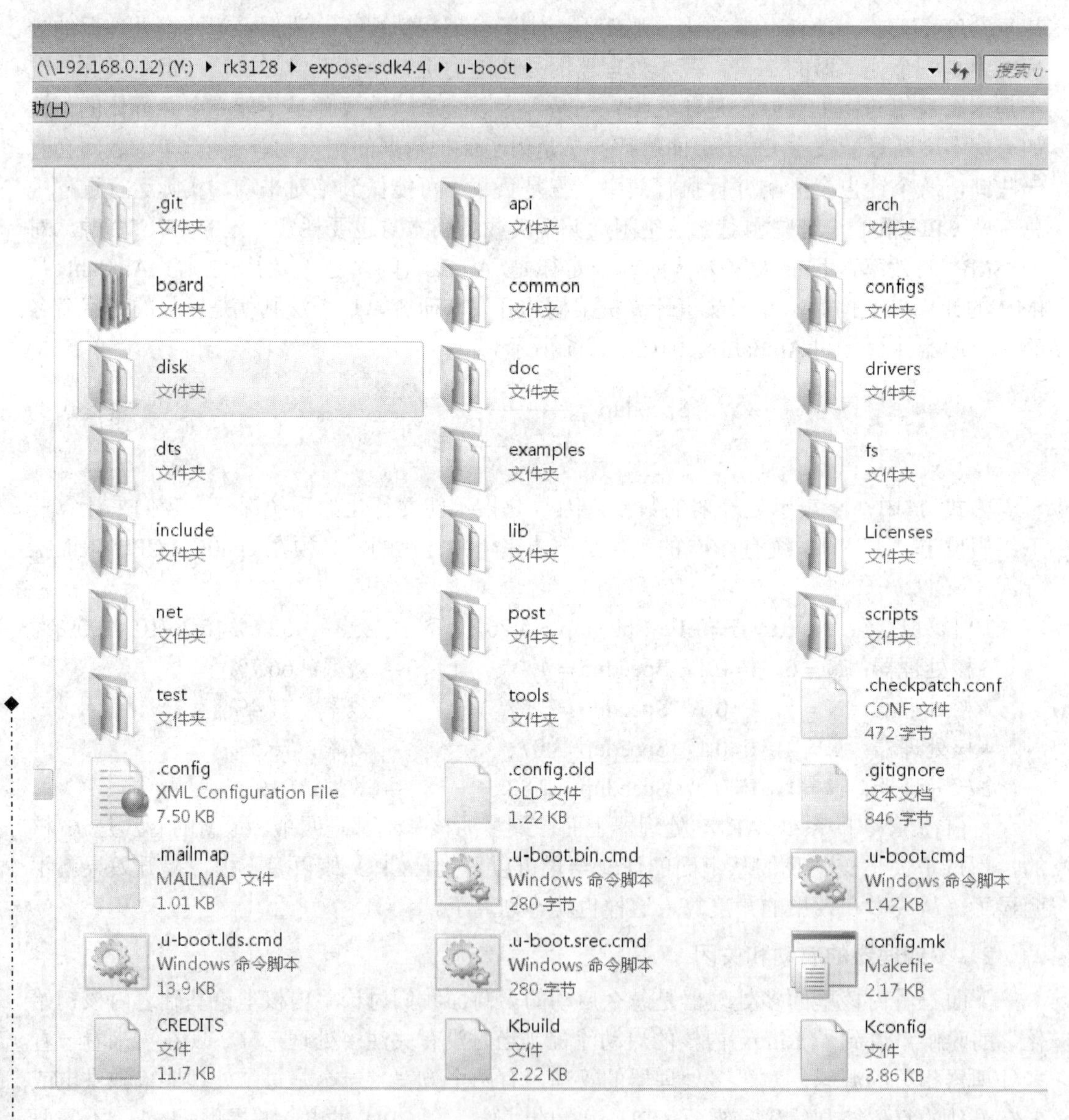

图 2-31

我们可以看到，U-Boot 的目录和内核有点类似，可以猜想处理器相关的底层初始化代码也是在 arch/arm 目录下面，我们打开下面这个例子看看：

arch/arm/cpu/armv8/start.s：

入口函数：

```
_start:
    nop
    b       reset
```

调到 reset。我们看看 reset：

```
reset:

#ifdef CONFIG_ROCKCHIP
    /*
     * check loader tag
     */
    ldr     x0, =__loader_tag
    ldr     w1, [x0]
    ldr     x0, =LoaderTagCheck
    ldr     w2, [x0]
    cmp     w1, w2
    b.eq    checkok

    ret     /* return to maskrom or miniloader */

checkok:
#endif
...
/*
     * Cache/BPB/TLB Invalidate
     * i-cache is invalidated before enabled in icache_enable()
     * tlb is invalidated before mmu is enabled in dcache_enable()
     * d-cache is invalidated before enabled in dcache_enable()
     */

    /* Processor specific initialization */
    bl      lowlevel_init

    branch_if_master x0, x1, master_cpu

    /*
     * Slave CPUs
     */
#ifndef CONFIG_ROCKCHIP
```

```
slave_cpu:
    wfe
    ldr     x1, =CPU_RELEASE_ADDR
    ldr     x0, [x1]
    cbz     x0, slave_cpu
    br      x0                  /* branch to the given address */
#endif

    /*
     * Master CPU
     */
master_cpu:

    bl      _main
```

上面的源码我们省了一些和 SMP 无关的部分。我们来分析一下源码，CONFIG_ROCKCHIP 是 ROCKCHIP 定义的宏，是有定义的，这部分的代码是 RK 平台的特定处理代码，我们略过，先看看一般通用的处理流程。lowlevel_init 做处理器内部的初始化，比如初始化“ICACHE,DCACHE, TLB”、设置堆栈等。branch_if_master 就是判断当前 CPU 是不是 MASTER CPU，如果是，就转跳到 master_cpu 这个标签处执行。master_cpu 标签处就是直接调用_main(注意不是 main 函数)。是否是 MASTER CPU，通过处理器内部的 MPIDR 寄存器来判断。如果不是 MASTER CPU，则按顺序往下执行。我们看看 slave_cpu 部分，这几个语句是从 CPU 的初始化语句。这几句汇编是什么意思呢？WFE 指令在 SMP 上面经常用到，以下我们重点讲解。

WFE(Wait For Event)为 CPU 休眠进入等待事件的状态(这个时候 CPU 是暂停的，处于一种低功耗的休眠状态，不会执行其下一条指令)。当这个 CPU 上面有 IQR/FIQ/DEBUG，或者其他 CPU 调用了 SEV 设置事件标志后，CPU 就会被唤醒，执行下一条指令。如果是其他 CPU 通过 SEV 唤醒这个 CPU，则这个 CPU 醒来的时候会立刻清除 Event 寄存器，即清除事件标志。ARM 还有一个类似的汇编指令 WFI(Wait For Interrupt)，想了解详细情况的读者，可以百度或者查看 ARM 处理器相关的手册(官网上面就有)。当主 CPU 使用 SEV 唤醒从 CPU 的时候，所有处于 WFE 状态的 CPU 都会被唤醒(SEV 指令没有带唤醒特定 CPU 的参数)。

```
ldr x1, = CPU_RELEASE_ADDR   --让 x1 寄存器的值等于 CPU_RELEASE_ADDR 定义的值
ldr x0, [x1]                 -- 从 x1 这个地址里面读取一个 UINT32 到 x0，即读取 CPU_RELEASE_
                                ADDR 定义的地址里面的值
cbz x0, slave_cpu            -- cbz(Compare and Branch on Zero)，如果 x0 等于 0，则转跳到 slave_cpu，
                                即继续通过 WFE 等待，否则执行下一条指令
br  x0                       -- 否则转跳到 x0 地址执行
```

通过以上分析可以看到，SLAVE CPU 通过 WFE 指令处于等待事件的低功耗状态。当主 CPU 要唤醒其他从 CPU 的时候，先在 CPU_RELEASE_ADDR 指定的地址赋值一个

函数地址(函数指针)，然后通过 SEV 唤醒从 CPU，当从 CPU 被唤醒的时候，就会跳到我们设定的地址去执行。这里需要注意的是这个 CPU_RELEASE_ADDR 的地址，要在内核启动之后还能正常访问，并且这个地址必须是物理地址。

实际上，开发板上面运行的不是这个代码。我们的开发板是 ARM v7 的架构。另外，上面的汇编代码也用宏 CONFIG_ROCKCHIP 定义屏蔽了从 CPU 的初始化。其实开发板上电的时候，最先运行的也不是 U-Boot 的代码，而是固化在处理器内部的一段 ROM 里面的代码，叫做 MASKROM。U-Boot 是后来由 MASKROM 里面的代码通过 USB 从 PC 工具下载而来的。芯片上电的时候，最先运行的是 MASKROM，然后 MASKROM 再把 U-Boot 引导起来，之后 U-Boot 把内核引导起来。MASKROM 是固化在芯片内部的，与芯片一起生产，所以要求尽可能精简，不能出错。如果 MASKROM 有 BUG，则这一批芯片就作废了。

我们看到，Rockchip 在 MASK_ROM 里面做了一些处理，所以 U-Boot 里面其他从 CPU 的初始化部分代码被屏蔽了，整个启动流程可以看做是单核一样来处理。那到底 Rockchip 的 MASKROM 部分代码是如何处理多 CPU 的呢？其实流程与我们上面介绍的汇编代码差不多。

接下来我们看看内核里面怎么初始化其他核的。我们从 start_kernel 看起，看看有没有 SMP 相关的部分。

```
asmlinkage void __init start_kernel(void)
{
    char * command_line;
    extern const struct kernel_param __start___param[], __stop___param[];

    /*
     * Need to run as early as possible, to initialize the
     * lockdep hash:
     */
    lockdep_init();
    smp_setup_processor_id();
    debug_objects_early_init();
...
}

void __init smp_setup_processor_id(void)
{
    int i;
    u32 mpidr = is_smp() ? read_cpuid_mpidr() & MPIDR_HWID_BITMASK : 0;
    u32 cpu = MPIDR_AFFINITY_LEVEL(mpidr, 0);

    cpu_logical_map(0) = cpu;
```

```
        for (i = 1; i < nr_cpu_ids; ++i)
                cpu_logical_map(i) = i == cpu ? 0 : i;

        printk(KERN_INFO "Booting Linux on physical CPU 0x%x\n", mpidr);
}

/*
 * Return true if we are running on a SMP platform
 */
static inline bool is_smp(void)
{
#ifndef CONFIG_SMP
        return false;
#elif defined(CONFIG_SMP_ON_UP)
        extern unsigned int smp_on_up;
        return !!smp_on_up;
#else
        return true;
#endif
}
```

is_smp 返回值由编译选项 CONFIG_SMP 来决定，在平台上面返回 true。smp_setup_processor_id 主要根据 read_cpuid_mpidr()返回的值获取 CPU 的 id。这个函数的 printk 语句是整个内核启动的第一个 LOG。但是这个函数没有做什么实质工作。

start_kernel→rest_init()启动 kernel_init 和 kthreadd 进程→kernel_init→kernel_init_freeable()函数，源码如下：

```
static noinline void __init kernel_init_freeable(void)
{
        /*
         * Wait until kthreadd is all set-up.
         */
        wait_for_completion(&kthreadd_done);

        /* Now the scheduler is fully set up and can do blocking allocations */
        gfp_allowed_mask = __GFP_BITS_MASK;

        /*
         * init can allocate pages on any node
         */
        set_mems_allowed(node_states[N_MEMORY]);
        /*
```

```
 * init can run on any cpu.
 */
set_cpus_allowed_ptr(current, cpu_all_mask);

cad_pid = task_pid(current);

smp_prepare_cpus(setup_max_cpus);

do_pre_smp_initcalls();
lockup_detector_init();

smp_init();
sched_init_smp();

do_basic_setup();

/* Open the /dev/console on the rootfs, this should never fail */
if (sys_open((const char __user *) "/dev/console", O_RDWR, 0) < 0)
        pr_err("Warning: unable to open an initial console.\n");

(void) sys_dup(0);
(void) sys_dup(0);
/*
 * check if there is an early userspace init.  If yes, let it do all
 * the work
 */

if (!ramdisk_execute_command)
        ramdisk_execute_command = "/init";

if (sys_access((const char __user *) ramdisk_execute_command, 0) != 0) {
        ramdisk_execute_command = NULL;
        prepare_namespace();
}

/*
 * Ok, we have completed the initial bootup, and
 * we're essentially up and running. Get rid of the
 * initmem segments and start the user-mode stuff..
 */
```

```
        /* rootfs is available now, try loading default modules */
        load_default_modules();
    }
```

smp_prepare_cpus 设置 CPU 的个数和标志位，启动 CPU 内部的定时器。参数 setup_max_cpus 就是 CONFIG_NR_CPUS 的值，当前为 4。函数里面的 smp_ops.smp_prepare_cpus 是什么呢？我们晚点再介绍。SMP 核心初始化函数是下面的 smp_init()，我们打开源码看看。源码在 /kernel/kernel/smp.c 文件里面，具体如下：

```
/* Called by boot processor to activate the rest. */
void __init smp_init(void)
{
    unsigned int cpu;

    idle_threads_init();

    /* FIXME: This should be done in userspace --RR */
    for_each_present_cpu(cpu) {
        if (num_online_cpus() >= setup_max_cpus)
            break;
        if (!cpu_online(cpu))
            cpu_up(cpu);
    }

    /* Any cleanup work */
    printk(KERN_INFO "Brought up %ld CPUs\n", (long)num_online_cpus());
    smp_cpus_done(setup_max_cpus);
}
```

idle_threads_init 初始化其他 CPU 的 IDLE thread。for_each_present_cpu 宏定义的循环语句，依次初始化每个可能存在的 CPU。cpu_online(cpu)判断 CPU 是否已经启动并运行(online)，cpu_up(cpu) 语句完成真正的初始化工作。我们看看源码 kernel/kernel/cpu.c 文件，具体如下：

```
int __cpuinit cpu_up(unsigned int cpu)
{
    int err = 0;

#ifdef    CONFIG_MEMORY_HOTPLUG
    int nid;
    pg_data_t     *pgdat;
#endif

    if (!cpu_possible(cpu)) {
```

```
		printk(KERN_ERR "can't online cpu %d because it is not "
			"configured as may-hotadd at boot time\n", cpu);
#if defined(CONFIG_IA64)
		printk(KERN_ERR "please check additional_cpus= boot" "parameter\n");
#endif
		return -EINVAL;
	}

#ifdef	CONFIG_MEMORY_HOTPLUG
	nid = cpu_to_node(cpu);
	if (!node_online(nid)) {
		err = mem_online_node(nid);
		if (err)
			return err;
	}

	pgdat = NODE_DATA(nid);
	if (!pgdat) {
		printk(KERN_ERR
			"Can't online cpu %d due to NULL pgdat\n", cpu);
		return -ENOMEM;
	}

	if (pgdat->node_zonelists->_zonerefs->zone == NULL) {
		mutex_lock(&zonelists_mutex);
		build_all_zonelists(NULL, NULL);
		mutex_unlock(&zonelists_mutex);
	}
#endif

	cpu_maps_update_begin();

	if (cpu_hotplug_disabled) {
		err = -EBUSY;
		goto out;
	}

	err = _cpu_up(cpu, 0);

out:
```

```
        cpu_maps_update_done();
        return err;
    }
    EXPORT_SYMBOL_GPL(cpu_up);
```

CONFIG_MEMORY_HOTPLUG 宏是没有定义的。我们看到有一个变量 cpu_hotplug_disabled 可以用来禁止 CPU 热插拔，一般情况下都是 false。一切判断都没有问题，这个函数会调用_cpu_up(cpu, 0)来初始化 CPU。这个函数的源码在 cpu.c 文件里面，具体如下：

```
    /* Requires cpu_add_remove_lock to be held */
    static int __cpuinit _cpu_up(unsigned int cpu, int tasks_frozen)
    {
        int ret, nr_calls = 0;
        void *hcpu = (void *)(long)cpu;
        unsigned long mod = tasks_frozen ? CPU_TASKS_FROZEN : 0;
        struct task_struct *idle;

        cpu_hotplug_begin();

        if (cpu_online(cpu) || !cpu_present(cpu)) {
                ret = -EINVAL;
                goto out;
        }

        idle = idle_thread_get(cpu);
        if (IS_ERR(idle)) {
                ret = PTR_ERR(idle);
                goto out;
        }

        ret = smpboot_create_threads(cpu);
        if (ret)
                goto out;

        ret = __cpu_notify(CPU_UP_PREPARE | mod, hcpu, -1, &nr_calls);
        if (ret) {
                nr_calls--;
                printk(KERN_WARNING "%s: attempt to bring up CPU %u failed\n", _func_, cpu);
                goto out_notify;
        }

        /* Arch-specific enabling code. */
```

```
    ret = __cpu_up(cpu, idle);
    if (ret != 0)
            goto out_notify;
    BUG_ON(!cpu_online(cpu));

    /* Wake the per cpu threads */
    smpboot_unpark_threads(cpu);

    /* Now call notifier in preparation. */
    cpu_notify(CPU_ONLINE | mod, hcpu);

out_notify:
    if (ret != 0)
            __cpu_notify(CPU_UP_CANCELED | mod, hcpu, nr_calls, NULL);
out:
    cpu_hotplug_done();

    return ret;
}
```

参数 tasks_frozen 是 0。idle = idle_thread_get(cpu)获取 CPU 对应的 idle task_struct，这个我们前面已经创建好了。smpboot_create_threads(cpu) 创建用于监视 CPU 热插拔事件的线程，主要是处理 CPU 的 park/unpark 事件。目前内核注册的关于 cpu hotplug 的监视线程有 softirq、stop_machine 和 watchdog。__cpu_notify 是用来发送关于这个 CPU 的各种通知。真正的启动函数是 ret = __cpu_up(cpu, idle)。我们再来看看源码，在 kernel/arch/arm/kernel/smp.c 文件里面，具体如下：

```
int __cpuinit __cpu_up(unsigned int cpu, struct task_struct *idle)
{
    int ret;

    /*
     * We need to tell the secondary core where to find
     * its stack and the page tables.
     */
    secondary_data.stack = task_stack_page(idle) + THREAD_START_SP;
    secondary_data.pgdir = virt_to_phys(idmap_pgd);
    secondary_data.swapper_pg_dir = virt_to_phys(swapper_pg_dir);
    __cpuc_flush_dcache_area(&secondary_data, sizeof(secondary_data));
    outer_clean_range(__pa(&secondary_data), __pa(&secondary_data + 1));

    /*
```

```
	 * Now bring the CPU into our world.
	 */
	ret = boot_secondary(cpu, idle);
	if (ret == 0) {
		/*
		 * CPU was successfully started, wait for it
		 * to come online or time out.
		 */
		wait_for_completion_timeout(&cpu_running, msecs_to_jiffies(1000));

		if (!cpu_online(cpu)) {
			pr_crit("CPU%u: failed to come online\n", cpu);
			ret = -EIO;
		}
	} else {
		pr_err("CPU%u: failed to boot: %d\n", cpu, ret);
	}


	secondary_data.stack = NULL;
	secondary_data.pgdir = 0;

	return ret;
}
```

该函数首先设置了 secondary_data 里面的 stack 和 page tables，用来设置这个要启动CPU 的堆栈和 MMU 表格，为虚拟地址到物理地址的转换做准备。大家注意，stack 用的是虚拟地址，pgdir 和 swapper_pg_dir 用的是物理地址。ret = boot_secondary(cpu, idle)是真正的启动语句，之后 wait_for_completion_timeout 语句就等待这个新的 CPU 启动完成，超时时间是 1000 毫秒。我们来看看 boot_secondary 函数，也在这个 smp.c 文件里面，具体如下：

```
int __cpuinit boot_secondary(unsigned int cpu, struct task_struct *idle)
{
	if (smp_ops.smp_boot_secondary)
		return smp_ops.smp_boot_secondary(cpu, idle);
	return -ENOSYS;
}
```

我们看到，这个函数的实现采用了回调函数的形式，说明和具体的平台相关，无法按统一的流程来处理。那么，这个 smp_ops 是什么呢？先在文件内部找，如下：

```
static struct smp_operations smp_ops;
```

这个 smp_ops 是一个 static 变量，外部文件无法直接访问，必须提供一个 set 或者register 的函数来设置。我们很容易就找到了这个设置函数，如下：

```
void __init smp_set_ops(struct smp_operations *ops)
{
    if (ops)
            smp_ops = *ops;
};
```

我们查找一下，哪里调用了 smp_set_ops，命令如下：

```
grep -nr smp_set_ops arch/arm/kernel/
```

输出结果如图 2-32 所示。

```
sst@htfyS12:~/work/rk3128/expose-sdk4.4/kernel$ grep -nr smp_set_ops arch/arm/kernel/
Binary file arch/arm/kernel/smp.o matches
Binary file arch/arm/kernel/setup.o matches
arch/arm/kernel/setup.c:840:                    smp_set_ops(&psci_smp_ops);
arch/arm/kernel/setup.c:842:                    smp_set_ops(mdesc->smp);
Binary file arch/arm/kernel/built-in.o matches
arch/arm/kernel/smp.c:80:void __init smp_set_ops(struct smp_operations *ops)
sst@htfyS12:~/work/rk3128/expose-sdk4.4/kernel$
```

图 2-32

我们打开 arch/arm/kernel/setup.c 文件，就可以看到相关调用如下：

```
void __init setup_arch(char **cmdline_p)
{
...

#ifdef CONFIG_SMP
    if (is_smp()) {
            if (!mdesc->smp_init || !mdesc->smp_init()) {
                    if (psci_smp_available())
                            smp_set_ops(&psci_smp_ops);
                    else if (mdesc->smp)
                            smp_set_ops(mdesc->smp);
            }
            smp_init_cpus();
    }
#endif
    ...
}
```

这段代码真正调用到的是 smp_set_ops(mdesc->smp)。这个 mdesc 我们在前面介绍内核启动流程的时候讲到过。在 kernel/arch/arm/mach-rockchip/rk312x.c 里面有下面的定义：

```
DT_MACHINE_START(RK3128_DT, "Rockchip RK3128")
    .smp            = smp_ops(rockchip_smp_ops),
    .map_io                 = rk3128_dt_map_io,
```

```
    .init_time        = rk312x_dt_init_timer,
    .dt_compat        = rk3128_dt_compat,
    .init_late        = rk312x_init_late,
    .reserve= rk312x_reserve,
    .restart = rk312x_restart,
MACHINE_END
```

所以这个 mdesc->smp 就是 rockchip_smp_ops。我们通过下面的命令来查找：

```
grep -nr rockchip_smp_ops arch/arm/mach-rockchip/
```

输出结果如图 2-33 所示。

```
arch/arm/mach-rockchip/platsmp.c:167:struct smp_operations rockchip_smp_ops __initdata = {
arch/arm/mach-rockchip/rk3036.c:696:    .smp                = smp_ops(rockchip_smp_ops),
Binary file arch/arm/mach-rockchip/platsmp.o matches
Binary file arch/arm/mach-rockchip/rk3036.o matches
Binary file arch/arm/mach-rockchip/rk3288.o matches
Binary file arch/arm/mach-rockchip/rk312x.o matches
Binary file arch/arm/mach-rockchip/rk3188.o matches
arch/arm/mach-rockchip/rk3188.c:319:    .smp                = smp_ops(rockchip_smp_ops),
Binary file arch/arm/mach-rockchip/built-in.o matches
arch/arm/mach-rockchip/rk312x.c:434:    .smp                = smp_ops(rockchip_smp_ops),
arch/arm/mach-rockchip/rk312x.c:444:    .smp                = smp_ops(rockchip_smp_ops),
arch/arm/mach-rockchip/rk3288.c:558:    .smp                = smp_ops(rockchip_smp_ops),
sst@htfyS12:~/work/rk3128/expose-sdk4.4/kernel$
```

图 2-33

可见，这个回调函数的定义是在 arch/arm/mach-rockchip/platsmp.c 文件，我们打开这个 platsmp.c 文件查看源码，如下：

```
struct smp_operations rockchip_smp_ops __initdata = {
    .smp_prepare_cpus       = rockchip_smp_prepare_cpus,
    .smp_boot_secondary     = rockchip_boot_secondary,
#ifdef CONFIG_HOTPLUG_CPU
    .cpu_kill               = rockchip_cpu_kill,
    .cpu_die                = rockchip_cpu_die,
    .cpu_disable            = rockchip_cpu_disable,
#endif
};
```

我们终于找到了 smp_ops.smp_boot_secondary(cpu, idle)的回调函数 rockchip_boot_secondary 了，下面看看这个函数：

```
static int __cpuinit rockchip_boot_secondary(unsigned int cpu,
                                             struct task_struct *idle)
{
    if (cpu >= ncores) {
        pr_err("%s: cpu %d outside maximum number of cpus %d\n", __func__, cpu, ncores);
        return -EINVAL;
    }
```

```
	/* start the core */
	rockchip_pmu_ops.set_power_domain(PD_CPU_0 + cpu, true);

	return 0;
}
```

内部调用的是 rockchip_pmu_ops.set_power_domain(PD_CPU_0 + cpu, true)。我们通过在当前目录下面查找 rockchip_pmu_ops 可以得到这个回调函数的源码在 arch/arm/mach-rockchip/rk312x.c 文件里面，如下(查找过程这里略去)：

```
extern void secondary_startup(void);
static int rk312x_sys_set_power_domain(enum pmu_power_domain pd, bool on)
{
	u32 clks_save[RK312X_CRU_CLKGATES_CON_CNT];
	u32 clks_ungating[RK312X_CRU_CLKGATES_CON_CNT];
	u32 i, ret = 0;

	for (i = 0; i < RK312X_CRU_CLKGATES_CON_CNT; i++) {
		clks_save[i] = cru_readl(RK312X_CRU_CLKGATES_CON(i));
		clks_ungating[i] = 0;
	}
	for (i = 0; i < RK312X_CRU_CLKGATES_CON_CNT; i++)
		cru_writel(0xffff0000, RK312X_CRU_CLKGATES_CON(i));

	if (on) {
#ifdef CONFIG_SMP
		if (pd >= PD_CPU_1 && pd <= PD_CPU_3) {
			writel_relaxed(0x20000 << (pd - PD_CPU_1),
					RK_CRU_VIRT + RK312X_CRU_SOFTRSTS_CON(0));
			dsb();
			udelay(10);
			writel_relaxed(virt_to_phys(secondary_startup),
					RK312X_IMEM_VIRT + 8);
			writel_relaxed(0xDEADBEAF, RK312X_IMEM_VIRT + 4);
			dsb_sev();
		}
#endif
	} else {
#ifdef CONFIG_SMP
		if (pd >= PD_CPU_1 && pd <= PD_CPU_3) {
			writel_relaxed(0x20002 << (pd - PD_CPU_1),
```

```
                                RK_CRU_VIRT + RK312X_CRU_SOFTRSTS_CON(0));
                        dsb();
                }
    #endif
        }

        if (((pd == PD_GPU) || (pd == PD_VIO) || (pd == PD_VIDEO)))
                ret = rk312x_pmu_set_power_domain(pd, on);

        for (i = 0; i < RK312X_CRU_CLKGATES_CON_CNT; i++) {
                cru_writel(clks_save[i] | 0xffff0000
                        , RK312X_CRU_CLKGATES_CON(i));
        }

        return ret;
    }
```

这个函数可以同时处理 CPU 的启动(on)和关闭(off)的情况。我们先看 if (on)部分代码，这个是启动 CPU 的，后面讲解关闭 CPU 的时候，我们再看 off 部分。

首先给相应的 CPU 复位信号(通过 CRU 模块给出，CRU 就是 CLOCK and RESET UNIT)。我们知道，很多 IC 都有一个复位信号，一般是低的时候复位，延迟一段后拉高，IC 复位完成，开始工作。这个“writel_relaxed(0x20000<<(pd-PD_CPU_1), RK_CRU_VIRT+RK312X_CRU_SOFTRSTS_CON(0))的操作就是给 CPU 一个软件的复位信号，使它重新开始运行。CPU 运行之后，就会运行 MASKROM 里面的代码，这个代码是看不到的，不过流程和前面分析的 U-Boot 里面 SLAVE CPU 的引导流程一样。这个时候，CPU 处于上电默认状态(MMU 没有开启)，并且通过 WFE 指令进入低功耗等待中。

(1) dsb：memory barrier 指令，保证上面的写操作真正写到外设寄存器。如果不加 DSB，有些操作可能是写到 L1/L2 CACHE 里面，CPU 有可能会延迟一段时间再写出去，并且这个延迟时间是不确定的。这个 dsb 相当于一个 CACHE FLUSH 操作。

(2) udelay(10)：等待 10 微秒。

(3) 设置 secondary_startup 函数的物理地址到指定的 RK312X_IMEM_VIRT+8 地址里面。

(4) 设置 0xDEADBEAF 标志到指定地址 RK312X_IMEM_VIRT + 4 地址里面。

(5) dsb_sev()：执行 dsb 使上面的写指令立即生效，同时调用 sev 指令唤醒其他 CPU。

(6) 根据前面的解析，被唤醒的 CPU 就会从 WFE 指令醒过来，并开始从 secondary_startup 函数开始执行。

以上就是启动从 CPU 的基本流程，我们把 dsb_sev 函数源码摘取出来方便大家阅读：

```
    static inline void dsb_sev(void)
    {
```

```
#if __LINUX_ARM_ARCH__ >= 7
    __asm__ __volatile__ (
            "dsb\n"
            SEV
    );
#else
    __asm__ __volatile__ (
            "mcr p15, 0, %0, c7, c10, 4\n"
            SEV
            : : "r" (0)
    );
#endif
}
```

接下来，我们看看 secondary_startup 在做些什么。通过如下命令来查找：

```
grep -nr secondary_startup arch/arm/kernel/
```

输出结果如图 2-34 所示。

```
sst@htfyS12:~/work/rk3128/expose-sdk4.4/kernel$ grep -nr secondary_startup arch/arm/kernel/
arch/arm/kernel/head.S:346:ENTRY(secondary_startup)
arch/arm/kernel/head.S:384:ENDPROC(secondary_startup)
arch/arm/kernel/psci_smp.c:47:extern void secondary_startup(void);
arch/arm/kernel/psci_smp.c:54:                                  __pa(secondary_startup));
Binary file arch/arm/kernel/head.o matches
sst@htfyS12:~/work/rk3128/expose-sdk4.4/kernel$
```

图 2-34

我们打开 kernel/arch/arm/kernel/head.S 文件，把源码摘取出来如下：

```
#if defined(CONFIG_SMP)
ENTRY(secondary_startup)
    /*
     * Common entry point for secondary CPUs.
     *
     * Ensure that we're in SVC mode, and IRQs are disabled.  Lookup
     * the processor type - there is no need to check the machine type
     * as it has already been validated by the primary processor.
     */

 ARM_BE8(setend      be)         @ ensure we are in BE8 mode

#ifdef CONFIG_ARM_VIRT_EXT
    bl      __hyp_stub_install_secondary
#endif
    safe_svcmode_maskall r9
```

```
    mrc     p15, 0, r9, c0, c0              @ get processor id
    bl      __lookup_processor_type
    movs    r10, r5                         @ invalid processor?
    moveq   r0, #'p'                        @ yes, error 'p'
 THUMB( it      eq )                        @ force fixup-able long branch encoding
    beq     __error_p

    /*
     * Use the page tables supplied from  __cpu_up.
     */
    adr     r4, __secondary_data
    ldmia   r4, {r5, r7, r12}               @ address to jump to after
    sub     lr, r4, r5                      @ mmu has been enabled
    ldr     r4, [r7, lr]                    @ get secondary_data.pgdir
    add     r7, r7, #4
    ldr     r8, [r7, lr]                    @ get secondary_data.swapper_pg_dir
    adr     lr, BSYM(__enable_mmu)          @ return address
    mov     r13, r12                        @ __secondary_switched address
 ARM(   add     pc, r10, #PROCINFO_INITFUNC     ) @ initialise processor
                                            @ (return control reg)
 THUMB( add     r12, r10, #PROCINFO_INITFUNC    )
 THUMB( mov     pc, r12                         )
ENDPROC(secondary_startup)

    /*
     * r6  = &secondary_data
     */
ENTRY(__secondary_switched)
    ldr     sp, [r7, #4]                    @ get secondary_data.stack
    mov     fp, #0
    b       secondary_start_kernel
ENDPROC(__secondary_switched)

    .align

    .type   __secondary_data, %object
__secondary_data:
    .long   .
    .long   secondary_data
```

```
    .long    __secondary_switched
#endif /* defined(CONFIG_SMP) */
```

我们大概看一下这个函数流程。CONFIG_ARM_VIRT_EXT、__hyp_stub_install_secondary 和 ARM 的虚拟化有关，我们略过。safe_svcmode_maskall 宏汇编语句保证当前处理器处于 SVC 模式，并且是关闭 FIQ/IRQ 的。其他部分略过。

```
adr r4, __secondary_data
ldmia     r4, {r5, r7, r12}        @ address to jump to after
```

上面两个语句，r4 就是后面结构体__secondary_data 的地址，这个是运行时的地址(由代表当前运行地址的 pc 寄存器值加偏移得到)。ldmia 语句从 r4 地址读取回来三个 UINT32 的数，按顺序放到“r5, r7, r12”寄存器。读取回来的 r5 等于编译时__secondary_data 的虚拟地址。由于 MMU 是关闭的，所以 r4 的运行地址是物理地址，两者之差就是 MMU 开启之后的物理地址和虚拟地址的偏移。同理，r7 是 secondary_data 的虚拟地址(不是__secondary_data)，r12 是__secondary_switched 函数入口的虚拟地址)。

```
sub lr, r4, r5    @ mmu has been enabled      -- lr 就是物理地址和虚拟地址的偏移量
ldr r4, [r7, lr]    @ get secondary_data.pgdir   -- 获取结构体 secondary_data 成员的第一个变量，
                                                   r7+lr 就等于 secondary_data 的物理地址
```

secondary_data 已在__cpu_up 函数里面进行了初始化。这个结构体定义在 kernel/arch/arm/include/asm/smp.h 文件里面，如下：

```
/*
 * Initial data for bringing up a secondary CPU.
 */
struct secondary_data {
    unsigned long pgdir;
    unsigned long swapper_pg_dir;
    void *stack;
};
```

可以看到，secondary_data 的第一个变量是 pgdir。

```
add  r7, r7, #4
ldr  r8, [r7, lr]           @ get secondary_data.swapper_pg_dir
```

上面两句，获取 secondary_data 的第二个变量，即 swapper_pg_dir。

```
adr lr, BSYM(__enable_mmu) @ return address -- 设置 lr 等于 __enable_mmu 函数的地址
mov r13, r12 @ __secondary_switched address -- r12 通过 ldmia 返回，等于_secondary_ switched
                                               的虚拟地址，把这个地址赋值给 r13
```

前面几个语句为后面调用__enable_mmu 做准备。

```
ARM(add  pc, r10, #PROCINFO_INITFUNC      ) @ initialise processor
                                            @ (return control reg)
 THUMB( add     r12, r10, #PROCINFO_INITFUNC     )
 THUMB( mov     pc, r12                          )
```

这三个指令前面已介绍过，由于没有定义 CONFIG_THUMB2_KERNEL，所以

THUMB 是空的，ARM(X...) X. 也就是上面的函数会让 pc 转跳到不同 ARM 架构的 proc_init 函数里面(r12)。对于我们的开发板来说，也就是 arch/arm/mm/proc-v7.S:387: ENDPROC(__v7_setup)函数。当从这个函数返回的时候，就会跳到 lr 寄存器的地址执行，即调用__enable_mmu，这个函数我们以前介绍内核初始化的时候讲过，MMU enable 之后，就会调用到 r13 寄存器所在的地址去执行(这时 MMU 已经启动了，r13 必须是虚拟地址)，从上面代码可见，r13 就是在同一个文件下面的函数：

```
/*
     * r6  = &secondary_data
     */
ENTRY(__secondary_switched)
    ldr     sp, [r7, #4]                    @ get secondary_data.stack
    mov     fp, #0
    b       secondary_start_kernel
ENDPROC(__secondary_switched)
```

ldr sp, [r7, #4] 语句获取 secondary_data 结构体里面的 stack 指针，并赋值给堆栈寄存器 sp。设置完堆栈，就通过 b secondary_start_kernel 调用到了 secondary_start_kernel 函数。用 b 指令而不用 bl 指令，说明这个函数是有去无回的。我们通过下面的命令来查找：

```
grep -nr secondary_start_kernel arch/arm/kernel/
```

结果如图 2-35 所示。

```
sst@htfyS12:~/work/rk3128/expose-sdk4.4/kernel$ grep -nr secondary_start_kernel arch/arm/kernel/
arch/arm/kernel/head.S:392:     b       secondary_start_kernel
Binary file arch/arm/kernel/smp.o matches
Binary file arch/arm/kernel/head.o matches
Binary file arch/arm/kernel/built-in.o matches
arch/arm/kernel/smp.c:291:      "       b       secondary_start_kernel"
arch/arm/kernel/smp.c:317:asmlinkage void __cpuinit secondary_start_kernel(void)
sst@htfyS12:~/work/rk3128/expose-sdk4.4/kernel$
```

图 2-35

我们打开 kernel/arch/arm/kernel/smp.c 文件查看源码，具体如下：

```
/*
 * This is the secondary CPU boot entry.  We're using this CPUs
 * idle thread stack, but a set of temporary page tables.
 */
asmlinkage void __cpuinit secondary_start_kernel(void)
{
    struct mm_struct *mm = &init_mm;
    unsigned int cpu;

    /*
     * The identity mapping is uncached (strongly ordered), so
     * switch away from it before attempting any exclusive accesses.
     */
```

```
cpu_switch_mm(mm->pgd, mm);
local_flush_bp_all();
enter_lazy_tlb(mm, current);
local_flush_tlb_all();

/*
 * All kernel threads share the same mm context; grab a
 * reference and switch to it.
 */
cpu = smp_processor_id();
atomic_inc(&mm->mm_count);
current->active_mm = mm;
cpumask_set_cpu(cpu, mm_cpumask(mm));

cpu_init();

printk("CPU%u: Booted secondary processor\n", cpu);

preempt_disable();
trace_hardirqs_off();

/*
 * Give the platform a chance to do its own initialisation.
 */
if (smp_ops.smp_secondary_init)
        smp_ops.smp_secondary_init(cpu);

notify_cpu_starting(cpu);

calibrate_delay();

smp_store_cpu_info(cpu);

/*
 * OK, now it's safe to let the boot CPU continue.  Wait for
 * the CPU migration code to notice that the CPU is online
 * before we continue - which happens after __cpu_up returns.
 */
set_cpu_online(cpu, true);
complete(&cpu_running);
```

```
    /*
     * Setup the percpu timer for this CPU.
     */
    percpu_timer_setup();

    local_irq_enable();
    local_fiq_enable();

    /*
     * OK, it's off to the idle thread for us
     */
    cpu_startup_entry(CPUHP_ONLINE);
}
```

这个函数里面，cpu_init 比较有意思，它可设置所有 CPU 的异常向量堆栈(包括 cpu0)。为什么异常向量堆栈只需要 3 个 UNIT32 就够了呢？这个留给有兴趣的读者分析。

notify_cpu_starting 语句通知各个模块，一个新的 CPU 启动了，这个时候，调度模块就会在这个新的 CPU 上面进行调换或者负载平衡。

complete(&cpu_running)语句通知 cpu0，当前 CPU 已经启动成功。前面代码提到，cpu0 会等待从 CPU 的启动，超时是 1000 ms。当从 CPU 执行这个 complete 操作的时候，cpu0 就可以继续往下运行了。然后通过 local_irq_enable()和 local_fiq_enable()语句打开从 CPU 的 FIQ/IRQ 中断。之后通过 cpu_startup_entry(CPUHP_ONLINE)函数进入 cpu_idle_loop。至此，新启动的从 CPU 进入 IDLE 线程，cpu_idle_loop 函数里面的 schedule_preempt_disabled()语句就会在这个 CPU 上面开始调度。下面我们总结一下从 CPU 的启动流程。

(1) smp_init 函数开始启动其他 CPU。这些被启动的 CPU 的 present 和 online 必须先置位；再次启动 CPU 之前，会先通过 idle_threads_init 建立各个 CPU 的 IDLE 进程。

(2) 之后通过 cpu_up(cpu)启动每个 CPU。这个函数会先判断 CPU 的 possible 标志，之后调用__cpu_up(unsigned int cpu, struct task_struct *idle)进行真正启动 CPU 的操作。

(3) __cpu_up 先设置 secondary_data 结构体的值，之后调用 boot_secondary(cpu, idle)启动指定的 CPU，然后通过 wait_for_completion_timeout(&cpu_running, msecs_to_jiffies(1000))等待这个新的 CPU 启动。超时时间是 1000 ms。

(4) boot_secondary 函数会调用 platform 提供的 rockchip_boot_secondary 函数。这个函数通过调用 platform 提供的函数 rockchip_pmu_ops.set_power_domain(PD_CPU_0 + cpu, true)启动 CPU。

(5) set_power_domain 函数指针会调用到 arch/arm/mach-rockchip/rk312x.c 的函数 rk312x_sys_set_power_domain。

(6) rk312x_sys_set_power_domain 对于 CPU ON 的主要操作是：通过硬件信号复位指定的 CPU，使其复位开始运行(代码在 MASKROM 里面)。然后设置 RK312X_IMEM_VIRT + 8 的地址数据为 secondary_startup 的物理地址，设置 RK312X_IMEM_VIRT + 4 的地址数据为标志 0xDEADBEAF，之后通过 dsb_sev()唤醒从 CPU。

(7) 被唤醒的 CPU 会判断为 RK312X_IMEM_VIRT+4 地址的标志，并通过 RK312X_IMEM_VIRT+8 地址里面的函数指针开始运行，也就是会调用到汇编代码 secondary_startup 函数。

(8) secondary_startup 主要做处理器内部的初始化以及 MMU 的初始化，然后启动 MMU，初始化堆栈指针，之后调用 secondary_start_kernel 函数。

(9) secondary_start_kernel 函数完成从处理器的 CACHE、TLB、MM 的初始化之后，就会通知系统调度模块，并设置 CPU 的 online 标志，然后通过 complete(&cpu_running)唤醒主 CPU。最后开中断，进入这个 CPU 的 IDLE 进程，等待系统调度。

至此，CPU 启动完成。当 CPU 启动之后，调度模块就会进行负载平衡，把部分进程调度到不同的 CPU 上面。这里有一个问题留给大家，SEV 会唤醒所有通过 WFE 指令处于等待状态的 CPU，那么是怎么控制只启动某一个特定的 CPU 的呢？

多核 CPU 运行起来之后，多个核之间是怎么通信的呢？它们主要是通过 IPI(Interrupt-Procecesorr Interrupt)进行的。这个 IPI 是通过我们前面介绍的处理器内置中断控制器 GIC 提供的 SGI 软中断功能来实现的，具体流程大家可以跟踪相关源码。handle_IPI 具体执行哪些操作，大家也可以阅读源码深入了解。

从 CPU 启动之后，什么时候会关闭呢？当系统进入深度休眠的时候，就会关闭从 CPU，唤醒的时候，再启动从 CPU。我们先来看看内核打印的 LOG，如图 2-36 所示。

```
2004  <6>[   34.998925] PM: noirq suspend of devices complete after 3.113 msecs
2005
2006  <4>[   34.998959] Disabling non-boot CPUs ...
2007
2008  <5>[   35.005379] CPU1: shutdown
2009
2010  <5>[   35.019192] CPU2: shutdown
2011
2012  <5>[   35.033383] CPU3: shutdown
2013
2014  <4>[   35.040919] rkpm_enter:in,grf_reg_c0=2000
2015
2016  <6>[   35.054035] Resume caused by IRQ 68
2017
2018  <4>[   35.057727] rkpm_enter:out,grf_reg_c0=2000
2019
2020  <6>[   35.057793] Suspended for 0.000 seconds
2021
2022  <6>[   35.058169] Enabling non-boot CPUs ...
2023
2024  <4>[   35.058889] CPU1: Booted secondary processor
2025
2026  <6>[   35.060546] CPU1 is up
2027
2028  <4>[   35.061180] CPU2: Booted secondary processor
2029
2030  <6>[   35.063025] CPU2 is up
2031
2032  <4>[   35.063659] CPU3: Booted secondary processor
2033
2034  <6>[   35.065142] CPU3 is up
2035
```

图 2-36

接下来我们看看 CPU 是怎么关闭的。我们先通过下面的命令查找 LOG 是在哪里打印出来的：

```
grep -nr "Disabling non-boot CPUs" kernel
```

输出结果如图 2-37 所示。

```
sst@htfyS12:~/work/rk3128/expose-sdk4.4/kernel$ grep -nr "Disabling non-boot CPUs"  kernel
Binary file kernel/cpu.o matches
kernel/cpu.c:493:       printk("Disabling non-boot CPUs ...\n");
Binary file kernel/built-in.o matches
sst@htfyS12:~/work/rk3128/expose-sdk4.4/kernel$
```

图 2-37

我们打开 kernel/kernel/cpu.c 文件查看源码，具体如下：

```
#ifdef CONFIG_PM_SLEEP_SMP
static cpumask_var_t frozen_cpus;

int disable_nonboot_cpus(void)
{
    int cpu, first_cpu, error = 0;

    cpu_maps_update_begin();
    first_cpu = cpumask_first(cpu_online_mask);
    /*
     * We take down all of the non-boot CPUs in one shot to avoid races
     * with the userspace trying to use the CPU hotplug at the same time
     */
    cpumask_clear(frozen_cpus);

    printk("Disabling non-boot CPUs ...\n");
    for_each_online_cpu(cpu) {
        if (cpu == first_cpu)
            continue;
        error = _cpu_down(cpu, 1);
        if (!error)
            cpumask_set_cpu(cpu, frozen_cpus);
        else {
            printk(KERN_ERR "Error taking CPU%d down: %d\n",
                cpu, error);
            break;
        }
    }

    if (!error) {
```

```
            BUG_ON(num_online_cpus() > 1);
            /* Make sure the CPUs won't be enabled by someone else */
            cpu_hotplug_disabled = 1;
        } else {
            printk(KERN_ERR "Non-boot CPUs are not disabled\n");
        }
        cpu_maps_update_done();
        return error;
    }
```

这个函数的核心函数是_cpu_down(cpu, 1)，我们看看如下源码：

```
    /* Requires cpu_add_remove_lock to be held */
    static int __ref _cpu_down(unsigned int cpu, int tasks_frozen)
    {
        int err, nr_calls = 0;
        void *hcpu = (void *)(long)cpu;
        unsigned long mod = tasks_frozen ? CPU_TASKS_FROZEN : 0;
        struct take_cpu_down_param tcd_param = {
            .mod = mod,
            .hcpu = hcpu,
        };

        if (num_online_cpus() == 1)
            return -EBUSY;

        if (!cpu_online(cpu))
            return -EINVAL;

        cpu_hotplug_begin();

        err = __cpu_notify(CPU_DOWN_PREPARE | mod, hcpu, -1, &nr_calls);
        if (err) {
            nr_calls--;
            __cpu_notify(CPU_DOWN_FAILED | mod, hcpu, nr_calls, NULL);
            printk("%s: attempt to take down CPU %u failed\n",
                        __func__, cpu);
            goto out_release;
        }
        smpboot_park_threads(cpu);
```

```
        err = __stop_machine(take_cpu_down, &tcd_param, cpumask_of(cpu));
        if (err) {
                /* CPU didn't die: tell everyone.  Can't complain. */
                smpboot_unpark_threads(cpu);
                cpu_notify_nofail(CPU_DOWN_FAILED | mod, hcpu);
                goto out_release;
        }
        BUG_ON(cpu_online(cpu));

        /*
         * The migration_call() CPU_DYING callback will have removed all
         * runnable tasks from the cpu, there's only the idle task left now
         * that the migration thread is done doing the stop_machine thing.
         *
         * Wait for the stop thread to go away.
         */
        while (!idle_cpu(cpu))
                cpu_relax();

        /* This actually kills the CPU. */
        __cpu_die(cpu);

        /* CPU is completely dead: tell everyone.  Too late to complain. */
        cpu_notify_nofail(CPU_DEAD | mod, hcpu);

        check_for_tasks(cpu);

    out_release:
        cpu_hotplug_done();
        if (!err)
                cpu_notify_nofail(CPU_POST_DEAD | mod, hcpu);
        return err;
    }
```

err = __stop_machine(take_cpu_down, &tcd_param, cpumask_of(cpu))语句是核心。__stop_machine 函数会调用 stop_machine_cpu_stop 函数在 cpu_stopper_thread 执行，而 stop_machine_cpu_stop 函数会依次执行 STOPMACHINE_PREPARE、STOPMACHINE_DISABLE_IRQ、STOPMACHINE_RUN 的相关操作，并在 STOPMACHINE_RUN 里面调用 take_cpu_down 函数执行真正的关闭 CPU 的操作。我们看看如下的 take_cpu_down 函数：

```
/* Take this CPU down. */
static int __ref take_cpu_down(void *_param)
{
    struct take_cpu_down_param *param = _param;
    int err;

    /* Ensure this CPU doesn't handle any more interrupts. */
    err = __cpu_disable();
    if (err < 0)
            return err;

    cpu_notify(CPU_DYING | param->mod, param->hcpu);
    /* Park the stopper thread */
    kthread_park(current);
    return 0;
}
```

大家看到，这个函数主要就是调用__cpu_disable()函数，之后发送 CPU notify，最后调用 kthread_park 使 smpboot 模块注册的针对 CPU offline 的 park 函数能够执行。我们看看如下的__cpu_disable 函数：

```
/*
 * __cpu_disable runs on the processor to be shutdown.
 */
int __cpuinit __cpu_disable(void)
{
    unsigned int cpu = smp_processor_id();
    int ret;

    ret = platform_cpu_disable(cpu);
    if (ret)
            return ret;

    /*
     * Take this CPU offline.  Once we clear this, we can't return,
     * and we must not schedule until we're ready to give up the cpu.
     */
    set_cpu_online(cpu, false);

    /*
     * OK - migrate IRQs away from this CPU
```

```
     */
    migrate_irqs();

    /*
     * Stop the local timer for this CPU.
     */
    percpu_timer_stop();

    /*
     * Flush user cache and TLB mappings, and then remove this CPU
     * from the vm mask set of all processes.
     *
     * Caches are flushed to the Level of Unification Inner Shareable
     * to write-back dirty lines to unified caches shared by all CPUs.
     */
    flush_cache_louis();
    local_flush_tlb_all();

    clear_tasks_mm_cpumask(cpu);

    return 0;
}
```

platform_cpu_disable(cpu)函数最终会调用 int rockchip_cpu_disable(unsigned int cpu)函数，这个函数没有执行什么实际的操作。set_cpu_online(cpu, false)标记这个 CPU 为 offline。由于这个 CPU 要关闭了，所以需要把上面的中断处理函数移到其他 CPU 上面，并关闭 CPU 定时器、FLUSH CACHE 和 TLB。我们看到这个函数并没有真正地关闭这个 CPU，回到_cpu_down 函数继续往下分析，__stop_machine 调用之后，用 BUG_ON(cpu_online(cpu))语句确保 CPU 已经处于 offline 状态，之后通过下面的语句保证 CPU 处于 idle 循环：

```
while (!idle_cpu(cpu))
        cpu_relax();
```

CPU 在运行一个任务(非 idle 任务)的中间不能被关闭掉，否则这个任务可能会出现异常，另外假如 CPU 在任务运行中执行 lock 语句，但是没有执行相应的 unlock 语句就被关掉了，会导致整个系统异常。如何保证被关闭的 CPU 会进入 IDLE 进程呢？大家看注释和上面的代码就会清楚。需要注意的是，当前执行_cpu_down 的是 cpu0，等待 idle_cpu(cpu)的也是 cpu0，被关闭的 CPU 其实正在运行中。我们看看__cpu_die(cpu)做了些什么，源码如下：

```
/*
 * called on the thread which is asking for a CPU to be shutdown -
```

```
 * waits until shutdown has completed, or it is timed out.
 */
void __cpuinit __cpu_die(unsigned int cpu)
{
    if (!wait_for_completion_timeout(&cpu_died, msecs_to_jiffies(5000))) {
            pr_err("CPU%u: cpu didn't die\n", cpu);
            return;
    }
    printk(KERN_NOTICE "CPU%u: shutdown\n", cpu);

    /*
     * platform_cpu_kill() is generally expected to do the powering off
     * and/or cutting of clocks to the dying CPU.   Optionally, this may
     * be done by the CPU which is dying in preference to supporting
     * this call, but that means there is _no_ synchronisation between
     * the requesting CPU and the dying CPU actually losing power.
     */
    if (!platform_cpu_kill(cpu))
            printk("CPU%u: unable to kill\n", cpu);
}
```

我们看到，__cpu_die 并没有真正地关闭 CPU 的操作，只是等待&cpu_died 完成量，超时时间是 5 秒。那么到底在哪里执行 CPU 关闭的操作并置位&cpu_died 呢？此时 cpu0 在 wait_for_completion_timeout 状态，不能再执行其他操作了，我们只有看被关闭的 CPU 在做什么。通过上面的语句分析，这时候被关闭的 CPU 应该处于 idel task(如果不是，cpu0 会一直等待其进入 idel)。我们看看被关闭的 CPU 的 idel task 里面是如何处理的，源码如下：

```
/*
 * Generic idle loop implementation
 */
static void cpu_idle_loop(void)
{
    while (1) {
            tick_nohz_idle_enter();

            while (!need_resched()) {
                    check_pgt_cache();
                    rmb();

                    if (cpu_is_offline(smp_processor_id()))
```

```
                arch_cpu_idle_dead();

            local_irq_disable();
            arch_cpu_idle_enter();

            /*
             * In poll mode we reenable interrupts and spin.
             *
             * Also if we detected in the wakeup from idle
             * path that the tick broadcast device expired
             * for us, we don't want to go deep idle as we
             * know that the IPI is going to arrive right
             * away
             */
            if (cpu_idle_force_poll || tick_check_broadcast_expired()) {
                cpu_idle_poll();
            } else {
                if (!current_clr_polling_and_test()) {
                    stop_critical_timings();
                    rcu_idle_enter();
                    arch_cpu_idle();
                    WARN_ON_ONCE(irqs_disabled());
                    rcu_idle_exit();
                    start_critical_timings();
                } else {
                    local_irq_enable();
                }
                __current_set_polling();
            }
            arch_cpu_idle_exit();
        }
        tick_nohz_idle_exit();
        schedule_preempt_disabled();
    }
}
```

这个时候，need_resched()是 false，进入 while 循环里面执行，而 cpu_is_offline 是被置位的，所以会运行至 arch_cpu_idle_dead 函数，这个应该是真正关闭 CPU 的函数，这个函数在哪里呢？通过以下命令查找一下：

```
grep -nr arch_cpu_idle_dead kernel/
```

输出结果如图 2-38 所示。

```
sst@htfyS12:~/work/rk3128/expose-sdk4.4/kernel$ grep -nr arch_cpu_idle_dead kernel/
Binary file kernel/cpu/idle.o matches
kernel/cpu/idle.c:58:void __weak arch_cpu_idle_dead(void) { }
kernel/cpu/idle.c:78:                           arch_cpu_idle_dead();
```

图 2-38

我们看到这个函数是空的，并且有__weak 属性修饰，说明这个函数是可以被其他同名函数替换的。我们再查找其他目录，如下：

```
grep -nr arch_cpu_idle_dead arch/arm/kernel
```

输出结果如图 2-39 所示。

```
sst@htfyS12:~/work/rk3128/expose-sdk4.4/kernel$ grep -nr arch_cpu_idle_dead arch/arm/kernel/
arch/arm/kernel/process.c:202:void arch_cpu_idle_dead(void)
```

图 2-39

打开/kernel/arch/arm/kernel/process.c 文件看看这个函数，具体如下：

```
#ifdef CONFIG_HOTPLUG_CPU
void arch_cpu_idle_dead(void)
{
    cpu_die();
}
#endif
```

可见最终调用的是 cpu_die()函数。这个函数在 kernel/arch/arm/kernel/smp.c 文件里面，源码如下：

```
/*
 * Called from the idle thread for the CPU which has been shutdown.
 *
 * Note that we disable IRQs here, but do not re-enable them
 * before returning to the caller. This is also the behaviour
 * of the other hotplug-cpu capable cores, so presumably coming
 * out of idle fixes this.
 */
void __ref cpu_die(void)
{
    unsigned int cpu = smp_processor_id();

    idle_task_exit();

    local_irq_disable();

    /*
```

```
 * Flush the data out of the L1 cache for this CPU.   This must be
 * before the completion to ensure that data is safely written out
 * before platform_cpu_kill() gets called - which may disable
 * *this* CPU and power down its cache.
 */
flush_cache_louis();

/*
 * Tell __cpu_die() that this CPU is now safe to dispose of.   Once
 * this returns, power and/or clocks can be removed at any point
 * from this CPU and its cache by platform_cpu_kill().
 */
complete(&cpu_died);

/*
 * Ensure that the cache lines associated with that completion are
 * written out.   This covers the case where _this_ CPU is doing the
 * powering down, to ensure that the completion is visible to the
 * CPU waiting for this one.
 */
flush_cache_louis();

/*
 * The actual CPU shutdown procedure is at least platform (if not
 * CPU) specific.   This may remove power, or it may simply spin.
 *
 * Platforms are generally expected *NOT* to return from this call,
 * although there are some which do because they have no way to
 * power down the CPU.   These platforms are the _only_ reason we
 * have a return path which uses the fragment of assembly below.
 *
 * The return path should not be used for platforms which can
 * power off the CPU.
 */
if (smp_ops.cpu_die)
        smp_ops.cpu_die(cpu);

/*
 * Do not return to the idle loop - jump back to the secondary
```

```
 * cpu initialisation.  There's some initialisation which needs
 * to be repeated to undo the effects of taking the CPU offline.
 */
__asm__("mov sp, %0\n"
"       mov     fp, #0\n"
"       b       secondary_start_kernel"
        :
        : "r" (task_stack_page(current) + THREAD_SIZE - 8));
}
```

idle_task_exit() 语句设置当前 task 的 MM 变量为值 init_mm，以便恢复原来 MM 的初始值，然后调用 complete(&cpu_died)通知 cpu0，最后通过 smp_ops.cpu_die(cpu) 函数来执行真正的关闭操作。这个函数应该是一去不回头的。如果发生了异常，则通过内嵌汇编调用 secondary_start_kernel 函数，即重新启动这个 CPU。smp_ops.cpu_die(cpu)函数最终会调用到/kerne/arch/arm/mach-rockchip/hotplug.c 文件的 rockchip_cpu_die 函数，源码如下：

```
void rockchip_cpu_die(unsigned int cpu)
{
    /* notify platform_cpu_kill() that hardware shutdown is finished */
    cpumask_set_cpu(cpu, &dead_cpus);
    flush_cache_louis();

    v7_exit_coherency_flush(louis);

    while (1) {
            dsb();
            wfi();
    }
}
```

我们看到，这个函数会让 while(1)死循环，不会跳出来。但是这个函数也没有对 CPU 进行关闭操作。我们再回过头看在主 CPU 的_cpu_die 函数里面调用 platform_cpu_kill 函数，具体如下：

```
static int platform_cpu_kill(unsigned int cpu)
{
    if (smp_ops.cpu_kill)
            return smp_ops.cpu_kill(cpu);
    return 1;
}
```

这个函数最终会调用 /kerne/arch/arm/mach-rockchip/hotplug.c 里如下的函数：

```
int rockchip_cpu_kill(unsigned int cpu)
{
```

```
    int k;

    /* this function is running on another CPU than the offline target,
     * here we need wait for shutdown code in platform_cpu_die() to
     * finish before asking SoC-specific code to power off the CPU core.
     */
    for (k = 0; k < 1000; k++) {
        if (cpumask_test_cpu(cpu, &dead_cpus)) {
            mdelay(1);
            rockchip_pmu_ops.set_power_domain(PD_CPU_0 + cpu, false);
            return 1;
        }

        mdelay(1);
    }

    return 0;
}
```

在这里可以看到，该函数会调用 rockchip_pmu_ops.set_power_domain(PD_CPU_0 + cpu, false) 进行真正的关闭操作。关于 set_power_domain 函数我们在从 CPU 启动时讲过，那时关注的是 on 的分支，现在来看 off 的分支。

下面的 rk312x_sys_set_power_domain 函数在 off 情况下的源码如下：

```
#ifdef CONFIG_SMP
        if (pd >= PD_CPU_1 && pd <= PD_CPU_3) {
            writel_relaxed(0x20002 << (pd - PD_CPU_1),
                        RK_CRU_VIRT + RK312X_CRU_SOFTRSTS_CON(0));
            dsb();
        }
#endif
```

直接通过给该 CPU 发送复位信号，让其处于复位状态。复位状态是一种更低功耗的状态。

从 CPU 的关闭流程这里总结如下：

(1) 关闭其他所有的从 CPU，入口函数是 kernel/cpu.c 的 disable_nonboot_cpus 函数，这个函数由主 CPU 调用(cpu0)。

(2) 该函数通过_cpu_down(cpu, 1)函数关闭其他的从 CPU。

(3) _cpu_down 函数首先通过__cpu_notify 告知调度系统该 CPU 要关闭了，然后通过__stop_machine 和 take_cpu_down 函数关闭 CPU 本地的 IRQ、内部定时器，并且设置该 CPU 的 online 标志等于 false。调度系统在 CPU 的 offline 消息里面会把这个 CPU 上面运行的所有进程移到其他 CPU 上面。

(4) 主 CPU 通过 idle_cpu 等待从 CPU 进入 idle 进程；由于从 CPU 上面的中断和定时器被关闭，其任务队列上面的进程也被移动到了其他 CPU，所以从 CPU 会很快进入 idle 进程。

(5) 从 CPU 会在 Kernel\kernel\cpu\idle.c 的 cpu_idle_loop 函数里面调用 arch_cpu_idle_dead()，并最后调用 rockchip_cpu_die 函数进入一个死循环，等待被关闭。

(6) 主 CPU 此时会继续往下执行，通过__cpu_die(cpu)调用 platform_cpu_kill 并最终调用到 rk312x_sys_set_power_domain 函数。该函数通过 CRU 模块复位 CPU，并关闭其 clock。至此，该 CPU 被完全关闭了。

(7) 最后，主 CPU 通过 cpu_notify_nofail(CPU_DEAD | mod, hcpu)告知系统其他模块，从 CPU 已经被关闭了。

至此，其他从 CPU 的启动和关闭流程讲解完毕。下面介绍 CPU 之间的数据保护。

3. per-CPU 变量以及多处理之间的数据保护

对于 SMP 系统，我们看到很多用 DECLARE_PER_CPU 定义的变量。这个给每个 CPU 分配的独立空间，是为了减少不同 CPU 读写同一个数据造成的冲突。但是还是会有一些数据，多个 CPU 都有可能同时访问。这个时候怎么保证数据的完整性呢？对于单个 CPU 来说，我们把 CPU 的 IRQ/FIQ 关闭了然后禁止进程调度，就可以保证不会出现重入的情况了(也就是保证要保护的关键代码段的执行不会被打断)。但是多 CPU 情况下，每个 CPU 是相互独立的，当前运行的 CPU 无法停止其他 CPU 的中断和运行，怎么来保护我们要读写的变量？这个时候就要用到 spinlock。spinlock 为什么能够在不同的 CPU 之间进行数据保护呢？我们来看看 spinlock 的定义，定义在 include/linux/spinlock.h 文件里面，源码如下：

```
static inline void spin_lock(spinlock_t *lock)
{
    raw_spin_lock(&lock->rlock);
}
...
static inline void spin_unlock(spinlock_t *lock)
{
    raw_spin_unlock(&lock->rlock);
}
```

raw_spin_lock 的定义如下：

```
#define raw_spin_lock(lock)          _raw_spin_lock(lock)
```

那么_raw_spin_lock 在哪里定义呢？spin_lock 对于单 CPU 系统(UP 系统)和 SMP 系统的处理是不同的，所以有两个不同的头文件来定义这些操作，源码如下：

```
#if defined(CONFIG_SMP) || defined(CONFIG_DEBUG_SPINLOCK)
# include <linux/spinlock_api_smp.h>
#else
# include <linux/spinlock_api_up.h>
#endif
```

_raw_spin_lock(lock)函数定义在 kernel/kernel/spinlock.c 里面，源码如下：

```
void __lockfunc _raw_spin_lock(raw_spinlock_t *lock)
{
    __raw_spin_lock(lock);
}
EXPORT_SYMBOL(_raw_spin_lock);
```

而__raw_spin_lock(lock)函数定义在 spinlock_api_smp.h 里面，源码如下：

```
static inline void __raw_spin_lock(raw_spinlock_t *lock)
{
    preempt_disable();
    spin_acquire(&lock->dep_map, 0, 0, _RET_IP_);
    LOCK_CONTENDED(lock, do_raw_spin_trylock, do_raw_spin_lock);
}
```

我们看到，首先调用 preempt_disable()防止进程调度，spin_acquire 是调试用的语句，LOCK_CONTENDED 宏定义也是用于调试的，在非调试情况下，相当于直接调用 do_raw_spin_lock(lock)函数。do_raw_spin_lock(lock)在 kernel/include/linux/spinlock.h 文件里面，源码如下：

```
static inline void do_raw_spin_lock(raw_spinlock_t *lock) __acquires(lock)
{
    __acquire(lock);
    arch_spin_lock(&lock->raw_lock);
}
```

__acquire(lock)是调试函数，可以忽略，所以最终调用的函数是 arch_spin_lock(&lock->raw_lock)，这个函数在 arch/arm/include/asm/spinlock.h 里面定义，源码如下：

```
static inline void arch_spin_lock(arch_spinlock_t *lock)
{
    unsigned long tmp;
    u32 newval;
    arch_spinlock_t lockval;

    __asm__ __volatile__(
"1: ldrex   %0, [%3]\n"
"   add     %1, %0, %4\n"
"   strex   %2, %1, [%3]\n"
"   teq     %2, #0\n"
"   bne     1b"
    : "=&r" (lockval), "=&r" (newval), "=&r" (tmp)
    : "r" (&lock->slock), "I" (1 << TICKET_SHIFT)
    : "cc");
```

```
        while (lockval.tickets.next != lockval.tickets.owner) {
                wfe();
                lockval.tickets.owner = ACCESS_ONCE(lock->tickets.owner);
        }

        smp_mb();
    }
    ...
    static inline void arch_spin_unlock(arch_spinlock_t *lock)
    {
        smp_mb();
        lock->tickets.owner++;
        dsb_sev();
    }
```

我们把参数 arch_spinlock_t 的定义也摘取出来方便一起分析：

```
    typedef struct {
        union {
                        u32 slock;
                        struct __raw_tickets {
    #ifdef __ARMEB__
                        u16 next;
                        u16 owner;
    #else
                        u16 owner;
                        u16 next;
    #endif
                } tickets;
        };
    } arch_spinlock_t;
```

arch_spinlock_t 结构体里面，把一个 UNIT32 的计数器分为了高低两个部分，分别是 owner 和 next。根据处理器的大小端不同，定义了不同的顺序，这样即可将代码里面读取的变量保存到固定的地址。我们来分析一下这个 arch_spin_lock 函数，这个函数的核心是内嵌汇编，弄明白两条核心指令 LDREX 和 STREX 即可，具体分析如下：

(1) LDREX 和 STREX 指令属于 Exclusive Access Instructions(排他访问指令)，专门用于多处理之间数据同步的。LDREX/STREX 指令系列包括 LDREXB/STREXB、LDREXH/STREXH、LDREXD/STREXD 以及 LDREX/STREX。

(2) LDREX/STREX 在处理器内部的实现机理是：每个处理器内部有一个 local monitor 和一个 global monitor。当对非共享的 MEM 进行排他访问的时候，local monitor 起作用；

当对共享 MEM 进行排他访问的时候，local 和 global monitor 同时起作用。在实现上，可以把 local 和 global monitor 合并为一个。当执行 LDREX 的时候，监视器会设置一个TAG，这个 TAG 包含了 LDREX 的地址信息 x。当执行 STREX 的时候，监视器会先检查对应地址的 TAG 是否存在，如果存在，则执行真正的 STR 操作(更新数据到地址 x)，并清除 TAG，同时返回状态 0 表示成功。如果 TAG 不存在或者地址不配对，则 STREX 返回 1，不会执行真正的 STR 操作(数据不会修改)。一个处理器同一个时间只能有一个TAG，也就是说，后面的 LDREX 会覆盖前面的 LDREX 的 TAG(CLREX 指令可以清除local 和 global monitor 设置的 TAG)。大家想想，如果 spinlock 嵌套调用了会怎样呢？另外还有其他各种错误情况，处理器是怎么处理的：比如一个处理器 LDREX 地址 x，然后STREX 地址 y；或者一个处理器 LDREX 地址 x，但是用 STR 地址 x(不是 STREX)；或者一个处理器 LDREX 地址 x，另外的处理器 STREX 地址 x 等。

(3) LDREX 和 STREX 只是保证 spinlock 的 lock 计数在多处理器之间是完整的，也就是每 lock 一次，会增加(1<<16)的值，但是不能保证其他变量的完整性。

(4) Critical section(关键代码段)的进入退出是由 while 循环语句来保证的。比如 A 处理器先获取了 lock 变量，那么当 A 处理执行完汇编段代码后，spinlock 的 lock 值是0x00010000，而 lockval 的 lock 值是 0x00000000(增加之前的值)。所以 lockval.tickets.next == lockval.tickets.owner(两者都是 0)，A 处理器会跳过 while 循环，继续执行下面的代码。

(5) 如果在 A spinlock unlock 之前，B 执行 arch_spin_lock 语句，那么，B 得到的lockval 的值是 0X00010000，而 B 执行完汇编代码后，spinlock 的 lock 值是 0x00020000。B 获取到的 lockval.tickets.next=1，ockval.tickets.owner=0，B 会在 while 循环被控制住。同理，如果此时 C 处理器也调用 arch_spin_lock，那么 C 也会被 while 循环控制住。

(6) 当 A 进行 arch_spin_unlock 的时候，spinlock 的 lock 值会增加 1，变为0X00010001(B 没有调用 arch_spin_lock)，或者是 0X00020001(B 调用了 arch_spin_lock)。如果 B 已经调用了 arch_spin_lock，这个时候，B 在 while 循环里面重新获取 owner 值，得到更新后的 owner 值 1，B 会跳出 while 循环，执行 spinlock 下面的语句。如果 C 也已经调用了 arch_spin_lock 函数，C 也会在 while 循环里面更新 owner 值，但是 C 的 next != owner，C 会继续等待。

(7) 当 B 执行 spinlock unlock 操作时，spinlock 的 lock 值会变为 0X00020002。如果这个时候 C 已经在 while 循环里面等待，则 C 跳出循环。如果 C 没有调用 spinlock lock 函数，而其他进程(运行在当前处理器或者另外处理器)要进行 lock，则不需要等待(lockval.tickets.next == lockval.tickets.owner)。

以上就是整个 spinlock 的 lock 和 unlock 的过程。大家看 arch_spin_unlock 函数，非常简单，直接用 lock->tickets.owner++语句即可。大家可以考虑一下，为什么 unlock 函数不需要使用 LDREX/STREX 来进行保护呢？

另外 spinlock 还有一个更加保险的 lock 和 unlock 宏，如下：

```
#define spin_lock_irqsave(lock, flags)                          \
do {                                                            \
    raw_spin_lock_irqsave(spinlock_check(lock), flags);         \
} while (0)
```

```
static inline void spin_unlock_irqrestore(spinlock_t *lock, unsigned long flags)
{
    raw_spin_unlock_irqrestore(&lock->rlock, flags);
}
```

这两个函数多了一个保存和回复 IRQ 状态的 flags，增加了关闭 IRQ 的功能。大家可以考虑一下，什么情况下该用 spin_lock_irqsave，什么情况下可以用 spin_lock。

我们详细分析了多个 CPU 用 spinlock 变量进行保护的过程。下面通过一个例子来测试一下 SMP 和 spinlock。下面是例子的源码，把这部分代码放到我们开发板自带源码的 htfyun_bln.c 驱动里面，就可以通过 shell 命令调用了。

```
static int smp_count;
static void bln_test_smp_call_function(void* info )
{
    struct bln_device *bln = (struct bln_device *)info;
    smp_count++;
    printk("%s:bln-name=%s,cpu=%d,cnt=%d\n",__func__ ,
        bln->label,smp_processor_id() , smp_count++);
}

static void bln_test_smp_call_function_lock(void* info )
{
    struct bln_device *bln = (struct bln_device *)info;
    spin_lock(&bln->slock);
    smp_count++;
    printk("%s:bln-name=%s,cpu=%d,cnt=%d\n",__func__ ,
        bln->label,smp_processor_id() , smp_count++);
    spin_unlock(&bln->slock);
}
static void bln_test_spinlock( struct bln_device *bln )
{

    printk("spinlock--init:slock=%x\n", bln->slock.rlock.raw_lock.slock);
    spin_lock(&bln->slock);
    printk("spinlock--lock:slock=%x\n", bln->slock.rlock.raw_lock.slock);

    spin_unlock(&bln->slock);
    printk("spinlock--unlock:slock=%x\n", bln->slock.rlock.raw_lock.slock);
}
static ssize_t bln_device_onoff_store(struct class *cls,struct class_attribute *attr, const char *buf,
size_t _count)
```

```
{
    struct bln_device *bln = container_of(attr,
        struct bln_device, s_onoff);
    u8 on[2];
    int set_on[2];
    int ret,wr;

    // 20161019,maybe we need to adjust the LED order and the output reg bit order.
    memset(set_on,0,sizeof(set_on));
    if(!strncmp(buf,"xsmp" , 4)){
        smp_count = 0;
        on_each_cpu(bln_test_smp_call_function_lock,bln,true);
        printk("%s:smp_countcnt=%d\n",__func__ ,smp_count);
        return _count;
    } else if( !strncmp(buf,"smp" , 3)){
        smp_count = 0;
        on_each_cpu(bln_test_smp_call_function,bln,true);
        printk("%s:smp_countcnt=%d\n",__func__ ,smp_count);
        return _count;
    } else if(!strncmp(buf,"spin" , 4)){
        bln_test_spinlock(bln);
        return _count;
    }
    ret = sscanf(buf, "%d,%d", &set_on[0],&set_on[1]);
    BLN("%s:cmd buf:%s,ret=%d,on=%d/%d\n",__func__ , buf ,ret,
        set_on[0], set_on[1] );
    if( ret <= 0 ){
        printk("%s:sscanf failed!\n",__func__ );
        return -EINVAL;
    }
    if( set_on[0] > 255 || set_on[1] > 255 ){
        printk("%s:Invalid ON valid:%x/%x!\n",__func__ ,set_on[0],set_on[1]);
        return -EINVAL;
    }
    on[0] = set_on[0];
    on[1] = set_on[1];
    wr = bln_reg_write(bln->client,REG_OUTPUT_PORT0,on,ret);
    if( wr < 0 ){
        printk("%s:bln_reg_write REG_OUTPUT_PORT0 Failed!\n",__func__ );
```

```
            return wr;
        }

    memcpy(bln->onoff,on ,ret);
     return _count;
}
```

bln_test_smp_call_function 是不增加 spinlock 保护的函数，bln_test_smp_call_function_lock 是增加了 spinlock 保护的函数，bln_device_onoff_store 是通过/sys 文件系统导出的设备属性节点。当上层通过命令 Echo smp > /sys/class/bln-left/on 写文件节点时，即可测试 bln_test_smp_call_function 函数；通过 Echo xsmp > /sys/class/bln-left/on 的时候，即可测试 bln_test_smp_call_function_lock 函数。下面是运行打印出来的结果。

(1) 以下是没有 spinlock 保护的结果：

```
<4>[    69.927983] bln_test_smp_call_function:bln-name=left,cpu=3,cnt=1
<4>[    69.928074] bln_test_smp_call_function:bln-name=left,cpu=2,cnt=1
<4>[    69.928124] bln_test_smp_call_function:bln-name=left,cpu=0,cnt=3
<4>[    69.945988] bln_test_smp_call_function:bln-name=left,cpu=1,cnt=5
<4>[    69.952127] bln_device_onoff_store:smp_countcnt=6
<4>[    72.166884] bln_test_smp_call_function:bln-name=left,cpu=3,cnt=1
<4>[    72.166972] bln_test_smp_call_function:bln-name=left,cpu=0,cnt=3
<4>[    72.167025] bln_test_smp_call_function:bln-name=left,cpu=2,cnt=5
<4>[    72.184893] bln_test_smp_call_function:bln-name=left,cpu=1,cnt=7
<4>[    72.190997] bln_device_onoff_store:smp_countcnt=8
<4>[    72.851803] bln_test_smp_call_function:bln-name=left,cpu=0,cnt=3
<4>[    72.851894] bln_test_smp_call_function:bln-name=left,cpu=2,cnt=1
<4>[    72.851946] bln_test_smp_call_function:bln-name=left,cpu=3,cnt=1
<4>[    72.869758] bln_test_smp_call_function:bln-name=left,cpu=1,cnt=5
<4>[    72.875839] bln_device_onoff_store:smp_countcnt=6
<4>[    76.096090] bln_test_smp_call_function:bln-name=left,cpu=3,cnt=1
<4>[    76.096176] bln_test_smp_call_function:bln-name=left,cpu=0,cnt=1
<4>[    76.096227] bln_test_smp_call_function:bln-name=left,cpu=1,cnt=1
<4>[    76.114072] bln_test_smp_call_function:bln-name=left,cpu=2,cnt=3
<4>[    76.120186] bln_device_onoff_store:smp_countcnt=4
```

(2) 以下是有 spinlock 保护的结果：

```
<4>[    51.669295] bln_test_smp_call_function_lock:bln-name=left,cpu=3,cnt=1
<4>[    51.675769] bln_test_smp_call_function_lock:bln-name=left,cpu=0,cnt=3
<4>[    51.682169] bln_test_smp_call_function_lock:bln-name=left,cpu=1,cnt=5
<4>[    51.688558] bln_test_smp_call_function_lock:bln-name=left,cpu=2,cnt=7
<4>[    51.695067] bln_device_onoff_store:smp_countcnt=8
<4>[    53.384170] bln_test_smp_call_function_lock:bln-name=left,cpu=3,cnt=1
```

```
<4>[    53.390649] bln_test_smp_call_function_lock:bln-name=left,cpu=1,cnt=3
<4>[    53.397065] bln_test_smp_call_function_lock:bln-name=left,cpu=0,cnt=5
<4>[    53.403501] bln_test_smp_call_function_lock:bln-name=left,cpu=2,cnt=7
<4>[    53.410161] bln_device_onoff_store:smp_countcnt=8
```

大家通过打印出来的LOG信息可以看到，哪个CPU先执行是没有固定顺序的。没有加spinlock的版本，最终结果可能是8，也可能是6或者4；而增加了spinlock的版本，都可以获取正确的结果8。

本节我们介绍了ARM Cortex-A7四核处理器里面其他从CPU启动和关闭的详细流程。主CPU是没有关闭的，但是当系统休眠的时候，主CPU也进入了WFI的省电状态。(关于系统休眠部分，与嵌入式产品关系也比较密切，建议大家也深入了解一下。)从CPU的开启和关闭，与平台的关系比较大。有些平台可以通过硬件直接关闭CPU的电源，或者让CPU一直处于reset状态(比如我们的开发板)。而通用的做法是让CPU通过WFE处于休眠状态，等待主CPU的SEV指令唤醒。另外，我们也和大家探讨了多核之间数据完整性的保护，并通过例子演示了spinlock的功能。通过本节内容，大家应该对多核系统每个CPU的启动与关闭以及CPU之间的相互协调与数据交换有一定的了解。

其实，如何通过有效的数据结构减少CPU之间的数据保护开销，如何进行有效的负载平衡以充分利用多核资源，提高整个系统的运行效率和处理能力，这些才是多核系统的核心问题。经过多个版本的演化，Linux内核对于多核的处理已经很高效了，感兴趣的读者可以深入了解这些细节和精华(核心的系统调度部分)。本节介绍的内容都是比较疏浅的，只希望起到一个抛砖引玉的作用。

2.2.7 内核理论基础——Linux驱动编写中的并发控制

并发(Concurrency)指的是多个执行单元同时、并行被执行。而并发的执行单元对共享资源(硬件资源和软件上的全局、静态变量)的访问容易导致竞态(Race Conditions)。

SMP是一种紧耦合、共享存储的系统模型，它的特点是多个CPU使用共同的系统总线，因此可访问共同的外设和存储器。RK3128的CPU一共有4个Core(内核)，所以就算同一线程并发执行的可能性也很大。进程与抢占它的进程访问共享资源的情况类似于SMP的多个CPU。中断可打断正在执行的进程，若中断处理程序访问进程正在访问的资源，则竞态也会发生。中断也可能被新的更高优先级的中断打断，因此，多个中断之间也可能引起并发而导致竞态。上述并发的发生情况除了SMP是真正的并行以外，其他的都是“宏观并行、微观串行”的，但其引发的实质问题和SMP相似。解决竞态问题的途径是保证对共享资源的互斥访问，即一个执行单元在访问共享资源的时候，其他的执行单元被禁止访问。还有就是保证函数的可重入性(Reentrancy)，即此函数可以在任意时刻被中断，稍后再继续运行，不会丢失数据。

访问共享资源的代码区域称为临界区(Critical Sections)，临界区需要以某种互斥机制加以保护。中断屏蔽、原子操作、自旋锁和信号量等是Linux设备驱动中可采用的互斥途径。

1．中断屏蔽

中断屏蔽的使用方法如下：

```
local_irq_disable()          // 屏蔽中断
...
critical section             // 临界区
...
local_irq_enable()           // 开中断
```

注意：在屏蔽了中断后，当前的内核执行路径应当尽快执行完临界区代码。上述两个函数都只能禁止和使能本 CPU 内的中断，不能解决 SMP 多 CPU 引发的竞态。

local_irq_save(flags)除禁止中断的操作外，还保存目前 CPU 的中断位信息；而 local_irq_restore(flags)进行的是 local_irq_save(flags)相反的操作。

若只想禁止中断的底半部，应使用 local_bh_disable()，使能被 local_bh_disable()禁止的底半部应调用 local_bh_enable()。

2．原子操作

原子操作指的是在执行过程中不会被别的代码路径所中断的操作。

整型原子操作如下：

```
//设置原子变量的值
void atomic_set(atomic_t *v, int i);          //设置原子变量的值为 i
atomic_t v = ATOMIC_INIT(0);                  //定义原子变量 v，并初始化为 0

//获取原子变量的值
atomic_read(atomic_t *v);                     //返回原子变量的值

//原子变量加/减
void atomic_add(int i, atomic_t *v);          //原子变量加 i
void atomic_sub(int i, atomic_t *v);          //原子变量减 i

//原子变量自增/自减
void atomic_inc(atomic_t *v);                 //原子变量增加 1
void atomic_dec(atomic_t *v);                 //原子变量减少 1

//操作并测试：对原子变量进行自增、自减和减操作后(没有加)测试其是否为 0，为 0 返回
true，否则返回 false
int atomic_inc_and_test(atomic_t *v);
int atomic_dec_and_test(atomic_t *v);
int atomic_sub_and_test(int i, atomic_t *v);

//操作并返回：对原子变量进行加/减和自增/自减操作，并返回新的值
```

```
int atomic_add_return(int i, atomic_t *v);
int atomic_sub_return(int i, atomic_t *v);
int atomic_inc_return(atomic_t *v);
int atomic_dec_return(atomic_t *v);
```

位原子操作如下：

```
//设置位
void set_bit(nr, void *addr);          //设置 addr 地址的第 nr 位，即将位写 1

//清除位
void clear_bit(nr, void *addr);        //清除 addr 地址的第 nr 位，即将位写 0

//改变位
void change_bit(nr, void *addr);   //对 addr 地址的第 nr 位取反

//测试位
test_bit(nr, void *addr);              //返回 addr 地址的第 nr 位

//测试并操作：等同于执行 test_bit(nr, void *addr)后再执行 xxx_bit(nr, void *addr)
int test_and_set_bit(nr, void *addr);
int test_and_clear_bit(nr, void *addr);
int test_and_change_bit(nr, void *addr);
```

原子变量使用实例，使设备只能被一个进程打开，代码如下：

```
static atomic_t xxx_available = ATOMIC_INIT(1);   //定义原子变量

static int xxx_open(struct inode *inode, struct file *filp)
{
    ...
    if(!atomic_dec_and_test(&xxx_available))
    {
        atomic_inc(&xxx_availble);
        return - EBUSY;            //已经打开
    }
    ...
    return 0;                      //成功
}

static int xxx_release(struct inode *inode, struct file *filp)
{
    atomic_inc(&xxx_available); //释放设备
```

```
    return 0;
}
```

3. 自旋锁

自旋锁(spinlock)即“在原地打转”。若一个进程要访问临界资源，测试锁空闲，则进程获得这个锁并继续执行；若测试结果表明锁扔被占用，则进程将在一个小的循环内重复“测试并设置”操作，进行所谓的“自旋”，等待自旋锁持有者释放这个锁。

自旋锁的相关操作如下：

```
//定义自旋锁
spinlock_t spin;

//初始化自旋锁
spin_lock_init(lock);

//获得自旋锁：若能立即获得锁，则它获得锁并返回；否则自旋，直到该锁持有者释放
spin_lock(lock);

//尝试获得自旋锁：若能立即获得锁，则它获得并返回真，否则立即返回假，不再自旋
spin_trylock(lock);

//释放自旋锁：与spin_lock(lock)和spin_trylock(lock)配对使用
spin_unlock(lock);
```

自旋锁的使用如下：

```
//定义一个自旋锁
spinlock_t lock;
spin_lock_init(&lock);

spin_lock(&lock);          //获取自旋锁，保护临界区
...                        //临界区
spin_unlock();             //解锁
```

自旋锁持有期间内核的抢占将被禁止。

自旋锁可以保证临界区不受别的CPU和本CPU内的抢占进程打扰，但是得到锁的代码路径在执行临界区的时候还可能受到中断和底半部(BH)的影响。

为防止这种影响，需要用到自旋锁的衍生，代码如下：

```
spin_lock_irq() = spin_lock() + local_irq_disable()
spin_unlock_irq() = spin_unlock() + local_irq_enable()
spin_lock_irqsave() = spin_lock() + local_irq_save()
spin_unlock_irqrestore() = spin_unlock() + local_irq_restore()
spin_lock_bh() = spin_lock() + local_bh_disable()
```

```
spin_unlock_bh() = spin_unlock() + local_bh_enable()
```

注意：自旋锁实际上是忙等待，只有在占用锁的时间极短的情况下，使用自旋锁才是合理的。

自旋锁可能导致死锁：递归使用一个自旋锁或进程获得自旋锁后阻塞。

自旋锁使用实例，使设备只能被最多一个进程打开，代码如下：

```
int xxx_count = 0;        //定义文件打开次数计数

static int xxx_open(struct inode *inode, struct file *filp)
{
    ...
    spinlock(&xxx_lock);
    if(xxx_count);          //已经打开
    {
        spin_unlock(&xxx_lock);
        return - EBUSY;
    }
    xxx_count++;            //增加使用计数
    spin_unlock(&xxx_lock);
    ...
    return 0;               //成功
}

static int xxx_release(struct inode *inode, struct file *filp)
{
    ...
    spinlock(&xxx_lock);
    xxx_count--;            //减少使用计数
    spin_unlock(&xxx_lock);

    return 0;
}
```

读写自旋锁(rwlock)允许读的并发。在写操作方面，只能最多有一个写进程，在读操作方面，同时可以有多个读执行单元。当然，读和写也不能同时进行。

```
//定义和初始化读写自旋锁
rwlock_t my_rwlock = RW_LOCK_UNLOCKED;          //静态初始化
rwlock_t my_rwlock;
rwlock)init(&my_rwlock);                        //动态初始化

//读锁定：在对共享资源进行读取之前，应先调用读锁定函数，完成之后调用读解锁函数
```

```
void read_lock(rwlock_t *lock);
void read_lock_irqsave(rwlock_t *lock, unsigned long flags);
void read_lock_irq(rwlock_t *lock);
void read_lock_bh(rwlock_t *lock);

//读解锁
void read_unlock(rwlock_t *lock);
void read_unlock_irqrestore(rwlock_t *lock, unsigned long flags);
void read_unlock_irq(rwlock_t *lock);
void read_unlock_bh(rwlock_t *lock);

//写锁定：在对共享资源进行写之前，应先调用写锁定函数，完成之后调用写解锁函数
void write_lock(rwlock_t *lock);
void write_lock_irqsave(rwlock_t *lock, unsigned long flags);
void write_lock_irq(rwlock_t *lock);
void write_lock_bh(rwlock_t *lock);
int write_trylock(rwlock_t *lock);

//写解锁
void write_unlock(rwlock_t *lock);
void write_unlock_irqsave(rwlock_t *lock, unsigned long flags);
void write_unlock_irq(rwlock_t *lock);
void write_unlock_bh(rwlock_t *lock);
```

读写自旋锁的一般用法如下：

```
rwlock_t lock;            //定义 rwlock
rwlock_init(&lock);       //初始化 rwlock

//读时获取锁
read_lock(&lock);
...                       //临界资源
read_unlock(&lock);

//写时获取锁
write_lock_irqsave(&lock, flags);
...                       //临界资源
write_unlock_irqrestore(&lock, flags);
```

顺序锁(seqlock)是对读写锁的优化。

使用顺序锁，读执行单元不会被写执行单元阻塞，即读执行单元可以在写执行单元对被顺序锁保护的共享资源进行写操作时仍然可以继续读，而不必等待写执行单元完成写操

作，写执行单元也不需要等待所有读执行单元完成读操作才去进行写操作。

写执行单元之间仍是互斥的。若读操作期间发生了写操作，则必须重新读取数据。顺序锁必须要求被保护的共享资源不含有指针。

写执行单元操作如下：

```
//获得顺序锁
void write_seqlock(seqlock_t *sl);
int write_tryseqlock(seqlock_t *sl);
write_seqlock_irqsave(lock, flags)
write_seqlock_irq(lock)
write_seqlock_bh()

//释放顺序锁
void write_sequnlock(seqlock_t *sl);
write_sequnlock_irqrestore(lock, flags)
write_sequnlock_irq(lock)
write_sequnlock_bh()

//写执行单元使用顺序锁的模式
write_seqlock(&seqlock_a);
...                    //写操作代码块
write_sequnlock(&seqlock_a);
```

读执行单元操作如下：

```
//读开始：返回顺序锁 sl 当前顺序号
unsigned read_seqbegin(const seqlock_t *sl);
read_seqbegin_irqsave(lock, flags)

//重读：读执行单元在访问完被顺序锁 sl 保护的共享资源后需要调用该函数来检查，在读访问
期间是否有写操作。若有写操作，则重读
int read_seqretry(const seqlock_t *sl, unsigned iv);
read_seqretry_irqrestore(lock, iv, flags)

//读执行单元使用顺序锁的模式
do{
    seqnum = read_seqbegin(&seqlock_a);
    //读操作代码块
    ...
}while(read_seqretry(&seqlock_a, seqnum));
```

RCU(Read-Copy-Update，读-拷贝-更新)可看做读写锁的高性能版本，既允许多个读执行单元同时访问被保护的数据，又允许多个读执行单元和多个写执行单元同时访问被保

护的数据。

但是 RCU 不能替代读写锁。这是因为，如果写操作比较多，则对读执行单元的性能提高不能弥补写执行单元导致的损失。因为使用 RCU 时，写执行单元之间的同步开销会比较大，所以它需要延迟数据结构的释放，复制被修改的数据结构，它也必须使用某种锁机制同步并行的其他写执行单元的修改操作。

RCU 操作如下：

```
//读锁定
rcu_read_lock()
rcu_read_lock_bh()

//读解锁
rcu_read_unlock()
rcu_read_unlock_bh()

//使用 RCU 进行读的模式
rcu_read_lock()
rcu_dereference()
...                    //读临界区
rcu_read_unlock()
rcu_read_lock() 和 rcu_read_unlock()实质是禁止和使能内核的抢占调度：
#define rcu_read_lock()   preempt_disable()
#define rcu_read_unlock()   preempt_enable()

rcu_read_lock_bh()、rcu_read_unlock_bh()定义为：
#define rcu_read_lock_bh()   local_bh_disable()
#define rcu_read_unlock_bh()   local_bh_enable()

//修改 RCU
rcu_assign_pointer()

//同步 RCU
synchronize_rcu()
(call_rcu()为异步的调用，优先选择 synchronize_rcu)
```

由 RCU 写执行单元调用，保证所有 CPU 都处理完正在运行的读执行单元临界区。

4. 信号量

信号量(semaphore)与自旋锁相同，只有得到信号量才能执行临界区代码，但当获取不到信号量时，进程不会原地打转而是进入休眠等待状态。

信号量的操作如下：

```
//定义信号量
struct semaphore sem;
//初始化信号量
//初始化信号量，并设置 sem 的值为 val
void sema_init(struct semaphore *sem, int val);

//初始化一个用于互斥的信号量，sem 的值设置为 1。等同于 sema_init(struct semaphore *sem, 1)
void init_MUTEX(struct semaphore *sem);

//等同于 sema_init(struct semaphore *sem, 0)
void init_MUTEX_LOCKED(struct semaphore *sem);

//下面两个宏是定义并初始化信号量的“快捷方式”
DECLEAR_MUTEX(name)
DECLEAR_MUTEX_LOCKED(name)

//获得信号量
//用于获得信号量，它会导致睡眠，不能在中断上下文使用
void down(struct semaphore *sem);

//类似 down()，因为 down()而进入休眠的进程不能被信号打断，而因为 down_interruptible()而
进入休眠的进程能被信号打断

//信号也会导致该函数返回，此时返回值非 0
void down_interruptible(struct semaphore *sem);

//尝试获得信号量 sem，若立即获得，则它就获得该信号量并返回 0，否则，返回非 0。它不会
导致调用者睡眠，可在中断上下文使用
int down_trylock(struct semaphore *sem);

//使用 down_interruptible()获取信号量时，对返回值一般会进行检查，若非 0，则通常立即返
回-ERESTARTSYS
if(down_interruptible(&sem))
{
    return - ERESTARTSYS;
}

//释放信号量
```

```
//释放信号量 sem，唤醒等待者
void up(struct semaphore *sem);

//信号量一般被这样使用：
DECLARE_MUTEX(mount_sem);
down(&mount_sem);  //获取信号量，保护临界区
...
critical section  //临界区
...
up(&mount_sem);  //释放信号量
```

Linux 自旋锁和信号量锁采用的“获取锁-访问临界区-释放锁”的方式几乎存在于所有的多任务操作系统之中。

用信号量实现设备只能被一个进程打开的例子如下：

```
static DECLEAR_MUTEX(xxx_lock)              //定义互斥锁

static int xxx_open(struct inode *inode, struct file *filp)
{
    ...
    if(down_trylock(&xxx_lock))             //获得打开锁
        return - EBUSY;                     //设备忙
    ...
    return 0;                               //成功
}

static int xxx_release(struct inode *inode, struct file *filp)
{
    up(&xxx_lock);                          //释放打开锁
    return 0;
}
```

信号量用于同步。若信号量被初始化为 0，则它可以用于同步，同步意味着一个执行单元的继续执行需等待另一执行单元完成某事，保证执行的先后顺序。

完成量(Completion)用于同步。完成量提供了一种比信号量更好的同步机制，它用于一个执行单元等待另一个执行单元执行完某事。

Completion 相关操作如下：

```
//定义完成量
struct completion my_completion;

//初始化 completion
init_completion(&my_completion);
```

```
//定义和初始化快捷方式：
DECLEAR_COMPLETION(my_completion);

//等待一个 completion 被唤醒
void wait_for_completion(struct completion *c);

//唤醒完成量
void cmplete(struct completion *c);
void cmplete_all(struct completion *c);
```

自旋锁和信号量的选择如下：

(1) 当锁不能被获取时，使用信号量的开销是进程上下文切换时间 Tsw，使用自旋锁的开销是等待获取自旋锁(由临界区执行时间决定)Tcs。若 Tcs 较小，则应使用自旋锁；若 Tcs 较大，则应使用信号量。

(2) 信号量保护的临界区可包含可能引起阻塞的代码，而自旋锁则绝对要避免用来保护包含这样代码的临界区。因为阻塞意味着要进行进程切换，若进程被切换出去后，另一个进程企图获取本自旋锁，死锁就会发生。

(3) 信号量存在于进程上下文，因此，若被保护的共享资源需要在中断或软中断情况下使用，则在信号量和自旋锁之间只能选择自旋锁。若一定要使用信号量，则只能通过 down_trylock()方式进行，不能获取就立即返回避免阻塞。

读写信号量与信号量的关系与读写自旋锁和自旋锁的关系类似，读写信号量可能引起进程阻塞，但它可允许 N 个读执行单元同时访问共享资源，而最多只能有一个写执行单元。

读写自旋锁的操作如下：

```
//定义和初始化读写信号量
struct rw_semaphore my_res;                          //定义
void init_rwsem(struct rw_semaphore *sem);          //初始化

//读信号量获取
void down_read(struct rw_semaphore *sem);
void down_read_trylock(struct rw_semaphore *sem);

//读信号量释放
void up_read(struct rw_semaphore *sem);

//写信号量获取
void down_write(struct rw_semaphore *sem);
int down_write_trylock(struct rw_semaphore *sem);
```

```
//写信号量释放
void up_write(struct rw_semaphore *sem);

//读写信号量的使用:
rw_semaphore rw_sem;     //定义
init_rwsem(&rw_sem);     //初始化

//读时获取信号量
down_read(&rw_sem);
...                      //临街资源
up_read(&rw_sem);

//写时获取信号量
down_write(&rw_sem);
...                      //临界资源
up_writer(&rw_sem);
```

2.3 常用工具及命令

2.3.1 ADB

ADB 全称为 Android Debug Bridge，是 Android SDK 里的一个工具，用这个工具可以直接操作管理 Android 模拟器或者真实的 Android 设备(手机)。

它的主要功能有：

(1) 运行设备的 shell(命令行)。

(2) 管理模拟器或设备的端口映射。

(3) 计算机和设备之间上传/下载文件。

(4) 将本地 APK 软件安装至模拟器或 Android 设备。

ADB 是一个客户—服务模型程序，其中客户端是用来操作的电脑，服务器端是 Android 设备。先说安装方法，电脑上需要安装客户端，客户端包含在 SDK 里。设备上不需要安装，只需要在手机上打开选项—设置—应用程序—USB 调试(4.0+：设备－开发人员选项)。ADB 有各个系统的版本：Linux、Mac、Windows，根据自己的操作系统来选择要下载的 Android SDK 就可以使用 ADB 命令了。

1. ADB 常用命令

(1) 查看设备的命令如下：

```
adb devices
```

这个命令是查看当前连接的设备，连接到计算机的 Android 设备或者模拟器将会列出显示。

(2) 安装软件的命令如下：

```
adb install [-r] [-s]
```

这个命令将指定的 apk 文件安装到设备上。其中，r 为强制安装(在某些情况下可能已有些应用程序在运行或不可写，可加上此参数强制安装)，s 将 apk 文件安装在 SD 卡。

(3) 卸载软件的命令如下：

```
adb uninstall [-k] <软件名>
```

如果加 -k 参数，则为卸载软件但是保留配置和缓存文件。

(4) 从电脑上发送文件到设备的命令如下：

```
adb push <本地路径><远程路径>
```

用 push 命令可以把本机电脑上的文件或者文件夹复制到设备(手机)。

例：传送文件到手机中，如：adb push recovery.img /sdcard/recovery.img，将本地目录中的 recovery.img 文件传送手机的 SD 卡中并取同样的文件名。

(5) 从设备上下载文件到电脑的命令如下：

```
adb pull <远程路径><本地路径>
```

用 pull 命令可以把设备(手机)上的文件或者文件夹复制到本机电脑。

(6) 显示帮助信息的命令如下：

```
adb help
```

(7) 显示 ADB 命令版本号的命令如下：

```
adb version
```

(8) 启动计算机 ADB 服务进程的命令如下：

```
adb start-server
```

当然也可以在直接使用 adb devices 命令时自动开启。

(9) 关闭计算机服务进程的命令如下：

```
adb kill-server
```

该命令可以关闭 adb 服务进程，即正在使用 ADB 想删除它的时候就要用到它。

(10) 重启设备的命令如下：

```
adb reboot [bootloader|recovery]
adb reboot-bootloader
```

重启有以下三种方式：

① 直接重启设备回到使用界面使用 adb reboot 即可。

② 重启设备到 Bootloader 引导模式：adb reboot-bootloader 或 adb reboot bootloader。

③ 重启到 Recovery 刷机模式：adb reboot recovery。

(11) 返回设备状态的命令如下：

```
adb get-state
```

返回设备状态有三种结果：关机、引导模式、设备在线。

(12) 返回设备序列号的命令如下：

```
adb get-serialno
```

(13) 获取设备的 root 权限的命令如下：

```
adb remount
```

通过这个命令就可以获取设备的 root 权限，可以通过 adb 操作/system 等系统目录，如：adb push xx.app /system/app，即可将 APP 应用直接放入系统目录，这个操作必须是设备已解锁并已获取 root 权限。

2. 利用 Android 的编译环境编译 ADB 工具

(1) 工具安装：

sudo apt-get install mingw3　　　--- 安装 Linux-Windows 交叉编译环境 mingwin

(2) 编译命令：

```
source build.sh
make USE_MINGW=y adb
make USE_MINGW=y fastboot
```

最后到 out/host/windows-x86/bin 目录下就能找到刚刚编译的东西，如图 2-40 所示。

```
host Prebuilt: AdbWinApi (out/host/windows-x86/obj/EXECUTABLES/AdbWinApi_intermediates/AdbWinApi.dll)
Install: out/host/windows-x86/bin/AdbWinApi.dll
host Prebuilt: AdbWinUsbApi (out/host/windows-x86/obj/EXECUTABLES/AdbWinUsbApi_intermediates/AdbWinUsbApi.dll)
Install: out/host/windows-x86/bin/AdbWinUsbApi.dll
Install: out/host/windows-x86/bin/adb.exe
wanli@wanli-Latitude-E6430:~/rk3128-study/rk3128-source$
```

图 2-40

3. 无线 ADB 使用

Android 开发过程中，大多用数据线通过 USB 接口将手机与电脑连接，进而使用 ADB 进行 Android 调试，这种方法的缺点不言自明。为了保护手机 USB 接口，使用 WIFI 网络替换掉数据线，采用无线的方式进行连接是个不错的选择，方法如下：

(1) 先借助 ADB 命令在手机上开启无线连接服务。

使用数据线通过 USB 接口将手机与电脑连接，在 cmd 中执行如下命令：

adb tcpip 5555(PS：5555 是端口号，可以随意地指定)

执行该命令后的结果如图 2-41 所示。

```
C:\Users\Lock>adb tcpip 5555
restarting in TCP mode port: 5555

C:\Users\Lock>
```

图 2-41

(2) 在电脑端执行连接命令。

首先要查找到手机的 IP 地址，比如 192.168.99.10，然后执行以下连接命令：

adb connect 192.168.99.10:5555

命令执行完后就已连接成功，可以在 cmd 中执行 adb shell 命令进行测试。

2.3.2 Logcat

Logcat 是 Android 系统的调试查看工具，必须要在 Android 系统加载后才能运行(相对于整个系统，首先运行 U-Boot，U-Boot 加载 Linux Kernel，Android 是最后加载)，所以 Logcat 的使用常见的是在调试 Android APP 时或者调试应用程序动态库 C++时比较常用。Logcat 可以在 ADB 中使用或者通过 Android Studio 这样的集成开发环境使用。由于我们使用的是开发板，如果调试 Android 应用程序框架 framework、system 等，则串口输出也许是最合适的方法。

Logcat 的使用方法详解：

```
Logcat [options] [filterspecs]
```

Logcat 的选项包括：

```
-s                  默认设置过滤器，如指定'*:s'
-f <filename>       输出到文件，默认情况是标准输出
-r [<kbytes>]       循环 LOG 的字节数(默认为 16)，需要-f
-n <count>          设置循环 LOG 的最大数目，默认是 4
-v <format>         设置 LOG 的打印格式，<format> 是下面的一种：
                    brief process tag thread raw time threadtime long
-c                  清除所有 LOG 并退出
-d                  得到所有 LOG 并退出(不阻塞)
-g                  得到环形缓冲区的大小并退出
-b <buffer>         请求不同的环形缓冲区('main' (默认), 'radio', 'events')
-B                  输出 LOG 到二进制中
```

1．日志过滤器设置

每一个输出的 Android 日志信息都有一个标签和它的优先级。日志的标签是系统部件原始信息的一个简要的标志。比如：View 就是查看系统 LOG 的标签，RFID_HAL 就是查看 RFID 的 HAL 层 LOG 的标签)。

优先级有下列几种，是按照从低到高顺利排列的。

V — Verbose (lowest priority)

D — Debug

I — Info

W — Warning

E — Error

F — Fatal

S — Silent (无 LOG 打印输出，而且优先级最高)

运行 Logcat 的时候，在前两列的信息中就可以看到 Logcat 的标签列表和优先级别，它是这样标出的：<priority>/<tag>。

下面是一个 Logcat 输出的例子，它的优先级是 I，标签就是 SurfaceFlinger：

```
I/SurfaceFlinger(   140): Using composer version 1.3
```

过滤器语句按照下面的格式描述：tag:priority，tag 表示标签，priority 表示标签 LOG 的最低等级，读者可以在过滤器中多次写 tag:priority。

例如：

```
adb logcat ActivityManager:I FengkeApp:D *:S
```

或者

```
adb logcat -s ActivityManager:I FengkeApp:D
```

上面表达式最后的元素*:S，是设置所有的标签为 silent。于是，所有日志只显示标签是 ActivityManager 和 FengkeApp 的 LOG 信息；用*:S 的另一个目的是能够确保日志输出的时候是按照过滤器的说明限制的，也让过滤器作为一项输出写到日志的驱动中。

2．LOG 输出格式设置

日志的输出格式是可以被程序修改的，所以可以显示出特定的元数据域。可以通过-v 选项得到格式化输出日志的相关信息。

```
brief — Display priority/tag and PID of originating process (the default format)
process — Display PID only
tag — Display the priority/tag only
thread — Display process:thread and priority/tag only
raw — Display the raw log message, with no other metadata fields
time — Display the date, invocation time, priority/tag, and PID of the originating process
long — Display all metadata fields and separate messages with a blank lines
```

例子：

```
brief -- P/tag (876): message  (默认格式)
process -- (876): message
tag -- P/tag: message
thread -- P/tag( 876:0x37c) message
raw – message
time -- 09-08 05:40:26.729 P/tag ( 876): message
threadtime -- 09-08 05:40:26.729 876 892 P/tag : message
long -- [ 09-08 05:40:26.729 876:0x37c P/tag ] message
```

3．查看可用日志缓冲区

Android 日志系统有循环缓冲区，但并不是所有的日志系统都有默认循环缓冲区。

```
[adb] logcat [-b <buffer>]
        radio   —   查看和 radio telephony 相关的缓冲区
        events  —   查看和事件相关的缓冲区
        main    —   查看主要的日志缓冲区
```

例如，想查看 radio 相关的日志缓冲区内容，可以输入如下命令：

```
logcat -b radio
```

4．Android 系统如何生成 LOG

1) Java

事实上 Logcat 的功能是由 Android 的类 android.util.Log 决定的，在程序中 LOG 的使用方法如下：

```
Log.v() ------------------------------ VERBOSE
Log.d() ------------------------------ DEBUG
Log.i() ------------------------------ INFO
Log.w() ------------------------------ WARN
Log.e() ------------------------------ ERROR
```

以上 LOG 的级别依次升高，Debug 信息应当只存在于开发中，INFO、WARN、ERROR 这三种 LOG 将出现在发布版本中(不一定所有的系统都这样做)。对于 Java 类，可以声明一个字符串常量 TAG，Logcat 可以根据它来区分不同的 LOG。

例如，在计算器(Calculator)的类中，定义如下：

```
public class Calculator extends Activity {
    /* ... */
    private static final String LOG_TAG = "Calculator";
    private static final boolean DEBUG   = false;
    private static final boolean LOG_ENABLED =DEBUG ? Config.LOGD : Config.LOGV;
    /* ... */
}
```

由此，所有在 Calculator 中使用的 LOG，均以 Calculator 为开头。

2) C++

如果 C++代码需要使用 Android 的 LOG 机制，则首先必须要包含头文件/system/core/include/cutils/log.h，实际上这个 log.h 也只是包含了/system/core/include/log/log.h。基本上 C++所有关于 LOG 的定义信息都可以在路径/system/core/include/log 里面找到。级别定义和 Java 一样，因为整个 Android 系统都是这样定义的。

例如，frameworks/webview/chromium/plat_support/draw_gl_functor.cpp，有如下定义：

```
#define LOG_TAG "webviewchromium_plat_support"
void RaiseFileNumberLimit() {
    /* ... */
    if (setrlimit(RLIMIT_NOFILE, &limit_struct) != 0) {
            ALOGE("setrlimit failed: %s", strerror(errno));
    }
    /* ... */
}
```

由此，此文件 draw_gl_functor.cpp 使用的 LOG，均以 webviewchromium_plat_support 为开头。

2.3.3 grep 命令介绍

grep(global search regular expression(RE) and print out the line，全局搜索正则表达式并把行打印出来)是一种强大的文本搜索工具，它能使用正则表达式搜索文本，并把匹配的行打印出来。在阅读源代码的过程中，这个命令使用的频率会非常高，如果想看一些原始的帮助信息，可以使用 grephelp 命令查看。下面列出一些常用的选项以供参考，如图 2-42 所示。

```
-a 不要忽略二进制数据。
-A<显示列数> 除了显示符合范本样式的那一行之外，并显示该行之后的内容。
-b 在显示符合范本样式的那一行之外，并显示该行之前的内容。
-c 计算符合范本样式的列数。
-C<显示列数>或-<显示列数>  除了显示符合范本样式的那一列之外，并显示该列之前后的内容。
-d<进行动作> 当指定要查找的是目录而非文件时，必须使用这项参数，否则grep命令将回报信息并停止动作。
-e<范本样式> 指定字符串作为查找文件内容的范本样式。
-E 将范本样式为延伸的普通表示法来使用，意味着使用能使用扩展正则表达式。
-f<范本文件> 指定范本文件，其内容有一个或多个范本样式，让grep查找符合范本条件的文件内容，格式为每一列的范本样式。
-F 将范本样式视为固定字符串的列表。
-G 将范本样式视为普通的表示法来使用。
-h 在显示符合范本样式的那一列之前，不标示该列所属的文件名称。
-H 在显示符合范本样式的那一列之前，标示该列的文件名称。
-i 忽略字符大小写的差别。
-l 列出文件内容符合指定的范本样式的文件名称。
-L 列出文件内容不符合指定的范本样式的文件名称。
-n 在显示符合范本样式的那一列之前，标示出该列的编号。
-q 不显示任何信息。
-R/-r 此参数的效果和指定"-d recurse"参数相同。
-s 不显示错误信息。
-v 反转查找。
-w 只显示全字符合的列。
-x 只显示全列符合的列。
-y 此参数效果跟"-i"相同。
-o 只输出文件中匹配到的部分。
```

图 2-42

1. grep 命令常见用法

(1) 在文件中搜索一个单词，命令会返回一个包含 match_pattern 的文本行，如图 2-43 所示。

```
grep match_pattern file_name
grep "match_pattern" file_name
```

图 2-43

(2) 在多个文件中查找，如图 2-44 所示。

```
grep "match_pattern" file_1 file_2 file_3 ...
```

图 2-44

(3) 输出除含有 match_pattern 匹配文字之外的所有行，如图 2-45 所示。

```
grep -v "match_pattern" file_name
```

图 2-45

(4) 标记匹配颜色 --color=auto 选项，如图 2-46 所示。

```
grep "match_pattern" file_name --color=auto
```

图 2-46

(5) 使用正则表达式 -E 选项，如图 2-47 所示。

```
grep -E "[1-9]+"
或
egrep "[1-9]+"
```

图 2-47

(6) 只输出文件中匹配到的部分 -o 选项，如图 2-48 所示。

```
echo this is a test line. | grep -o -E "[a-z]+\."
line.

echo this is a test line. | egrep -o "[a-z]+\."
line.
```

图 2-48

(7) 统计文件或者文本中包含匹配字符串的行数 -c 选项，如图 2-49 所示。

```
grep -c "text" file_name
```

图 2-49

(8) 输出包含匹配字符串的行数 -n 选项，如图 2-50 所示。

```
grep "text" -n file_name
或
cat file_name | grep "text" -n

#多个文件
grep "text" -n file_1 file_2
```

图 2-50

(9) 打印样式匹配所位于的字符或字节偏移，如图 2-51 所示。

```
echo gun is not unix | grep -b -o "not"
7:not

#一行中字符串的字符偏移是从该行的第一个字符开始计算，起始值为0。选项 -b -o 一般总是配合使用。
```

图 2-51

(10) 搜索多个文件并查找匹配文本在哪些文件中，如图 2-52 所示。

```
grep -l "text" file1 file2 file3...
```

图 2-52

2. grep 递归搜索文件

(1) 在当前目录中对文本进行递归搜索，如图 2-53 所示。

```
grep "text" . -r -n
# .表示当前目录。
```

图 2-53

(2) 忽略匹配样式中的字符大小写，如图 2-54 所示。

```
echo "hello world" | grep -i "HELLO"
hello
```

图 2-54

(3) 选项 -e 自动匹配多个样式，如图 2-55 所示。

```
echo this is a text line | grep -e "is" -e "line" -o
is
line

#也可以使用-f选项来匹配多个样式，在样式文件中逐行写出需要匹配的字符。
cat patfile
aaa
bbb

echo aaa bbb ccc ddd eee | grep -f patfile -o
```

图 2-55

(4) 在 grep 搜索结果中包括或者排除指定文件，如图 2-56 所示。

```
#只在目录中所有的.php和.html文件中递归搜索字符"main()"
grep "main()" . -r --include *.{php,html}

#在搜索结果中排除所有README文件
grep "main()" . -r --exclude "README"

#在搜索结果中排除filelist文件列表里的文件
grep "main()" . -r --exclude-from filelist
```

图 2-56

(5) grep 搜索\0 结束的字符串与 xargs，如图 2-57 所示。

```
#测试文件:
echo "aaa" > file1
echo "bbb" > file2
echo "aaa" > file3

grep "aaa" file* -lZ | xargs -0 rm

#执行后会删除file1和file3，grep输出用-Z选项来指定以0值字节作为终结符文件名（\0），xargs -0 读取输入并用0值字节终结符分隔文件名，然后删除匹配文件，-Z通常和-l结合使用。
```

图 2-57

(6) grep 静默输出，如图 2-58 所示。

```
grep -q "test" filename

#不会输出任何信息，如果命令运行成功返回0，失败则返回非0值。一般用于条件测试。
```

图 2-58

(7) 打印出匹配文本之前或者之后的行，如图 2-59 所示。

```
#显示匹配某个结果之后的3行，使用 -A 选项:
seq 10 | grep "5" -A 3
5
6
7
8

#显示匹配某个结果之前的3行，使用 -B 选项:
seq 10 | grep "5" -B 3
2
3
4
5

#显示匹配某个结果的前三行和后三行，使用 -C 选项:
seq 10 | grep "5" -C 3
2
3
4
5
6
7
8

#如果匹配结果有多个，会用"--"作为各匹配结果之间的分隔符:
echo -e "a\nb\nc\na\nb\nc" | grep a -A 1
a
b
--
a
b
```

图 2-59

2.4 系统调试技巧

2.4.1 Android 的调试及 Log 机制详解

1. Logger 日志驱动简介

Android 提供的 Logger 日志系统是基于内核中的 Logger 日志驱动程序实现的，它将日志记录保存在内核空间中。为了有效地利用内存空间，Logger 日志驱动程序在内部使用了一个环形缓冲区来保存日志。因此，当 Logger 日志驱动程序中的环形缓冲区满了后，新的日志就会覆盖旧的日志。

由于新的日志会覆盖旧的日志，因此，Logger 日志驱动程序根据日志的类型及日志的输出量来对日志记录进行分类，避免重要的日志被不重要的日志信息覆盖，或者数据量大的日志覆盖数据量小的日志。日志一共可以分为四类，分别是 main、system、radio 和 events。在 Logger 日志驱动程序中，这四种类型的日志分别对应的四个设备文件是 /dev/log/main、/dev/log/system、/dev/log/radio 和/dev/log/events。

类型为 main 的日志是应用程序级别的，而类型为 system 的日志是系统级别的。由于系统级别日志要比应用级别更重要，所以把它们分开来记录，这样就可避免系统级别日志被应用级别日志覆盖。类型为 radio 的日志是与无线设备有关的，因为无线是设备上网的重要途径并且量很大，所以把 radio 相关的日志单独放在一起，避免和其他日志混淆或被覆盖。类型为 events 的日志是用来诊断系统问题的，应用程序开发者不能使用该类型日志。

Android 系统在应用程序架构中提供了 android.util.Log、android.util.Slog 和 android.util.EventLog 三个 Java 接口来和日志驱动程序交互，它们写入的日志类型分别是 main、system 和 events。特别地，如果使用 android.util.Log 和 android.util.Slog 接口写入的日志标签是以 RIL 开头或等于 HTC_RIL、AT、GSM、STK、PHONE 等时，它们就会被转换为 radio 类型的日志写入到 Logger 日志驱动程序中。相应的，Android 系统在 C/C++ 中也提供了三组宏来写日志，宏 SLOGV、SLOGD、SLOGI、SLOGW 和 SLOGE 用来写 system 类型的日志，宏 LOG_ENVENT_INT、LOG_ENVENT_LONG 和 LOG_ENVENT_STRING 用来写 events 类型的日志。这里无论是用 Java 接口写日志还是 C/C++接口写日志，最终都是通过调用 LIB 库 liblog 和 Logger 驱动打交道。Android 系统也提供了一个 Logcat 命令来读取和显示 Looger 日志驱动中的日志，应用开发工具 Android Studio 如果和设备连接上，则可以很轻松直观的显示系统日志。

1) 日志的格式

Logger 日志划分为 main、system、radio 和 events 四种类型。前面三种类型的日志格式相同，而第四种类型有些许区别。

类型为 main、system 和 radio 的日志格式如图 2-60 所示。

priority	tag	msg

图 2-60

其中 priority 是日志的优先级，它是一个整数；tab 表示日志的标签，这是一个字符串；msg 表示日志的内容，它也是一个字符串。优先级和日志的标志可以在显示时候起过滤作用。优先级按照日志的重要程度可以划分为 VERBOSE、DEBUG、INFO、WARN、ERROR 和 FATAL 六种。

类型为 events 的日志格式就没有了优先级的概念，如图 2-61 所示。

图 2-61

其中，tag 是日志标签，它是一个整数；msg 表示日志的内容，它是一段缓冲区，内容格式由日志创建者来决定。一般来说，日志内容由一个或多个值组成的，每个值前面都有一个字段来描述它的类型(这个也可以叫做 TV(type、value)组合)，如图 2-62 所示。

type of value 1	value 1	type of value 2	value 2	……

图 2-62

其中，值的类型为整数(int)、长整数(long)、字符串(string)或者列表(list)，分别用数字 1、2、3、4 来描述。

由于 events 类型的日志标签是一个整数值，在显示时不具有可读性，所以 Android 系统使用设备上的日志标签文件/system/etc/event-log-tags 来描述这些标签值的含义。这样，Logcat 工具在显示 events 类型日志时，就可以参照这个文件来转换成字符串了。日志标签文件的格式如图 2-63 所示。

tag number	tag name	format for tag value

图 2-63

可以用命令 cat /system/etc/event-log-tags 来显示支持的日志格式，如图 2-64 所列出部分。第一个字段表示日志标签值，取值范围 0～2^{31}；第二个字段 tag name 是日志标签值对应的字符串描述；第三个字段用来描述组成日志内容的值格式。

```
2|shell@rk312x:/ # cat /system/etc/event-log-tags
42 answer (to life the universe etc|3)
314 pi
2718 e
2719 configuration_changed (config mask|1|5)
2720 sync (id|3),(event|1|5),(source|1|5),(account|1|5)
2721 cpu (total|1|6),(user|1|6),(system|1|6),(iowait|1|6),(irq|1|6),(softirq|1|6)
2722 battery_level (level|1|6),(voltage|1|1),(temperature|1|1)
2723 battery_status (status|1|5),(health|1|5),(present|1|5),(plugged|1|5),(technology|3)
2724 power_sleep_requested (wakeLocksCleared|1|1)
2725 power_screen_broadcast_send (wakelockCount|1|1)
2726 power_screen_broadcast_done (on|1|5),(broadcastDuration|2|3),(wakelockCount|1|1)
2727 power_screen_broadcast_stop (which|1|5),(wakelockCount|1|1)
2728 power_screen_state (offOrOn|1|5),(becauseOfUser|1|5),(totalTouchDownTime|2|3),(touchCycles|1|1)
2729 power_partial_wake_state (releasedorAcquired|1|5),(tag|3)
2730 battery_discharge (duration|2|3),(minLevel|1|6),(maxLevel|1|6)
2740 location_controller
```

图 2-64

2) 日志驱动程序

Logger 驱动程序主要由两个文件构成，分别是：kernel/drivers/staging/android/logger.h 和 kernel/drivers/staging/android/logger.c。

接下来，我们将分别介绍 Logger 驱动程序的相关数据结构，然后对 Logger 驱动程序源代码进行情景分析，分析日志系统初始化情景、日志读取情景和日志写入情景。

(1) Logger 驱动程序的相关数据结构。

先来看 logger.h 头文件的内容如下：

```
#ifndef _LINUX_LOGGER_H
#define _LINUX_LOGGER_H

#include <linux/types.h>
#include <linux/ioctl.h>

/**
 * struct user_logger_entry_compat - defines a single entry that is given to a logger
 * @len:    The length of the payload
 * @__pad:          Two bytes of padding that appear to be required
 * @pid:    The generating process' process ID
 * @tid:    The generating process' thread ID
 * @sec:    The number of seconds that have elapsed since the Epoch
 * @nsec:   The number of nanoseconds that have elapsed since @sec
 * @msg:    The message that is to be logged
 *
 * The userspace structure for version 1 of the logger_entry ABI.
 * This structure is returned to userspace unless the caller requests
 * an upgrade to a newer ABI version.
 */
struct user_logger_entry_compat {
    __u16          len;
    __u16          __pad;
    __s32          pid;
    __s32          tid;
    __s32          sec;
    __s32          nsec;
    char           msg[0];
};

/**
 * struct logger_entry - defines a single entry that is given to a logger
```

```
 * @len:    The length of the payload
 * @hdr_size:      sizeof(struct logger_entry_v2)
 * @pid:    The generating process' process ID
 * @tid:    The generating process' thread ID
 * @sec:    The number of seconds that have elapsed since the Epoch
 * @nsec:   The number of nanoseconds that have elapsed since @sec
 * @euid:   Effective UID of logger
 * @msg:    The message that is to be logged
 *
 * The structure for version 2 of the logger_entry ABI.
 * This structure is returned to userspace if ioctl(LOGGER_SET_VERSION)
 * is called with version >= 2
 */
struct logger_entry {
    __u16       len;
    __u16       hdr_size;
    __s32       pid;
    __s32       tid;
    __s32       sec;
    __s32       nsec;
    kuid_t      euid;
    char        msg[0];
};

#define LOGGER_LOG_RADIO        "log_radio"    /* radio-related messages */
#define LOGGER_LOG_EVENTS       "log_events"   /* system/hardware events */
#define LOGGER_LOG_SYSTEM       "log_system"   /* system/framework messages */
#define LOGGER_LOG_MAIN         "log_main"     /* everything else */

#define LOGGER_ENTRY_MAX_PAYLOAD    4076

#define __LOGGERIO    0xAE

#define LOGGER_GET_LOG_BUF_SIZE       _IO(__LOGGERIO, 1) /* size of log */
#define LOGGER_GET_LOG_LEN            _IO(__LOGGERIO, 2) /* used log len */
#define LOGGER_GET_NEXT_ENTRY_LEN     _IO(__LOGGERIO, 3) /* next entry len */
#define LOGGER_FLUSH_LOG              _IO(__LOGGERIO, 4) /* flush log */
#define LOGGER_GET_VERSION            _IO(__LOGGERIO, 5) /* abi version */
#define LOGGER_SET_VERSION            _IO(__LOGGERIO, 6) /* abi version */

#endif /* _LINUX_LOGGER_H */
```

struct logger_entry 是一个用于描述一条 LOG 记录的结构体。len 成员变量记录了这条记录有效负载的长度，有效负载指定的日志记录本身的长度，但是不包括用于描述这个记录的 struct logger_entry 结构体。回忆一下我们调用 android.util.Log 接口来使用日志系统时，会指定日志的优先级别 priority、tag 字符串以及 msg 字符串，priority + tag + msg 三者内容的长度加起来就是记录的有效负载长度。__pad 成员变量是用来对齐结构体的。pid 和 tid 成员变量分别用来记录是哪条进程写入了这条记录。sec 和 nsec 成员变量记录日志写的时间。msg 成员变量记录有效负载的内容，它的大小由 len 成员变量来确定。

接着定义如下两个宏：

```
#define LOGGER_ENTRY_MAX_LEN            (4*1024)
#define LOGGER_ENTRY_MAX_PAYLOAD    \
        (LOGGER_ENTRY_MAX_LEN - sizeof(struct logger_entry))
```

从这两个宏可以看出，每条日志记录的有效负载长度加上结构体 logger_entry 的长度不能超过 4k 个字节。

logger.h 文件中还定义了其他宏，读者可以自己分析，在下面的分析中若遇到，我们也会详细解释。

再来看 logger.c 文件中也定义了几个重要的数据结构，如下：

```
/**
 * struct logger_log - represents a specific log, such as 'main' or 'radio'
 * @buffer:      The actual ring buffer
 * @misc:        The "misc" device representing the log
 * @wq:          The wait queue for @readers
 * @readers:     This log's readers
 * @mutex:       The mutex that protects the @buffer
 * @w_off:       The current write head offset
 * @head:        The head, or location that readers start reading at.
 * @size:        The size of the log
 * @logs:        The list of log channels
 *
 * This structure lives from module insertion until module removal, so it does
 * not need additional reference counting. The structure is protected by the
 * mutex 'mutex'.
 */
struct logger_log {
    unsigned char          *buffer;
    struct miscdevice      misc;
    wait_queue_head_t      wq;
    struct list_head       readers;
    struct mutex           mutex;
    size_t                 w_off;
```

```
    size_t          head;
    size_t          size;
    struct list_head logs;
};

static LIST_HEAD(log_list);

/**
 * struct logger_reader - a logging device open for reading
 * @log:   The associated log
 * @list:   The associated entry in @logger_log's list
 * @r_off: The current read head offset.
 * @r_all:  Reader can read all entries
 * @r_ver: Reader ABI version
 *
 * This object lives from open to release, so we don't need additional
 * reference counting. The structure is protected by log->mutex.
 */
struct logger_reader {
    struct logger_log     *log;
    struct list_head      list;
    size_t                r_off;
    bool                  r_all;
    int                   r_ver;
};
```

结构体 struct logger_log 就是真正用来保存日志的地方。buffer 成员变量则是用来保存日志信息的内存缓冲区，它的大小由 size 成员变量确定。从 misc 成员变量可以看出，Logger 驱动程序使用的设备属于 misc 类型的设备，通过在设备上执行 cat /proc/devices 命令，可以看出 misc 类型设备的主设备号是 10。wq 成员变量是一个等待队列，用于保存正在等待读取日志的进程。readers 成员变量用来保存当前正在读取日志的进程，正在读取日志的进程由结构体 logger_reader 来描述。mutex 成员变量是一个互斥量，用来保护 LOG 的并发访问。可以看出，这里的日志系统的读写问题，其实是一个生产者—消费者的问题，因此，需要互斥量来保护 LOG 的并发访问。w_off 成员变量用来记录下一条日志应该从哪里开始写。head 成员变量用来表示打开日志文件中，应该从哪一个位置开始读取日志。

结构体 struct logger_reader 用来表示一个读取日志的进程，log 成员变量指向要读取的日志缓冲区。list 成员变量用来连接其他读者进程。r_off 成员变量表示当前要读取的日志在缓冲区中的位置。

struct logger_log 结构体中用于保存日志信息的内存缓冲区 buffer 是一个循环使用的环

形缓冲区，缓冲区中保存的内容是以 struct logger_entry 为单位的，每个单位的组成是：struct logger_entry ===>| priority | tag | msg。

由于是内存缓冲区 buffer 是一个循环使用的环形缓冲区，所以给定一个偏移值，它在 buffer 中的位置由 logger_offset 来确定，如下：

```
/* logger_offset - returns index 'n' into the log via (optimized) modulus */
static size_t logger_offset(struct logger_log *log, size_t n)
{
    return n & (log->size - 1);
}
```

(2) Logger 驱动程序模块的初始化过程分析。分析驱动程序最重要的就是从入口开始。继续看 logger.c 文件，定义了以下四个日志设备：

```
/*
 * log size must must be a power of two, and greater than
 * (LOGGER_ENTRY_MAX_PAYLOAD + sizeof(struct logger_entry)).
 */
static int __init create_log(char *log_name, int size)
{
    int ret = 0;
    struct logger_log *log;
    unsigned char *buffer;

    buffer = vmalloc(size);
    if (buffer == NULL)
            return -ENOMEM;

    log = kzalloc(sizeof(struct logger_log), GFP_KERNEL);
    if (log == NULL) {
            ret = -ENOMEM;
            goto out_free_buffer;
    }
    log->buffer = buffer;

    log->misc.minor = MISC_DYNAMIC_MINOR;
    log->misc.name = kstrdup(log_name, GFP_KERNEL);
    if (log->misc.name == NULL) {
            ret = -ENOMEM;
            goto out_free_log;
    }
```

```
	log->misc.fops = &logger_fops;
	log->misc.parent = NULL;

	init_waitqueue_head(&log->wq);
	INIT_LIST_HEAD(&log->readers);
	mutex_init(&log->mutex);
	log->w_off = 0;
	log->head = 0;
	log->size = size;

	INIT_LIST_HEAD(&log->logs);
	list_add_tail(&log->logs, &log_list);

	/* finally, initialize the misc device for this log */
	ret = misc_register(&log->misc);
	if (unlikely(ret)) {
		pr_err("failed to register misc device for log '%s'!\n",
				log->misc.name);
		goto out_free_log;
	}

	pr_info("created %luK log '%s'\n",
		(unsigned long) log->size >> 10, log->misc.name);

	return 0;

out_free_log:
	kfree(log);

out_free_buffer:
	vfree(buffer);
	return ret;
}

static int __init logger_init(void)
{
	int ret;

	ret = create_log(LOGGER_LOG_MAIN, 256*1024);
```

```
    if (unlikely(ret))
            goto out;

    ret = create_log(LOGGER_LOG_EVENTS, 256*1024);
    if (unlikely(ret))
            goto out;

    ret = create_log(LOGGER_LOG_RADIO, 256*1024);
    if (unlikely(ret))
            goto out;

    ret = create_log(LOGGER_LOG_SYSTEM, 256*1024);
    if (unlikely(ret))
            goto out;

out:
    return ret;
}
```

由上可知，这四个日志设备分别是 log_radio、log_events、log_system 和 log_main，它们的次设备号为 MISC_DYNAMIC_MINOR，即为在注册时动态分配。在 logger.h 文件中，有以下四个宏的定义：

```
#define LOGGER_LOG_RADIO        "log_radio"     /* radio-related messages */
#define LOGGER_LOG_EVENTS       "log_events"    /* system/hardware events */
#define LOGGER_LOG_SYSTEM       "log_system"    /* system/framework messages */
#define LOGGER_LOG_MAIN         "log_main"      /* everything else */
```

init_log 函数主要调用了 misc_register 函数来注册 misc 设备，misc_register 函数定义在 kernel/drivers/char/misc.c 文件中。注册完成后，通过 device_create 创建设备文件节点。这里，将创建/dev/log/main、/dev/log/system、/dev/log/events 和/dev/log/radio 四个设备文件，这样用户空间就可以通过读写这四个文件和驱动程序进行交互。

(3) Logger 驱动程序日志读取过程。注册的读取日志设备文件的方法为 logger_read，源码如下：

```
/*
 * logger_read - our log's read() method
 *
 * Behavior:
 *
 *  - O_NONBLOCK works
 *  - If there are no log entries to read, blocks until log is written to
 *  - Atomically reads exactly one log entry
```

```
 *
 * Will set errno to EINVAL if read
 * buffer is insufficient to hold next entry.
 */
static ssize_t logger_read(struct file *file, char __user *buf,
                           size_t count, loff_t *pos)
{
    struct logger_reader *reader = file->private_data;
    struct logger_log *log = reader->log;
    ssize_t ret;
    DEFINE_WAIT(wait);

start:
    while (1) {
        mutex_lock(&log->mutex);

        prepare_to_wait(&log->wq, &wait, TASK_INTERRUPTIBLE);

        ret = (log->w_off == reader->r_off);
        mutex_unlock(&log->mutex);
        if (!ret)
            break;

        if (file->f_flags & O_NONBLOCK) {
            ret = -EAGAIN;
            break;
        }

        if (signal_pending(current)) {
            ret = -EINTR;
            break;
        }

        schedule();
    }

    finish_wait(&log->wq, &wait);
    if (ret)
        return ret;
```

```
	mutex_lock(&log->mutex);

	if (!reader->r_all)
		reader->r_off = get_next_entry_by_uid(log,
			reader->r_off, current_euid());

	/* is there still something to read or did we race? */
	if (unlikely(log->w_off == reader->r_off)) {
		mutex_unlock(&log->mutex);
		goto start;
	}

	/* get the size of the next entry */
	ret = get_user_hdr_len(reader->r_ver) +
		get_entry_msg_len(log, reader->r_off);
	if (count < ret) {
		ret = -EINVAL;
		goto out;
	}

	/* get exactly one entry from the log */
	ret = do_read_log_to_user(log, reader, buf, ret);

out:
	mutex_unlock(&log->mutex);

	return ret;
}
```

注意，在函数开始的地方，表示读取日志上下文的 struct logger_reader 是保存在文件指针的 private_data 成员变量里面的，这是在打开设备文件时设置的，设备文件打开方法为 logger_open，源码如下：

```
/*
 * logger_open - the log's open() file operation
 *
 * Note how near a no-op this is in the write-only case. Keep it that way!
 */
static int logger_open(struct inode *inode, struct file *file)
{
	struct logger_log *log;
	int ret;
```

```
        ret = nonseekable_open(inode, file);
        if (ret)
                return ret;

        log = get_log_from_minor(MINOR(inode->i_rdev));
        if (!log)
                return -ENODEV;

        if (file->f_mode & FMODE_READ) {
                struct logger_reader *reader;

                reader = kmalloc(sizeof(struct logger_reader), GFP_KERNEL);
                if (!reader)
                        return -ENOMEM;

                reader->log = log;
                reader->r_ver = 1;
                reader->r_all = in_egroup_p(inode->i_gid) ||
                        capable(CAP_SYSLOG);

                INIT_LIST_HEAD(&reader->list);

                mutex_lock(&log->mutex);
                reader->r_off = log->head;
                list_add_tail(&reader->list, &log->readers);
                mutex_unlock(&log->mutex);

                file->private_data = reader;
        } else
                file->private_data = log;

        return 0;
}
```

新打开日志设备文件时，是从 log->head 位置开始读取日志的，保存在 struct logger_reader 的成员变量 r_off 中。

start 标号处的 while 循环是在等待日志可读，如果已经没有新的日志可读，那么读进程就要进入休眠状态，等待新的日志写入后再唤醒，这是通过 prepare_wait 和 schedule 两个调用来实现的。如果没有新的日志可读，并且设备文件不是以非阻塞 O_NONBLOCK

的方式打开或者这时有信号要处理(signal_pending(current))，那么就直接返回，不再等待新的日志写入。判断当前是否有新的日志可读的方法如下：

```
ret = (log->w_off == reader->r_off);
```

即判断当前缓冲区的写入位置和当前读进程的读取位置是否相等，如果不相等，则说明有新的日志可读。

继续向下看，如果有新的日志可读，那么首先通过 get_entry_len 来获取下一条可读日志记录的长度，从这里可以看出，日志读取进程是以日志记录为单位进行读取的，一次只读取一条记录。get_entry_len 的函数实现如下：

```
/*
 * get_entry_msg_len - Grabs the length of the message of the entry
 * starting from from 'off'.
 *
 * An entry length is 2 bytes (16 bits) in host endian order.
 * In the log, the length does not include the size of the log entry structure.
 * This function returns the size including the log entry structure.
 *
 * Caller needs to hold log->mutex.
 */
static __u32 get_entry_msg_len(struct logger_log *log, size_t off)
{
    struct logger_entry scratch;
    struct logger_entry *entry;

    entry = get_entry_header(log, off, &scratch);
    return entry->len;
}
```

上面我们提到，每一条日志记录是由两大部分组成的，一个用于描述这条日志记录的结构体 struct logger_entry，另一个是记录体本身，即有效负载。结构体 struct logger_entry 的长度是固定的，只要知道有效负载的长度，就可以知道整条日志记录的长度。而有效负载的长度是记录在结构体 struct logger_entry 的成员变量 len 中，而 len 成员变量的地址与 struct logger_entry 的地址相同，因此，只需要读取记录开始位置的两个字节就可以了。又由于日志记录缓冲区是循环使用的，这两个节字有可能是第一个字节存放在缓冲区最后一个字节，而第二个字节存放在缓冲区的第一个节，除此之外，这两个字节都是连在一起的。因此，分两种情况来考虑，对于前者，分别通过读取缓冲区最后一个字节和第一个字节来得到日志记录的有效负载长度到本地变量 val 中，对于后者，直接读取连续两个字节的值到本地变量 val 中。这两种情况是通过判断日志缓冲区的大小和要读取的日志记录在缓冲区中的位置的差值来区别的，如果相差 1，就说明是前一种情况。最后，把有效负载的长度 val 加上 struct logger_entry 的长度就得到了要读取的日志记录的总长度。

接着往下看，得到要读取的记录的长度，就调用 do_read_log_to_user 函数来执行真正的读取动作，源码如下：

```
/*
 * do_read_log_to_user - reads exactly 'count' bytes from 'log' into the
 * user-space buffer 'buf'. Returns 'count' on success.
 *
 * Caller must hold log->mutex.
 */
static ssize_t do_read_log_to_user(struct logger_log *log,
                                   struct logger_reader *reader,
                                   char __user *buf,
                                   size_t count)
{
    struct logger_entry scratch;
    struct logger_entry *entry;
    size_t len;
    size_t msg_start;

    /*
     * First, copy the header to userspace, using the version of
     * the header requested
     */
    entry = get_entry_header(log, reader->r_off, &scratch);
    if (copy_header_to_user(reader->r_ver, entry, buf))
        return -EFAULT;

    count -= get_user_hdr_len(reader->r_ver);
    buf += get_user_hdr_len(reader->r_ver);
    msg_start = logger_offset(log,
        reader->r_off + sizeof(struct logger_entry));

    /*
     * We read from the msg in two disjoint operations. First, we read from
     * the current msg head offset up to 'count' bytes or to the end of
     * the log, whichever comes first.
     */
    len = min(count, log->size - msg_start);
    if (copy_to_user(buf, log->buffer + msg_start, len))
        return -EFAULT;
```

```
        /*
         * Second, we read any remaining bytes, starting back at the head of
         * the log.
         */
        if (count != len)
                if (copy_to_user(buf + len, log->buffer, count - len))
                        return -EFAULT;

        reader->r_off = logger_offset(log, reader->r_off +
                sizeof(struct logger_entry) + count);

        return count + get_user_hdr_len(reader->r_ver);
}
```

这个函数简单地调用 copy_to_user 函数来把位于内核空间的日志缓冲区指定的内容拷贝到用户空间的内存缓冲区，同时，把当前读取日志进程的上下文信息中的读偏移 r_off 前进到下一条日志记录的开始位置上。

(4) Logger 驱动程序日志写入过程。

继续看 logger.c 文件，注册的写入日志设备文件的方法为 logger_aio_write，源码如下：

```
/*
 * logger_aio_write - our write method, implementing support for write(),
 * writev(), and aio_write(). Writes are our fast path, and we try to optimize
 * them above all else.
 */
static ssize_t logger_aio_write(struct kiocb *iocb, const struct iovec *iov,
                         unsigned long nr_segs, loff_t ppos)
{
        struct logger_log *log = file_get_log(iocb->ki_filp);
        size_t orig;
        struct logger_entry header;
        struct timespec now;
        ssize_t ret = 0;

        now = current_kernel_time();

        header.pid = current->tgid;
        header.tid = current->pid;
        header.sec = now.tv_sec;
        header.nsec = now.tv_nsec;
        header.euid = current_euid();
```

```
header.len = min_t(size_t, iocb->ki_left, LOGGER_ENTRY_MAX_PAYLOAD);
header.hdr_size = sizeof(struct logger_entry);

/* null writes succeed, return zero */
if (unlikely(!header.len))
        return 0;

mutex_lock(&log->mutex);

orig = log->w_off;

/*
 * Fix up any readers, pulling them forward to the first readable
 * entry after (what will be) the new write offset. We do this now
 * because if we partially fail, we can end up with clobbered log
 * entries that encroach on readable buffer.
 */
fix_up_readers(log, sizeof(struct logger_entry) + header.len);

do_write_log(log, &header, sizeof(struct logger_entry));

while (nr_segs-- > 0) {
        size_t len;
        ssize_t nr;

        /* figure out how much of this vector we can keep */
        len = min_t(size_t, iov->iov_len, header.len - ret);

        /* write out this segment's payload */
        nr = do_write_log_from_user(log, iov->iov_base, len);
        if (unlikely(nr < 0)) {
                log->w_off = orig;
                mutex_unlock(&log->mutex);
                return nr;
        }

        iov++;
        ret += nr;
}
```

```
    mutex_unlock(&log->mutex);

    /* wake up any blocked readers */
    wake_up_interruptible(&log->wq);

    return ret;
}
```

输入的参数 iocb 表示 io 上下文；iov 表示要写入的内容；长度为 nr_segs，表示有 nr_segs 个段的内容要写入。我们知道，每个要写入的日志的结构形式为

```
struct logger_entry | priority | tag | msg
```

其中，priority、tag 和 msg 这三个段的内容是由 iov 参数从用户空间传递下来的，分别对应 iov 里面的三个元素。而 logger_entry 是由内核空间来构造的，其源码如下：

```
struct logger_entry header;
struct timespec now;

now = current_kernel_time();

header.pid = current->tgid;
header.tid = current->pid;
header.sec = now.tv_sec;
header.nsec = now.tv_nsec;
header.len = min_t(size_t, iocb->ki_left, LOGGER_ENTRY_MAX_PAYLOAD);
```

然后调用 do_write_log，首先把 logger_entry 结构体写入到日志缓冲区中，源码如下：

```
/*
 * do_write_log - writes 'len' bytes from 'buf' to 'log'
 *
 * The caller needs to hold log->mutex.
 */
static void do_write_log(struct logger_log *log, const void *buf, size_t count)
{
    size_t len;

    len = min(count, log->size - log->w_off);
    memcpy(log->buffer + log->w_off, buf, len);

    if (count != len)
            memcpy(log->buffer, buf + len, count - len);

    log->w_off = logger_offset(log, log->w_off + count);

}
```

由于 logger_entry 是内核堆栈空间分配的，因此直接用 memcpy 拷贝就可以了。

接着，通过一个 while 循环把 iov 的内容写入到日志缓冲区中，也就是日志的优先级别 priority、日志 Tag 和日志主体 Msg，源码如下：

```
while (nr_segs-- > 0) {
    size_t len;
    ssize_t nr;

    /* figure out how much of this vector we can keep */
    len = min_t(size_t, iov->iov_len, header.len - ret);

    /* write out this segment's payload */
    nr = do_write_log_from_user(log, iov->iov_base, len);
    if (unlikely(nr < 0)) {
        log->w_off = orig;
        mutex_unlock(&log->mutex);
        return nr;
    }

    iov++;
    ret += nr;
}
```

由于 iov 的内容是由用户空间传下来的，因此需要调用 do_write_log_from_user 来写入，源码如下：

```
/*
 * do_write_log_user - writes 'len' bytes from the user-space buffer 'buf' to
 * the log 'log'
 *
 * The caller needs to hold log->mutex.
 *
 * Returns 'count' on success, negative error code on failure.
 */
static ssize_t do_write_log_from_user(struct logger_log *log,
                                       const void __user *buf, size_t count)
{
    size_t len;

    len = min(count, log->size - log->w_off);
    if (len && copy_from_user(log->buffer + log->w_off, buf, len))
        return -EFAULT;
```

```
    if (count != len)
            if (copy_from_user(log->buffer, buf + len, count - len))
                    /*
                     * Note that by not updating w_off, this abandons the
                     * portion of the new entry that *was* successfully
                     * copied, just above.    This is intentional to avoid
                     * message corruption from missing fragments.
                     */
                    return -EFAULT;

    log->w_off = logger_offset(log, log->w_off + count);

    return count;
}
```

这里，我们还漏了一个比较重要的点，如下：

```
/*
     * Fix up any readers, pulling them forward to the first readable
     * entry after (what will be) the new write offset. We do this now
     * because if we partially fail, we can end up with clobbered log
     * entries that encroach on readable buffer.
     */
    fix_up_readers(log, sizeof(struct logger_entry) + header.len);
```

为什么要调用 fix_up_reader 这个函数呢？这个函数又是做什么用的呢？由于日志缓冲区是循环使用的，即旧的日志记录如果没有及时读取，而缓冲区的内容又已经用完时，就需要覆盖旧的记录来容纳新的记录。而这部分将要被覆盖的内容，有可能是某些 reader 的下一次要读取的日志所在的位置，以及为新的 reader 准备的日志开始读取位置 head 所在的位置。因此，需要调整这些位置，使它们能够指向一个新的有效的位置。我们来看一下 fix_up_reader 函数的实现，源码如下：

```
/*
 * fix_up_readers - walk the list of all readers and "fix up" any who were
 * lapped by the writer; also do the same for the default "start head".
 * We do this by "pulling forward" the readers and start head to the first
 * entry after the new write head.
 *
 * The caller needs to hold log->mutex.
 */
static void fix_up_readers(struct logger_log *log, size_t len)
{
```

```
	size_t old = log->w_off;
	size_t new = logger_offset(log, old + len);
	struct logger_reader *reader;

	if (is_between(old, new, log->head))
		log->head = get_next_entry(log, log->head, len);

	list_for_each_entry(reader, &log->readers, list)
		if (is_between(old, new, reader->r_off))
			reader->r_off = get_next_entry(log, reader->r_off, len);
}
```

判断 log->head 和所有读者 reader 的当前读偏移 reader->r_off 是否在被覆盖的区域内，如果是，就需要调用 get_next_entry 来取得下一个有效的记录的起始位置，从而调整当前位置，源码如下：

```
/*
 * get_next_entry - return the offset of the first valid entry at least 'len'
 * bytes after 'off'.
 *
 * Caller must hold log->mutex.
 */
static size_t get_next_entry(struct logger_log *log, size_t off, size_t len)
{
	size_t count = 0;

	do {
		size_t nr = sizeof(struct logger_entry) +
			get_entry_msg_len(log, off);
		off = logger_offset(log, off + nr);
		count += nr;
	} while (count < len);

	return off;
}
```

而判断 log->head 和所有读者 reader 的当前读偏移 reader->r_off 是否在被覆盖的区域内，是通过 is_between 函数来实现的，源码如下：

```
/*
 * is_between - is a < c < b, accounting for wrapping of a, b, and c
 *     positions in the buffer
 *
```

```
 * That is, if a<b, check for c between a and b
 * and if a>b, check for c outside (not between) a and b
 *
 * |------- a xxxxxxxx b --------|
 *                    c^
 *
 * |xxxxx b --------- a xxxxxxxxx|
 *      c^
 *   or                          c^
 */
static inline int is_between(size_t a, size_t b, size_t c)
{
    if (a < b) {
            /* is c between a and b? */
            if (a < c && c <= b)
                    return 1;
    } else {
            /* is c outside of b through a? */
            if (c <= b || a < c)
                    return 1;
    }

    return 0;
}
```

最后，日志写入完毕，还需要唤醒正在等待新日志的 reader 进程，源码如下：

```
/* wake up any blocked readers */
wake_up_interruptible(&log->wq);
```

至此，Logger 驱动程序的主要逻辑就分析完了，还有其他的一些接口，如 logger_poll、logger_ioctl 和 logger_release 函数，比较简单，读者可以自行分析。这里还需要提到的一点是，由于 Logger 驱动程序模块在退出系统时，是不会卸载的，所以这个模块没有 module_exit 函数，而对于模块里面定义的对象，也没有用到引用计数技术。

2. 运行时日志库

Android 系统在运行时库层提供了一个用来和 Logger 日志驱动程序进行通信的库文件 liblog。通过日志库 liblog 提供的接口，应用程序可以方便的向 Logger 日志驱动程序中写入日志记录。位于运行时库层的 C/C++日志写入接口和位于应用框架的 Java 日志写入接口，都是通过 liblog 库提供的写入接口来和日志 Logger 驱动进行交互的。因此，在分析 C/C++或者 Java 日志接口之前，首先介绍 liblog 库的日志写入接口。

1) 日志库liblog写入接口

日志库 liblog 提供的日志记录写入接口实现在 logd_write.c 文件中，位置如下：

```
$(dir)/Android/system/core
    --- liblog
    ---logd_write.c
```

它实现了一系列的日志记录写入函数，如图 2-65 所示。

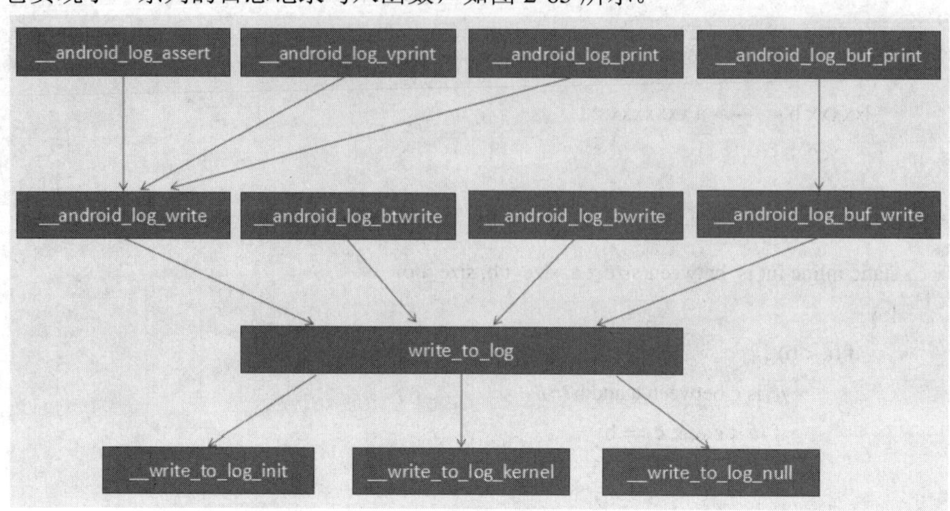

图 2-65

根据写入的日志记录类型不同，这些函数可以划分为三个类别。其中函数__android_log_assert、__android_log_vprint 和__android_log_print 用来写入类型为 main 的日志记录；函数__android_log_btwrite 和__android_log_bwrite 用来写入类型为 events 的日志记录；函数__android_log_buf_print 可以写入任意一种类型的日志记录。特别地，函数__android_log_write 和__android_log_buf_write 中，会根据日志标签的开头字符串确定写入的日志类型，如标签以 RIL 开头会被认为是 radio 类型的日志记录，其他的什么字符串会被写入 radio 类型日志，大家可以看看如下源码：

```
int __android_log_buf_write(int bufID, int prio, const char *tag, const char *msg)
{
    struct iovec vec[3];
    char tmp_tag[32];

    if (!tag)
        tag = "";

    /* XXX: This needs to go! */
    if ((bufID != LOG_ID_RADIO) &&
        (!strcmp(tag, "HTC_RIL") ||
        !strncmp(tag, "RIL", 3) || /* Any log tag with "RIL" as the prefix */
        !strncmp(tag, "IMS", 3) || /* Any log tag with "IMS" as the prefix */
        !strcmp(tag, "AT") ||
```

```
            !strcmp(tag, "GSM") ||
            !strcmp(tag, "STK") ||
            !strcmp(tag, "CDMA") ||
            !strcmp(tag, "PHONE") ||
            !strcmp(tag, "SMS"))) {
                bufID = LOG_ID_RADIO;
                // Inform third party apps/ril/radio.. to use Rlog or RLOG
                snprintf(tmp_tag, sizeof(tmp_tag), "use-Rlog/RLOG-%s", tag);
                tag = tmp_tag;
        }

        vec[0].iov_base    = (unsigned char *) &prio;
        vec[0].iov_len     = 1;
        vec[1].iov_base    = (void *) tag;
        vec[1].iov_len     = strlen(tag) + 1;
        vec[2].iov_base    = (void *) msg;
        vec[2].iov_len     = strlen(msg) + 1;

        return write_to_log(bufID, vec, 3);
    }
```

无论写入的是什么类型的日志记录，最终都是通过调用函数 write_to_log 写入到 Logger 日志驱动程序中的。write_to_log 是一个函数指针，它开始时指向函数__write_to_log_init。因此，当函数 write_to_log 第一次被调用时，实际上执行的是函数__write_to_log_init。函数__write_to_log_init 执行的是一些日志库的初始化操作，接着将函数指针 write_to_log 重新指向到函数__write_to_log_kernel 或者__write_to_log_null 中，这取决于是否成功地将日志设备文件打开。

接下来分别描述日志库 liblog 提供的日志记录写入函数的实现。

```
$(dir)/system/core/liblog/logd_write.c


static int __write_to_log_init(log_id_t, struct iovec *vec, size_t nr);
static int (*write_to_log)(log_id_t, struct iovec *vec, size_t nr) = __write_to_log_init;
```

函数指针 write_to_log 在开始的时候被设置为函数__write_to_log_init。当它第一次被调用时，便会执行函数__write_to_log_init 来初始化日志库 liblog，定义如下：

```
static int __write_to_log_init(log_id_t log_id, struct iovec *vec, size_t nr)
{
#ifdef HAVE_PTHREADS
    pthread_mutex_lock(&log_init_lock);
#endif
```

```
        if ( write_to_log == __write_to_log_init) {
            log_fds[LOG_ID_MAIN] = log_open("/dev/"LOGGER_LOG_MAIN, O_WRONLY);
            log_fds[LOG_ID_RADIO] = log_open("/dev/"LOGGER_LOG_RADIO, O_WRONLY);
            log_fds[LOG_ID_EVENTS] = log_open("/dev/"LOGGER_LOG_EVENTS, O_WRONLY);
            log_fds[LOG_ID_SYSTEM] = log_open("/dev/"LOGGER_LOG_SYSTEM, O_WRONLY);

            write_to_log = __write_to_log_kernel;

            if (log_fds[LOG_ID_MAIN] < 0 || log_fds[LOG_ID_RADIO] < 0 ||
                    log_fds[LOG_ID_EVENTS] < 0) {
                    log_close(log_fds[LOG_ID_MAIN]);
                    log_close(log_fds[LOG_ID_RADIO]);
                    log_close(log_fds[LOG_ID_EVENTS]);
                    log_fds[LOG_ID_MAIN] = -1;
                    log_fds[LOG_ID_RADIO] = -1;
                    log_fds[LOG_ID_EVENTS] = -1;
                    write_to_log = __write_to_log_null;
            }

            if (log_fds[LOG_ID_SYSTEM] < 0) {
                    log_fds[LOG_ID_SYSTEM] = log_fds[LOG_ID_MAIN];
            }
        }

    #ifdef HAVE_PTHREADS
        pthread_mutex_unlock(&log_init_lock);
    #endif

        return write_to_log(log_id, vec, nr);
    }
```

在函数__write_to_log_init 中，如果发现函数指针 write_to_log 指向的是自己，那么就会调用函数 log_open 打开系统中的日志设备文件，并且把得到的文件描述符保存在全局数值 log_fds 中。

LOG_ID_MAIN、LOG_ID_RADIO、LOG_ID_EVENTS、LOG_ID_SYSTEM 和 LOG_ID_MAX 是五个枚举值，它们的定义如下：

```
    $(dir)/system/core/include/cutils/log.h == > $(dir)/system/core/include/log/log.h
    typedef enum {
        LOG_ID_MAIN = 0,
        LOG_ID_RADIO = 1,
```

```
    LOG_ID_EVENTS = 2,
    LOG_ID_SYSTEM = 3,

    LOG_ID_MAX
} log_id_t;
```

LOGGER_LOG_MAIN、LOGGER_LOG_RADIO、LOGGER_LOG_EVENTS、LOGGER_LOG_SYSTEM 是四个宏定义，定义如下：

```
$(dir)/system/core/include/log/logger.h

#define LOGGER_LOG_MAIN          "log/main"
#define LOGGER_LOG_RADIO         "log/radio"
#define LOGGER_LOG_EVENTS        "log/events"
#define LOGGER_LOG_SYSTEM        "log/system"
```

因此，函数__write_to_log_init 实际上是调用 log_open 来打开/dev/log/main、/dev/log/raido、/dev/log/events 和/dev/log/system 四个日志设备文件的。宏 log_open 的定义如下：

```
#define LOG_BUF_SIZE  1024

#if FAKE_LOG_DEVICE
// This will be defined when building for the host.
#define log_open(pathname, flags) fakeLogOpen(pathname, flags)
#define log_writev(filedes, vector, count) fakeLogWritev(filedes, vector, count)
#define log_close(filedes) fakeLogClose(filedes)
#else
#define log_open(pathname, flags) open(pathname, (flags) | O_CLOEXEC)
#define log_writev(filedes, vector, count) writev(filedes, vector, count)
#define log_close(filedes) close(filedes)
#endif

static int __write_to_log_init(log_id_t, struct iovec *vec, size_t nr);
static int (*write_to_log)(log_id_t, struct iovec *vec, size_t nr) = __write_to_log_init;
#ifdef HAVE_PTHREADS
static pthread_mutex_t log_init_lock = PTHREAD_MUTEX_INITIALIZER;
#endif

static int log_fds[(int)LOG_ID_MAX] = { -1, -1, -1, -1 };
```

在正式环境中编译日志库 loglib 时，宏 FAKE_LOG_DEVICE 的值定义为 0(参考$(dir)/system/core/liblog/Android.mk)，因此，宏 log_open 实际上指向的是打开文件操作函数 open。从这里同时也可以看见，正式环境中，宏 log_writev 和 log_close 分别指向写文件操作函数 writev 和关闭文件操作函数 close。

在函数__write_to_log_init 中，if 语句判断/dev/log/main、/dev/log/radio 和/dev/log/events 三个日志设备文件是否打开成功。如果成功，就将函数指针 write_to_log 指向函数__write_to_log_kernel；否则，将函数指针 write_to_log 指向函数__write_to_log_null。if 语句判断日志设备文件/dev/log/system 是否打开成功。如果不成功，就将 log_fds[LOG_ID_SYSTE]的值设置为 log_fds[LOG_ID_MAIN]，即将类型为 system 和 main 的日志记录都写入到日志设备文件/dev/log/main 中。

```
$(dir)/system/core/liblog/logd_write.c

static int __write_to_log_kernel(log_id_t log_id, struct iovec *vec, size_t nr)
{
    ssize_t ret;
    int log_fd;

    if (/*(int)log_id >= 0 &&*/ (int)log_id < (int)LOG_ID_MAX) {
        log_fd = log_fds[(int)log_id];
    } else {
        return EBADF;
    }

    do {
        ret = log_writev(log_fd, vec, nr);
    } while (ret < 0 && errno == EINTR);

    return ret;
}
```

函数__write_to_log_kernel 根据参数 log_id 在全局数组 log_fds 中找到对应的日志设备文件描述符，然后调用宏 log_writev，即函数 writev，把日志记录写入到 Logger 日志驱动程序中。

函数__write_to_log_null 是一个空实现，什么也不做。在日志设备文件打开失败的情况下，函数指针 write_to_log 才会指向该函数。

```
static int __write_to_log_null(log_id_t log_fd, struct iovec *vec, size_t nr)
{
    return -1;
}
```

前面提到一些特定的字符串(如：字符串以“RIL”开头或字符串是“HTC_RIL”、“AT”、“GSM”、“STK”、“PHONE”等)，它们在函数__android_log_write 写入的日志记录的类型为 radio 类型的日志记录。否则，在默认的情况下，日志记录是写入到 main 的设备中。

函数 __android_log_vprint、__android_log_print 和 __android_log_assert 都是调用 __android_log_write 向 Logger 日志驱动程序写入日志记录的，它们的作用是使用格式字符串来描述写入的日志内容，其源码如下：

```
int __android_log_vprint(int prio, const char *tag, const char *fmt, va_list ap)
{
    char buf[LOG_BUF_SIZE];

    vsnprintf(buf, LOG_BUF_SIZE, fmt, ap);

    return __android_log_write(prio, tag, buf);
}

int __android_log_print(int prio, const char *tag, const char *fmt, ...)
{
    va_list ap;
    char buf[LOG_BUF_SIZE];

    va_start(ap, fmt);
    vsnprintf(buf, LOG_BUF_SIZE, fmt, ap);
    va_end(ap);

    return __android_log_write(prio, tag, buf);
}

void __android_log_assert(const char *cond, const char *tag,
                          const char *fmt, ...)
{
    char buf[LOG_BUF_SIZE];

    if (fmt) {
        va_list ap;
        va_start(ap, fmt);
        vsnprintf(buf, LOG_BUF_SIZE, fmt, ap);
        va_end(ap);
    } else {
        /* Msg not provided, log condition.   N.B. Do not use cond directly as
         * format string as it could contain spurious '%' syntax (e.g.
         * "%d" in "blocks%devs == 0").
         */
```

```
        if (cond)
            snprintf(buf, LOG_BUF_SIZE, "Assertion failed: %s", cond);
        else
            strcpy(buf, "Unspecified assertion failed");
    }

    __android_log_write(ANDROID_LOG_FATAL, tag, buf);

    __builtin_trap(); /* trap so we have a chance to debug the situation */
}
```

函数__android_log_buf_print 是调用函数__android_log_buf_write 向 Logger 日志驱动程序写入日志记录的，它可以指定要写入的日志记录的类型，以及使用格式化字符串来描述要写入的日志记录，其源码如下：

```
int __android_log_buf_print(int bufID, int prio, const char *tag, const char *fmt, ...)
{
    va_list ap;
    char buf[LOG_BUF_SIZE];

    va_start(ap, fmt);
    vsnprintf(buf, LOG_BUF_SIZE, fmt, ap);
    va_end(ap);

    return __android_log_buf_write(bufID, prio, tag, buf);
}
```

函数__android_log_bwrite 和__android_log_btwrite 写入的日志记录的类型为 events。函数__android_log_bwrite 写入的日志记录的内容可以由多个值组成，而函数__android_log_btwrite 写入的日志记录的内容只有一个值。类型为 events 的日志记录内容一般由一系列值组成的，每个值都是有自己的名称、类型和单位的。函数__android_log_btwrite 就是由第二个参数 type 来指定要写入的日志记录内容的值的类型的，由于它写入的日志记录的内容就一个值，所以为了读取方便就把这个值作为独立的字段写入到 Logger 日志驱动中，其源码如下：

```
int __android_log_bwrite(int32_t tag, const void *payload, size_t len)
{
    struct iovec vec[2];

    vec[0].iov_base = &tag;
    vec[0].iov_len = sizeof(tag);
    vec[1].iov_base = (void*)payload;
    vec[1].iov_len = len;
```

```
        return write_to_log(LOG_ID_EVENTS, vec, 2);
    }

    /*
     * Like __android_log_bwrite, but takes the type as well.   Doesn't work
     * for the general case where we're generating lists of stuff, but very
     * handy if we just want to dump an integer into the log.
     */
    int __android_log_btwrite(int32_t tag, char type, const void *payload,
        size_t len)
    {
        struct iovec vec[3];

        vec[0].iov_base = &tag;
        vec[0].iov_len = sizeof(tag);
        vec[1].iov_base = &type;
        vec[1].iov_len = sizeof(type);
        vec[2].iov_base = (void*)payload;
        vec[2].iov_len = len;

        return write_to_log(LOG_ID_EVENTS, vec, 3);
    }
```

2) Java 日志写入接口

Android 系统在 framework 层定义了三个 Java 日志写入接口，分别是 android.util.Log、android.util.Slog、android.util.EventLog($(dir)/frameworks/base/core/java/android/util)，写入的日志记录类型分别为 main、system 和 events。这三个 Java 日志写入接口是通过 JNI 方法来调用日志库 liblog 提供的函数向 Logger 驱动写入日志。本节内容是分别分析 Java 三个日志写入接口的实现。

```
    android.util.Log

    public final class Log {
        public static final int VERBOSE = 2;
        public static final int DEBUG = 3;
        public static final int INFO = 4;
        public static final int WARN = 5;
        public static final int ERROR = 6;
        public static final int ASSERT = 7;
```

```
/**
 * Exception class used to capture a stack trace in {@link #wtf}.
 */
private static class TerribleFailure extends Exception {
    TerribleFailure(String msg, Throwable cause) { super(msg, cause); }
}

/**
 * Interface to handle terrible failures from {@link #wtf}.
 *
 * @hide
 */
public interface TerribleFailureHandler {
    void onTerribleFailure(String tag, TerribleFailure what);
}

private static TerribleFailureHandler sWtfHandler = new TerribleFailureHandler() {
        public void onTerribleFailure(String tag, TerribleFailure what) {
            RuntimeInit.wtf(tag, what);
        }
    };

private Log() {
}

/**
 * Send a {@link #VERBOSE} log message.
 * @param tag Used to identify the source of a log message.  It usually identifies
 *        the class or activity where the log call occurs.
 * @param msg The message you would like logged.
 */
public static int v(String tag, String msg) {
    return println_native(LOG_ID_MAIN, VERBOSE, tag, msg);
}
public static int d(String tag, String msg) {
    return println_native(LOG_ID_MAIN, DEBUG, tag, msg);
}
public static int i(String tag, String msg) {
```

```
            return println_native(LOG_ID_MAIN, INFO, tag, msg);
        }
    public static int w(String tag, String msg) {
            return println_native(LOG_ID_MAIN, WARN, tag, msg);
        }
    public static int e(String tag, String msg) {
            return println_native(LOG_ID_MAIN, ERROR, tag, msg);
}
```

如上代码是节选，删除了一些不必要的函数和注释。接口 android.util.Log 提供的日志记录写入成员函数非常多，不过常用的成员函数只有 v、d、i、w 和 e。这些成员函数写入的日志记录的类型都是 main，而对应的日志记录的优先级分别为 VERBOSE、DEBUG、INFO、WARN 和 ERROR。这些函数都是通过 JNI 方法 println_native 来实现日志记录写入功能的，源码如下：

```
$(dir)/frameworks/base/core/jni/android_util_Log.cpp

/*
 * In class android.util.Log:
 * public static native int println_native(int buffer, int priority, String tag, String msg)
 */
static jint android_util_Log_println_native(JNIEnv* env, jobject clazz,
        jint bufID, jint priority, jstring tagObj, jstring msgObj)
{
    const char* tag = NULL;
    const char* msg = NULL;

    if (msgObj == NULL) {
        jniThrowNullPointerException(env, "println needs a message");
        return -1;
    }

    if (bufID < 0 || bufID >= LOG_ID_MAX) {
        jniThrowNullPointerException(env, "bad bufID");
        return -1;
    }

    if (tagObj != NULL)
        tag = env->GetStringUTFChars(tagObj, NULL);
    msg = env->GetStringUTFChars(msgObj, NULL);
```

```
    int res = __android_log_buf_write(bufID, (android_LogPriority)priority, tag, msg);

        if (tag != NULL)
            env->ReleaseStringUTFChars(tagObj, tag);
        env->ReleaseStringUTFChars(msgObj, msg);

        return res;
    }
```

在 JNI 函数 android_util_Log_println_native 中，首先检查写入日志记录的内容是否为 null(空值)，接着检查写入日志记录的类型值是否位于 0～LOG_ID_MAX 之间。其中，0、1、2 和 3 四个值表示日志的记录类型分别为 main、radio、events 和 system。如果通过这两个参数合法性检测后，就调用日志库 liblog 提供的函数__android_log_buf_write 来完成 Logger 驱动日志的写入工作。通过以上的调用流程读者可以看到一个完整的从 Java→JNI→C++→driver 的 Android 实现流程，读者可以仔细看看 JNI 调用的初始化注册时如何建立 Java 和 C++函数的映射，源码如下：

```
    /*
     * JNI registration.
     */
    static JNINativeMethod gMethods[] = {
        /* name, signature, funcPtr */
    { "isLoggable", "(Ljava/lang/String;I)Z", (void*) android_util_Log_isLoggable },
    {"println_native","(IILjava/lang/String;Ljava/lang/String;)I",(void*)android_util_Log_println_native
},
    };

    int register_android_util_Log(JNIEnv* env)
    {
        jclass clazz = env->FindClass("android/util/Log");

        if (clazz == NULL) {
            ALOGE("Can't find android/util/Log");
            return -1;
        }

        levels.verbose = env->GetStaticIntField(clazz, env->GetStaticFieldID(clazz, "VERBOSE", "I"));
        levels.debug = env->GetStaticIntField(clazz, env->GetStaticFieldID(clazz, "DEBUG", "I"));
        levels.info = env->GetStaticIntField(clazz, env->GetStaticFieldID(clazz, "INFO", "I"));
        levels.warn = env->GetStaticIntField(clazz, env->GetStaticFieldID(clazz, "WARN", "I"));
        levels.error = env->GetStaticIntField(clazz, env->GetStaticFieldID(clazz, "ERROR", "I"));
```

```
    levels.assert = env->GetStaticIntField(clazz, env->GetStaticFieldID(clazz, "ASSERT", "I"));

    return AndroidRuntime::registerNativeMethods(env, "android/util/Log", gMethods,
    NELEM(gMethods));
}

android.util.Slog

/**
 * @hide
 */
public final class Slog {

    private Slog() {
    }

    public static int v(String tag, String msg) {
        return Log.println_native(Log.LOG_ID_SYSTEM, Log.VERBOSE, tag, msg);
    }

    public static int v(String tag, String msg, Throwable tr) {
        return Log.println_native(Log.LOG_ID_SYSTEM, Log.VERBOSE, tag,
                msg + '\n' + Log.getStackTraceString(tr));
    }

    public static int d(String tag, String msg) {
        return Log.println_native(Log.LOG_ID_SYSTEM, Log.DEBUG, tag, msg);
    }

    public static int d(String tag, String msg, Throwable tr) {
        return Log.println_native(Log.LOG_ID_SYSTEM, Log.DEBUG, tag,
                msg + '\n' + Log.getStackTraceString(tr));
    }

    public static int i(String tag, String msg) {
        return Log.println_native(Log.LOG_ID_SYSTEM, Log.INFO, tag, msg);
    }

    public static int i(String tag, String msg, Throwable tr) {
```

```
        return Log.println_native(Log.LOG_ID_SYSTEM, Log.INFO, tag,
                msg + '\n' + Log.getStackTraceString(tr));
    }

    public static int w(String tag, String msg) {
        return Log.println_native(Log.LOG_ID_SYSTEM, Log.WARN, tag, msg);
    }

    public static int w(String tag, String msg, Throwable tr) {
        return Log.println_native(Log.LOG_ID_SYSTEM, Log.WARN, tag,
                msg + '\n' + Log.getStackTraceString(tr));
    }

    public static int w(String tag, Throwable tr) {
return Log.println_native(Log.LOG_ID_SYSTEM, Log.WARN, tag, Log.getStackTraceString(tr));
    }

    public static int e(String tag, String msg) {
        return Log.println_native(Log.LOG_ID_SYSTEM, Log.ERROR, tag, msg);
    }

    public static int e(String tag, String msg, Throwable tr) {
        return Log.println_native(Log.LOG_ID_SYSTEM, Log.ERROR, tag,
                msg + '\n' + Log.getStackTraceString(tr));
    }

    public static int wtf(String tag, String msg) {
        return Log.wtf(Log.LOG_ID_SYSTEM, tag, msg, null, false);
    }

    public static int wtfStack(String tag, String msg) {
        return Log.wtf(Log.LOG_ID_SYSTEM, tag, msg, null, true);
    }

    public static int wtf(String tag, Throwable tr) {
        return Log.wtf(Log.LOG_ID_SYSTEM, tag, tr.getMessage(), tr, false);
    }

    public static int wtf(String tag, String msg, Throwable tr) {
```

```
        return Log.wtf(Log.LOG_ID_SYSTEM, tag, msg, tr, false);
    }

    public static int println(int priority, String tag, String msg) {
        return Log.println_native(Log.LOG_ID_SYSTEM, priority, tag, msg);
    }
}
```

这是一个隐藏(开头带有一个“@hide”关键字)接口，表示只能在 framewrok 的内部调用，并不是一个可以给应用程序使用的接口，但是读者可以试一下利用 Java 的反射功能来尝试调用这个接口。接口 android.util.Slog 写入的日志记录类型为 system，常用的成员函数 v、d、i、w 和 e，对应的日志记录优先级分别为 VERBOSE、DEBUG、INFO、WARN 和 ERROR，并且它们都是通过调用 C++接口 android.util.Log 的 JNI 方法 println_native 来实现的。

```
android.util.EventLog

/**
     * Record an event log message.
     * @param tag The event type tag code
     * @param value A value to log
     * @return The number of bytes written
     */
    public static native int writeEvent(int tag, int value);

    /**
     * Record an event log message.
     * @param tag The event type tag code
     * @param value A value to log
     * @return The number of bytes written
     */
    public static native int writeEvent(int tag, long value);

    /**
     * Record an event log message.
     * @param tag The event type tag code
     * @param str A value to log
     * @return The number of bytes written
     */
    public static native int writeEvent(int tag, String str);
```

```
    /**
     * Record an event log message.
     * @param tag The event type tag code
     * @param list A list of values to log
     * @return The number of bytes written
     */
    public static native int writeEvent(int tag, Object... list);

    /**
     * Read events from the log, filtered by type.
     * @param tags to search for
     * @param output container to add events into
     * @throws IOException if something goes wrong reading events
     */
    public static native void readEvents(int[] tags, Collection<Event> output)
            throws IOException;
```

接口 android.util.EventLog 提供了四个重载的 JNI 方法 writeEvent 和一个 readEvents 方法来和 Logger 日志驱动程序交互。这些日志记录的内容分别为整数、长整数、字符串和列表。

这里我们先看看写入整数和长整数类型的 JNI 方法实现。

```
$(dir)/frameworks/base/core/jni/android_util_EventLog.cpp

/*
 * In class android.util.EventLog:
 *    static native int writeEvent(int tag, int value)
 */
static jint android_util_EventLog_writeEvent_Integer(JNIEnv* env, jobject clazz, jint tag, jint value)
{
    return android_btWriteLog(tag, EVENT_TYPE_INT, &value, sizeof(value));
}

/*
 * In class android.util.EventLog:
 *    static native int writeEvent(long tag, long value)
 */
static jint android_util_EventLog_writeEvent_Long(JNIEnv* env, jobject clazz, jint tag, jlong value)
{
    return android_btWriteLog(tag, EVENT_TYPE_LONG, &value, sizeof(value));
}
```

以上两个函数都是通过宏 android_btWriteLog 向 Logger 日志驱动程序写入日志记录的。注意它们的第二个参数 EVENT_TYPE_INT 和 EVENT_TYPE_LONG，分别表示写入日志记录的内容一个是整数，一个是长整数。它们在内存里是以 TV(type、value)的方式来存储，如图 2-66 所示。

type	value
EVENT_TYPE_INT	value
EVENT_TYPE_LONG	value

图 2-66

宏 android_btWriteLog 定义如下：

```
$(dir)/system/core/include/log/log.h

#define android_btWriteLog(tag, type, payload, len) \
    __android_log_btwrite(tag, type, payload, len)
```

这里又回到之前的分析，函数指向了日志库 liblog 提供的函数__android_log_btwrite。

这里我们分析一下写入字符串类型的日志记录 JNI 方法 writeEvent 的实现。

```
$(dir)/frameworks/base/core/jni/android_util_EventLog.cpp

/*
 * In class android.util.EventLog:
 *    static native int writeEvent(int tag, String value)
 */
static jint android_util_EventLog_writeEvent_String(JNIEnv* env, jobject clazz,
                                                    jint tag, jstring value) {
    uint8_t buf[MAX_EVENT_PAYLOAD];

    // Don't throw NPE -- I feel like it's sort of mean for a logging function
    // to be all crashy if you pass in NULL -- but make the NULL value explicit.
    const char *str = value != NULL ? env->GetStringUTFChars(value, NULL) : "NULL";
    uint32_t len = strlen(str);
    size_t max = sizeof(buf) - sizeof(len) - 2;   // Type byte, final newline
    if (len > max) len = max;

    buf[0] = EVENT_TYPE_STRING;
    memcpy(&buf[1], &len, sizeof(len));
    memcpy(&buf[1 + sizeof(len)], str, len);
```

```
        buf[1 + sizeof(len) + len] = '\n';

        if (value != NULL) env->ReleaseStringUTFChars(value, str);
        return android_bWriteLog(tag, buf, 2 + sizeof(len) + len);
    }
```

内容为字符串的日志记录的内存布局如图 2-67 所示。

EVENT_TYPE_STRING	strlen(str)	str	'\n'

图 2-67

第一个字段记录日志的数据类型为字符串，第二个字段描述了该字符串的长度，第三个字段保存的是字符串的内容，第四个字段使用特殊字符串“\n”来结束该字符串，同样也标志该日志记录的结束。有了这个内存布局图，就不难理解字符串日志记录函数的实现了。

最后同样用宏 android_bWriteLog 将日志记录写入到 Logger 日志驱动中，下面简单看看此函数的定义：

```
$(dir)/system/core/include/log/log.h

#define android_bWriteLog(tag, payload, len) \
    __android_log_bwrite(tag, payload, len)
```

它指向了日志库 liblog 提供的函数__android_log_bwrite。

接下来，开始分析写入列表类型日志记录的 JNI 方法 writeEvent 的实现，JNI 是 Java 和 C/C++之间的转换方式，即 Java 通过 JNI 方法访问 C/C++提供的函数。

```
/*
 * In class android.util.EventLog:
 *   static native int writeEvent(long tag, Object... value)
 */
static jint android_util_EventLog_writeEvent_Array(JNIEnv* env, jobject clazz,
                                                   jint tag, jobjectArray value)
    {
        if (value == NULL) {
            return android_util_EventLog_writeEvent_String(env, clazz, tag, NULL);
        }

        uint8_t buf[MAX_EVENT_PAYLOAD];
        const size_t max = sizeof(buf) - 1;   // leave room for final newline
        size_t pos = 2;   // Save room for type tag & array count

        jsize copied = 0, num = env->GetArrayLength(value);
        for (; copied < num && copied < 255; ++copied) {
            jobject item = env->GetObjectArrayElement(value, copied);
```

```
        if (item == NULL || env->IsInstanceOf(item, gStringClass)) {
            if (pos + 1 + sizeof(jint) > max) break;
            const char *str = item != NULL ? env->GetStringUTFChars((jstring) item, NULL) :
            "NULL";
            jint len = strlen(str);
            if (pos + 1 + sizeof(len) + len > max) len = max - pos - 1 - sizeof(len);
            buf[pos++] = EVENT_TYPE_STRING;
            memcpy(&buf[pos], &len, sizeof(len));
            memcpy(&buf[pos + sizeof(len)], str, len);
            pos += sizeof(len) + len;
            if (item != NULL) env->ReleaseStringUTFChars((jstring) item, str);
        } else if (env->IsInstanceOf(item, gIntegerClass)) {
            jint intVal = env->GetIntField(item, gIntegerValueID);
            if (pos + 1 + sizeof(intVal) > max) break;
            buf[pos++] = EVENT_TYPE_INT;
            memcpy(&buf[pos], &intVal, sizeof(intVal));
            pos += sizeof(intVal);
        } else if (env->IsInstanceOf(item, gLongClass)) {
            jlong longVal = env->GetLongField(item, gLongValueID);
            if (pos + 1 + sizeof(longVal) > max) break;
            buf[pos++] = EVENT_TYPE_LONG;
            memcpy(&buf[pos], &longVal, sizeof(longVal));
            pos += sizeof(longVal);
        } else {
            jniThrowException(env,
"java/lang/IllegalArgumentException",
"Invalid payload item type");
            return -1;
        }
        env->DeleteLocalRef(item);
    }

    buf[0] = EVENT_TYPE_LIST;
    buf[1] = copied;
    buf[pos++] = '\n';
    return android_bWriteLog(tag, buf, pos);
}

static struct { const char *name; jclass *clazz; } gClasses[] = {
```

```
    { "android/util/EventLog$Event", &gEventClass },
    { "java/lang/Integer", &gIntegerClass },
    { "java/lang/Long", &gLongClass },
    { "java/lang/String", &gStringClass },
    { "java/util/Collection", &gCollectionClass },
};
```

位于列表中的元素的值类型只能为整数(gIntegerClass)、长整数(gLongClass)或字符串(gStringClass)；如果不是这三类，函数会抛出一个异常 jniThrowException。从循环的个数可以看出一个列表最多可以包含 255 个对象，超过这个值，多余的元素应该不会被处理。在循环中，依次取出列表中的各个元素，并且根据它们的值来组织缓冲区 buf 的内存格式。格式是以 TV(tag、value)格式写入内存的。如果值的类型为整数，那么写入到 buf 的内容就是一个 EVENT_TYPE_INT，接下来紧跟着它的值就是个整数值；如果写入的类型为长整型 EVENT_TYPE_LONG，那么接下来紧跟着它的值就是一个长整型；如果数值类型为字符串，那么写入的内容就是 TLV(tab，len，value)，开始是类型 EVENT_TYPE_STRING，接下来是字符串的长度，再加上字符串的内容(因为有了字符串的长度，所以可能字符串就没有结束符)。

列表中的元素都写入到缓冲区 buf 之后，L135 会将缓冲区 buf 的第一个字节设置为 EVENT_TYPE_LIST，表示这是一个列表类型的日志记录；接着将缓冲区的第二个字节设置为变量 copied 的值，表示缓冲区 buf 中的列表元素个数；最后将缓冲区 buf 的有效数据的最后一个字节设置成“\n”，表示该日志记录的结束标志。这时候，缓冲区 buf 的内存布局如图 2-68 所示。

EVENT_TYPE_LIST	copied	EVENT_TYPE_INT	value	EVENT_TYPE_LONG	value	EVENT_TYPE_STRING	strlen	str	…	'\n'

图 2-68

最后由宏 android_bWriteLog 将日志记录写入到 Logger 日志驱动程序中。至此，Java 的日志写入接口描述完成。

3) C/C++日志写入接口

在 Android 的 C/C++层也有相应的日志输出函数，Java 通过 JNI 调用 C/C++的日志输出函数，那么 C/C++是通过怎样的方式和底层 Logger 驱动交互的呢？Android 系统提供了一些常用的 C/C++宏来封装日志接口，分别是：ALOGV、ALOGD、ALOGI、ALOGW 和 ALOGE，它们用来写入类型为 main 的日志记录；SLOGV、SLOGD、SLOGI、SLOGW 和 SLOGE，它们主要用来写入类型为 system 的日志记录；LOG_EVENT_INT、LOG_EVENT_LONG 和 LOG_EVENT_STRING，它们用来写入类型为 events 的日志记录。这些宏定义被定义在 Android 系统运行时库层的头文件$(dir)/system/core/include/log/log.h 中。

头文件一开始定义了一个宏 LOG_NDEBUG，用来区分程序是调试版本还是发布版本，源代码如下：

```
/*
 * Normally we strip ALOGV (VERBOSE messages) from release builds.
```

```
 * You can modify this (for example with "#define LOG_NDEBUG 0"
 * at the top of your source file) to change that behavior.
 */
#ifndef LOG_NDEBUG
#ifdef NDEBUG
#define LOG_NDEBUG 1
#else
#define LOG_NDEBUG 0
#endif
#endif
```

在程序的发布版本中，宏 LOG_NDEBUG 定义为 1，而在调试版本中定义为 0。通过这个宏，就可以将某些日志宏在程序的发布版本中定义为空，从而限制它们在程序的发布版本中输出。这种方法在程序的开发中非常常用，打开 debug 开关可以看到详细的调试信息，以应对初期测试。

这个头文件中还定义了 LOG_TAG，用作当前编译单元的默认日志记录标签，它的定义如下：

```
/*
 * This is the local tag used for the following simplified
 * logging macros.   You can change this preprocessor definition
 * before using the other macros to change the tag.
 */
#ifndef LOG_TAG
#define LOG_TAG NULL
#endif
```

在 Android 的 C/C++开发过程中，LOG_TAG 标签非常常用，它可以用来为某个模块指定特殊的日志标签。此时它默认定义为 NULL，即没有日志记录标签。如果开发模块的时候想要定义自己的默认日志记录标签，那么就需要使用#define 指令来自定义 LOG_TAG 的值。了解了这两个宏的定义之后，我们就可以分析 C/C++日志宏的实现了。

ALOGV、ALOGD、ALOGI、ALOGW 和 ALOGE 宏定义如下：

```
/*
 * Simplified macro to send a verbose log message using the current LOG_TAG.
 */
#ifndef ALOGV
#if LOG_NDEBUG
#define ALOGV(...)     ((void)0)
#else
#define ALOGV(...) ((void)ALOG(LOG_VERBOSE, LOG_TAG, __VA_ARGS__))
#endif
#endif
```

```
#define CONDITION(cond)         (__builtin_expect((cond)!=0, 0))

#ifndef ALOGV_IF
#if LOG_NDEBUG
#define ALOGV_IF(cond, ...)     ((void)0)
#else
#define ALOGV_IF(cond, ...) \
    ( (CONDITION(cond)) \
    ? ((void)ALOG(LOG_VERBOSE, LOG_TAG, __VA_ARGS__)) \
    : (void)0 )
#endif
#endif

/*
 * Simplified macro to send a debug log message using the current LOG_TAG.
 */
#ifndef ALOGD
#define ALOGD(...) ((void)ALOG(LOG_DEBUG, LOG_TAG, __VA_ARGS__))
#endif

#ifndef ALOGD_IF
#define ALOGD_IF(cond, ...) \
    ( (CONDITION(cond)) \
    ? ((void)ALOG(LOG_DEBUG, LOG_TAG, __VA_ARGS__)) \
    : (void)0 )
#endif

/*
 * Simplified macro to send an info log message using the current LOG_TAG.
 */
#ifndef ALOGI
#define ALOGI(...) ((void)ALOG(LOG_INFO, LOG_TAG, __VA_ARGS__))
#endif

#ifndef ALOGI_IF
#define ALOGI_IF(cond, ...) \
    ( (CONDITION(cond)) \
    ? ((void)ALOG(LOG_INFO, LOG_TAG, __VA_ARGS__)) \
```

```
        : (void)0 )
#endif

/*
 * Simplified macro to send a warning log message using the current LOG_TAG.
 */
#ifndef ALOGW
#define ALOGW(...) ((void)ALOG(LOG_WARN, LOG_TAG, __VA_ARGS__))
#endif

#ifndef ALOGW_IF
#define ALOGW_IF(cond, ...) \
        ( (CONDITION(cond)) \
        ? ((void)ALOG(LOG_WARN, LOG_TAG, __VA_ARGS__)) \
        : (void)0 )
#endif

/*
 * Simplified macro to send an error log message using the current LOG_TAG.
 */
#ifndef ALOGE
#define ALOGE(...) ((void)ALOG(LOG_ERROR, LOG_TAG, __VA_ARGS__))
#endif

#ifndef ALOGE_IF
#define ALOGE_IF(cond, ...) \
        ( (CONDITION(cond)) \
        ? ((void)ALOG(LOG_ERROR, LOG_TAG, __VA_ARGS__)) \
        : (void)0 )
#endif
```

这五个宏是用来写入类型为 main 的日志记录的，它们写入的日志记录的优先级分别是 LOG_VERBOSE、LOG_DEBUG、LOG_INFO、LOG_WARN 和 LOG_ERROR。其中，宏 ALOGV 只有在宏 LOG_NDEBUG 没有被定义时，即在程序的调试版本中，才是有效的；否则，它是一个空定义。作者在一次调试手机应用程序时，用了 ALOGX 来打印信息，利用 Android Studio 只可以看到部分输出信息，只有用 ALOGE 来打印才能显示出来，其他的信息是无法打印出来的，原因就是在手机软件发布版本时把这个定义给关闭了。

这五个宏定义是通过使用 LOG 宏来实现日志写入功能的，源代码如下：

```
/*
 * Basic log message macro.
 *
 * Example:
 *    ALOG(LOG_WARN, NULL, "Failed with error %d", errno);
 *
 * The second argument may be NULL or "" to indicate the "global" tag.
 */
#ifndef ALOG
#define ALOG(priority, tag, ...) \
    LOG_PRI(ANDROID_##priority, tag, __VA_ARGS__)
#endif

/*
 * Log macro that allows you to specify a number for the priority.
 */
#ifndef LOG_PRI
#define LOG_PRI(priority, tag, ...) \
    android_printLog(priority, tag, __VA_ARGS__)
#endif

/*
 * Log macro that allows you to pass in a varargs ("args" is a va_list).
 */
#ifndef LOG_PRI_VA
#define LOG_PRI_VA(priority, tag, fmt, args) \
    android_vprintLog(priority, NULL, tag, fmt, args)
#endif

/*
 * Conditional given a desired logging priority and tag.
 */
#ifndef IF_ALOG
#define IF_ALOG(priority, tag) \
    if (android_testLog(ANDROID_##priority, tag))
#endif
```

宏 ALOG 展开后，它的第一个参数 priority 加上前缀“ANDROID_”之后，就变成了另外一个宏 LOG_PRI 的第一个参数(##是字符串连接符合)。例如，ALOGW 展开后就得到宏 LOG_PRI 的第一个参数 ANDROID_LOG_WARN，以此类推 ALOGV=ANDROID_

LOG_VERBOSE、ALOGD=ANDROID_LOG_DEBUG、ALOGI=ANDROID_LOG_INFO、ALOGE=ANDROID_LOG_ERROR。这些形式为 ANDROID_##priority 的参数都是类型为 android_LogPriority 的枚举值，定义如下：

```
$(dir)\system\core\include\android\log.h


/*
 * Android log priority values, in ascending priority order.
 */
typedef enum android_LogPriority {
    ANDROID_LOG_UNKNOWN = 0,
    ANDROID_LOG_DEFAULT,      /* only for SetMinPriority() */
    ANDROID_LOG_VERBOSE,
    ANDROID_LOG_DEBUG,
    ANDROID_LOG_INFO,
    ANDROID_LOG_WARN,
    ANDROID_LOG_ERROR,
    ANDROID_LOG_FATAL,
    ANDROID_LOG_SILENT,       /* only for SetMinPriority(); must be last */
} android_LogPriority;
```

宏 LOG_PRI 的定义中，它最终是通过调用日志库 liblog 提供的函数 android_printLog ==>__android_log_print 向 Logger 日志驱动程序中写入日志记录的。

SLOGV、SLOGD、SLOGI、SLOGW 和 SLOGE 宏定义如下：

```
/*
 * Simplified macro to send a verbose system log message using the current LOG_TAG.
 */
#ifndef SLOGV
#if LOG_NDEBUG
#define SLOGV(...)   ((void)0)
#else
#define SLOGV(...) ((void)__android_log_buf_print(LOG_ID_SYSTEM, ANDROID_LOG_VERBOSE,
        LOG_TAG, __VA_ARGS__))
#endif
#endif

#define CONDITION(cond)     (__builtin_expect((cond)!=0, 0))

#ifndef SLOGV_IF
#if LOG_NDEBUG
#define SLOGV_IF(cond, ...)   ((void)0)
```

```
#else
#define SLOGV_IF(cond, ...) \
    ( (CONDITION(cond)) \
    ? ((void)__android_log_buf_print(LOG_ID_SYSTEM, ANDROID_LOG_VERBOSE, LOG_TAG,
__VA_ARGS__)) \
    : (void)0 )
#endif
#endif

/*
 * Simplified macro to send a debug system log message using the current LOG_TAG.
 */
#ifndef SLOGD
#define SLOGD(...) ((void)__android_log_buf_print(LOG_ID_SYSTEM, ANDROID_LOG_DEBUG,
LOG_TAG, __VA_ARGS__))
#endif

#ifndef SLOGD_IF
#define SLOGD_IF(cond, ...) \
    ( (CONDITION(cond)) \
    ? ((void)__android_log_buf_print(LOG_ID_SYSTEM, ANDROID_LOG_DEBUG, LOG_TAG,
__VA_ARGS__)) \
    : (void)0 )
#endif

/*
 * Simplified macro to send an info system log message using the current LOG_TAG.
 */
#ifndef SLOGI
#define SLOGI(...) ((void)__android_log_buf_print(LOG_ID_SYSTEM, ANDROID_LOG_INFO,
LOG_TAG, __VA_ARGS__))
#endif

#ifndef SLOGI_IF
#define SLOGI_IF(cond, ...) \
    ( (CONDITION(cond)) \
    ? ((void)__android_log_buf_print(LOG_ID_SYSTEM, ANDROID_LOG_INFO, LOG_TAG,
__VA_ARGS__)) \
    : (void)0 )
```

```
#endif

/*
 * Simplified macro to send a warning system log message using the current LOG_TAG.
 */
#ifndef SLOGW
#define SLOGW(...) ((void)__android_log_buf_print(LOG_ID_SYSTEM, ANDROID_LOG_WARN,
LOG_TAG, __VA_ARGS__))
#endif

#ifndef SLOGW_IF
#define SLOGW_IF(cond, ...) \
    ( (CONDITION(cond)) \
    ? ((void)__android_log_buf_print(LOG_ID_SYSTEM, ANDROID_LOG_WARN, LOG_TAG,
__VA_ARGS__)) \
    : (void)0 )
#endif

/*
 * Simplified macro to send an error system log message using the current LOG_TAG.
 */
#ifndef SLOGE
#define SLOGE(...) ((void)__android_log_buf_print(LOG_ID_SYSTEM, ANDROID_LOG_ERROR,
LOG_TAG, __VA_ARGS__))
#endif

#ifndef SLOGE_IF
#define SLOGE_IF(cond, ...) \
    ( (CONDITION(cond)) \
    ? ((void)__android_log_buf_print(LOG_ID_SYSTEM, ANDROID_LOG_ERROR, LOG_TAG,
__VA_ARGS__)) \
    : (void)0 )
#endif
```

这五个宏用来写入类型为 system 的日志记录，它们写入日志的优先级分别为 ANDROID_LOG_VERBOSE、ANDROID_LOG_DEBUG、ANDROID_LOG_INFO、ANDROID_LOG_WARN 和 ANDROID_LOG_ERROR。其中，宏 SLOGV 只有在宏 LOG_NDEBUG 被定义时，才有效，这点应该在整个 Android 编写的 C/C++代码中是通用的。

这五个宏展开后，实际上是通过调用日志库 liblog 提供的函数__android_log_buf_print 向 Logger 驱动程序写入日志记录的。

EVENT_TYPE_INT、EVENT_TYPE_LONG、EVENT_TYPE_STRING 宏定义如下：

```
/*
 * Event log entry types.   These must match up with the declarations in
 * java/android/android/util/EventLog.java.
 */
typedef enum {
    EVENT_TYPE_INT          = 0,
    EVENT_TYPE_LONG         = 1,
    EVENT_TYPE_STRING       = 2,
    EVENT_TYPE_LIST         = 3,
} AndroidEventLogType;


#ifndef LOG_EVENT_INT
#define LOG_EVENT_INT(_tag, _value) {                                   \
        int intBuf = _value;                                            \
        (void) android_btWriteLog(_tag, EVENT_TYPE_INT, &intBuf,        \
        sizeof(intBuf));                                                \
    }
#endif
#ifndef LOG_EVENT_LONG
#define LOG_EVENT_LONG(_tag, _value) {                                  \
        long long longBuf = _value;                                     \
        (void) android_btWriteLog(_tag, EVENT_TYPE_LONG, &longBuf,      \
        sizeof(longBuf));                                               \
    }
#endif
#ifndef LOG_EVENT_STRING
#define LOG_EVENT_STRING(_tag, _value)                                  \
    ((void) 0)   /* not implemented -- must combine len with string */
#endif
/* TODO: something for LIST */
```

这三个宏是用来写入类型为 events 的日志记录的。首先定义了 4 个枚举值，分别用来代表一个整形(int)、一个长整形(long)、一个字符串(string)和一个列表(list)。前面提到，类型 events 的日志记录的内容是由一系列值组成的，这些值是具有类型的，分别对应于 EVENT_TYPE_INT、EVENT_TYPE_LONG、EVENT_TYPE_STRING 和 EVENT_TYPE_LIST 四种类型。

宏 EVENT_TYPE_INT、EVENT_TYPE_LONG 写入的日志记录的内容分别是一个整数和一个长整数。展开后，实际上是通过日志库 liblog 提供的函数 android_btWriteLog 向

Logger 日志驱动写入日志记录的。

宏 EVENT_TYPE_STRING 是用来向 Logger 驱动写入一条内容为字符串值的日志记录，在 Android4.4 版本中这个定义是一个空定义。此外 Android4.4 版本中也没有提供一个写入列表的日志记录。如果想向 Java 层一样使用这两个方法，则可以参考一下 Java 层的这两个函数通过 JNI 是调用的哪个 C/C++函数，然后在 C/C++中直接调用即可。

3．Logcat 工具分析

将日志记录写入到 Logger 日志驱动预先分配好的缓冲区中记录起来，等到合适的时候再将它们读出来，从而帮助我们分析程序的行为。这里我们将通过分析日志查看工具 Logcat 的实现来学习日志记录的读取过程。

Logcat 是 Android 系统中的一个非常实用的工具，可以在主机 ADB 连接成功后执行 adb logcat 命令来查看目标设备上的日志记录。对于我们的开发板因为可以连接串口，所以开发很方便，用串口看输出也是本书推荐的使用方式，如图 2-69 所示。当然如果可以用 Android studio 连接我们的开发板，也可以用它提供的工具查看 Logcat 的输出。

```
shell@rk312x:/ $ su
shell@rk312x:/ # logcat_
```

图 2-69

Logcat 工具的用法很丰富，但是这里暂时先不详细介绍它的使用方法。如果读者希望了解它的更多用法，可以在串口中输入 logcat --help 获取帮助信息。

Logcat 工具主要涉及的源代码文件位置如下：

```
$(dir)/system/core
--- logcat
--- logcat.cpp
--- liblog
--- event_tag_map.c
--- logprint.c
--- include
--- log
--- event_tag_map.h
--- logger.h
--- logprint.h
--- android
--- log.h
```

其中，文件 logger.h 和 log.h 定义了一些基础数据结构和宏；文件 logprint.h、event_tag_map.h、logprint.c 和 event_tag_map.c 实现在日志库 liblog 中，它们主要用来处理日志记录的输出；文件 logcat.cpp 是 Logcat 工具的源代码实现。

我们首先看看 Logcat 的基础数据结构，然后分析使用 Logcat 工具读取和显示 Logger 日志驱动中的日志记录的过程，分别是工具的初始化过程、日志记录的读取和输出过程。

1) 基础数据结构

```
$(dir)/system/core/include/log/logger.h

/*
 * The userspace structure for version 1 of the logger_entry ABI.
 * This structure is returned to userspace by the kernel logger
 * driver unless an upgrade to a newer ABI version is requested.
 */
struct logger_entry {
	uint16_t	len;	/* length of the payload */
	uint16_t	__pad;	/* no matter what, we get 2 bytes of padding */
	int32_t	pid;	/* generating process's pid */
	int32_t	tid;	/* generating process's tid */
	int32_t	sec;	/* seconds since Epoch */
	int32_t	nsec;	/* nanoseconds */
	char	msg[0];	/* the entry's payload */
};

/*
 * The userspace structure for version 2 of the logger_entry ABI.
 * This structure is returned to userspace if ioctl(LOGGER_SET_VERSION)
 * is called with version==2
 */
struct logger_entry_v2 {
	uint16_t	len;	/* length of the payload */
	uint16_t	hdr_size;	/* sizeof(struct logger_entry_v2) */
	int32_t	pid;	/* generating process's pid */
	int32_t	tid;	/* generating process's tid */
	int32_t	sec;	/* seconds since Epoch */
	int32_t	nsec;	/* nanoseconds */
	uint32_t	euid;	/* effective UID of logger */
	char	msg[0];	/* the entry's payload */
};
```

结构体 logger_entry 是从 Logger 驱动程序中提取出来的，它描述了一条日志记录。而结构体 logger_entry_v2 是日志记录的另外一个版本，它主要用于扩展，通过 ioctl 函数的 set 操作来确定调用哪个版本。

```
#define LOGGER_LOG_MAIN	"log/main"
#define LOGGER_LOG_RADIO	"log/radio"
#define LOGGER_LOG_EVENTS"log/events"
```

```
#define LOGGER_LOG_SYSTEM "log/system"

/*
 * The maximum size of the log entry payload that can be
 * written to the kernel logger driver. An attempt to write
 * more than this amount to /dev/log/* will result in a
 * truncated log entry.
 */
#define LOGGER_ENTRY_MAX_PAYLOAD     4076

/*
 * The maximum size of a log entry which can be read from the
 * kernel logger driver. An attempt to read less than this amount
 * may result in read() returning EINVAL.
 */
#define LOGGER_ENTRY_MAX_LEN          (5*1024)

#ifdef HAVE_IOCTL

#include <sys/ioctl.h>

#define __LOGGERIO     0xAE

#define LOGGER_GET_LOG_BUF_SIZE        _IO(__LOGGERIO, 1) /* size of log */
#define LOGGER_GET_LOG_LEN             _IO(__LOGGERIO, 2) /* used log len */
#define LOGGER_GET_NEXT_ENTRY_LEN      _IO(__LOGGERIO, 3) /* next entry len */
#define LOGGER_FLUSH_LOG               _IO(__LOGGERIO, 4) /* flush log */
#define LOGGER_GET_VERSION             _IO(__LOGGERIO, 5) /* abi version */
#define LOGGER_SET_VERSION             _IO(__LOGGERIO, 6) /* abi version */
```

宏定义 LOGGER_ENTRY_MAX_LEN 用来描述一条日志记录的最大长度，包括日志记录头和有效的数据两部分内容长度。宏 LOGGER_ENTRY_MAX_PAYLOAD 用来描述日志记录有效负载的最大长度。

```
$(dir)/system/core/logcat/logcat.cpp

struct queued_entry_t {
    union {
unsigned char buf[LOGGER_ENTRY_MAX_LEN + 1] __attribute__((aligned(4)));
        struct logger_entry entry __attribute__((aligned(4)));
    };
```

```
        queued_entry_t* next;

        queued_entry_t() {
            next = NULL;
        }
    };
```

结构体 queued_entry_t 用来描述一个日志记录队列。每一种类型的日志记录都对应有一个日志记录队列。Logcat 工具将相同类型的日志记录按照写入的先后顺序保存在同一个队列中，这样在输出日志记录时就可以直接按照先进先出的顺序依次输出系统中的日志信息。结构体 queued_entry_t 的第一个成员变量是一个 union，用来描述特定缓冲区中的每一条日志记录的内容。通过这样的 union 联合体，Logcat 工具即可以将它理解成一个固定大小的缓冲区(里面包含的是一个一个的 log 实体)，也可以把它当做 logger_entry 的结构体数组来理解。结构体的另一个变量 next 是指向下一个日志记录队列。结构体里还包括一个和结构体同名的函数，这是 C++的构造函数，在结构体被实例化时，它会被调用。

```
    struct log_device_t {
        char* device;
        bool binary;
        int fd;
        bool printed;
        char label;

        queued_entry_t* queue;
        log_device_t* next;

        log_device_t(char* d, bool b, char l) {
            device = d;
            binary = b;
            label = l;
            queue = NULL;
            next = NULL;
            printed = false;
        }

        void enqueue(queued_entry_t* entry) {
            if (this->queue == NULL) {
                this->queue = entry;
            } else {
                queued_entry_t** e = &this->queue;
                while (*e && cmp(entry, *e) >= 0) {
```

```
                e = &((*e)->next);
            }
            entry->next = *e;
            *e = entry;
        }
    }
};
```

结构体 log_device_t 用来描述一个日志设备。成员变量 device 是保存的日志设备的文件名称。Logger 日志驱动在初始化时，会创建四个设备文件/dev/log/main、/dev/log/system、/dev/log/radio 和/dev/log/events，它们分别代表四个日志设备。成员变量 label 用来描述日志设备的标签。其中，日志设备/dev/log/main、/dev/log/system、/dev/log/radio 和/dev/log/events 分别对应的标签是 m、s、r 和 e。成员变量 binary 是一个 boolean 变量，表示日志记录的内容是否是二进制格式的(这里用二进制存储和文本文件存储有什么不一样？举例说明：文本文件中的一个数字 65536，需要用 5 个字节来存储；但是用二进制格式，采用 int 存储，仅需要 2 个字节。这样或许可以节省空间)。但是 Android 系统中只有日志设备/dev/log/events 的日志记录内容才是二进制格式的，其余的日志设备的日志记录内容均为文本格式。成员变量 fd 是一个文件描述符，它是调用函数 open 来打开相应的日志设备文件的返回值的，用来从 Logger 日志驱动程序中读取日志记录。成员变量 printed 是一个 bool 值，用来表示一个日志设备是否已经处于输出状态。成员变量 queue 用来保存日志设备中的日志记录。成员变量 next 用来连接下一个日志设备。通过这种方法，Logcat 工具就可以把所有已经打开的日志设备保存在一个队列中。

结构体 log_device_t 的成员函数 enqueue 用来将一条日志记录添加到内部的日志记录队列中。当每一次向队列中加入一条日志记录时，都会根据它的写入时间来找到它在队列中的位置，再根据时间把日志插入到队列中。静态成员函数 cmp 完成两条日志记录的写入时间，定义如下：

```
static int cmp(queued_entry_t* a, queued_entry_t* b) {
    int n = a->entry.sec - b->entry.sec;
    if (n != 0) {
        return n;
    }
    return a->entry.nsec - b->entry.nsec;
}
```

此函数完成的功能是：先比较日志写入时间的秒值；如果相等，再比较日志写入时间的毫秒值，然后直接得到结果返回。如果函数 cmp 的返回值大于 0，就表示日志记录 a 的写入时间比日志记录 b 晚；如果函数 cmp 的返回值等于 0，就表示日志记录 a 和 b 的写入时间相等；如果函数 cmp 的返回值小于 0，就表示日志记录 a 的写入时间比日志记录 b 早。

```
/*
 * Android log priority values, in ascending priority order.
 */
```

```
typedef enum android_LogPriority {
    ANDROID_LOG_UNKNOWN = 0,
    ANDROID_LOG_DEFAULT,     /* only for SetMinPriority() */
    ANDROID_LOG_VERBOSE,
    ANDROID_LOG_DEBUG,
    ANDROID_LOG_INFO,
    ANDROID_LOG_WARN,
    ANDROID_LOG_ERROR,
    ANDROID_LOG_FATAL,
    ANDROID_LOG_SILENT,     /* only for SetMinPriority(); must be last */
} android_LogPriority;
```

$(dir)/system/core/include/android/log.h 中定义了 android_LogPriority 枚举变量用来描述日志记录的优先级，一共 9 个值，分别表示九个等级。

```
typedef enum {
    FORMAT_OFF = 0,
    FORMAT_BRIEF,
    FORMAT_PROCESS,
    FORMAT_TAG,
    FORMAT_THREAD,
    FORMAT_RAW,
    FORMAT_TIME,
    FORMAT_THREADTIME,
    FORMAT_LONG,
} AndroidLogPrintFormat;
```

$(dir)/system/core/include/log/logprint.h 中也定义了一个描述日志记录输出格式的枚举类型，一共有 9 个值，分别表示九种不同的输出格式。它主要用于标识日志记录的输出格式。

```
typedef struct AndroidLogEntry_t {
    time_t tv_sec;
    long tv_nsec;
    android_LogPriority priority;
    int32_t pid;
    int32_t tid;
    const char * tag;
    size_t messageLen;
    const char * message;
} AndroidLogEntry;
```

和结构体 logger_entry 差不多，结构体 AndroidLogEntry_t 也是用来描述一条日志记录的。但是它描述的日志记录是经过解析后的日志记录，即已经识别了日志的优先级、标签和内容，并分别保存在成员变量 priority、tag 和 message 里面。

```
typedef struct FilterInfo_t {
    char *mTag;
    android_LogPriority mPri;
    struct FilterInfo_t *p_next;
} FilterInfo;
```

结构体 FilterInfo_t 用来描述一个日志记录输出过滤器。成员变量 mTag 和 mPri 分别表示要过滤的日志记录的标签和优先级。当一条日志记录的标签等于 mTag 时，如果它的优先级大于等于 mPri，那么它就会被输出，相反会被忽略。成员变量 p_next 用来连接下一个日志记录输出过滤器，这样做的主要目的是将所有的日志记录过滤器连接在一起并形成一个队列。

```
struct AndroidLogFormat_t {
    android_LogPriority global_pri;
    FilterInfo *filters;
    AndroidLogPrintFormat format;
};
```

结构体 AndroidLogFormat_t 用来保存日志记录的输出格式已经输出过滤器。成员变量 global_pri 是一个全局设置的默认日志记录输出过滤优先级，成员变量 filters 是一个日志记录输出过滤器列表，而成员变量 format 用来保存具体的日志记录输出格式。当日志记录输出过滤器列表 filters 中的某一个过滤器的优先级被设置为默认优先级 ANDROID_LOG_DEFAULT 时，系统自动会将它的过滤优先级修改为 global_pri。

```
$(dir)/system/core/liblog/event_tag_map.c


/*
 * Single entry.
 */
typedef struct EventTag {
    unsigned int      tagIndex;
    const char*       tagStr;
} EventTag;
```

结构体 EventTag 用来描述类型为 events 的日志记录得标签索引，每一个标签索引(tagIndex)都对应有一个文本描述字符串(tagStr)。这时对应关系是通过解析目标设备上的/system/etc/event-log-tags 文件得到的。

```
/*
 * Map.
 */
struct EventTagMap {
    /* memory-mapped source file; we get strings from here */
    void*               mapAddr;
```

```
    size_t          mapLen;

    /* array of event tags, sorted numerically by tag index */
    EventTag*       tagArray;
    int             numTags;
};
```

结构体 EventTagMap 用来描述类型为 events 的日志记录的内容格式，它同样通过解析目标设备上的/system/etc/event-log-tags 文件得到结果。Logcat 工具在打开目标设备上的/system/etc/event-log-tags 文件时，会把它的内容映射到内存中。成员变量 mapAddr 就是指向这块内存的起始地址；成员变量 mapLen 表示该内存的大小；成员变量 tagArrary 是一个 EventTag 类型的数组，数组的大小由成员变量 numTags 来设定。

2) Logcat的初始化过程

Logcat 的初始化过程是从文件 logcat.cpp 中的 main 函数开始的，它打开日志设备和解析命令行参数。这种初始化方式是 Linux 系统中通用的方法，下面来分析代码。

```
extern "C" void logprint_run_tests(void);

int main(int argc, char **argv)
{
    int err;
    int hasSetLogFormat = 0;
    int clearLog = 0;
    int getLogSize = 0;
    int mode = O_RDONLY;
    const char *forceFilters = NULL;
    log_device_t* devices = NULL;
    log_device_t* dev;
    bool needBinary = false;

    g_logformat = android_log_format_new();

    if (argc == 2 && 0 == strcmp(argv[1], "--test")) {
        logprint_run_tests();
        exit(0);
    }

    if (argc == 2 && 0 == strcmp(argv[1], "--help")) {
        android::show_help(argv[0]);
        exit(0);
```

```
    }
    ...
```

首先调用 android_log_format_new 函数来创建一个全局的日志记录输出格式和输出过滤器对象 g_logformat。

```
AndroidLogFormat *android_log_format_new()
{
    AndroidLogFormat *p_ret;

    p_ret = calloc(1, sizeof(AndroidLogFormat));

    p_ret->global_pri = ANDROID_LOG_VERBOSE;
    p_ret->format = FORMAT_BRIEF;

    return p_ret;
}
```

从这个函数的实现可以看出，全局变量 g_logformat 指定的日志记录输出格式为 FORMAT_BRIEF，设置的全局优先级是 ANDROID_LOG_VERBOSE。

```
for (;;) {
        int ret;

        ret = getopt(argc, argv, "cdt:gsQf:r::n:v:b:B");

        if (ret < 0) {
            break;
        }

        switch(ret) {
            case 's':
                // default to all silent
                android_log_addFilterRule(g_logformat, "*:s");
            break;

            case 'c':
                clearLog = 1;
                mode = O_WRONLY;
            break;

            case 'd':
                g_nonblock = true;
```

```
            break;

            case 't':
                g_nonblock = true;
                g_tail_lines = atoi(optarg);
            break;

            case 'g':
                getLogSize = 1;
            break;

            case 'b': {
                char* buf = (char*) malloc(strlen(LOG_FILE_DIR) + strlen(optarg) + 1);
                strcpy(buf, LOG_FILE_DIR);
                strcat(buf, optarg);

                bool binary = strcmp(optarg, "events") == 0;
                if (binary) {
                    needBinary = true;
                }

                if (devices) {
                    dev = devices;
                    while (dev->next) {
                        dev = dev->next;
                    }
                    dev->next = new log_device_t(buf, binary, optarg[0]);
                } else {
                    devices = new log_device_t(buf, binary, optarg[0]);
                }
                android::g_devCount++;
            }
            break;
            ...
```

这个循环由于代码过于庞大，故这里只截取了部分，这是一个 Linux 命令行解析的标准写法(大家可以多看看其他 Linux main 函数的写法)。命令行参数的字符串解析是通过调用函数 getopt 来实现的，它的返回值 ret 表示命令行中的一个选项，而选项对应的值保存在变量 optarg 中。接下来，分别对选项 g、d、t、b、B 和 r 进行介绍。

选项 g 就是把变量 getLogSize 赋予值 1，这样后面就可以跟进这个变量值来获取日志的长度。

选项 d 是用来启动 Logcat 工具的，并且相应的全局变量 g_nonblock 的值会被赋予 true，表示当 Logger 日志驱动程序中没有日志记录可以读的时候，Logcat 可以直接退出。

如果使用选项 t 来启动 Logcat，那么它会将 g_nonblock 设置为 true 和将选项后的数字保存在全局变量 g_tail_lines 里面。全局变量 g_tail_lines 表示 Logcat 工具每次在输出日志记录时，只输出最新的日志记录。

如果使用选项 b 来启动 Logcat，那么后面代码会将选项后的字符串读取出来，并为它创建一个 log_device_t 结构体，表示 Logcat 工具要打开的日志设备。选项后面的字符串可以是 main、radio、events，表示打开的日志设备分别是/dev/log/main、/dev/log/radio、/dev/log/events。如果没有使用选项 b，那么 Logcat 工具默认打开的日志设备就是/dev/log/main。

如果选项 B 被用来启动 Logcat 工具，那么函数就会将全局变量 g_printBinary 的值设置为 1，表示要以二进制格式来输出日志记录。这时就不需要对日志记录的内容进行解析了。

如果使用了选项 r 来启动 Logcat，那么函数会将选项后面的数字保存在全局变量 g_logRotateSizeKBytes 中，用来表示每一个日志记录输出文件的最大容量。如果该选项后面没有指定数字，那么全局变量 g_logRotateSizeKBytes 的值就默认设置为 DEFAULT_LOG_ROTATE_SIZE_KBYTES。

```
static int setLogFormat(const char * formatString)
{
    static AndroidLogPrintFormat format;

    format = android_log_formatFromString(formatString);

    if (format == FORMAT_OFF) {
        // FORMAT_OFF means invalid string
        return -1;
    }

    android_log_setPrintFormat(g_logformat, format);

    return 0;
}
```

如果选项 v 在启动参数中被设置，那么就会调用如上函数将后面的字符串转换为相应的 AndroidLogPrintFormat 枚举值。该选项后面的值可以在如下函数中看到，分别对应于枚举 AndroidLogPrintFormat 中的每一个值。

```
/**
 * Returns FORMAT_OFF on invalid string
 */
AndroidLogPrintFormat android_log_formatFromString(const char * formatString)
{
```

```
    static AndroidLogPrintFormat format;

    if (strcmp(formatString, "brief") == 0) format = FORMAT_BRIEF;
    else if (strcmp(formatString, "process") == 0) format = FORMAT_PROCESS;
    else if (strcmp(formatString, "tag") == 0) format = FORMAT_TAG;
    else if (strcmp(formatString, "thread") == 0) format = FORMAT_THREAD;
    else if (strcmp(formatString, "raw") == 0) format = FORMAT_RAW;
    else if (strcmp(formatString, "time") == 0) format = FORMAT_TIME;
    else if (strcmp(formatString, "threadtime") == 0) format = FORMAT_THREADTIME;
    else if (strcmp(formatString, "long") == 0) format = FORMAT_LONG;
    else format = FORMAT_OFF;

    return format;
}
```

如果参数 formatString 是一个非法字符串，那么函数 android_log_formatFromString 将会把它转换为一个 FORMAT_OFF。否则，就通过相应的比较代码得到正确的枚举值。

初始化过程这里不做详细分析，上面分析了几个比较重要的入口参数，其他参数读者自己去分析一下。

3) 日志记录的读取过程

```
static void readLogLines(log_device_t* devices)
{
    log_device_t* dev;
    int max = 0;
    int ret;
    int queued_lines = 0;
    bool sleep = false;

    int result;
    fd_set readset;

    for (dev=devices; dev; dev = dev->next) {
        if (dev->fd > max) {
            max = dev->fd;
        }
    }

    while (1) {
        do {
            timeval timeout = { 0, 5000 /* 5ms */ }; // If we oversleep it's ok, i.e. ignore EINTR.
```

```
        FD_ZERO(&readset);
        for (dev=devices; dev; dev = dev->next) {
            FD_SET(dev->fd, &readset);
        }
        result = select(max + 1, &readset, NULL, NULL, sleep ? NULL : &timeout);
    } while (result == -1 && errno == EINTR);

    if (result >= 0) {
        for (dev=devices; dev; dev = dev->next) {
            if (FD_ISSET(dev->fd, &readset)) {
                queued_entry_t* entry = new queued_entry_t();
                /* NOTE: driver guarantees we read exactly one full entry */
                ret = read(dev->fd, entry->buf, LOGGER_ENTRY_MAX_LEN);
                if (ret < 0) {
                    if (errno == EINTR) {
                        delete entry;
                        goto next;
                    }
                    if (errno == EAGAIN) {
                        delete entry;
                        break;
                    }
                    perror("logcat read");
                    exit(EXIT_FAILURE);
                }
                else if (!ret) {
                    fprintf(stderr, "read: Unexpected EOF!\n");
                    exit(EXIT_FAILURE);
                }
                else if (entry->entry.len != ret - sizeof(struct logger_entry)) {
                      fprintf(stderr, "read: unexpected length. Expected %d, got %d\n",
                            entry->entry.len, ret - sizeof(struct logger_entry));
                            exit(EXIT_FAILURE);
                }

                entry->entry.msg[entry->entry.len] = '\0';

                dev->enqueue(entry);
                ++queued_lines;
            }
```

```
        }

        if (result == 0) {
            // we did our short timeout trick and there's nothing new
            // print everything we have and wait for more data
            sleep = true;
            while (true) {
                chooseFirst(devices, &dev);
                if (dev == NULL) {
                    break;
                }
                if (g_tail_lines == 0 || queued_lines <= g_tail_lines) {
                    printNextEntry(dev);
                } else {
                    skipNextEntry(dev);
                }
                --queued_lines;
            }

            // the caller requested to just dump the log and exit
            if (g_nonblock) {
                return;
            }
        } else {
            // print all that aren't the last in their list
            sleep = false;
            while (g_tail_lines == 0 || queued_lines > g_tail_lines) {
                chooseFirst(devices, &dev);
                if (dev == NULL || dev->queue->next == NULL) {
                    break;
                }
                if (g_tail_lines == 0) {
                    printNextEntry(dev);
                } else {
                    skipNextEntry(dev);
                }
                --queued_lines;
            }
        }
    }
```

```
next:
        ;
    }
}
```

日志记录的读取过程是通过如上函数完成的。由于 Logcat 工具可能同时打开多个日志设备，因此，while 循环通过函数 select 来同时监控它们是否有读取的内容，可以理解成这里是否有新的日志记录需要读取。调用函数 select 时，需要指定所监控的日志设备文件描述符的最大值，所以变量 max 就保存了打开的日志设备中最大的文件描述符。调用 select 之前把打开的日志设备文件描述符全部保存到一个 fd_set 对象 readset 中，这样 select 函数就可以监控前面打开的日志设备文件是否有新的日志记录可以读取。select 函数设置了一个等待超时时间 5 毫秒，即如果在 5 毫秒内，所有被监控的日志设备没有新的日志记录可读取，最多等待 5 毫秒就超时返回，这时的返回值为 0。否则函数 select 就会将 fe_set 对象 readset 中的相应位设置为 1，表示该位对应的日志设备有新的日志记录可以读取，这时 select 的返回值大于 0。如果在调用 select 的过程中，Logcat 工具有信号需要处理，那么函数 select 的返回值就会等于-1，并且错误代码 error 等于 EINTR，表示 Logcat 工具需要重新调用函数 select 来检查打开的日志设备是否有新的日志记录可以读取。

当函数跳出 while 循环后，有可能是等待超时，也有可能是所监控的日志设备中有新的日志记录可以读取，这里要分以下两种情况处理。

首先看返回结果大于 0 的情况，for 循环依次处理有新的日志记录可以读取的日志设备。如果一个日志设备有新的日志记录可以读，那么 FD_ISSET 函数就会返回 true，接着分配一个 queued_entry_t 结构体 entry，并调用函数 read 把日志设备中的一条新的日志记录读到结构体 entry 内部的缓存区 buf 中。如果读取过程出现错误，那么 Logcat 就会调用函数 exit 直接退出。但是如果错误码等于 EINTR 或 EAGAIN，就需要特殊处理。代码返回的错误码等于 EINTR，说明 Logcat 工具在读取日志记录过程中被信号中断，因此，Logcat 工具会重新执行 next 标签处的代码，即重新执行 while 循环来监控所打开的日志设备中是否有新的日志记录可以读取；如果错误码是 EAGAIN，说明该日志设备在打开时指定了 O_NONBLOCK 标志，即以非阻塞方式来打开该日志设备，这时 Logcat 会跳出 for 信息，继续向下执行。

如果是成功从相应的日志设备中读取到新的日志记录，那么就会将读到的日志加入到相应的日志设备的日志记录队列中，并且会将队列中的日志记录计数 queued_lines 加 1，表示 Logcat 工具当前正在等待显示的日志记录条数。for 循环执行完成后，就从每个有新的日志记录的日志设备中读取一条日志记录。

这些日志设备中的可读日志记录数可能不只一条，因此，接下来还需要执行 while 循环来继续读取这些日志设备中的其他日志记录。但是，在继续读取这些剩余的日志记录之前，Logcat 工具会先处理前面已经从日志设备中读取出来的日志记录。

从 if (result == 0)的语句块开始，就是用来处理日志记录输出的，主要通过 chooseFirst、printNextEntry 和 skipNextEntry 三个函数来实现。

由于 Logcat 工具是按照写入时间的先后顺序来输出日志记录的，因此，在输出已经读取的日志记录之前，Logcat 工具首先会调用函数 skipNextEntry 找到包含有最早的未输出日志记录的日志设备，它的实现源代码如下：

```
static void chooseFirst(log_device_t* dev, log_device_t** firstdev) {
    for (*firstdev = NULL; dev != NULL; dev = dev->next) {
        if (dev ->queue!=NULL && (*firstdev==NULL || cmp(dev->queue, (*firstdev)->queue) < 0)){
            *firstdev = dev;
        }
    }
}
```

因为每一个日志设备的日志队列都是按照写入时间的先后顺序来排列日志记录的，所以，函数 chooseFirst 只用比较日志队列中的第一个日志记录的写入时间，就可以找到包含有最早的未输出日志记录的日志设备。

真正用来输出日志记录的函数是 printNextEntry，它的实现源代码如下：

```
static void printNextEntry(log_device_t* dev) {
    maybePrintStart(dev);
    if (g_printBinary) {
        printBinary(&dev->queue->entry);
    } else {
        processBuffer(dev, &dev->queue->entry);
    }
    skipNextEntry(dev);
}
```

函数调用 maybePrintStart 来检查设备 dev 中的日志记录是否是第一次输出。如果是第一次输出会有一句提示性的文字，描述如下：

```
static void maybePrintStart(log_device_t* dev) {
    if (!dev->printed) {
        dev->printed = true;
        if (g_devCount > 1 && !g_printBinary) {
            char buf[1024];
            snprintf(buf, sizeof(buf), "--------- beginning of %s\n", dev->device);
            if (write(g_outFD, buf, strlen(buf)) < 0) {
                perror("output error");
                exit(-1);
            }
        }
    }
}
```

在上面函数 printNextEntry 中，如果在启动 Logcat 时知道了参数 B，那么全局变量 g_printBinary 的值会被设置成 1，表示 Logcat 要以二进制格式来输出读取到的日志记录，因此，会调用 printBinary 来输出已经读取到的日志记录；否则会调用函数 processBuffer

来输出已经读取到的日志记录。日志队列中的日志记录输出以后，就要将它从队列中删除，这是通过调用函数 skipNextEntry 来实现的，函数定义如下：

```
static void skipNextEntry(log_device_t* dev) {
    maybePrintStart(dev);
    queued_entry_t* entry = dev->queue;
    dev->queue = entry->next;
    delete entry;
}
```

在函数 readLogLines 中，我们继续分析 if (result == 0)包含的语句块是如何处理那些已经从日志设备中读取出来的日志记录的。

如果变量 result 的值等于 0，即说明前面在调用函数 select 监控日志设备中有新的日志记录可读时超时了。既然所有打开的日志设备都没有新的日志记录可读，那么 while 循环就应该在这时候输出之前已经读取出来的日志记录。接下来首先调用函数 chooseFirst 来获得包含有最早的未输出日志记录的日志设备，然后再考虑是否要输出这条最早的日志记录。如果在启动 Logcat 工具时，指定了 t 选项，即限定了可以输出的最新日志记录的条数，那么就需要先计算所有日志设备中的未输出日志记录的条数。如果未输出的日志记录条数大于可以输出的最大值，即大于全局变量 g_tail_lines 的值，那么就需要将最早的一部分日志记录丢弃；如果没有限定可以输出的最新日志记录的条数，即全局变量 g_tail_lines 的值为 0，或者输出日志记录的条数小于 g_tail_lines，那么 Logcat 工具就会将所有未输出的日志记录输出。处理完成日志设备中的已读取日志记录之后，检查 Logcat 工具是否以非阻塞的模式来打开日志设备。如果是以非阻塞模式打开日志设备，由于这时函数 select 是超时返回的，即日志设备中没有新的日志记录可读，那么 Logcat 工具就直接 return 返回。

如果变量 select 的返回值大于 0，即 if (result == 0) 语句为 false，那么 Logcat 工具就会执行 else 包括起来的代码来处理日志设备中的已读取日志记录。在这种情况下，日志设备中可能还有新的日志记录等待读取，所以，它的处理方式就会与函数 select 超时的情况有所不同。这时如果没有限定可以输出的最新日志记录的条数，即全局变量 g_tail_lines 的值为 0，那么 Logcat 工具就不用考虑日志设备中是否还有剩余的日志记录未读取，它可以立即输出那些已经读取的日志记录；如果限定了可以输出的最新日志记录的条数，即全局变量 g_tail_lines 的值大于 0，那么就要把最早的一部分日志记录删除，直到它们的数量小于等于限定的可以输出的最新日志记录的条数为止。在这种情况下，就需要继续读取日志设备中的其余未读取的日志记录，直到所有打开的日志设备都没有新的日志记录可读取时，Logcat 工具才会将已经读取的日志记录输出。

4) 日志记录的输出过程

```
static void printNextEntry(log_device_t* dev) {
    maybePrintStart(dev);
    if (g_printBinary) {
        printBinary(&dev->queue->entry);
```

```
        } else {
            processBuffer(dev, &dev->queue->entry);
        }
        skipNextEntry(dev);
    }
```

前面已经提到过 Logcat 是通过 printNextEntry 来输出日志记录的。如果全局变量 g_printBinary 的值等于 1，那么就以二进制的格式来输出日志记录。这时 printNextEntry 调用 printBinary 来处理。

```
void printBinary(struct logger_entry *buf)
{
    size_t size = sizeof(logger_entry) + buf->len;
    int ret;

    do {
        ret = write(g_outFD, buf, size);
    } while (ret < 0 && errno == EINTR);
}
```

由于不需要对日志记录进行解析，即不用将它的优先级、标签以及内容解析出来，因此，函数 printBinary 的实现很简单，可直接调用函数 write 将它输出到文件或者打印到标准输出中。

如果全局变量 g_printBinary 的值等于 0，那么就要以文本格式来输出日志记录。这时函数 printNextEntry 调用函数 processBuffer 来处理。

```
static void processBuffer(log_device_t* dev, struct logger_entry *buf)
{
    int bytesWritten = 0;
    int err;
    AndroidLogEntry entry;
    char binaryMsgBuf[1024];

    if (dev->binary) {
        err = android_log_processBinaryLogBuffer(buf, &entry, g_eventTagMap,
                binaryMsgBuf, sizeof(binaryMsgBuf));
        //printf(">>> pri=%d len=%d msg='%s'\n",
        //    entry.priority, entry.messageLen, entry.message);
    } else {
        err = android_log_processLogBuffer(buf, &entry);
    }
    if (err < 0) {
        goto error;
```

```
        }

        if (android_log_shouldPrintLine(g_logformat, entry.tag, entry.priority)) {
            if (false && g_devCount > 1) {
                binaryMsgBuf[0] = dev->label;
                binaryMsgBuf[1] = ' ';
                bytesWritten = write(g_outFD, binaryMsgBuf, 2);
                if (bytesWritten < 0) {
                    perror("output error");
                    exit(-1);
                }
            }

            bytesWritten = android_log_printLogLine(g_logformat, g_outFD, &entry);

            if (bytesWritten < 0) {
                perror("output error");
                exit(-1);
            }
        }

        g_outByteCount += bytesWritten;

        if (g_logRotateSizeKBytes > 0
             && (g_outByteCount / 1024) >= g_logRotateSizeKBytes
        ) {
            rotateLogs();
        }

    error:
        //fprintf (stderr, "Error processing record\n");
        return;
    }
```

前面得到的日志记录是一块由一个数据结构描述的缓冲区，保存在一个 logger_entry 结构体中的。因此，函数 processBuffer 将它输出之前，首先要将它的内容转换为一个 AndroidLogEntry 结构体。AndroidLogEntry 结构体描述了一条日志记录的写入时间、优先级、标签、内容以及写入进程 ID。如果日志记录的类型是二进制格式的，即是类型为 events 的日志记录，那么函数 processBuffer 就会调用函数 android_log_processBinaryLogBuffer 对它进行解析；否则，就调用函数 android_log_processLogBuffer 对它进行解析。日志记录解析完成之后，函数 processBuffer 最后就调用函数 android_log_printLogLine 将它输出到文件或者打印到标准输出中。这三个函数的实现我们接下来再详细分析，现在先处理函数 processBuffer。

一条日志记录解析完成之后，Logcat 工具就得到了它的优先级和标签。由于在启动 Logcat 工具时，可能设置了日志记录输出过滤器，因此，函数 processBuffer 就需要调用函数 android_log_shouldPrintLine 判断一条日志记录是否能够输出。在前面提到过，Logcat 工具的日志记录输出过滤器列表保存在全局变量 g_logformat 中，因此，函数 processBuffer 就以它作为参数来调用函数 android_log_shouldPrintLine。判断一条日志记录是否能够输出，它的实现源代码如下：

```
/**
 * returns 1 if this log line should be printed based on its priority
 * and tag, and 0 if it should not
 */
int android_log_shouldPrintLine (
        AndroidLogFormat *p_format, const char *tag, android_LogPriority pri)
{
    return pri >= filterPriForTag(p_format, tag);
}
```

函数 filterPriForTag 首先在参数 p_format 中检查是否对日志记录标签 tag 设置了输出过滤器。如果设置了，那么函数 filterPriForTag 就会返回它的过滤优先级。只有这个过滤优先级低于即将要输出的日志记录的优先级时，该日志记录才可以输出。

函数 filterPriForTag 的实现源代码如下：

```
static android_LogPriority filterPriForTag(
        AndroidLogFormat *p_format, const char *tag)
{
    FilterInfo *p_curFilter;

    for (p_curFilter = p_format->filters
            ; p_curFilter != NULL
            ; p_curFilter = p_curFilter->p_next
    ) {
        if (0 == strcmp(tag, p_curFilter->mTag)) {
            if (p_curFilter->mPri == ANDROID_LOG_DEFAULT) {
                return p_format->global_pri;
            } else {
                return p_curFilter->mPri;
            }
        }
    }
```

```
        return p_format->global_pri;
    }
```

for 循环检查是否参数 p_format 的日志记录在输出过滤器列表中已经为日志记录标签 tag 设置了输出过滤器。如果设置了，就返回该日志记录标签所对应的优先级；否则，返回全局设置的日志记录输出优先级，即返回参数 p_format 的成员变量 global_pri。另外，如果我们为日志记录标签 tag 设置了输出过滤器，但是将该输出过滤器的优先级设置为 ANDROID_LOG_DEFAULT，那么函数 filterPriForTag 实际上返回的是全局设置的日志记录输出优先级。

继续看函数 processBuffer，如果函数 android_ log_shouldPrintLine 的返回值为 true，那么它就会先调用函数 android_log_printLogLine 输出日志记录，然后再将输出的日志记录的字节数 bytesWritten 增加到全局变量 g_outByteCount 中，表示到目前为止，一共向文件 g_outFd 中输出了多少个字节的日志记录。一旦当输出到文件 g_outFD 中的日志记录的字节数大于全局变量 g_logRotateSizeKBytes 的值时，Logcat 就会将接下来的其他日志记录输出到另外一个文件中。全局变量 g_logRotateSizeKBytes 的值是由 Logcat 工具的启动选项 r 来指定的，如果没有指定该选项，那么全局变量 g_logRotateSizeKBytes 的值就会等于 0，表示将所有的日志记录都输出到同一个文件中。如果全局变量 g_logRotateSizeKBytes 的值大于 0，那么总共可以用来作为日志记录输出文件的个数就由 Logcat 工具的选项 n 来指定。如果没有指定选项 n，那么默认就有四个日志记录输出文件。用函数 rotateLogs 来设置接下来的一个日志记录输出文件，它的实现源代码如下：

```
static void rotateLogs()
{
    int err;

    // Can't rotate logs if we're not outputting to a file
    if (g_outputFileName == NULL) {
        return;
    }

    close(g_outFD);

    for (int i = g_maxRotatedLogs ; i > 0 ; i--) {
        char *file0, *file1;

        asprintf(&file1, "%s.%d", g_outputFileName, i);

        if (i - 1 == 0) {
            asprintf(&file0, "%s", g_outputFileName);
        } else {
            asprintf(&file0, "%s.%d", g_outputFileName, i - 1);
```

```
            }

            err = rename (file0, file1);

            if (err < 0 && errno != ENOENT) {
                perror("while rotating log files");
            }

            free(file1);
            free(file0);
        }

        g_outFD = openLogFile (g_outputFileName);

        if (g_outFD < 0) {
            perror ("couldn't open output file");
            exit(-1);
        }

        g_outByteCount = 0;

    }
```

如果在启动 Logcat 工具时，通过选项 f 来指定日志记录输出文件为 logFengke，并且指定了日志记录输出文件的个数为 4 通过选项 n，那么 rotateLogs 就分别将日志记录输出文件设置为 logFengke、logFengke1、logFengke2、logFengke3。

这四个文件是循环使用的，即最后一个文件 logFengke3 的大小达到限定值后，Logcat 工具就将接下来的日志记录重新输出到 logFengke、logFengke1、logFengke2 和 logFengke3 中。如果某一个文件达到了极限值，就依次写到下一个文件中。

接下来我们看看函数 android_log_processBinaryLogBuffer、android_log_processLogBuffer 和 android_log_printLogLine 的实现。

首先分析一下函数 android_log_processBinaryLogBuffer 的实现，它是用来解析类型为 events 的日志记录的。

```
/**
 * Convert a binary log entry to ASCII form.
 *
 * For convenience we mimic the processLogBuffer API.   There is no
 * pre-defined output length for the binary data, since we're free to format
 * it however we choose, which means we can't really use a fixed-size buffer
 * here.
 */
```

```
int android_log_processBinaryLogBuffer(struct logger_entry *buf,
    AndroidLogEntry *entry, const EventTagMap* map, char* messageBuf,
    int messageBufLen)
{
    size_t inCount;
    unsigned int tagIndex;
    const unsigned char* eventData;

    entry->tv_sec = buf->sec;
    entry->tv_nsec = buf->nsec;
    entry->priority = ANDROID_LOG_INFO;
    entry->pid = buf->pid;
    entry->tid = buf->tid;

    /*
     * Pull the tag out.
     */
    eventData = (const unsigned char*) buf->msg;
    inCount = buf->len;
    if (inCount < 4)
        return -1;
    tagIndex = get4LE(eventData);
    eventData += 4;
    inCount -= 4;

    if (map != NULL) {
        entry->tag = android_lookupEventTag(map, tagIndex);
    } else {
        entry->tag = NULL;
    }

    /*
     * If we don't have a map, or didn't find the tag number in the map,
     * stuff a generated tag value into the start of the output buffer and
     * shift the buffer pointers down.
     */
    if (entry->tag == NULL) {
        int tagLen;
```

```
        tagLen = snprintf(messageBuf, messageBufLen, "[%d]", tagIndex);
        entry->tag = messageBuf;
        messageBuf += tagLen+1;
        messageBufLen -= tagLen+1;
    }

    /*
     * Format the event log data into the buffer.
     */
    char* outBuf = messageBuf;
    size_t outRemaining = messageBufLen-1;          /* leave one for nul byte */
    int result;
    result = android_log_printBinaryEvent(&eventData, &inCount, &outBuf,
            &outRemaining);
    if (result < 0) {
        fprintf(stderr, "Binary log entry conversion failed\n");
        return -1;
    } else if (result == 1) {
        if (outBuf > messageBuf) {
            /* leave an indicator */
            *(outBuf-1) = '!';
        } else {
            /* no room to output anything at all */
            *outBuf++ = '!';
            outRemaining--;
        }
        /* pretend we ate all the data */
        inCount = 0;
    }

    /* eat the silly terminating '\n' */
    if (inCount == 1 && *eventData == '\n') {
        eventData++;
        inCount--;
    }

    if (inCount != 0) {
        fprintf(stderr,
            "Warning: leftover binary log data (%zu bytes)\n", inCount);
```

```
    }

    /*
     * Terminate the buffer.  The NUL byte does not count as part of
     * entry->messageLen.
     */
    *outBuf = '\0';
    entry->messageLen = outBuf - messageBuf;
    assert(entry->messageLen == (messageBufLen-1) - outRemaining);

    entry->message = messageBuf;

    return 0;
}
```

首先代码初始化 AndroidLogEntry 结构体 entry 中的日志记录写入时间、写入的进程 ID 以及优先级等信息。因为类型为 events 的日志记录是二进制格式的，所以它没有优先级的概念，但是这里为了保持代码的统一处理，Logcat 将它们的优先级写定为 ANDROID_LOG_INFO(这个赋值可以理解成 hardcode，因为不是动态填写的)。

在/*pull the tag out.*/注释后的代码可以知道，logger_entry 结构体 buf 内部的缓冲区 msg 地址赋值给 eventData 这个变量，它指向了缓冲区中真实数据的地址。因为类型 events 的日志记录的标签是使用一个整数值来赋值描述的，并保存在 logger_entry 结构体 buf 内部缓冲区 msg 的前 4 个字节，因此 get4LE 函数的目的就是将 4 个字节取出来，并存储于变量 tagIndex 中。

下面是函数 get4LE 的实现源代码，它只是简单的抽取缓冲区 src 前面 4 个字节的内容并组合在一起形成一个整数，然后返回给调用者。

```
/*
 * Extract a 4-byte value from a byte stream.
 */
static inline uint32_t get4LE(const uint8_t* src)
{
    return src[0] | (src[1] << 8) | (src[2] << 16) | (src[3] << 24);
}
```

回到函数 android_log_processBinaryLogBuffer 中，接下来检测 map 的值(参数 map 指向一个 EventTagMap 结构体，它是 Logcat 启动时，通过解析目标设备上的 /system/etc/event-log-tags 文件得到的。这样，Logcat 工具就可以通过它来找到与日志记录标签值 tagIndex 对应的描述字符串。)如果值是 NULL 就直接将 AndroidLogEntry 结构体 entry 的成员变量 tag 设置为 NULL，表示当前处理的一个日志记录的标签值没有对应的描述字符串；否则，会调用函数 android_lookupEventTag 在参数 map 中找到与日志记录标签值 tagIndex 对应的描述字符串。

这里简单介绍一下 android_lookupEventTag 的实现，源代码如下：

```
/*
 * Look up an entry in the map.
 *
 * The entries are sorted by tag number, so we can do a binary search.
 */
const char* android_lookupEventTag(const EventTagMap* map, int tag)
{
    int hi, lo, mid;

    lo = 0;
    hi = map->numTags-1;

    while (lo <= hi) {
        int cmp;

        mid = (lo+hi)/2;
        cmp = map->tagArray[mid].tagIndex - tag;
        if (cmp < 0) {
            /* tag is bigger */
            lo = mid + 1;
        } else if (cmp > 0) {
            /* tag is smaller */
            hi = mid - 1;
        } else {
            /* found */
            return map->tagArray[mid].tagStr;
        }
    }

    return NULL;
}
```

前面已经提到过 Logcat 工具解析完成目标设备上的/system/etc/event-log-tags 之后，就会得到一个日志记录标签描述符表，表中描述了与每一个日志标签所对应的描述字符串，最后会按照标签值从小到大的顺序保存在 EventTagMap 结构体内部的 EventTag 结构体数组 tagArray 中。存储的方法决定了查询方法，所以函数 android_lookupEventTag 就用二分法从数组中得到与日志记录标签值 tag 对应的描述字符串，并且将它返回给调用者。

回到函数 android_log_processBinaryLogBuffer 中，继续往下看。

如果前面没有在 EventTagMap 结构体 map 中找到即将要输出的日志记录的标签值描

述字符串(if (entry->tag == NULL))，那么接下来会由 sprintf 来组合一个标签值作为要输出的日志记录的标签值描述符字符串。接下来就是调用函数 android_log_printBinaryEvent 解析日志记录的二进制内容字段。

在对即将输出的日志记录解析完成后，输出结果就保存在缓冲区 messageBuf 中。变量 outRemaining 的长度设置成了缓冲区 messageBuf 的长度，按照注释/* leave one for nul byte */来看，目的是为了防止缓冲区溢出而希望把字符串的最后一个字符设置为“\0”。这样，Logcat 就可以将缓冲区 messageBuf 的内容作为一个字符串输出到文件或打印到标准输出中。

```
/*
 * Recursively convert binary log data to printable form.
 *
 * This needs to be recursive because you can have lists of lists.
 *
 * If we run out of room, we stop processing immediately.   It's important
 * for us to check for space on every output element to avoid producing
 * garbled output.
 *
 * Returns 0 on success, 1 on buffer full, -1 on failure.
 */
static int android_log_printBinaryEvent(const unsigned char** pEventData,
    size_t* pEventDataLen, char** pOutBuf, size_t* pOutBufLen)
{
    const unsigned char* eventData = *pEventData;
    size_t eventDataLen = *pEventDataLen;
    char* outBuf = *pOutBuf;
    size_t outBufLen = *pOutBufLen;
    unsigned char type;
    size_t outCount;
    int result = 0;

    if (eventDataLen < 1)
        return -1;
    type = *eventData++;
    eventDataLen--;

    //fprintf(stderr, "--- type=%d (rem len=%d)\n", type, eventDataLen);

    switch (type) {
    case EVENT_TYPE_INT:
        /* 32-bit signed int */
```

```
        {
            int ival;

            if (eventDataLen < 4)
                return -1;
            ival = get4LE(eventData);
            eventData += 4;
            eventDataLen -= 4;

            outCount = snprintf(outBuf, outBufLen, "%d", ival);
            if (outCount < outBufLen) {
                outBuf += outCount;
                outBufLen -= outCount;
            } else {
                /* halt output */
                goto no_room;
            }
        }
        break;
    case EVENT_TYPE_LONG:
        /* 64-bit signed long */
        {
            long long lval;

            if (eventDataLen < 8)
                return -1;
            lval = get8LE(eventData);
            eventData += 8;
            eventDataLen -= 8;

            outCount = snprintf(outBuf, outBufLen, "%lld", lval);
            if (outCount < outBufLen) {
                outBuf += outCount;
                outBufLen -= outCount;
            } else {
                /* halt output */
                goto no_room;
            }
        }
        break;
```

```
case EVENT_TYPE_STRING:
    /* UTF-8 chars, not NULL-terminated */
    {
        unsigned int strLen;

        if (eventDataLen < 4)
            return -1;
        strLen = get4LE(eventData);
        eventData += 4;
        eventDataLen -= 4;

        if (eventDataLen < strLen)
            return -1;

        if (strLen < outBufLen) {
            memcpy(outBuf, eventData, strLen);
            outBuf += strLen;
            outBufLen -= strLen;
        } else if (outBufLen > 0) {
            /* copy what we can */
            memcpy(outBuf, eventData, outBufLen);
            outBuf += outBufLen;
            outBufLen -= outBufLen;
            goto no_room;
        }
        eventData += strLen;
        eventDataLen -= strLen;
        break;
    }
case EVENT_TYPE_LIST:
    /* N items, all different types */
    {
        unsigned char count;
        int i;

        if (eventDataLen < 1)
            return -1;

        count = *eventData++;
        eventDataLen--;
```

```
                if (outBufLen > 0) {
                    *outBuf++ = '[';
                    outBufLen--;
                } else {
                    goto no_room;
                }

                for (i = 0; i < count; i++) {
                    result = android_log_printBinaryEvent(&eventData, &eventDataLen,
                            &outBuf, &outBufLen);
                    if (result != 0)
                        goto bail;

                    if (i < count-1) {
                        if (outBufLen > 0) {
                            *outBuf++ = ',';
                            outBufLen--;
                        } else {
                            goto no_room;
                        }
                    }
                }

                if (outBufLen > 0) {
                    *outBuf++ = ']';
                    outBufLen--;
                } else {
                    goto no_room;
                }
            }
            break;
        default:
            fprintf(stderr, "Unknown binary event type %d\n", type);
            return -1;
        }

bail:
        *pEventData = eventData;
        *pEventDataLen = eventDataLen;
        *pOutBuf = outBuf;
```

```
        *pOutBufLen = outBufLen;
        return result;

    no_room:
        result = 1;
        goto bail;
    }
```

函数 android_log_printBinaryEvent 正好是日志记录写入函数 android_util_EventLog_writeEvent_Integer、android_util_EventLog_writeEvent_Long、android_util_EventLog_writeEvent-String 和 android_util_EventLog_writeEventArray 的逆操作。因此，读者可以先看看这四个函数的实现再来分析函数 android_log_printBinaryEvent 的实现。简单来说，如果日志记录内容只有一个值，那么函数 android_log_ printBinaryEvent 就会根据它的类型(整数、长整数和字符串)将它从输入缓冲区 pEventData 取回来，并且保存到输出缓冲区 outBuf 中。当日志记录的内容是一个列表时，函数 android_log_ printBinaryEvent 就会通过递归调用自己来依次遍历列表中的数据。如果得到的数据是一个整数、长整数或者字符串，那么处理方式就与前面一样；否则，当得到的数据又是一个列表时，函数 android_log_printBinaryEvent 就会继续对这个子列表执行同样的遍历操作。

函数 android_log_printBinaryEvent 执行完成之后，如果返回值等于 0，那么说明日志记录解析成功；否则，说明解析过程中出现了问题。其中，返回值等于-1 表示日志记录缓冲区有误；返回值等于 1 表示输出缓冲区 outBuf 没有足够的空间来容纳日志记录的内容。

回到函数 android_log_processBinaryLogBuffer 中，继续往下执行。

变量 result 的值是调用函数 android_log_printBinaryEvent 得到返回值的。如果它的值小于 0(if (result<0))，就说明日志记录内容有误。因此，函数 android_log_processBinaryLogBuffer 就不用进一步对它进行处理了，直接返回错误码-1；如果 result 的值等于 1，那么说明日志记录输出缓冲区 messageBuf 的空间不足，这时函数 android_log_processBinaryLogBuffer 在缓冲区 messageBuff 的最后一个字节上写入一个符号“!”来说明此种情况。

变量 inCount 表示原始的日志记录缓冲区中还有多少个字节未处理。如果它的值等于 1，并且剩余未处理的字符为“\n”，那么说明要输出的是一条正常的日志记录，因为每一条类型为 events 的日志记录总是以“\n”字符结束的。如果要输出的日志记录不是这种情况，那么会输出一条警告信息来说明此种情况。

接下来分析一下函数 android_log_processLogBuffer 的实现，它主要解析类型为 main、system 和 radio 的日志记录，源代码如下：

```
/**
 * Splits a wire-format buffer into an AndroidLogEntry
 * entry allocated by caller. Pointers will point directly into buf
 *
 * Returns 0 on success and -1 on invalid wire format (entry will be
 * in unspecified state)
```

```
    */
int android_log_processLogBuffer(struct logger_entry *buf, AndroidLogEntry *entry)
{
    entry->tv_sec = buf->sec;
    entry->tv_nsec = buf->nsec;
    entry->pid = buf->pid;
    entry->tid = buf->tid;

    /*
     * format: <priority:1><tag:N>\0<message:N>\0
     *
     * tag str
     *    starts at buf->msg+1
     * msg
     *    starts at buf->msg+1+len(tag)+1
     *
     * The message may have been truncated by the kernel log driver.
     * When that happens, we must null-terminate the message ourselves.
     */
    if (buf->len < 3) {
        // An well-formed entry must consist of at least a priority
        // and two null characters
        fprintf(stderr, "+++ LOG: entry too small\n");
        return -1;
    }

    int msgStart = -1;
    int msgEnd = -1;

    int i;
    for (i = 1; i < buf->len; i++) {
        if (buf->msg[i] == '\0') {
            if (msgStart == -1) {
                msgStart = i + 1;
            } else {
                msgEnd = i;
                break;
            }
        }
```

专注创客教育 为创客而生

```
        }

        if (msgStart == -1) {
            fprintf(stderr, "+++ LOG: malformed log message\n");
            return -1;
        }
        if (msgEnd == -1) {
            // incoming message not null-terminated; force it
            msgEnd = buf->len - 1;
            buf->msg[msgEnd] = '\0';
        }

        entry->priority = buf->msg[0];
        entry->tag = buf->msg + 1;
        entry->message = buf->msg + msgStart;
        entry->messageLen = msgEnd - msgStart;

        return 0;
    }
```

日志记录的优先级字段长度为 1 个字节，保存在 logger_entry 结构体 buf 内部的缓冲区 msg 的第一个字节中。日志记录的标签字段从 logger_entry 结构体 buf 内部的缓冲区 msg 的第二个字节开始，一直到“\0”字符为止。logger_entry 结构体 buf 内部的缓冲区 msg 剩余的字节即为日志记录的内容字段。

最后分析函数 android_log_printLogLine，这个函数是真正打印日志信息的。

```
/**
 * Either print or do not print log line, based on filter
 *
 * Returns count bytes written
 */

int android_log_printLogLine(
    AndroidLogFormat *p_format,
    int fd,
    const AndroidLogEntry *entry)
{
    int ret;
    char defaultBuffer[512];
    char *outBuffer = NULL;
    size_t totalLen;
```

```
        outBuffer = android_log_formatLogLine(p_format, defaultBuffer,
                sizeof(defaultBuffer), entry, &totalLen);

        if (!outBuffer)
            return -1;

        do {
            ret = write(fd, outBuffer, totalLen);
        } while (ret < 0 && errno == EINTR);

        if (ret < 0) {
            fprintf(stderr, "+++ LOG: write failed (errno=%d)\n", errno);
            ret = 0;
            goto done;
        }

        if (((size_t)ret) < totalLen) {
            fprintf(stderr, "+++ LOG: write partial (%d of %d)\n", ret,
                    (int)totalLen);
            goto done;
        }

    done:
        if (outBuffer != defaultBuffer) {
            free(outBuffer);
        }

        return ret;
    }
```

此函数格式要输出的日志记录，并将最后结果保存在缓冲区 defaultBuffer 中。此函数的功能比较简单，它将要输出的日志记录的内容格式为“prefix+message+suffix”的形式。其中 prifix 和 suffix 的内容取决于 Logcat 工具在初始化时设置的日志记录输出格式 p_format，message 就是日志的具体内容。有了输出结果缓冲区 defaultBuffer 后，while 循环就可以调用函数 write 将它输出到文件描述符 fd 所描述的目标文件中。具体输出格式是什么，读者可以再次看看 android_log_formatLogLine 函数的实现。

日志如何输出和写入的源代码到此分析完成，但是不是所有读者都需要完全理解 Logcat 实现过程，或许如何使用它才是 Android 的关键。但是理解了 Logcat 的源代码，这套 LOG 系统的实现基本上可以移植到任何 Linux 平台的框架中去。实际上任何 Linux 的 LOG 实现也和这套系统差不多，包括 Linux 本省自带的 LOG 实现方法，可以用打印 LOG 命令(如：tail -f /var/log/message)输出。

2.4.2 Linux 内核常用的调试方法

1. 内核调试配置选项

make ARCH=arm menuconfig，然后选择需要打开的 debug 信息，如图 2-70 和图 2-71 所示。

```
-*- Patch physical to virtual translations at runtime
    General setup  --->
[*] Enable loadable module support  --->
[*] Enable the block layer  --->
    System Type  --->
    Bus support  --->
    Kernel Features  --->
    Boot options  --->
    CPU Power Management  --->
    Floating point emulation  --->
    Userspace binary formats  --->
    Power management options  --->
[*] Networking support  --->
    Device Drivers  --->
    File systems  --->
    Kernel hacking  --->
    Security options  --->
-*- Cryptographic API  --->
    Library routines  --->
[ ] Virtualization  --->
```

图 2-70

```
[*] Enable full Section mismatch analysis
-*- Kernel debugging
[ ]   Debug shared IRQ handlers
[*]   Detect Hard and Soft Lockups
[ ]     Panic (Reboot) On Hard Lockups
[ ]     Panic (Reboot) On Soft Lockups
[ ] Panic on Oops
[*] Detect Hung Tasks
(120) Default timeout for hung task detection (in seconds)
[ ]   Panic (Reboot) On Hung Tasks
[*] Collect scheduler debugging info
[*] Collect scheduler statistics
[*] Collect kernel timers statistics
[ ] Debug object operations
[ ] Enable SLUB performance statistics
[ ] Kernel memory leak detector
[ ] Debug preemptible kernel
[ ] RT Mutex debugging, deadlock detection
[ ] Built-in scriptable tester for rt-mutexes
[ ] Spinlock and rw-lock debugging: basic checks
[ ] Mutex debugging: basic checks
[ ] Lock debugging: detect incorrect freeing of live locks
[ ] Lock debugging: prove locking correctness
(+)

     <Select>    < Exit >    < Help >    < Save >    < Load >
```

图 2-71

2．引发 BUG 并打印信息

1) BUG()和BUG_ON()

一些内核调用可以用来方便标记 BUG，提供断言并输出信息。最常用的两个是 BUG()和 BUG_ON()，它们定义在<include/asm-generic/bug.h>中，如图 2-72 所示。

```
/*
 * Don't use BUG() or BUG_ON() unless there's really no way out; one
 * example might be detecting data structure corruption in the middle
 * of an operation that can't be backed out of.  If the (sub)system
 * can somehow continue operating, perhaps with reduced functionality,
 * it's probably not BUG-worthy.
 *
 * If you're tempted to BUG(), think again:  is completely giving up
 * really the *only* solution?  There are usually better options, where
 * users don't need to reboot ASAP and can mostly shut down cleanly.
 */
#ifndef HAVE_ARCH_BUG
#define BUG() do { \
    printk("BUG: failure at %s:%d/%s()!\n", __FILE__, __LINE__, __func__); \
    panic("BUG!"); \
} while (0)
#endif

#ifndef HAVE_ARCH_BUG_ON
#define BUG_ON(condition) do { if (unlikely(condition)) BUG(); } while(0)
#endif
```

图 2-72

2) dump_stack()

有些时候，只需要在终端上打印一下栈的回溯信息来帮助调试，这时可以使用 dump_stack()。这个函数只在终端上打印寄存器上下文和函数的跟踪线索，定义如下：

```
if (!debug_check) {
    printk(KERN_DEBUG "show some information.../n");
    dump_stack();
}
```

3．内核提供的格式打印函数(printk)

1) printk函数的健壮性

printk 最容易被接受的一个特质是几乎在任何地方、任何时候内核都可以调用它(中断上下文、进程上下文、持有锁时、多处理器处理时等)。

2) printk 函数脆弱之处

Printk 函数在系统启动过程中，终端初始化之前，在某些地方是不能调用的。如果真的需要调试系统启动过程最开始的地方，有以下方法可以使用：

(1) 使用串口调试，将调试信息输出到其他终端设备。

(2) 使用 early_printk()，该函数在系统启动初期就有打印能力，但它只支持部分硬件体系。

3) LOG 等级

(1) 定义如下：

```
Example：printk(KERN_CRIT  "Hello, world!\n");
#define KERN_EMERG     "<0>"  /* system is unusable              */
#define KERN_ALERT     "<1>"  /* action must be taken immediately */
#define KERN_CRIT      "<2>"  /* critical conditions             */
#define KERN_ERR       "<3>"  /* error conditions                */
#define KERN_WARNING   "<4>"  /* warning conditions              */
#define KERN_NOTICE    "<5>"  /* normal but significant condition */
#define KERN_INFO      "<6>"  /* informational                   */
#define KERN_DEBUG     "<7>"  /* debug-level messages            */
#define KERN_DEFAULT   "<d>"  /* Use the default kernel loglevel  */
```

(2) 等级设置如图 2-73 所示。

```
mtj@ubuntu :~$ cat /proc/sys/kernel/printk
4 4 1 7
mtj@ubuntu :~$ cat /proc/sys/kernel/printk_delay
0
mtj@ubuntu :~$ cat /proc/sys/kernel/printk_ratelimit
5
mtj@ubuntu :~$ cat /proc/sys/kernel/printk_ratelimit_burst
10
```

图 2-73

第一项定义了 printk API 当前使用的日志级别。这些日志级别表示了控制台的日志级别、默认消息日志级别、最小控制台日志级别和默认控制台日志级别。

printk_delay 值表示的是 printk 消息之间的延迟毫秒数(用于提高某些场景的可读性)。注意，这里它的值为 0，而它是不可以通过 /proc 设置的。

printk_ratelimit 定义了消息之间允许的最小时间间隔(当前定义为每 5 秒内的某个内核消息数)。

消息数量是由 printk_ratelimit_burst 定义的(当前定义为 10)。如果拥有一个非正式内核而又使用有带宽限制的控制台设备(如通过串口)，那么这非常有用。注意，在内核中，速度限制是由调用者控制的，而不是在 printk 中实现的。如果一个 printk 用户要求进行速度限制，那么该用户就需要调用 printk_ratelimit 函数。

(3) 记录缓冲区(LOG_BUF_LEN)如下：

```
kernel/printk.c:257:#define __LOG_BUF_LEN (1 << CONFIG_LOG_BUF_SHIFT)
kernel/arch/arm/configs/rockchip_defconfig:CONFIG_LOG_BUF_SHIFT=19
```

(4) syslogd/klogd 进程。在标准的 Linux 系统上，用户空间的守护进程 klogd 从纪录缓冲区中获取内核消息，再通过 syslogd 守护进程把这些消息保存在系统日志文件中。klogd 进程既可以从/proc/kmsg 文件中，也可以通过 syslog()系统调用读取这些消息。默认情况下，它选择读取/proc 方式实现。klogd 守护进程在消息缓冲区有新的消息之前，一直处于阻塞状态。一旦有新的内核消息，klogd 被唤醒，读出内核消息并进行处理。默认情况下，处理例程就是把内核消息传给 syslogd 守护进程。syslogd 守护进程一般把接收到的消息写入/var/log/messages 文件中。不过，还是可以通过/etc/syslog.conf 文件来进行配置，可以选择其他的输出文件。

(5) dmesg 命令。dmesg 命令也可用于打印和控制内核环缓冲区。这个命令使用 klogctl 系统调用来读取内核环缓冲区，并将它转发到标准输出(stdout)。这个命令也可以用来清除内核环缓冲区(使用-c 选项)，设置控制台日志级别(-n 选项)，以及定义用于读取内核日志消息的缓冲区大小(-s 选项)。注意，如果没有指定缓冲区大小，那么 dmesg 命令会使用 klogctl 的 SYSLOG_ACTION_SIZE_BUFFER 操作确定缓冲区大小。

(6) 动态调试。动态调试是通过动态地开启和禁止某些内核代码来获取额外的内核信息。

首先内核选项 CONFIG_DYNAMIC_DEBUG 应该被设置。所有通过 pr_debug()/dev_debug()打印的信息都可以动态地显示或不显示。

可以通过以下简单的查询语句来筛选需要显示的信息：

－源文件名

－函数名

－行号(包括指定范围的行号)

－模块名

－格式化字符串

如：将要打印信息的格式写入/var/dynamic_debug/xx 中，如图 2-74 所示。

```
echo 'file svcsock.c line 1603 +p' >     /var/dynamic_debug/xx
```

图 2-74

4．strace

strace 命令是一种强大的工具，它能够显示所有由用户空间程序发出的系统调用。strace 显示这些调用的参数并返回符号形式的值。strace 从内核接收信息，而且不需要以任何特殊的方式来构建内核。将跟踪信息发送给应用程序及内核开发者都很有用。

第3章 开发实战

3.1 PinCtrl(Pin Control) subsystem 子系统

Pin Control 子系统的主要功能包括以下几方面：

(1) 管理系统中所有可以控制的 pin。在系统初始化的时候，枚举所有可以控制的 pin，并命名这些 pin。

(2) 管理这些 pin 的复用功能(Multiplexing)。对于 SoC 而言，其引脚除了配置成普通 GPIO 之外，若干个引脚还可以组成一个 pin group，形成特定的功能：例如 pin number 是由{0, 1, 2, 3}这四个引脚组合形成一个 pin group，提供 SPI 的功能。pin control subsystem 要管理所有的 pin group。

(3) 配置这些 pin 的特性。例如对一些特定的 pin 脚通过软件去设置该引脚的驱动方式，如配置该引脚上的 pull-up/down 电阻、open drain、drive strength 等。

这节主要介绍 Pin Control 子系统。Pin Control 子系统是 Linux 内核抽象出的一套用于控制硬件引脚的子系统。源码位于 linux/drivers/pinctrl 目录下，源文件列表如表 3-1 所示。

表 3-1 源文件列表

文 件 名	描 述
core.c core.h	core driver
pinctrl-utils.c pinctrl-utils.h	utility 接口函数
pinmux.c pinmux.h	pin muxing 部分的代码，也称为 pinmux driver
pinconf.c pinconf.h	pin config 部分的代码，也称为 pin config driver
devicetree.c devicetree.h	device tree 代码
Pinctrl-rockchip.c	Rockchip 芯片相关的 GPIO 配置

很多内核的其他模块需要用到 Pin Control 子系统的服务，这些头文件定义了 Pin Control 子系统的外部接口以及相关的数据结构。这里整理 linux/include/linux/pinctrl 目录下 Pin Control 子系统的外部接口头文件并列于表 3-2 中。

表 3-2 linux/include/linux/pinctrl 目录下 Pin Control 子系统的外部接口头文件列表

文 件 名	描 述
consumer.h	别的 driver 要使用 Pin Control 子系统的下列接口： a. 设置引脚复用功能 b. 配置引脚的电气特性 这时候需要 include 这个头文件

续表

文件名	描　述
devinfo.h	这是 Linux 内核的驱动模型使用的接口： Struct device 中包括了一个 struct dev_pin_info *pins 的成员，这个成员描述了该设备引脚的初始状态信息。在 probe 之前，driver model 中的 core driver 在调用 driver 的 probe 函数之前会先设定 pinstate
machine.h	和 machine 模块的接口
pinconf.h	pin configuration 部分接口
pinctrl.h	pinctrl 部分接口
pinmux.h	Pinmux 部分接口

3.1.1 PinCtrl 子系统介绍

1. 顶层接口

1) 管脚控制器的定义

管脚控制器用于控制芯片管脚，它通常的存在形式可以是一组可配置的寄存器，所以也称控制管脚的寄存器组。管脚控制器的主要功能是配置独立或成组管脚的复用功能，偏置、设置负载电流，设置驱动能力等。

2) 管脚的定义

管脚(也可以叫 pad、金手指、balls，依据其封装方式的不同有不同的叫法)就是软件可控制的输入/输出线，它使用无符号整型数表示，范围为 0 到 maxpin。这个数字可定义的空间是每个管脚控制器独有的，这样，一个系统中可能有几个此类的数字空间。管脚的数字空间可以是稀疏的，也就是说空间中可能存在一些并没有管脚但是有数字定义的 gap。

当一个管脚控制器被实例化时，它会注册一个描述符到管脚控制架构中。这个管脚控制器描述符包含一组可以被它控制的管脚的管脚描述符。

如图 3-1 所示是一个 PGA 封装芯片的底视图。

```
    A B C D E F G H
8   o o o o o o o o
7   o o o o o o o o
6   o o o o o o o o
5   o o o o o o o o
4   o o o o o o o o
3   o o o o o o o o
2   o o o o o o o o
1   o o o o o o o o
```

图 3-1

为了注册一个管脚控制器且命名此封装上的管脚，我们可以在驱动程序中使用如下做法：

```
#include <linux/pinctrl/pinctrl.h>

const struct pinctrl_pin_desc foo_pins[] = {
        PINCTRL_PIN(0, "A8"),
        PINCTRL_PIN(1, "B8"),
        PINCTRL_PIN(2, "C8"),
        ...
        PINCTRL_PIN(61, "F1"),
        PINCTRL_PIN(62, "G1"),
        PINCTRL_PIN(63, "H1"),
};

static struct pinctrl_desc foo_desc = {
    .name = "foo",
    .pins = foo_pins,
    .npins = ARRAY_SIZE(foo_pins),
    .maxpin = 63, //注：Linux3.4.4 以后已经删除
    .owner = THIS_MODULE,
};

int __init foo_probe(void)
{
    struct pinctrl_dev *pctl;

    pctl = pinctrl_register(&foo_desc, <PARENT>, NULL);
    if (IS_ERR(pctl))
            pr_err("could not register foo pin driver\n");
}
```

为了使能 PinCtrl 子系统的 PinCtrl 及其下属的 PINMUX 和 PINCONF 子组，且使能驱动，我们需要在相关的 Kconfig 条目中选择它们。可以查看 arch/driver/Kconfig。

管脚通常使用比我们所用的更有意义的名字，读者可以在芯片的 datasheet 中找到它们。注意，核心 pinctrl.h 文件提供了一个名为 PINCTRL_PIN()的宏来创建这个结构条目。就像我们看到的，代码枚举了从 0 到 63 的管脚。这个枚举是必须的，实践中，我们需要彻底考虑清楚我们的编号系统，以便它能够与寄存器布局和驱动相匹配，否则的话，代码会变得复杂且难于理解。我们还要考虑与 GPIO 范围偏移的匹配，这也可能被管脚控制器处理。

对于一个 467pad 的 pad 环(这与实际芯片的管脚相反)，使用一个如下的枚举，绕在芯片边沿的周围，看起来也像一个工业标准(所有的这些 pad 也有名字)。

```
 0     …    104
466         105
```

```
⋮          ⋮
358         224
357   …      225
```

3) 管脚组

许多控制器需要处理管脚组，因此管脚控制器子系统需要一个机制用来枚举管脚组并检索一个特定组中实际枚举的管脚。

例如，假设我们有一组用于 SPI 接口的管脚{0，8，16，24}，还有一组用于 I2C 接口的管脚{24，25}。这两组提供给管脚控制子系统，以实现这些类的 pinctrl_ops，源码如下：

```
#include <linux/pinctrl/pinctrl.h>

struct foo_group {
    const char *name;
    const unsigned int *pins;
    const unsigned num_pins;
};


static const unsigned int spi0_pins[] = { 0, 8, 16, 24 };
static const unsigned int i2c0_pins[] = { 24, 25 };

static const struct foo_group foo_groups[] = {
    {
        .name = "spi0_grp",
        .pins = spi0_pins,
        .num_pins = ARRAY_SIZE(spi0_pins),
    },
    {
        .name = "i2c0_grp",
        .pins = i2c0_pins,
        .num_pins = ARRAY_SIZE(i2c0_pins),
    },
};


static int foo_list_groups(struct pinctrl_dev *pctldev, unsigned selector)
{
    if (selector >= ARRAY_SIZE(foo_groups))
        return -EINVAL;
    return 0;
}
```

```
static const char *foo_get_group_name(struct pinctrl_dev *pctldev, unsigned selector)
{
    return foo_groups[selector].name;
}

static int foo_get_group_pins(struct pinctrl_dev *pctldev, unsigned selector,
                              unsigned ** const pins,
                              unsigned * const num_pins)
{
    *pins = (unsigned *) foo_groups[selector].pins;
    *num_pins = foo_groups[selector].num_pins;
    return 0;
}

static struct pinctrl_ops foo_pctrl_ops = {
    .list_groups = foo_list_groups,
    .get_group_name = foo_get_group_name,
    .get_group_pins = foo_get_group_pins,
};

static struct pinctrl_desc foo_desc = {
        ...
        .pctlops = &foo_pctrl_ops,
};
```

管脚控制子系统将从 selector=0 开始重复调用.list_groups()直到函数返回非零，以决定合法的选择。然后它将调用其余的函数来接收这些名字和管脚组，驱动维护管脚组的数据。这只是一个简单的例子，实际中，可能需要更多的条目在我们的组结构中，例如，指定与每个组相关的寄存器范围等。

4) 管脚配置

管脚有时可以被软件配置成多种方式，多数与它们作为输入/输出时的电气特性相关。例如，可以使一个输出管脚处于高阻状态，或是处于“三态”(意味着它被有效地断开连接)。可以通过设置一个特定寄存器值将一个输入管脚与 VDD 或 GND 相连(上拉/下拉)，以便在没有信号驱动管脚或是未连接时管脚上可以有个确定的值。

管脚配置可以使用程序控制，一是显式使用下面将要描述的 API，二是在映射表中增加配置条目。查看下面的“单板配置”。

例如，一个平台可以采用如下方法来实现一个“上拉管脚”：

```
#include <linux/pinctrl/consumer.h>

ret = pin_config_set("foo-dev", "FOO_GPIO_PIN", PLATFORM_X_PULL_UP);
```

配置参数 PLATFORM_X_PULL_UP 的格式和含义完全由管脚控制器驱动定义。管脚配置驱动在操作中实现了一个改变管脚配置的回调，源码如下：

```
#include <linux/pinctrl/pinctrl.h>
#include <linux/pinctrl/pinconf.h>
#include "platform_x_pindefs.h"

static int foo_pin_config_get(struct pinctrl_dev *pctldev,
                unsigned offset,
                unsigned long *config)
{
    struct my_conftype conf;

    ... Find setting for pin @ offset ...

    *config = (unsigned long) conf;
}

static int foo_pin_config_set(struct pinctrl_dev *pctldev,
                unsigned offset,
                unsigned long config)
{
    struct my_conftype *conf = (struct my_conftype *) config;

    switch (conf) {
            case PLATFORM_X_PULL_UP:
            ...
            }
    }
}

static int foo_pin_config_group_get (struct pinctrl_dev *pctldev,
                unsigned selector,
                unsigned long *config)
{
    ...
}

static int foo_pin_config_group_set (struct pinctrl_dev *pctldev, unsigned selector,
                unsigned long config)
```

```
{
    ...
}

static struct pinconf_ops foo_pconf_ops = {
    .pin_config_get = foo_pin_config_get,
    .pin_config_set = foo_pin_config_set,
    .pin_config_group_get = foo_pin_config_group_get,
    .pin_config_group_set = foo_pin_config_group_set,
};

/* Pin config operations are handled by some pin controller */
static struct pinctrl_desc foo_desc = {
    ...
    .confops = &foo_pconf_ops,
};
```

由于一些控制器具有用于处理管脚全部组的特殊逻辑，因此它们可以开发整组管脚控制器函数(功能)。pin_config_group_set()函数允许返回错误码-EAGAIN，表示它不愿意或无法处理对应组，或是只能(只愿)做一些组级别的处理且接下来会调用遍历所有的管脚操作(此种情况下，每个独立的管脚会单独被 pin_config_set()调用处理)。

5) 与GPIO子系统之间的交互

GPIO 驱动可能需要在一个已经注册到管脚控制器的物理管脚上执行不同形式的操作。

由于管脚控制器有它自己的管脚空间，我们需要一个映射以便 pinctrl 子系统可以指出由哪个管脚控制器处理一个指定 GPIO 管脚的控制。由于一个单独的管脚控制器可能被几个 GPIO 范围复用(典型的，SoC 系统有一个管脚集合，但内部有多个 GPIO 模块，可以编程决定哪个 GPIO 模块作为一个 gpio_chip 被模块化)，因此 GPIO 范围的任意号码可以增加到一个管脚控制器，源码如下：

```
struct gpio_chip chip_a;
struct gpio_chip chip_b;

static struct pinctrl_gpio_range gpio_range_a = {
    .name = "chip a",
    .id = 0,
    .base = 32,
    .pin_base = 32,
    .npins = 16,
    .gc = &chip_a;
```

```
};

static struct pinctrl_gpio_range gpio_range_b = {
    .name = "chip b",
    .id = 0,
    .base = 48,
    .pin_base = 64,
    .npins = 8,
    .gc = &chip_b;
};

{
    struct pinctrl_dev *pctl;
    ...
    pinctrl_add_gpio_range(pctl, &gpio_range_a);
    pinctrl_add_gpio_range(pctl, &gpio_range_b);
}
```

这样，这个复杂系统由一个管脚控制器处理两个不同的 GPIO chip。“chip a”有 16 个管脚，“chip b”有 8 个管脚。“chip a”和“chip b”具有不同的.pin_base，作为 GPIO 范围的一个起始管脚号码。

“chip a”的 GPIO 范围始于 32，实际管脚范围也始于 32。而“chip b”的 GPIO 起始偏移与管脚范围的起始不同，“chip b”的 GPIO 范围始于 48，管脚起始于 64。

我们可以使用这个 pin_base 将 GPIO 号转换到实际的管脚号，它们映射到全局 GPIO 空间，命令如下：

```
chip a:
  - GPIO range : [32 .. 47]
  - pin range   : [32 .. 47]
chip b:
  - GPIO range : [48 .. 55]
  - pin range   : [64 .. 71]
```

当管脚控制子系统中 GPIO 特定函数被调用后，这些范围将用于查找合适的管脚控制器，通过检查且匹配管脚到所有控制器的管脚范围。当匹配到一个管脚控制器的处理范围时，GPIO-specific 函数在此管脚控制器上被调用。

对于所有处理管脚偏置、管脚复用的函数，管脚控制子系统将从传递给它的 GPIO 号码减去 range 的.base 偏移，然后加上.pin_base 偏移以得到一个管脚号码。之后，子系统将它传递到管脚控制驱动，这样驱动可以将一个管脚号码变到它可处理的号码范围。它也传递这个范围 ID 值，以便管脚控制器知道它应该处理的范围。

2．PINMUX 接口

这些调用使用 pinmux_*命名前缀，没有别的调用会使用这个前缀。PINMUX 也称作

padmux 或 ballmux，它是由芯片厂商依据应用，使用一个特定的物理管脚(ball/pad/finger/等等)进行多种扩展复用的，以支持不同功能的电气封装。

图 3-2 是一个 PGA 封装的底视图。

```
        A   B   C   D   E   F   G   H
   +---+
   8 | o |  o   o   o   o   o   o   o
     |   |
   7 | o |  o   o   o   o   o   o   o
     |   |
   6 | o |  o   o   o   o   o   o   o
     +---+---+
   5 | o | o |  o   o   o   o   o   o
     +---+---+            +---+
   4   o   o   o   o   o   o | o | o
                             |   |
   3   o   o   o   o   o   o | o | o
                             |   |
   2   o   o   o   o   o   o | o | o
     +-------+-------+-------+---+---+
   1 | o   o | o   o | o   o | o | o |
     +-------+-------+-------+---+---+
```

图 3-2

这可不是俄罗斯方块，我们可以联想到国际象棋。并不是所有的 PGA/BGA 封装看起来都像国际象棋棋盘，大型芯片的布置基于不同的设计模式。我们使用它作为一个简单的例子。可以看到有一些管脚用于接 VCC 端和 GND 端，给芯片供电，相当多的一部分作为大型端口如一个外部存储器接口，剩余的管脚通常用于管脚复用。

上述 8X8BGA 封装的例子将 0～63 号分配给物理管脚。它使用 pinctrl_register_pins()和一个已经声明的合适的数据集合{A1, A2, A3 ... H6, H7, H8}来命名这些管脚。

在这个 8X8BGA 封装中，管脚{A8, A7, A6, A5}可以被用作一个 SPI 端口(具有四个管脚：CLK、RXD、TXD、FRM)。这个情况下，B5 管脚可以被用作 GPIO 管脚。同时，管脚{A5，B5}也可以被用于 I2C 端口(仅有两个管脚：SCL、SDA)。可以看出，我们无法同时使用 SPI 端口和 I2C 端口。然而内部逻辑也可以将 SPI 逻辑路由到管脚{G4, G3, G2, G1}。

在最低行{A1, B1, C1, D1, E1, F1, G1, H1}，它可以作为一个外部 MMC 总线，可以是 2、4、8 位宽，相应的要使用 2、4、8 个管脚，{A1，B1}、{A1, B1, C1, D1}或是整行使用。同样如果我们使用 8 位，就不能在管脚{ G4, G3, G2, G1 }上使用 SPI 端口。

芯片使用这个方法将不同的功能多路复用到不同管脚的范围。现在的 SoC 系统会有多个 I2C、多个 SPI 和多个 SDIO/MMC 功能块，它们可以通过管脚多路复用设置被路由到不同的管脚。

因为 GPIO 常常不足，所以通常会将所有当前未被使用的管脚用作 GPIO。

1) PINMUX 复用约定

(1) PinCtrl 子系统中的 PINMUX 功能为机器配置中选择的设备抽象并提供 PINMUX 设置。设备将请求它们的多路复用设置，但是申请一个单独的管脚也是可能的，如 GPIO。

(2) 功能块可以通过 PinCtrl 子系统目录 drivers/pinctrl/* 中的驱动连通或断开。管脚控制驱动知道可能的功能。在上面的例子中，可以标识三个 PINMUX 函数，一个 SPI、一个 I2C 和一个 MMC。

(3) 功能块从 0 开始枚举，并被分配到一个无限数组中。上述例子中，数组可以是：{spi0，i2c0，mmc0}三个有效的功能。

(4) 功能块具有在通用类层级(generic level)定义的管脚组。这样驱动的功能总是与确定管脚组集合(可以仅仅是一个，也可以是多个)相联系。上面例子中，I2C 与管脚{ A5, B5}联系，作为{24, 25}在控制器管脚空间枚举。SPI 功能与管脚组{A8, A7, A6, A5 }和{G4, G3, G2, G1}联系，对应被枚举为{ 0, 8, 16, 24}和{38, 46, 54, 62}。每个管脚控制器的组名必须是独一无二的，同一个管脚控制器的两个组不能具有相同的名字。

(5) 功能和管脚组的组合决定了一个特定功能和一个特定管脚集合。功能和管脚组的知识信息及它们的 machine-specific 细节保持在 PINMUX 驱动中，外界只知道枚举成员且驱动核心可以：① 使用一个确定 selector(>= 0)申请一个功能的名字；② 得到与一个确定功能相联系的组列表；③ 为一个确定的功能在列表中激一个活确定的管脚组。

如上述，管脚组轮流自举，这样核心将从驱动中取回一个确定组的实际的管脚范围。

一个确定管脚控制器上的 FUNCTIONS 和 GROUPS 通过一个板级文件、设备树或是类似的机器 setup 配置机制被映射到一个特定的设备，和一个 regulator 如何被连接到一个设备相似，通常是通过名字映射。定义一个管脚控制器，功能和组从而独一无二地标识被特定设备使用的管脚集(如果只有一个可能的管脚组对于此功能有效，不需要提供组名，核心代码将选择第一个且只有一个有效的组)。

在本例中，我们可以定义这个特定的机器应该使用设备 spi0(PINMUX 功能 fspi0 组 gspi0)和 i2c0(fi2c0 和 gi2c0)。在主要的管脚控制器上，有下面的映射：

```
{
    {"map-spi0", spi0, pinctrl0, fspi0, gspi0},
    {"map-i2c0", i2c0, pinctrl0, fi2c0, gi2c0}
}
```

每个映射都是由正式名字、管脚控制器、设备和功能这样的四元素组成的。组成员不是必须的，如果它被省略，驱动会提供选择功能的第一个组给应用，它对一些简单的情况是有用的。

映射几个组到同一个设备、管脚控制器和功能的组合是可能的。这是为了那些在一个特定管脚控制器上的一个特定功能可能在不同配置中使用不同的管脚集合。

对于一个特定的功能使用的管脚，一个特定管脚控制器上的一个特定的管脚组依据先来先得原理提供，(这样加入一些别的设备复用设置或是 GPIO 管脚申请已经获取物理管脚)则将拒绝后续的使用申请。要得到一个新的设置，旧的设备要先被释放。

有时，文档和硬件寄存器是面向 pad 或是 finger 而不是管脚，这些是封装内部硅芯片的焊接面，且可能或不能匹配外壳下面的 pin/ball 的实际号码。选择一些有意义的枚举方式，仅对可以控制的管脚在它起作用时定义枚举成员。

我们假定可能映射到管脚组的功能数目被硬件限制。例如，我们假设没有系统可以像电话交换一样将任意功能映射到任意管脚。这样，对于一个特定功能有效的管脚组将被限制到一些比较少的选择(例如达到 8 个选择)，而不是几百个或是任何大额的选择。这是我们在有效 PINMUX 硬件上检查得到的假设，且一个必需的假设源于我们期望 PINMUX 驱动为映射到子系统的管脚组提供所有可能的功能。

2) PINMUX 驱动

(1) PINMUX 核心考虑管脚上的冲突并且调用管脚控制器驱动以执行不同的设置。

(2) PINMUX 驱动更多考虑的是对管脚功能的申请是否可以被实际允许，且必须确保防止申请的多路复用功能会因为错误的设置而毁坏硬件。

(3) PINMUX 驱动被要求支持一些回调函数，这些回调函数中某些函数是必须填写的，某些是可以忽略的。通常 enable()和 disable()函数被实现，写值到一些特定的寄存器以激活一个特定管脚的特定多路复用设置。

下面的例子实现了一个简单的驱动，主要目的是设置名为 MUX 的寄存器中的第 0～4 位中的一位，设置这个位后表示选择了一个特定的功能和一些特定的管脚组。代码实现如下：

```
#include <linux/pinctrl/pinctrl.h>
#include <linux/pinctrl/pinmux.h>

struct foo_group {
    const char *name;
    const unsigned int *pins;
    const unsigned num_pins;
};

static const unsigned spi0_0_pins[] = { 0, 8, 16, 24 };
static const unsigned spi0_1_pins[] = { 38, 46, 54, 62 };
static const unsigned i2c0_pins[] = { 24, 25 };
static const unsigned mmc0_1_pins[] = { 56, 57 };
static const unsigned mmc0_2_pins[] = { 58, 59 };
static const unsigned mmc0_3_pins[] = { 60, 61, 62, 63 };

static const struct foo_group foo_groups[] = {
    {
            .name = "spi0_0_grp",
            .pins = spi0_0_pins,
            .num_pins = ARRAY_SIZE(spi0_0_pins),
    },
    {
```

```
        .name = "spi0_1_grp",
        .pins = spi0_1_pins,
        .num_pins = ARRAY_SIZE(spi0_1_pins),
    },
    {
        .name = "i2c0_grp",
        .pins = i2c0_pins,
        .num_pins = ARRAY_SIZE(i2c0_pins),
    },
    {
        .name = "mmc0_1_grp",
        .pins = mmc0_1_pins,
        .num_pins = ARRAY_SIZE(mmc0_1_pins),
    },
    {
        .name = "mmc0_2_grp",
        .pins = mmc0_2_pins,
        .num_pins = ARRAY_SIZE(mmc0_2_pins),
    },
    {
        .name = "mmc0_3_grp",
        .pins = mmc0_3_pins,
        .num_pins = ARRAY_SIZE(mmc0_3_pins),
    },
};


static int foo_get_groups_count(struct pinctrl_dev *pctldev)
{
    return ARRAY_SIZE(foo_groups);
}

static const char *foo_get_group_name(struct pinctrl_dev *pctldev,
                                      unsigned selector)
{
    return foo_groups[selector].name;
}

static int foo_get_group_pins(struct pinctrl_dev *pctldev, unsigned selector,
```

```
                    unsigned ** const pins,
                    unsigned * const num_pins)
{
    *pins = (unsigned *) foo_groups[selector].pins;
    *num_pins = foo_groups[selector].num_pins;
    return 0;
}

static struct pinctrl_ops foo_pctrl_ops = {
    .get_groups_count = foo_get_groups_count,
    .get_group_name = foo_get_group_name,
    .get_group_pins = foo_get_group_pins,
};

struct foo_pmx_func {
    const char *name;
    const char * const *groups;
    const unsigned num_groups;
};

static const char * const spi0_groups[] = { "spi0_0_grp", "spi0_1_grp" };
static const char * const i2c0_groups[] = { "i2c0_grp" };
static const char * const mmc0_groups[] = { "mmc0_1_grp", "mmc0_2_grp", "mmc0_3_grp" };

static const struct foo_pmx_func foo_functions[] = {
    {
        .name = "spi0",
        .groups = spi0_groups,
        .num_groups = ARRAY_SIZE(spi0_groups),
    },
    {
        .name = "i2c0",
        .groups = i2c0_groups,
        .num_groups = ARRAY_SIZE(i2c0_groups),
    },
    {
        .name = "mmc0",
        .groups = mmc0_groups,
        .num_groups = ARRAY_SIZE(mmc0_groups),
```

```
    },
};

int foo_get_functions_count(struct pinctrl_dev *pctldev)
{
    return ARRAY_SIZE(foo_functions);
}

const char *foo_get_fname(struct pinctrl_dev *pctldev, unsigned selector)
{
    return foo_functions[selector].name;
}

static int foo_get_groups(struct pinctrl_dev *pctldev, unsigned selector,
                          const char * const **groups,
                          unsigned * const num_groups)
{
    *groups = foo_functions[selector].groups;
    *num_groups = foo_functions[selector].num_groups;
    return 0;
}

int foo_enable(struct pinctrl_dev *pctldev, unsigned selector,
          unsigned group)
{
    u8 regbit = (1 << selector + group);

    writeb((readb(MUX)|regbit), MUX)
    return 0;
}

void foo_disable(struct pinctrl_dev *pctldev, unsigned selector,
          unsigned group)
{
    u8 regbit = (1 << selector + group);

    writeb((readb(MUX) & ~(regbit)), MUX)
    return 0;
}
```

```
struct pinmux_ops foo_pmxops = {
    .get_functions_count = foo_get_functions_count,
    .get_function_name = foo_get_fname,
    .get_function_groups = foo_get_groups,
    .enable = foo_enable,
    .disable = foo_disable,
};

/* Pinmux operations are handled by some pin controller */
static struct pinctrl_desc foo_desc = {
    ...
    .pctlops = &foo_pctrl_ops,
    .pmxops = &foo_pmxops,
};
```

本例中，同时激活多路复用，并设置位 0 和 1，使用一个共同的管脚将导致冲突。

PINMUX 子系统保持了所有管脚的轨迹和谁正在使用它们，它也将拒绝一个不能实现的申请，这样驱动就不用担心管脚冲突。因此，位 0 和 1 将永远不会同时设置。所有上述的函数强制由 PINMUX 驱动实现。

3) 管脚控制接口与 GPIO 子系统交互

公开的 PINMUX API 包含两个函数：pinctrl_request_gpio()和 pinctrl_free_gpio()。这两个函数仅可以从基于 gpiolib 的驱动中作为它们的 gpio_request()和 gpio_free()函数语义的一部分调用。同样 pinctrl_gpio_direction_[input|output]也只能被在对应的 gpiolib 中的 gpio_direction_[input|output]函数调用。

注意：平台和单独的驱动不能申请控制一个 GPIO 管脚。而要实现一个适当的 gpiolib 驱动且使得驱动为它的管脚申请适当的多路复用及别的控制。

功能列表可能变得很长，特别是如果能转换每个独立的管脚到一个独立于任意别的管脚的 GPIO 管脚，则接下来尝试定义每个管脚作为一个功能来使用。

基于此，管脚控制驱动可以实现两个函数在一个独立管脚上仅使能 GPIO：.gpio_request_enable()和.gpio_disable_free()。

这个函数将影响所有的 GPIO(被管脚控制器核心标识)，使用这个函数就可以知道哪个 GPIO 管脚被申请函数已经申请过了。

如果驱动程序需要明确指示 GPIO 管脚应该用做输入还是用做输出，则可以使用 gpio_set_direction()函数，这个函数从 gpiolib 驱动调用。

交替地使用这些特殊的函数，它完全允许为每个 GPIO 管脚使用命名函数。如果没有注册特殊的 GPIO 处理函数，pinctrl_request_gpio()将尝试获取功能(函数)gpioN。

4) 单板/机器配置

单板和机器定义一个运行的系统如何组合在一起，包括 GPIO 和设备如何多路复用，

regulator 如何限制和时钟树如何看。当然 PINMUX 设置也是其一部分。

为一个机器配置一个管脚控制器，看起来相当像一个简单的 regulator 配置，但对于上面的例子来说如果我们想要在第二个功能映射上使能 I2C 和 SPI：

```
#include <linux/pinctrl/machine.h>
static const struct pinctrl_map __initdata mapping[] = {
    {
        .dev_name = "foo-spi.0",
        .name = PINCTRL_STATE_DEFAULT,
        .type = PIN_MAP_TYPE_MUX_GROUP,
        .ctrl_dev_name = "pinctrl-foo",
        .data.mux.function = "spi0",
    },
    {
        .dev_name = "foo-i2c.0",
        .name = PINCTRL_STATE_DEFAULT,
        .type = PIN_MAP_TYPE_MUX_GROUP,
        .ctrl_dev_name = "pinctrl-foo",
        .data.mux.function = "i2c0",
    },
    {
        .dev_name = "foo-mmc.0",
        .name = PINCTRL_STATE_DEFAULT,
        .type = PIN_MAP_TYPE_MUX_GROUP,
        .ctrl_dev_name = "pinctrl-foo",
        .data.mux.function = "mmc0",
    },
};
```

这里的 dev_name 与独一的设备名字匹配，可以被用于查找相关的 device 结构体(就像 clockdev 或是 regulator)。函数名必须匹配 PINMUX 驱动提供的函数处理这个管脚范围。

就像我们看到的，可能在系统上具有几个管脚控制器，因此需要指出它们中的哪个包含我们希望映射的功能。

可以简单地注册这个 PINMUX 并将其映射到 PINMUX 子系统：

```
ret = pinctrl_register_mappings(mapping, ARRAY_SIZE(mapping));
```

上面的限制是相当常用的，有一个宏可以帮助使它更加紧凑，例如，假设想要使用 pinctrl-foo 和 0 位置映射：

```
static struct pinctrl_map __initdata mapping[] = {
    PIN_MAP_MUX_GROUP("foo-i2c.o", PINCTRL_STATE_DEFAULT, "pinctrl-foo", NULL,
"i2c0"),
};
```

映射表也可能包含管脚配置条目(每个管脚/组具有一些配置条目来影响它是常见的，所以这个关于配置的表条目引用一个配置参数和值的数组)。使用这个宏的一个例子如下：

```
static unsigned long i2c_grp_configs[] = {
    FOO_PIN_DRIVEN,
    FOO_PIN_PULLUP,
};

static unsigned long i2c_pin_configs[] = {
    FOO_OPEN_COLLECTOR,
    FOO_SLEW_RATE_SLOW,
};

static struct pinctrl_map __initdata mapping[] = {
    PIN_MAP_MUX_GROUP("foo-i2c.0",  PINCTRL_STATE_DEFAULT,  "pinctrl-foo",  "i2c0",
"i2c0"),
    PIN_MAP_MUX_CONFIGS_GROUP("foo-i2c.0", PINCTRL_STATE_DEFAULT, "pinctrl-foo",
"i2c0", i2c_grp_configs),
    PIN_MAP_MUX_CONFIGS_PIN("foo-i2c.0",  PINCTRL_STATE_DEFAULT,  "pinctrl-foo",
"i2c0scl", i2c_pin_configs),
    PIN_MAP_MUX_CONFIGS_PIN("foo-i2c.0",  PINCTRL_STATE_DEFAULT,  "pinctrl-foo",
"i2c0sda", i2c_pin_configs),
};
```

最后，一些设备期望映射表包含某个特定的命名状态。当在一个不需要任何管脚控制器配置的硬件上运行时，映射表仍必须包含那些命名状态，以显式指出这些状态可被提供且将要为空。表条目宏 PIN_MAP_DUMMY_STATE 为这个目的服务，定义一个命名状态，而不引发任何管脚控制器被编程。

```
static struct pinctrl_map __initdata mapping[] = {
    PIN_MAP_DUMMY_STATE("foo-i2c.0", PINCTRL_STATE_DEFAULT),
};
```

5) 复杂映射

映射一个函数到不同的组是可能的，一个可选的.group 可以如下指定：

```
...
{
    .dev_name = "foo-spi.0",
    .name = "spi0-pos-A",
    .type = PIN_MAP_TYPE_MUX_GROUP,
    .ctrl_dev_name = "pinctrl-foo",
    .function = "spi0",
```

```
        .group = "spi0_0_grp",
    },
    {
        .dev_name = "foo-spi.0",
        .name = "spi0-pos-B",
        .type = PIN_MAP_TYPE_MUX_GROUP,
        .ctrl_dev_name = "pinctrl-foo",
        .function = "spi0",
        .group = "spi0_1_grp",
    },
    ...
```

这个例子映射用于运行时 spi0 在两个位置转换，如后面“实时管脚复用”所述。更进一步，一个命名 state 影响几组管脚的多路复用是可能的，像上面的 mmc0 例子所说，可以轮流扩展 mmc0 总线为 2、4、8 位。如果我们想要使用所有的 3 组(共 2+2+4 = 8)管脚(对于一个 8 位 MMC 总线情况)，则我们定义一个映射如下：

```
    ...
    {
        .dev_name = "foo-mmc.0",
        .name = "2bit"
        .type = PIN_MAP_TYPE_MUX_GROUP,
        .ctrl_dev_name = "pinctrl-foo",
        .function = "mmc0",
        .group = "mmc0_1_grp",
    },
    {
        .dev_name = "foo-mmc.0",
        .name = "4bit"
        .type = PIN_MAP_TYPE_MUX_GROUP,
        .ctrl_dev_name = "pinctrl-foo",
        .function = "mmc0",
        .group = "mmc0_1_grp",
    },
    {
        .dev_name = "foo-mmc.0",
        .name = "4bit"
        .type = PIN_MAP_TYPE_MUX_GROUP,
        .ctrl_dev_name = "pinctrl-foo",
        .function = "mmc0",
        .group = "mmc0_2_grp",
```

```
},
{
    .dev_name = "foo-mmc.0",
    .name = "8bit"
    .type = PIN_MAP_TYPE_MUX_GROUP,
    .ctrl_dev_name = "pinctrl-foo",
    .function = "mmc0",
    .group = "mmc0_1_grp",
},
{
    .dev_name = "foo-mmc.0",
    .name = "8bit"
    .type = PIN_MAP_TYPE_MUX_GROUP,
    .ctrl_dev_name = "pinctrl-foo",
    .function = "mmc0",
    .group = "mmc0_2_grp",
},
{
    .dev_name = "foo-mmc.0",
    .name = "8bit"
    .type = PIN_MAP_TYPE_MUX_GROUP,
    .ctrl_dev_name = "pinctrl-foo",
    .function = "mmc0",
    .group = "mmc0_3_grp",
},
...
```

从设备抓取映射的结果支持下面的处理方式：

```
p = pinctrl_get(dev);
s = pinctrl_lookup_state(p, "8bit");
ret = pinctrl_select_state(p, s);
```

或是更简单的方式：

```
p = pinctrl_get_select(dev, "8bit");
```

将会在一次映射中激活所有的三个底层记录。它们分享相同的名字且我们允许多个组匹配一个单独的设备，管脚控制器设备、函数和设备，它们都被选择，且它们都同时被PINMUX核使能或禁止。

6) 来自驱动PINMUX的请求

通常不鼓励让一个独立的驱动获取和使能管脚控制。所以，如果可能的话，在平台代码中或别的我们有权访问所有受到影响的结构 device *指针的地方处理管脚控制。在一些情况下，一个驱动需要运行时在不同的多路复用映射间转换，上述方法就不能支持了。

一个驱动可能请求激活一个确定的控制状态，常常仅是默认的状态，代码如下：

```
#include <linux/pinctrl/consumer.h>

struct foo_state {
        struct pinctrl *p;
        struct pinctrl_state *s;
        ...
};

foo_probe()
{
    /* Allocate a state holder named "foo" etc */
    struct foo_state *foo = ...;

    foo->p = pinctrl_get(&device);
    if (IS_ERR(foo->p)) {
            /* FIXME: clean up "foo" here */
            return PTR_ERR(foo->p);
    }

    foo->s = pinctrl_lookup_state(foo->p, PINCTRL_STATE_DEFAULT);
    if (IS_ERR(foo->s)) {
            pinctrl_put(foo->p);
            /* FIXME: clean up "foo" here */
            return PTR_ERR(s);
    }

    ret = pinctrl_select_state(foo->s);
    if (ret < 0) {
            pinctrl_put(foo->p);
            /* FIXME: clean up "foo" here */
            return ret;
    }
}

foo_remove()
{
    pinctrl_put(state->p);
}
```

如上述代码所示，如果不想要每个驱动都处理它且知道关于芯片的总线的布置的话，这个 get/lookup/select/put 序列正好可以被总线驱动完好处理。

PinCtrl API 的语义如下：

(1) pinctrl_get()在进程上下文中调用，用于为一个给定客户设备获取到所有 PinCtrl 信息的句柄。它将从内核存储器分配一个结构体来保持 PINMUX 状态。所有的映射表解析或类似的慢速操作在这个 API 中完成。

(2) pinctrl_lookup_state()在进程上下文中调用以便为客户设备获取一个到给定 state 的句柄。这个操作也可能比较慢。

(3) pinctrl_select_state()依据映射表给出的 state 的定义来编程管脚控制器硬件。理论上，这是一个快速通道操作，因为它仅引入一些硬件中的寄存器设置。虽然如此，注意一些管脚控制器可能具有它们自己的寄存器在一个慢速/基于中断的总线上，这样，不应假设客户设备可以从一个非阻塞上下文中调用此函数。

(4) pinctrl_put() 释放所有与此句柄相联系的信息。

通常，管脚控制核心处理 get/put 对，且向外调用设备驱动 bookkeeping 操作，如检查有效的函数和相关的管脚，反之，enable/disable 传递给管脚控制器驱动(通过快速设置一些寄存器管理激活和/或禁止多路复用)。

管脚为设备分配，当执行 pinctrl_get()调用后，应该可以在 debugfs 中看到所有的管脚列表。

7) 系统管脚控制轴 (hogging)

管脚控制映射条目在管脚控制器注册时可以被核心使用。这意味着 core 将在管脚控制设备注册之后立即尝试在其上调用 pinctrl_get()、lookup_state()和 select_state()。这发生在映射表条目客户设备名与管脚控制设备名相同，且 state 名是 PINCTRL_STATE_DEFAULT 时。

```
{
    .dev_name = "pinctrl-foo",
    .name = PINCTRL_STATE_DEFAULT,
    .type = PIN_MAP_TYPE_MUX_GROUP,
    .ctrl_dev_name = "pinctrl-foo",
    .function = "power_func",
}
```

如果编写的多路复用驱动的注册内容如以上格式的话，则可以采用如下这个便利的宏去完成：

```
PIN_MAP_MUX_GROUP_HOG_DEFAULT("pinctrl-foo", NULL /* group */, "power_func")
```

它给出的结果与上面的解释完全一致。

8) 实时管脚复用

在运行时设置多路复用一个特定功能 in/out 是可能的，例如从一个管脚集到另一个管脚集移动一个 SPI 端口。上面的 spi0 就是一个例子，我们为同样的功能选定两组不同的管脚，但是在映射中使用不同的名字。这样对于一个 SPI 设备，具有两个状态，名为“pos-A”和“pos-B”。

下面这段代码首先多路复用此功能到组 A 定义的管脚，使能，禁止，然后释放，接下来多路复用它到 B 组定义的管脚：

```
#include <linux/pinctrl/consumer.h>

foo_switch()
{
    struct pinctrl *p;
    struct pinctrl_state *s1, *s2;

    /* Setup */
    p = pinctrl_get(&device);
    if (IS_ERR(p))
            ...

    s1 = pinctrl_lookup_state(foo->p, "pos-A");
    if (IS_ERR(s1))
            ...

    s2 = pinctrl_lookup_state(foo->p, "pos-B");
    if (IS_ERR(s2))
            ...

    /* Enable on position A */
    ret = pinctrl_select_state(s1);
    if (ret < 0)
        ...
    ...

    /* Enable on position B */
    ret = pinctrl_select_state(s2);
    if (ret < 0)
        ...
    ...

    pinctrl_put(p);
}
```

上述代码已经在进程上下文中完成。

3.1.2 PinCtrl 源代码简单介绍

PinCtrl 框架是 Linux 系统统一各 SoC 厂家的 pin 管理，目的是为了减少 SoC 厂家系统移植的工作量，它属于 BSP 级的开发工作。一般芯片厂商会在芯片出厂时给客户一块 Demo 开发板，这个 Demo 开发板里面就实现了一个 PinCtrl 代码，配置了一些开发板管脚的基本属性来满足开发板的功能需求。本节主要介绍一下 PinCtrl 开发过程中(也可以是 BSP 开发过程)需要理解的一些基本概念，特别是在和硬件工程师讨论各个管脚功能的时候，应该明确怎样的配置才能满足自己的需求。

对于一个产品在研发的初期应该可以确定本产品要支持的外设，可以理解为需要什么样的外部接口才能满足产品的基本需求。多少个 I2C 器件、I2S 设备、SPI 控制接口等。确定了设备的外部需求后，接下来就可以开始配置相应的 pin 脚功能了。

首先看一下源代码和相应的配置文件路径：

DTS 文件路径：/kernel/arch/arm/boot/dts/rk312x-pinctrl.dtsi

关键源代码路径：/kernel/drivers/pinctrl/pinctrl-rockchip.c

前面介绍过 DTS 文件的作用，主要是为了描述 SoC 芯片的功能，它的配置格式可以参考前面章节对 DTS 的介绍。相应的解析方法是靠 pinctl-rockchip.c 来完成的。为了完全理解 pinctrl-rockchip.c 代码所实现的功能，读者可能需要一些准备知识：① 寄存器的配置说明应该从哪里获得；② 基本能够看懂电路原理图(这个不是强制要求，但是理解电路图很重要)。在我们的网站上有关于芯片的使用手册(RK3128 技术参考手册)，这个文档基本描述了芯片的所有功能，如果有时间建议多看几遍。

1．地址映射

如何粗略查看芯片地址的分布情况，可以参考 RK3128 技术参考手册的 chapter-2-system-overview.pdf，如图 3-3 所示地址映射摘录自这篇文档。文档非常清晰地址映射描述了寄存器地址的编码，PinCtrl 主要关心的是 GRF 的部分，因为只有这部分的 I/O 是可以配置的(相对于 CPU 的其他部分都是不能配置的固定功能)。因此本节主要介绍的地址映射部分是 GRF(8K)--- General Register File(GRF 的地址范围是 0x20008000～0x2000a000)。

2．General Register File(GRF，通用寄存器文件)

GRF 主要是用来软件设置许多寄存器组成的系统控制，这些寄存器一旦被设置就不能动态更改。通用寄存器文件的主要功能如下：

(1) IO 复用控制。

(2) 控制 GPIO 在断电情况下的状态。

(3) GPIO 输出的上拉和下拉设置。

(4) 用做通用功能的控制。

(5) 用来记录系统的状态。

这里只简单介绍部分寄存器的 GRF(通用寄存器文件)描述，图 3-4 中每个寄存器都具有 IO 复用功能的配置选项。相应的配置举例请参考下面介绍的关于寄存器 GRF_GPIO0A_IOMUX 的描述。GRF_GPIO0A_IOMUX 的可操作基地址(Operational Base)来自于图 3-3 的 GRF 部分(0x20008000)，地址偏移是 0x00a8。本寄存器一共占用一个字节(32 bit)，前 16 bit(31：16)用来设置后 16 bit(15：0)的可写状态：如果 bit 16 被设置成 1，bit 0 表示可以被软件设置；相反若 bit 16 被设置成 0，则 bit 0 表示软件不可以设置。bit 15 控制 bit 1、bit 14 控制 bit 2，依此类推，bit 31 控制 bit 16，如图 3-5 所示。

Addr	IP
	Reserved
	Reserved
	Reserved
1013e000	Reserved
1013d000	Reserved 4K
1013c000	Reserved 8k
10138000	GIC 16K
10130000	Reserved 32K
10128000	CPU BUS 32K
10118000	Reserved 64K
10114000	EBC 16k
10112000	Reserved 8K
10110000	MIPI_ctrl 8K
1010e000	LCDC0 8K
1010c000	RGA 8K
1010a000	CIF 8K
10108000	IEP 8K
10104000	VCODEC 16K
10100000	ROM 16K
100fc000	crypto 16K
100b0000	Reserved 304K
100a0000	PMU 64K
10090000	GPU 64K

Addr	IP
20038000	MIPI-ANA 16K
20034000	HDMI-ANA 16K
20030000	ACODEC-ANA 16K
20020000	DBG 64K
20010000	Reserved 64K
2000a000	DDR_PHY 24K
20008000	GRF 8K
20004000	DDR_PCTL 16K
20000000	CRU 16K

before remap

Addr	IP
10080000	IMEM 8k

Addr	IP
10504000	Reserved
10500000	NANDC 16K
10400000	GPS 1024K
10300000	PERI BUS 1024k
1023C000	AHB ARB1 784K
10234000	AHB ARB0 32K
10224000	Reserved 64K
10220000	I2S_2ch 16K
1021C000	eMMC 16K
10218000	SDIO 16K
10214000	SDMMC 16K
1020c000	SFC 32k
10208000	TSP 16k
10204000	SPDIF 16k
10200000	I2S_8ch 16k
101E0000	USB HOST OHCI 128K
101C0000	USB HOST ECHI 128K
10180000	USB OTG 256K

after remap

Addr	IP
10080000/00000000	IMEM 8k

Addr	IP
20094000	Reserved
20090000	eFuse 16K
2008C000	GMAC 16K
20088000	GPIO3 16K
20084000	GPIO2 16K
20080000	GPIO1 16K
2007C000	GPIO0 16K
20078000	DMAC 16K
20074000	SPI 16K
20070000	I2C0 16K
2006C000	SARADC 16K
20068000	UART2 16K
20064000	UART1 16K
20060000	UART0 16K
2005C000	I2C3 16K
20058000	I2C2 16K
20054000	I2C1 16K
20050000	PWM0 16K
2004C000	WDT 16K
20048000	SCR 16K
20044000	TIMER0-5 16K

图 3-3

Name	Offset	Size	Reset Value	Description
GRF_GPIO0A_IOMUX	0x00a8	W	0x00000000	GPIO0A iomux control
GRF_GPIO0B_IOMUX	0x00ac	W	0x00000000	GPIO0B iomux control
GRF_GPIO0C_IOMUX	0x00b0	W	0x00000000	GPIO0C iomux control
GRF_GPIO0D_IOMUX	0x00b4	W	0x00000000	GPIO0D iomux control
GRF_GPIO1A_IOMUX	0x00b8	W	0x00000c00	GPIO1A iomux control
GRF_GPIO1B_IOMUX	0x00bc	W	0x00000030	GPIO1B iomux control
GRF_GPIO1C_IOMUX	0x00c0	W	0x00000000	GPIO1C iomux control
GRF_GPIO1D_IOMUX	0x00c4	W	0x00000000	GPIO1D iomux control
GRF_GPIO2A_IOMUX	0x00c8	W	0x00000000	GPIO2A iomux control
GRF_GPIO2B_IOMUX	0x00cc	W	0x00000000	GPIO2B iomux control
GRF_GPIO2C_IOMUX	0x00d0	W	0x00000000	GPIO2C iomux control
GRF_GPIO2D_IOMUX	0x00d4	W	0x00000000	GPIO2D iomux control
GRF_GPIO3A_IOMUX	0x00d8	W	0x00000000	GPIO3A iomux control
GRF_GPIO3B_IOMUX	0x00dc	W	0x00000000	GPIO3B iomux control
GRF_GPIO3C_IOMUX	0x00e0	W	0x00000000	GPIO3D iomux control
GRF_GPIO3D_IOMUX	0x00e4	W	0x00000000	GPIO3D iomux control
GRF_GPIO2C_IOMUX2	0x00e8	W	0x00000000	GPIO2C iomux control
GRF_CIF_IOMUX	0x00ec	W	0x00000000	CIF iomux control
GRF_CIF_IOMUX1	0x00f0	W	0x00000000	CIF iomux control register1

图 3-4

GRF_GPIO0A_IOMUX
Address: Operational Base + offset (0x00a8)
GPIO0A iomux control

Bit	Attr	Reset Value	Description
31:16	WO	0x0000	write_enable bit0~15 write enable When bit 16=1, bit 0 can be written by software . When bit 16=0, bit 0 cannot be written by software; When bit 17=1, bit 1 can be written by software . When bit 17=0, bit 1 cannot be written by software; ...... [illegible] 1, bit 15 can be written by ... software . When bit 31=0, bit 15 cannot be written by software;

图 3-5

如果 bit30 和 bit29 被设置成了 1，表示 15：14 是可以设置的，这样 15：14 (gpio0a7_sel) 可以设置成三种状态 01: i2c3_sda、10: hdmi_ddcsda、00: gpio，依据需求设置即可。因为是 IO 复用功能，所以有可能有 group 的概念，就是如果 15：14 设置成了 01: i2c3_sda(i2c 接口)，那么相应的 13:12 也必须设置成 01: i2c3_scl，这样才能形成一个 group，否则就各自设置成独立的 GPIO，如图 3-6 和图 3-7 所示。

15:14	RW	0x0	gpio0a7_sel GPIO0A[7] iomux select 01: i2c3_sda 10: hdmi_ddcsda 00: gpio
13:12	RW	0x0	gpio0a6_sel GPIO0A[6] iomux select 01: i2c3_scl 10: hdmi_ddcscl 00: gpio
11:8	RO	0x0	reserved
7:6	RW	0x0	gpio0a3_sel GPIO0A[3] iomux select 01: i2c1_sda 10: mmc1_cmd 00: gpio
5	RO	0x0	reserved
4	RW	0x0	gpio0a2_sel GPIO0A[2] iomux select 1: i2c1_scl 0: gpio
3	RO	0x0	reserved

图 3-6

2	RW	0x0	gpio0a1_sel GPIO0A[1] iomux select 1: i2c0_sda 0: gpio
1	RO	0x0	reserved

图 3-7

3. 源代码的解析方法

有了以上两个基本介绍，源代码不过就是具体的设置问题，如下所示：

a．DTS：

```
/ {
    pinctrl: pinctrl@20008000 {
        compatible = "rockchip,rk312x-pinctrl";
        reg = <0x20008000 0xA8>,
        <0x200080A8 0x4C>,
        <0x20008118 0x20>,
        <0x20008100 0x04>;
        reg-names = "base", "mux", "pull", "drv";
```

---以上分别描述了寄存器组 base(0x20008000)和它的范围 0xA8、寄存器组 mux(0x200080A8)和它的范围 0x4C、寄存器组 pull(0x200080A8)和它的范围 0x4C、寄存器组 drv(0x20008100)和它的范围 0x04。

```
        #address-cells = <1>;
        #size-cells = <1>;
        ranges;

        gpio0: gpio0@2007c000 {
            --- 这是一组寄存器组的基本描述，它描述了通用 gpio0 的一般功能。
            compatible = "rockchip,gpio-bank";
            reg = <0x2007c000 0x100>;
            interrupts = <GIC_SPI 36 IRQ_TYPE_LEVEL_HIGH>;
            clocks = <&clk_gates8 9>;

            gpio-controller;
            #gpio-cells = <2>;

            interrupt-controller;
            #interrupt-cells = <2>;
        };
    ...
    }
```

b．pinctrl-rockchip.c 入口 probe 函数：

```
static int rockchip_pinctrl_probe(struct platform_device *pdev)
{
    struct rockchip_pinctrl *info;
    struct device *dev = &pdev->dev;
    struct rockchip_pin_ctrl *ctrl;
    struct resource *res;
    int ret;
    struct device_node *np;
```

```
int i;

if (!dev->of_node) {
        dev_err(dev, "device tree node not found\n");
        return -ENODEV;
}

info = devm_kzalloc(dev, sizeof(struct rockchip_pinctrl), GFP_KERNEL);
if (!info)
        return -ENOMEM;

ctrl = rockchip_pinctrl_get_soc_data(info, pdev);
if (!ctrl) {
        dev_err(dev, "driver data not available\n");
        return -EINVAL;
}
info->ctrl = ctrl;
info->dev = dev;

g_info = info;

/*if debug GPIO0 then
*atomic_set(&info->bank_debug_flag, 1);
*atomic_set(&info->pin_debug_flag, 0);
*if debug GPIO0-10 then
*atomic_set(&info->bank_debug_flag, 1);
*atomic_set(&info->pin_debug_flag, 11);
*/
atomic_set(&info->bank_debug_flag, 8);
atomic_set(&info->pin_debug_flag, 14);

printk("%s:name=%s,type=%d\n",__func__, ctrl->label, (int)ctrl->type);

//"base", "mux", "pull", "drv";
switch(ctrl->type)
{
        case RK2928:
        case RK3066B:
                res = platform_get_resource(pdev, IORESOURCE_MEM, 0);
                info->reg_base = devm_ioremap_resource(&pdev->dev, res);
```

```
            if (IS_ERR(info->reg_base))
            return PTR_ERR(info->reg_base);
            printk("%s:name=%s
                    start=0x%x,end=0x%x\n",__func__,res->name, res->start,
                    res->end);
        break;

    case RK3188:
    case RK3036:
    case RK312X:
        /*
          fengke:解析 rk312x-pinctrl.dtsi 的第 8～16 行
        */
            res = platform_get_resource(pdev, IORESOURCE_MEM, 0);
            info->reg_base = devm_ioremap_resource(&pdev->dev, res);
            if (IS_ERR(info->reg_base))
            return PTR_ERR(info->reg_base);
        //fengke:rockchip_pinctrl_probe:name=base
            start=0x20008000,end=0x200080a7
            printk("%s:name=%s start=0x%x,end=0x%x\n",__func__,res->name, res->start,
                    res->end);

            res = platform_get_resource(pdev, IORESOURCE_MEM, 1);
            info->reg_mux = devm_ioremap_resource(&pdev->dev, res);
            if (IS_ERR(info->reg_mux))
            return PTR_ERR(info->reg_mux);
        //fengke:rockchip_pinctrl_probe:name=mux
            start=0x200080a8,end=0x200080f3
            printk("%s:name=%s start=0x%x,end=0x%x\n",__func__,res->name, res->start,
                    res->end);

            res = platform_get_resource(pdev, IORESOURCE_MEM, 2);
            info->reg_pull = devm_ioremap_resource(&pdev->dev, res);
            if (IS_ERR(info->reg_pull))
            return PTR_ERR(info->reg_pull);
        //fengke:rockchip_pinctrl_probe:name=pull
            start=0x20008118,end=0x20008137
            printk("%s:name=%s
                    start=0x%x,end=0x%x\n",__func__,res->name, res->start,
                    res->end);
```

```
        res = platform_get_resource(pdev, IORESOURCE_MEM, 3);
        info->reg_drv = devm_ioremap_resource(&pdev->dev, res);
        if (IS_ERR(info->reg_drv))
        return PTR_ERR(info->reg_drv);
    //fengke:rockchip_pinctrl_probe:name=drv
        start=0x20008100,end=0x20008103
        printk("%s:name=%s
                start=0x%x,end=0x%x\n",__func__,res->name, res->start,
                 res->end);

        break;

case RK3288:
        res = platform_get_resource(pdev, IORESOURCE_MEM, 0);
        info->reg_base = devm_ioremap_resource(&pdev->dev, res);
        if (IS_ERR(info->reg_base))
        return PTR_ERR(info->reg_base);
        printk("%s:name=%s
                 start=0x%x,end=0x%x\n",__func__,res->name, res->start,
                 res->end);

        info->reg_mux = info->reg_base;

        res = platform_get_resource(pdev, IORESOURCE_MEM, 1);
        info->reg_pull = devm_ioremap_resource(&pdev->dev, res);
        if (IS_ERR(info->reg_pull))
        return PTR_ERR(info->reg_pull);
        printk("%s:name=%s
                  start=0x%x,end=0x%x\n",__func__,res->name, res->start,
                  res->end);

        res = platform_get_resource(pdev, IORESOURCE_MEM, 2);
        info->reg_drv = devm_ioremap_resource(&pdev->dev, res);
        if (IS_ERR(info->reg_drv))
        return PTR_ERR(info->reg_drv);
        printk("%s:name=%s
                  start=0x%x,end=0x%x\n",__func__,res->name, res->start,
                  res->end);

        break;
```

```
		default:
			printk("%s:unknown chip type %d\n",__func__, (int)ctrl->type);
			return -1;

	}

	ret = rockchip_gpiolib_register(pdev, info);
	if (ret)
		return ret;

	ret = rockchip_pinctrl_register(pdev, info);
	if (ret) {
		rockchip_gpiolib_unregister(pdev, info);
		return ret;
	}

	np = dev->of_node;
	if (of_find_property(np, "init-gpios", NULL))
	{
		info->config = of_get_gpio_init_config(&pdev->dev, np);
		if (IS_ERR(info->config))
		return PTR_ERR(info->config);

		ret = gpio_request_array(info->config->gpios, info->config->nr_gpios);
		if (ret) {
			dev_err(&pdev->dev, "Could not obtain init GPIOs: %d\n", ret);
			return ret;
		}

		for(i=0; i<info->config->nr_gpios; i++)
		{
			gpio_direction_output(info->config->gpios[i].gpio,info->config->gpios[i].flags);
		}
	}

	pinctrl_debugfs_init(info);

	platform_set_drvdata(pdev, info);

	printk("%s:init ok\n",__func__);
	return 0;
}
```

此函数最重要的数据结构 struct rockchip_pinctrl *info 最终被 rockchip_pinctrl_get_soc_data 赋值成上面 DTS 相应的描述，有兴趣的读者可以将所有数据打印出来看，到底这个数据结构被赋予了什么值，以加深对 PinCtrl 的理解。因为作者也不是第一手接触到这个芯片，并不知道当时 PinCtrl 的原作者与硬件工程师如何讨论的 pin 配置方式，如果读者有这样的机会就可以更好地理解这个 BSP 的写法。如果没有这样的机会，大家也可以打印出相应的信息并结合芯片手册来理解这个功能。switch 中的 ctrl->type 可以从 DTS 中看出这里的类型是 RK312X，这里面的内容就是将 DTS 中的“base”、“mux”、“pull”、“drv”这几个配置文件转换成相应的数据结构中具体的数据 res->name、res->start、res->end。剩下的代码就是完成相应的基本配置功能，下面我们从调试文件中来看具体的 PinCtrl 初始化了什么东西？

PinCtrl 模块为了调试和查看，分别在启动时和启动后增加了很多调试信息。

1) PinCtrl 调试信息

启动时读者可以通过串口查看相应的 rockchip_pinctl_XXX 打印信息，或自己在源代码中增加需要调试的信息，目前启动时部分可以查看的调试信息如下：

```
[    0.685170] rockchip_get_bank_data:name=/pinctrl@20008000/gpio0@2007c000
     start=0x2007c000, end=0x2007c0ff
[    0.685299] rockchip_get_bank_data:name=/pinctrl@20008000/gpio1@20080000
     start=0x20080000, end=0x200800ff
[    0.685376] rockchip_get_bank_data:name=/pinctrl@20008000/gpio2@20084000
     start=0x20084000, end=0x200840ff
[    0.685448] rockchip_get_bank_data:name=/pinctrl@20008000/gpio3@20088000
     start=0x20088000, end=0x200880ff
[    0.685531] rockchip_get_bank_data:name=/pinctrl@20008000/gpio15@2008A000
     start=0x20086000, end=0x200860ff
[    0.685597] rockchip_pinctrl_probe:name=rk312x-GPIO,type=5
[    0.685622] rockchip_pinctrl_probe:name=base start=0x20008000,end=0x200080a7
[    0.685645] rockchip_pinctrl_probe:name=mux start=0x200080a8,end=0x200080f3
[    0.685668] rockchip_pinctrl_probe:name=pull start=0x20008118,end=0x20008137
[    0.685690] rockchip_pinctrl_probe:name=drv start=0x20008100,end=0x20008103
[    0.688378] rockchip_pinctrl_probe:init ok
```

2) 查看 PinCtrl 信息

(1) 宏定义开关 CONFIG_DEBUG_FS。

通过命令 cat .config | grep CONFIG_DEBUG_FS 查看.config 文件中相应的宏开关是否已经打开(确保已经设置成 y)，如图 3-8 所示。

```
fengke@fengke-VirtualBox:~/fengke_source/fengke_rk3128/kernel$ cat .config | grep CONFIG_DEBUG_FS
CONFIG_DEBUG_FS=y
```

图 3-8

(2) 在源代码 kernel/drivers/pinctrl/core.c 中，有：

```
static void pinctrl_init_debugfs(void)
{
	debugfs_root = debugfs_create_dir("pinctrl", NULL);
	if (IS_ERR(debugfs_root) || !debugfs_root) {
		pr_warn("failed to create debugfs directory\n");
		debugfs_root = NULL;
		return;
	}

	debugfs_create_file("pinctrl-devices", S_IFREG | S_IRUGO,
				debugfs_root, NULL, &pinctrl_devices_ops);
	debugfs_create_file("pinctrl-maps", S_IFREG | S_IRUGO,
				debugfs_root, NULL, &pinctrl_maps_ops);
	debugfs_create_file("pinctrl-handles", S_IFREG | S_IRUGO,
				debugfs_root, NULL, &pinctrl_ops);
}
```

此函数分别在路径/sys/kernel/debug/pinctrl 下创建 pinctrl-devices、pinctrl-handles 和 pinctrl-maps。这三个文件可以用来查看当前系统的 PinCtrl 的配置情况。

(3) 查看 sys 文件配置。

初始化函数 pinctrl_debugfs_init(info)创建了一个 register 文件(/sys/kernel/debug/rockchip_pinctrl/registers)，函数实现如下：

```
static const struct file_operations pinctrl_regs_ops = {
	.owner		= THIS_MODULE,
	.open		= simple_open,
	.read		= pinctrl_show_regs,
	.write		= pinctrl_write_proc_data,
	.llseek		= default_llseek,
};

static int pinctrl_debugfs_init(struct rockchip_pinctrl *info)
{
	info->debugfs = debugfs_create_dir("rockchip_pinctrl", NULL);
	if (!info->debugfs)
		return -ENOMEM;

	debugfs_create_file("registers", S_IFREG | S_IRUGO,
		info->debugfs, (void *)info, &pinctrl_regs_ops);
	return 0;
}
```

读者可以利用.read 函数的输出来查看当前系统 GPIO 的配置情况，可以使用命令 cat /sys/kernel/debug/rockchip_pinctrl/registers 来激活.read 函数，结果输出如下：

```
rk312x-GPIO registers:
====================================
bank0 reg[0xfed50000+0x0]=0x00000000
bank0 reg[0xfed50000+0x4]=0x02000000
bank0 reg[0xfed50000+0x8]=0x00000000
bank0 reg[0xfed50000+0xc]=0x00000000
bank0 reg[0xfed50000+0x10]=0x00000000
bank0 reg[0xfed50000+0x14]=0x00000000
bank0 reg[0xfed50000+0x18]=0x00000000
bank0 reg[0xfed50000+0x1c]=0x00000000
bank0 reg[0xfed50000+0x20]=0x00000000
bank0 reg[0xfed50000+0x24]=0x00000000
bank0 reg[0xfed50000+0x28]=0x00000000
bank0 reg[0xfed50000+0x2c]=0x00000000
bank0 reg[0xfed50000+0x30]=0x00000004
bank0 reg[0xfed50000+0x34]=0x00000000
bank0 reg[0xfed50000+0x38]=0x01000004
bank0 reg[0xfed50000+0x3c]=0x01000000
bank0 reg[0xfed50000+0x40]=0x00000000
bank0 reg[0xfed50000+0x44]=0x00000000
bank0 reg[0xfed50000+0x48]=0x00000000
bank0 reg[0xfed50000+0x4c]=0x00000000
bank0 reg[0xfed50000+0x50]=0x509e03cf
bank0 reg[0xfed50000+0x54]=0x00000000
bank0 reg[0xfed50000+0x58]=0x00000000
bank0 reg[0xfed50000+0x5c]=0x00000000
bank1 reg[0xfed51000+0x0]=0x00000000
bank1 reg[0xfed51000+0x4]=0x00004008
bank1 reg[0xfed51000+0x8]=0x00000000
bank1 reg[0xfed51000+0xc]=0x00000000
bank1 reg[0xfed51000+0x10]=0x00000000
bank1 reg[0xfed51000+0x14]=0x00000000
bank1 reg[0xfed51000+0x18]=0x00000000
bank1 reg[0xfed51000+0x1c]=0x00000000
bank1 reg[0xfed51000+0x20]=0x00000000
bank1 reg[0xfed51000+0x24]=0x00000000
bank1 reg[0xfed51000+0x28]=0x00000000
```

```
bank1 reg[0xfed51000+0x2c]=0x00000000
bank1 reg[0xfed51000+0x30]=0x00001000
bank1 reg[0xfed51000+0x34]=0x00000000
bank1 reg[0xfed51000+0x38]=0x00000000
bank1 reg[0xfed51000+0x3c]=0x00000000
bank1 reg[0xfed51000+0x40]=0x00000000
bank1 reg[0xfed51000+0x44]=0x00000000
bank1 reg[0xfed51000+0x48]=0x00000000
bank1 reg[0xfed51000+0x4c]=0x00000000
bank1 reg[0xfed51000+0x50]=0xfffe9b36
bank1 reg[0xfed51000+0x54]=0x00000000
bank1 reg[0xfed51000+0x58]=0x00000000
bank1 reg[0xfed51000+0x5c]=0x00000000
bank2 reg[0xfed52000+0x0]=0x01000000
bank2 reg[0xfed52000+0x4]=0x01c00600
bank2 reg[0xfed52000+0x8]=0x00000000
bank2 reg[0xfed52000+0xc]=0x00000000
bank2 reg[0xfed52000+0x10]=0x00000000
bank2 reg[0xfed52000+0x14]=0x00000000
bank2 reg[0xfed52000+0x18]=0x00000000
bank2 reg[0xfed52000+0x1c]=0x00000000
bank2 reg[0xfed52000+0x20]=0x00000000
bank2 reg[0xfed52000+0x24]=0x00000000
bank2 reg[0xfed52000+0x28]=0x00000000
bank2 reg[0xfed52000+0x2c]=0x00000000
bank2 reg[0xfed52000+0x30]=0x00000000
bank2 reg[0xfed52000+0x34]=0x00000000
bank2 reg[0xfed52000+0x38]=0x00000000
bank2 reg[0xfed52000+0x3c]=0x00000000
bank2 reg[0xfed52000+0x40]=0x00000000
bank2 reg[0xfed52000+0x44]=0x00000000
bank2 reg[0xfed52000+0x48]=0x00000000
bank2 reg[0xfed52000+0x4c]=0x00000000
bank2 reg[0xfed52000+0x50]=0x0d3000fc
bank2 reg[0xfed52000+0x54]=0x00000000
bank2 reg[0xfed52000+0x58]=0x00000000
bank2 reg[0xfed52000+0x5c]=0x00000000
bank3 reg[0xfed53000+0x0]=0x80000000
bank3 reg[0xfed53000+0x4]=0x00320000
```

```
bank3 reg[0xfed53000+0x8]=0x00000000
bank3 reg[0xfed53000+0xc]=0x00000000
bank3 reg[0xfed53000+0x10]=0x00000000
bank3 reg[0xfed53000+0x14]=0x00000000
bank3 reg[0xfed53000+0x18]=0x00000000
bank3 reg[0xfed53000+0x1c]=0x00000000
bank3 reg[0xfed53000+0x20]=0x00000000
bank3 reg[0xfed53000+0x24]=0x00000000
bank3 reg[0xfed53000+0x28]=0x00000000
bank3 reg[0xfed53000+0x2c]=0x00000000
bank3 reg[0xfed53000+0x30]=0x00000000
bank3 reg[0xfed53000+0x34]=0x00000000
bank3 reg[0xfed53000+0x38]=0x00400000
bank3 reg[0xfed53000+0x3c]=0x00400000
bank3 reg[0xfed53000+0x40]=0x00000000
bank3 reg[0xfed53000+0x44]=0x00000000
bank3 reg[0xfed53000+0x48]=0x00000000
bank3 reg[0xfed53000+0x4c]=0x00000000
bank3 reg[0xfed53000+0x50]=0x06c00800
bank3 reg[0xfed53000+0x54]=0x00000000
bank3 reg[0xfed53000+0x58]=0x00000000
bank3 reg[0xfed53000+0x5c]=0x00000000
==================================
```

以上的结果可以用如下代码段来解释，bank0～3 表示 SoC 芯片有 4 个 GPIO 寄存器组，reg[0xfed53000+0x30]表示寄存器的基地址和相应的偏移，等号后面的值表示从这个寄存器里读出的值是多少。细心的读者或许发现一个问题，如上显示的寄存器基地址根本无法在 RK3128 技术参考手册中或者在 DTS 中找到，这是因为 RK3128 技术参考手册给出的地址是芯片原地址，但是如果要访问这些地址必须要经过 ioremap，所以看到的地址会不一样。

```
for(n=0; n<ctrl->nr_banks-1; n++)
    {
        for(i=GPIO_SWPORT_DR; i<GPIO_LS_SYNC; i=i+4)
        {
            value = readl_relaxed(bank->reg_base + i);
            len += snprintf(buf + len, PINCTRL_REGS_BUFSIZE - len, "bank%d
            reg[0x%p +0x%x] =0x%08x\n",bank->bank_num, (int *)bank->reg_base, i, value);
        }
        bank++;
    }
```

for 循环中的宏定义非常重要，是读懂整个寄存器分布的关键，以下是它的宏定义，这些宏定义以 4 个字节(word)的宽度增加。其中有的部分未定义(如 0x08～0x2c)，可以忽略它们，因为当前 CPU 可能不用这些值。

```
/* GPIO control registers */
#define GPIO_SWPORT_DR          0x00
#define GPIO_SWPORT_DDR         0x04
#define GPIO_INTEN              0x30
#define GPIO_INTMASK            0x34
#define GPIO_INTTYPE_LEVEL      0x38
#define GPIO_INT_POLARITY       0x3c
#define GPIO_INT_STATUS         0x40
#define GPIO_INT_RAWSTATUS      0x44
#define GPIO_DEBOUNCE           0x48
#define GPIO_PORTS_EOI          0x4c
#define GPIO_EXT_PORT           0x50
#define GPIO_LS_SYNC            0x60
```

有了以上的代码基础和相应的代码打印显示，但是初学者应该如何知道这些信息的来源呢？

(1) DTS(rk312x-pinctrl.dtsi)中描述了 gpio0: gpio0@2007c000、gpio1: gpio1@20080000、gpio2: gpio2@20084000、gpio3: gpio3@20088000、gpio15: gpio15@2008A000(这个描述是虚拟的，并不存在)，读者可以参考。

(2) 芯片使用手册(RK3128 技术参考手册)的 chapter-34-general-purpose-io-ports(gpio).pdf 中描述了各个寄存器的配置情况，代码中的宏定义是根据如表 3-3 所示的寄存器摘要(Registers Summary)获得的。

表 3-3 寄存器摘要

Name	offset	Size	Reset Value	Description
GPIO_SWPORTA_DR	0X0000	W	0X00000000	Port A data register
GPIO_SWPORTA_DDR	0X0004	W	0X00000000	Port A data direction register
GPIO_INTEN	0X0030	W	0X00000000	Interrupt enable register
GPIO_INTMASK	0X0034	W	0X00000000	Interrupt mask register
GPIO_INTTYPE_LEVEL	0X0038	W	0X00000000	Interrupt level register
GPIO_INT_POLARITY	0X003C	W	0X00000000	Interrupt polarity register
GPIO_INT_STATUS	0X0040	W	0X00000000	Interrupt status of port A
GPIO_INT_RAWSTATUS	0X0044	W	0X00000000	Raw Interrupt status of port A
GPIO_DEBOUNCE	OX0048	W	0X00000000	Debounce enable register
GPIO_PORTA_EQI	0X004C	W	0X00000000	Port A clear interrupt register
GPIO_EXT_PORTA	0X0050	W	0X00000000	Port A external port'register
GPIO_LS_SYNC	0X0060	W	0X00000000	Level_sensitive synchronization enable register

3.1.3　PinCtrl 总结

PinCtrl 代码逻辑并不复杂，它只是负责描述芯片引脚的某种配置。但是要将代码嵌入到 Linux 操作系统中，就必须知道 Linux 系统是如何写或配置 BSP 的。如果读者有能力建议用裸板程序对着芯片手册操作一下，这样会对芯片理解更深入一些。裸板程序会让代码被代码编写者控制，而不需要掌握一堆 Linux 的框架知识。只有了解了芯片的各个功能才能有效地理解 PinCtrl 的作用，并结合调试代码一步一步深入了解 PinCtrl。

3.2　内核 Kernel 移植

3.2.1　启动界面的更换

Android 系统开机显示画面分成三个过程：第一个过程从按电源键到 Kernel 启动为止，即 U-Boot 阶段；第二个过程从 Kernel 启动到 Frameworks 启动为止，即 Linux Kernel 启动阶段；第三个过程从 Frameworks 启动完成到 Launcher 程序启动完成。

第一、二个过程显示的画面是一张图片，第三个过程显示的是一个动画。下面分别简要介绍怎么样在源码中修改这两个地方。

(1) U-Boot&Kernel 启动图片如图 3-9 所示(使用的是同一张图片，大小为 800×1280 = 宽×高)，路径位于$(dir)/kernel，名字为 logo.bmp 的是用于 U-Boot 显示的图片，名字为 logo_kernel.bmp 的是用于 Kernel 显示的图片。实际上如果两张图片一样，那么这里为什么不用一张图片，由两部分程序分别读取？读者可以尝试去改一下这部分代码。

图 3-9

(2) Framework 启动动画。在$(dir)/frameworks/base/core/res/assets/images/目录中有两张图片。默认情况下，BootAnimation.cpp 中的动画控制代码会使用变量 mAndroid 里面包含的两张图片来作为显示动画。如果想改变这个动画主要要做的就是直接做好图片，并用此替换掉/frameworks/base/core/res/assets/images/中的两个文件，最主要的还是要把握好图片的分辨率。还有一种方法是利用 bootanimation.zip，这里面可以包含更多的图片来显示更复杂的动画，读者可以看看 BootAnimation.cpp 中是如何解析这个文件的，这里不再做详细介绍。

3.2.2 Linux 引导过程

本节主要讲解 Linux 内核与 Android 系统 Linux 内核有什么区别；什么是引导装载程序；什么是 Zygote；什么是 init.rc；什么是系统服务。

1．Android 启动步骤

Android 启动步骤如图 3-10 所示。

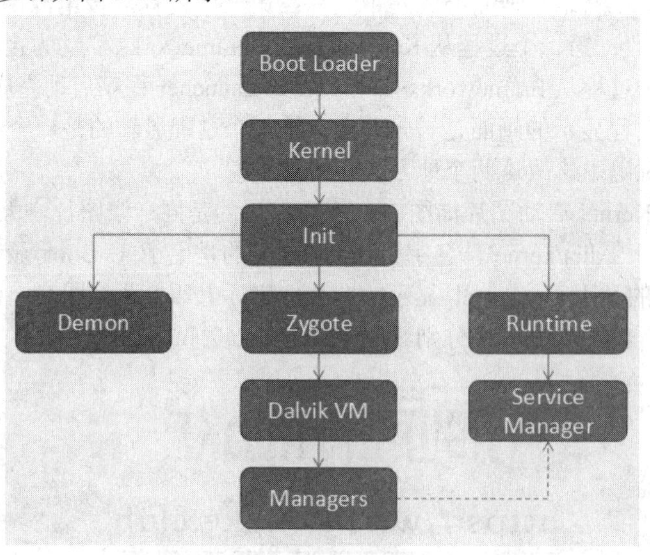

图 3-10

2．引导程序(Boot Loader)

引导程序的源码目录为$(dir)\rk3128-source\u-boot。

3．内核(Kernel)

Android 内核就是 Linux。内核启动时，设置硬件，挂载文件系统，执行第一个应用程序 init。

4．Init 进程

Init 是第一个进程，可以说它是 root 进程或者所有进程的父进程。Init 进程有两个责任：一是挂载目录，比如/sys、/dev、/proc；二是运行 init.rc 脚本。对于 init.rc 文件，Android 中有特定的格式以及规则。在 Android 中，我们叫做 Android 初始化语言。

init.rc 位于目录$(dir)\rk3128-source\device\rockchip\rksdk 中。

Android 初始化语言由四大类型的声明组成，即 Actions(动作)、Commands(命令)、Services(服务)、Options(选项)。

(1) Action(动作)：它是以命令流程命名的，由一个触发器决定动作是否发生。其语法如下：

```
on <trigger>
<command>
<command>
<command>
```

(2) Service(服务)：是 Init 加载的和退出重启的(可选)程序。Service 具有如下格式：

```
service <name> <pathname> [ <argument> ]*
 <option>
 <option>
...
```

(3) Options(选项)：它是对服务的描述，它们影响 Init 进程如何以及何时启动服务。

下面看看默认的 init.rc 文件，这里只列出了主要的事件及其服务，如表 3-4 所示。

表 3-4　init.rc 文件主要事件及其服务

Action/Service	描　述
on early-init	设置 init 进程以及它创建的子进程的优先级，设置 init 进程的安全环境
on init	设置全局环境，为 cpu accounting 创建 cgroup(资源控制)挂载点
on fs	挂载 mtd 分区
on post-fs	改变系统目录的记问权限
on post-fs-data	改变/data 目录以及它的子目录的访问权限
on boot	基本网络的初始化，内存管理等等
service serviceman ager	启动系统管理器管理所有的本地服务，比如位置、音频、Shared preference 等
service zygote	启动 zygote 作为应用理程

这个阶段可以在设备的屏幕上看到 Android 的 logo。

5．Zygote

在 Java 中，不同的虚拟机实例会为不同的应用分配不同的内存。但如果 Android 系统为每一个应用启动不同的 Dalvik 虚拟机实例，就会消耗大量的内存以及时间。因此，为了克服这个问题，Android 系统创造了 Zygote，Zygote 让 Dalvik 虚拟机共享代码、低内存占用以及最小的启动时间成为可能。

6．系统服务

完成了上面几步之后，运行环境请求 Zygote 运行系统服务。系统服务同时使用 Native 及 Java 编写。系统服务可以认为是一个进程，它包含了所有的 System Services。

Zygote 创建新的进程去启动系统服务，可以在 ZygoteInit 类的 startSystemServer 方法中找到源代码。

7．引导完成

一旦系统服务在内存中运行起来，Android 就完成了引导过程。在这个时候“ACTION_BOOT_COMPLETED”开机启动广播就会发出去。

8．实验

在 init.rc 中增加一条启动参数 setprop fengke.test 100。

9．实验现象

系统启动后可用 getprop fengke.test 来查看这个值是否已经写入，如图 3-11 所示。

```
shell@rk312x:/ $ getprop fengke.test
100
shell@rk312x:/ $
```

图 3-11

3.2.3 GPIO 驱动

1．GPIO 配置实例(照相机的闪光灯控制)

GPIO 引脚通常可以配置成输入和输出功能。作为输入功能，一般在 Linux 系统里面是以中断的方式来使用的；作为输出功能，一般主要用来提供一个高低电平信号。本节主要介绍输出功能。

RK3128 开发板已经引出了多个 GPIO，分别用于照相机的闪光灯、蜂鸣器、gps 供电引脚。本节主要以 GPIO2_C7(FLASH)为例进行讲解，其他只要是涉及 GPIO 的输出功能都应该大同小异。如图 3-12 和图 3-13 所示，来源于文档 3128_sdk_a02_20170325.pdf 中的第 17 页和第 19 页。

图 3-12 所示的窄边框位置表示将要配置的 GPIO 在电路图中的位置——Camera 侧。

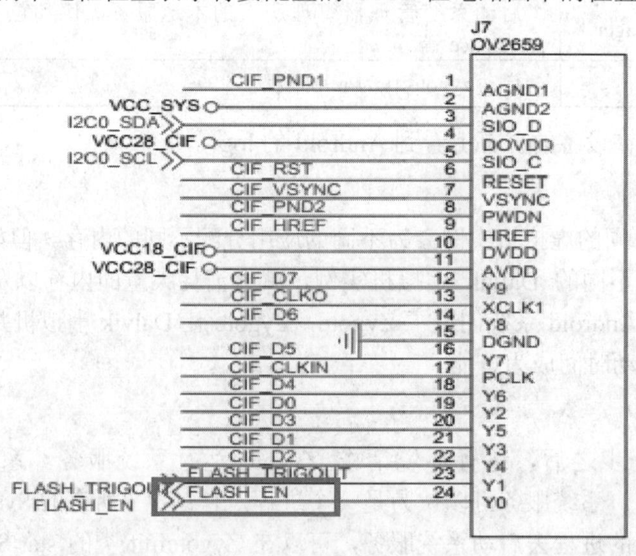

图 3-12

如图 3-13 所示为 GPIO 所示为在电路图中的位置——CPU 侧。

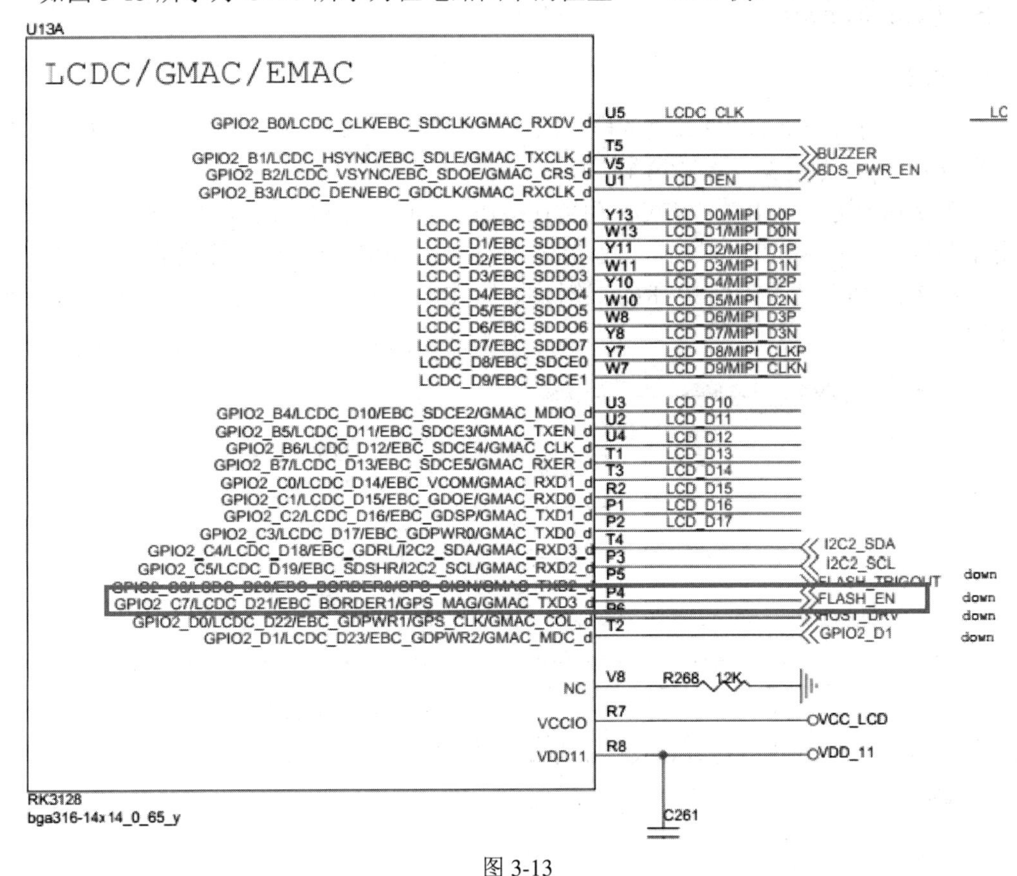

图 3-13

2．RK3128 开发板 GPIO 在 DTS 中的配置

RK3128 驱动配置使用的是 Device Tree 的方式，所以在 Kernel 路径$(dir)\rk3128-source\kernel\arch\arm\boot\dts 中，rk3128-study.dts 描述了整个系统的驱动配置，FLASK GPIO 的配置如下：

```
flash_en {
        gpio = <&gpio2 GPIO_C7 GPIO_ACTIVE_LOW>; // only valid when output.
        output;
        //no_request;
    };
```

3．实验步骤

输入命令：

```
echo 1 > /sys/class/exgpio/gpio_flash_en
echo 0 > /sys/class/exgpio/gpio_flash_en
```

4．实验现象

本实验的现象是闪光灯会亮/灭。

3.2.4 设备按键驱动

1. 引言

要学会如何看一个 GPIO 按键的电路原理图。图 3-14 和图 3-15 来源于文档 3128_sdk_a02_20170325.pdf 中的第 9 页和第 12 页。

如图 3-14 所示，PMIC_PWRON 引脚在按钮按下前一直保持高电平，按键按下后变成低电平并触发中断休眠/唤醒屏幕。图 3-14 所示的 PMIC_PWRON 连接的是一个按键电路，而图 3-15 所示的 PMIC_PWRON 连接的是 GPIO0_A2。综上所述，按键可以由 GPIO 来实现。

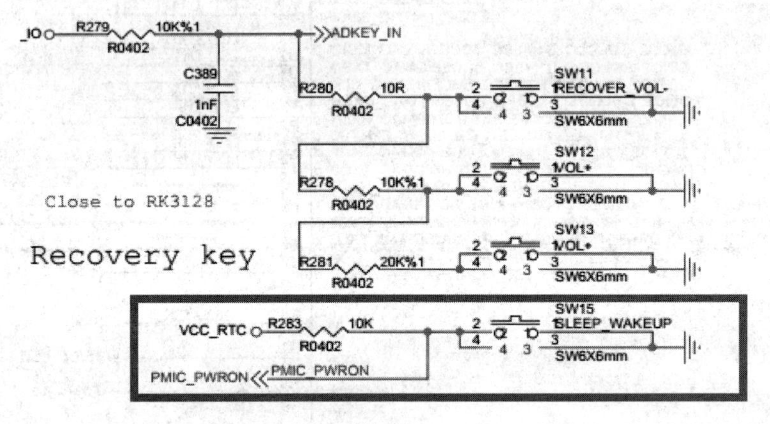

图 3-14

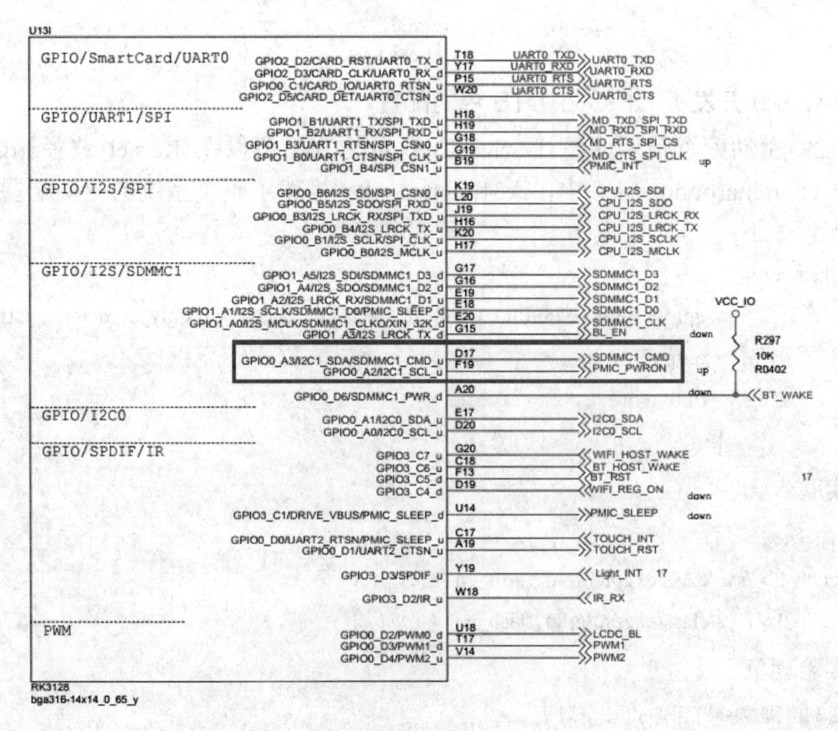

图 3-15

2. 按键配置实例

以 GPIO2_D1 为例，利用高电平触发上升沿来模拟按键被按下。

GPIO 引脚通常可以配置成输入和输出功能。作为输入功能，一般在 Linux 系统里是以中断方式来使用的；如果作为输出功能则一般用来提供一个高低电平信号。下面利用 GPIO 的输入功能来模拟一个按键。

这里主要以 GPIO2_D1 为例进行讲解，给 GPIO2_D1 一个高电平来触发上升沿产生中断操作并串口打印一条语句。

如图 3-16 所示，框选位置表示将要配置的 GPIO 在开发板上的位置。

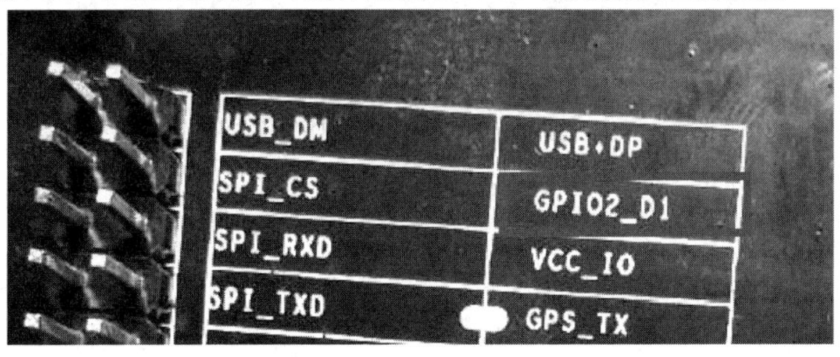

图 3-16

如图 3-17 所示为 GPIO 在电路图中的位置。

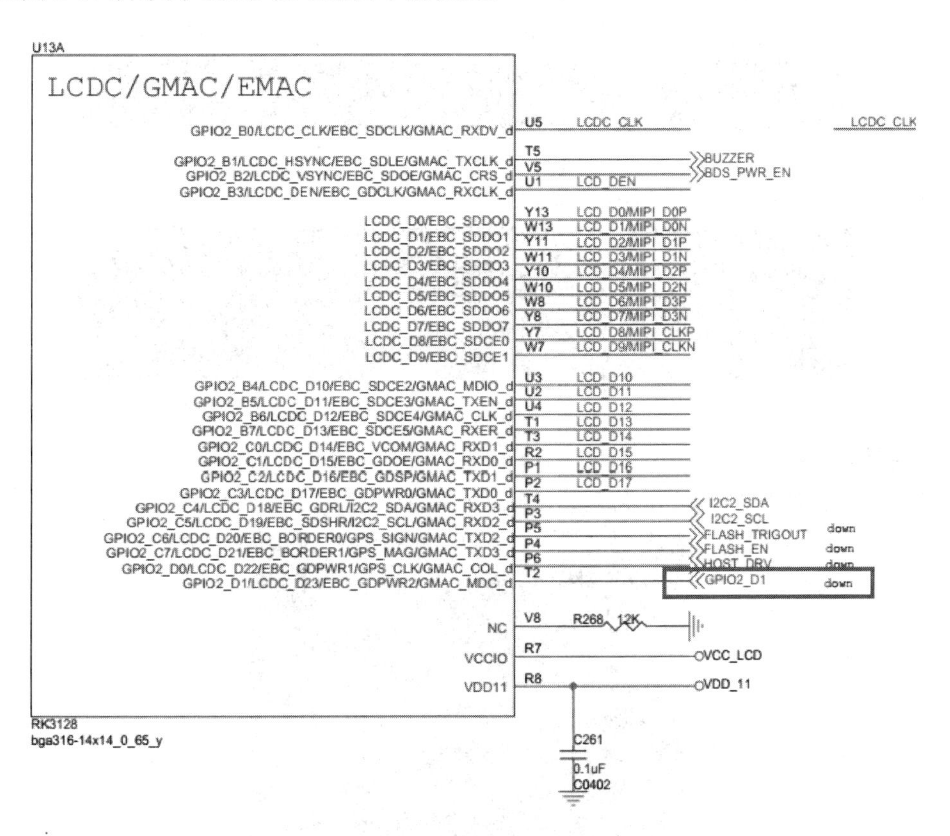

图 3-17

3. RK3128 开发板 GPIO 在 DTS 中的配置

RK3128 驱动配置使用的是 Device Tree 的方式，所以在 Kernel 路径$(dir)\rk3128-source\kernel\arch\arm\boot\dts 中，rk3128-study.dts 描述了整个系统的驱动配置，GPIO 的配置如下：

```
gpio:htfyun_gpio@01 {
        compatible = "htfyun-gpio";
        // define the GPIO used for q7t( czc ),every gpio defines the GPIO and property.
        // output: GPIO_ACTIVE_LOW means output 0, GPIO_ACTIVE_HIGH means output 1.
        // input: always use irq.
        input_test {
          gpio = <&gpio2 GPIO_D1 GPIO_ACTIVE_LOW>;
          input;
            irq;
        };
    };
```

4. 实验步骤

(1) 可用 cat /proc/interrupts 查看中断是否注册成功。

我们注册的中断名字是 gpio_input_test，对应于中断号 160，如图 3-18 所示。

图 3-18

(2) Kernel 实验步骤如图 3-19 所示。

```
shell@rk312x:/ $ [   64.756672] healthd: battery l=95 v=4100 t=0.0
[  105.946122] ..............................3 irq_func
[  106.002458] ..............................3 irq_func
[  106.222627] ..............................3 irq_func
[  108.759925] ..............................3 irq_func
[  108.869610] ..............................3 irq_func
[  123.795170] healthd: battery l=95 v=4100 t=0.0 h=2 st=2 chg=a
```

图 3-19

5. 实验现象

以一根杜邦线为例，低电平触发中断，如图 3-20 所示。

图 3-20

6. AD 按键

AD 按键是指用 AD 检测法实现的简单实用的按键，仅仅需要一个 AD 接口和若干个电阻，就可以实现 1 个、2 个、3 个乃至多个按键输入。其原理是当按键按下时，IO 口将检测到不同的电压值。

如图 3-21 所示的三个按键就组成了 AD 按键，并将对应不同的阻值报告给 CPU，CPU 检测后知道哪个键被按下。相应的 DRIVER 配置可查看$(dir)\rk3128-source\kernel\arch\arm\boot\dts 中 rk3128-study.dts 的&adc{...}选项，源代码对应文件是$(dir)\rk3128-source\kernel\drivers\input\keyboard\rk_keys.c。

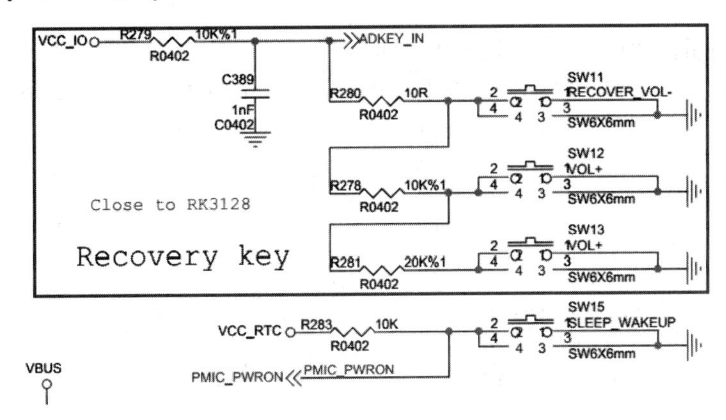

图 3-21

图 3-22 内容来源于文档 3128_sdk_a02_20170325.pdf 中的第 9 页，为 CPU 侧接线图。

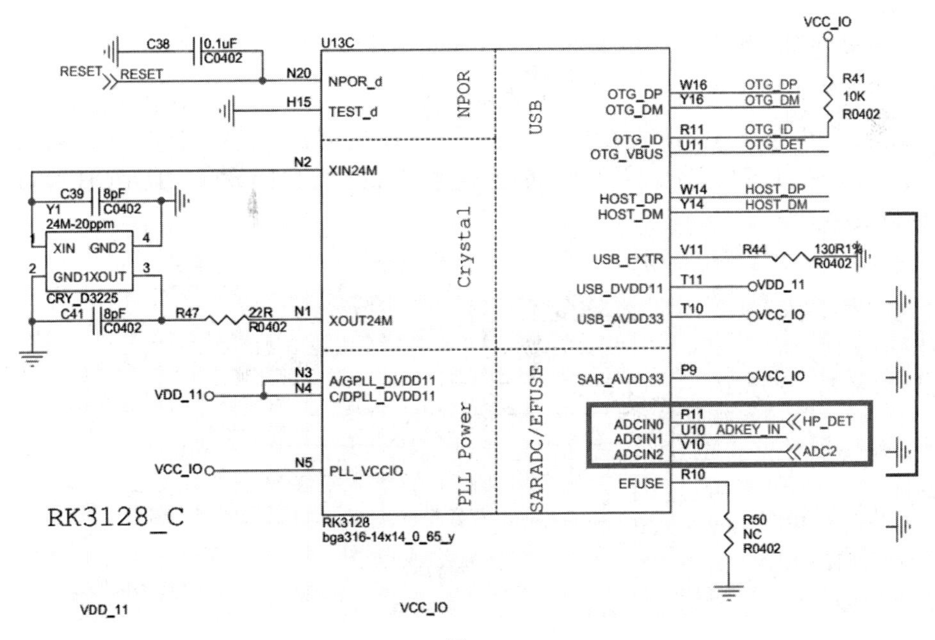

图 3-22

7. PMIC_PWRON 休眠/唤醒屏幕

这里继续前面讲过的原理图讲解屏幕的休眠/唤醒功能(GPIO 的一个应用)。相应的

DRIVER 配置可查看$(dir)\rk3128-source\kernel\arch\arm\boot\dts 中 rk3128-study.dts 的&adc{...}选项，源代码对应文件是$(dir)\rk3128-source\kernel\drivers\input\keyboard\rk_keys.c。

注意：中断响应函数 keys_isr(int irq, void *dev_id)，具体的屏幕休眠/唤醒由它来处理。

3.2.5 触摸屏驱动

1. Input 输入子系统简介

触摸屏驱动注册到 Input 子系统(rockchip_gslx680_rk3168.c)中后要遵循的框架结构如下(见图 3-23)：

(1) Input dev 的注册，参考 gsl_ts_init_ts()函数；

(2) Input 事件的注册，这部分没有明显的调用 Input 子系统的 input_register_handler()函数，说明用的是系统缺省注册的 handler，即 evdev——一个原始的(raw)输入设备事件。

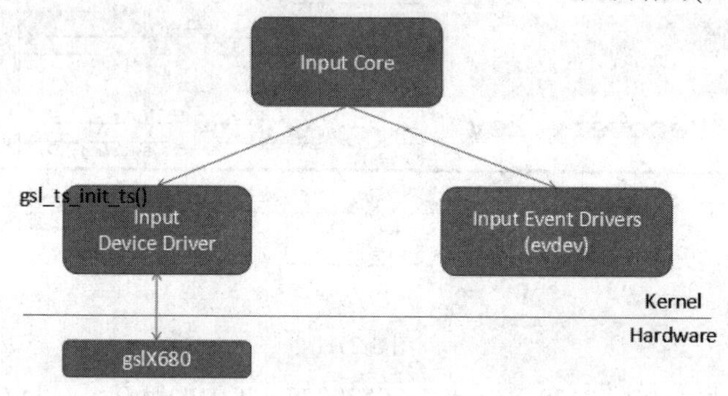

图 3-23

2. 电路原理图介绍

图 3-24 内容来源于文档 3128_sdk_a02_20170325.pdf 中的第 19 页。由图可以确定 TP 是通过 I2C 与 CPU 相互通信的，CPU 作为主设备，TP 作为从设备。TOUCH_INT 是用中断的形式来告诉 CPU 已经有触摸产生，CPU 可以从 I2C 接口读数据。TOUCH_RST 是用做触摸的休眠/唤醒。

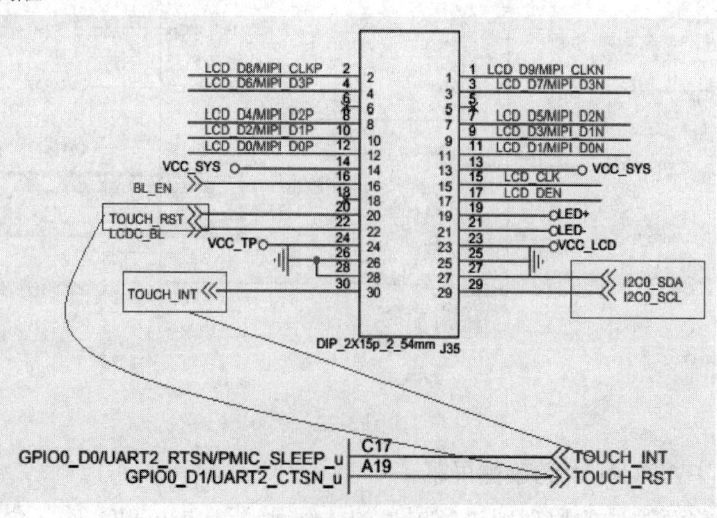

图 3-24

3．TP 驱动代码结构

$(dir)\rk3128-source\kernel\drivers\input\touchscreen\rockchip_gslX680_rk3128.c

--- input device driver

$(dir)\rk3128-source\kernel\drivers\input\evdev.c

--- input event handler

4．.config 文件的配置选择

在 Kernel 目录中输入 make ARCH=arm menuconfig，然后按下列步骤选择：

```
Device Drivers    --->
Input device support    --->
  Touchscreens    --->
<*>    gslX680 touchscreen driver
```

选择之后在.config 文件中会有如下选项被设置：

```
CONFIG_TOUCHSCREEN_GSLX680=y
```

相应的配置文件目录位置：

```
X:\rk3128-study\rk3128-source\kernel\drivers\input\touchscreen\Kconfig
config TOUCHSCREEN_GSLX680
    tristate "gslX680 touchscreen driver"
    help
          gslX680 touchscreen driver
```

5．实验代码

(1) DTS 部分实验代码如下：

```
&i2c0 {
    status = "okay";
ts@40 {
          compatible = "gslX680";
          reg = <0x40>;
          irq-gpio = <&gpio0 GPIO_D0 IRQ_TYPE_LEVEL_HIGH>;    //上升沿触发中断.

          wake-gpio = <&gpio0 GPIO_D1 GPIO_ACTIVE_LOW>;      //maybe reset gpio.
          vcctp_ldo = "vcc_tp";   // NOT ctrl now,can always on.

          screen_max_x = <800>;
          screen_max_y = <1280>;

          max-x = <800>;
          max-y = <1280>;

          revert_x;
```

```
            revert_y;

            // swpa_xy;
            status = "okay"; // "okay";
        };
```

(2) 增加一个可以动态测试的函数到驱动中，用户可以通过 ADB Shell 或者串口去输入数据完成触摸屏的功能测试，代码如下：

```
static ssize_t touchscreen_set_online(struct class *class, struct class_attribute *attr, const char *buf,
size_t count)
{
    //sleep/wake touchscreen
    if(strncmp(buf, "sleep", (sizeof("sleep")-1)) == 0) {
        gslX680_shutdown_low();
    } else if((strncmp(buf, "wake", (sizeof("wake")-1)) == 0)) {
        gslX680_shutdown_high();
    } else if((strncmp(buf, "mirror", (sizeof("mirror")-1)) == 0)) {
        if(g_gsl_ts) {
            g_gsl_ts->revert_x = false;
            g_gsl_ts->revert_y = false;
        }
    } else {
        printk(".................................error command\n");
    }

    return count;
}
static CLASS_ATTR(touchscreen, 0660, NULL, touchscreen_set_online);
static struct class *touchscreen_test_class = NULL;

static int  touchscreen_class_init(void)
{
    int ret = 0;

    touchscreen_test_class = class_create(THIS_MODULE, "touchscreen_test");

    ret =   class_create_file(touchscreen_test_class, &class_attr_touchscreen);
    if (ret)
    {
        printk("%s:Fail to creat class\n",__func__);
```

```
            return ret;
        }

        return 0;
    }
```

(3) 测试命令。

命令输入路径：

```
/sys/class/touchscreen_test
```

关闭触摸功能：

```
echo sleep > touchscreen
echo wake > touchscreen
```

镜像触摸屏坐标：

```
echo mirror > touchscreen
```

(4) 代码调试中遇到问题，如触摸挂上去后没有反应：① 中断产生了吗？可以通过在中断响应函数中增加调试信息；② I2C 通信正常吗？此时可能要接示波器或 USB 逻辑分析仪去查看波形是否正常。

6. 实验步骤

镜像后的坐标按以下方法进行调节：

```
cd   /sys/class/touchscreen_test
echo mirror > touchscreen
```

7. 实验现象

点击位置倒向，需要修改代码 report_data()中的两个地方，读者自己在实验中操作。

3.2.6 Wi-Fi 驱动

1. 电路原理图介绍

图 3-25 内容来源于文档 3128_sdk_a02_20170325.pdf 中的第 16 页。

Wi-Fi 是通过 Wi-Fi sdio 接口和 CPU 相连的；BT 是通过 uart 接口和 CPU 连接的。Wi-Fi sdio 接口 CMD 信号用于传送命令和反应；DAT0～DAT3 信号是四条用于传送的数据线。

RTS(Require ToSend，发送请求)为输出信号，用于指示本设备已准备好，可接收数据了，低电平有效，低电平说明本设备可以接收数据。

CTS(Clear ToSend，发送允许)为输入信号，用于判断是否可以向对方发送数据，低电平有效，低电平说明本设备可以向对方发送数据。

2. Wi-Fi 驱动代码结构

```
$(dir)\rk3128-source\kernel\net\rfkill\rfkill-wlan.c
--- wlan 驱动初始化
$(dir)\rk3128-source\kernel\net\rfkill\rfkill-bt.c
--- bt 驱动初始化
```

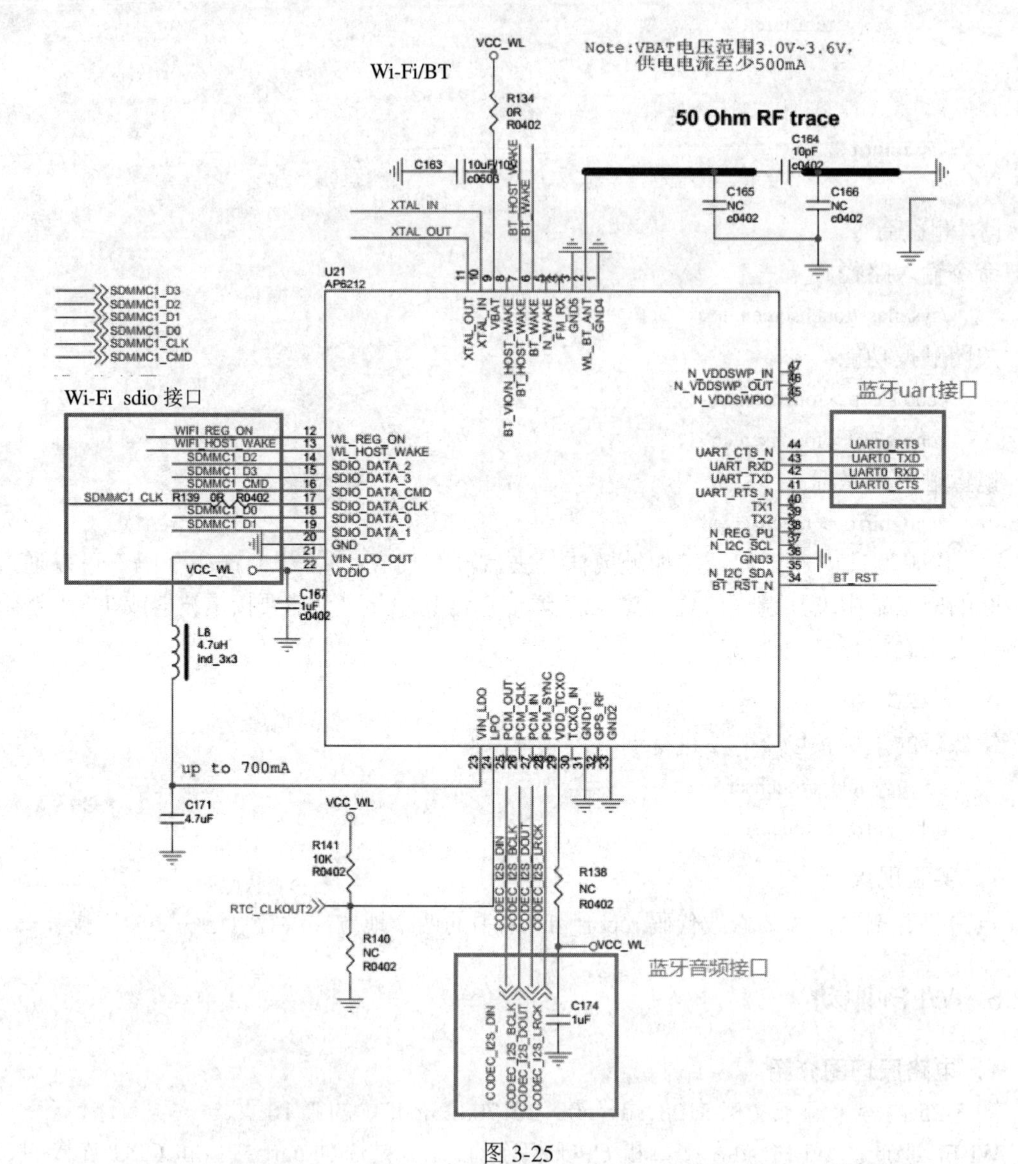

图 3-25

3. DTS 文件讲解

```
wireless-wlan {
        compatible = "wlan-platdata";
        wifi_chip_type = "ap6212" ;     // "ap6212";
        sdio_vref = <1800>; //1800mv or 3300mv
        WIFI,host_wake_irq = <&gpio3 GPIO_C7 GPIO_ACTIVE_HIGH>;
        WIFI,poweren_gpio    = <&gpio3 GPIO_C4 GPIO_ACTIVE_HIGH>;
        status = "okay" ; // "okay"; disabled
    };
    wireless-bluetooth {
```

```
        compatible = "bluetooth-platdata";
        uart_rts_gpios = <&gpio0 GPIO_C1 GPIO_ACTIVE_LOW>;
        pinctrl-names = "default","rts_gpio";
        pinctrl-0 = <&uart0_rts>;
        pinctrl-1 = <&uart0_rts_gpio>;
        BT,reset_gpio = <&gpio3 GPIO_C5 GPIO_ACTIVE_HIGH>;
        BT,wake_gpio = <&gpio0 GPIO_D6 GPIO_ACTIVE_HIGH>; // SDK BOARD used GPIO.
        BT,wake_host_irq = <&gpio3 GPIO_C6 GPIO_ACTIVE_HIGH>;
        status = "okay"; //    "disabled" ;    "okay";
    };
```

4．实验代码

(1) 应用层如何打开和关闭 Wi-Fi，代码如下：

```
rockchip_wifi_power();
```

(2) 应用层如何打开和关闭 BT，代码如下：

```
rfkill_rk_set_power();
```

3.2.7 G-sensor 驱动

1．引言

图 3-26 和图 3-27 内容来源于文档 3128_sdk_a02_20170325.pdf 中的第 2 页和第 12 页。由图可以确定 G-sensor 是通过 I2C 与 CPU 相互通信的，CPU 作为主设备，G-sensor 作为从设备。CPU 的 I2C 不仅仅与 G-sensor 相连，它还连接了多个 I2C 从设备，并且通过从设备地址来确定当前和哪个从设备通信。

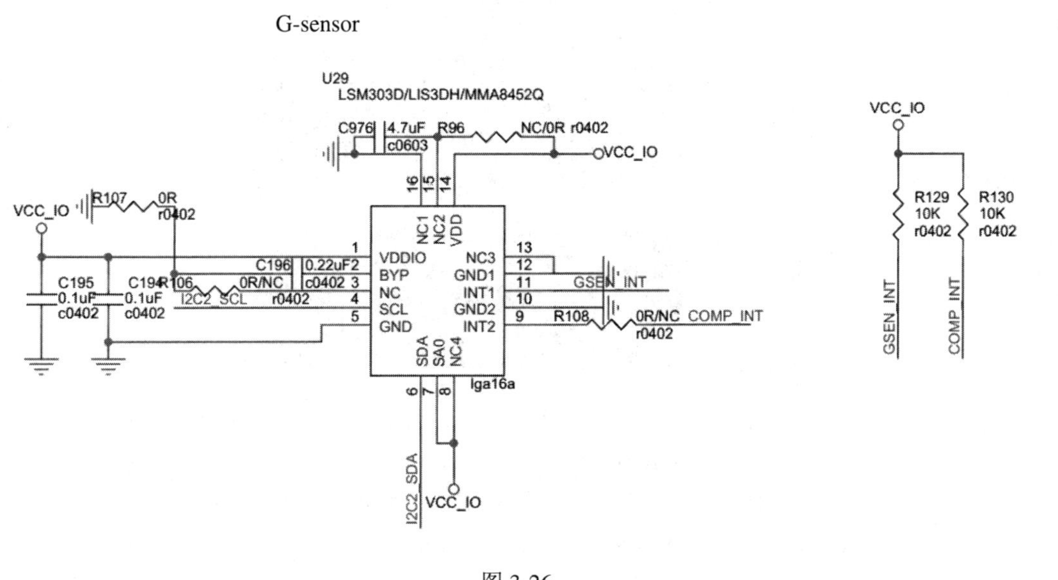

图 3-26

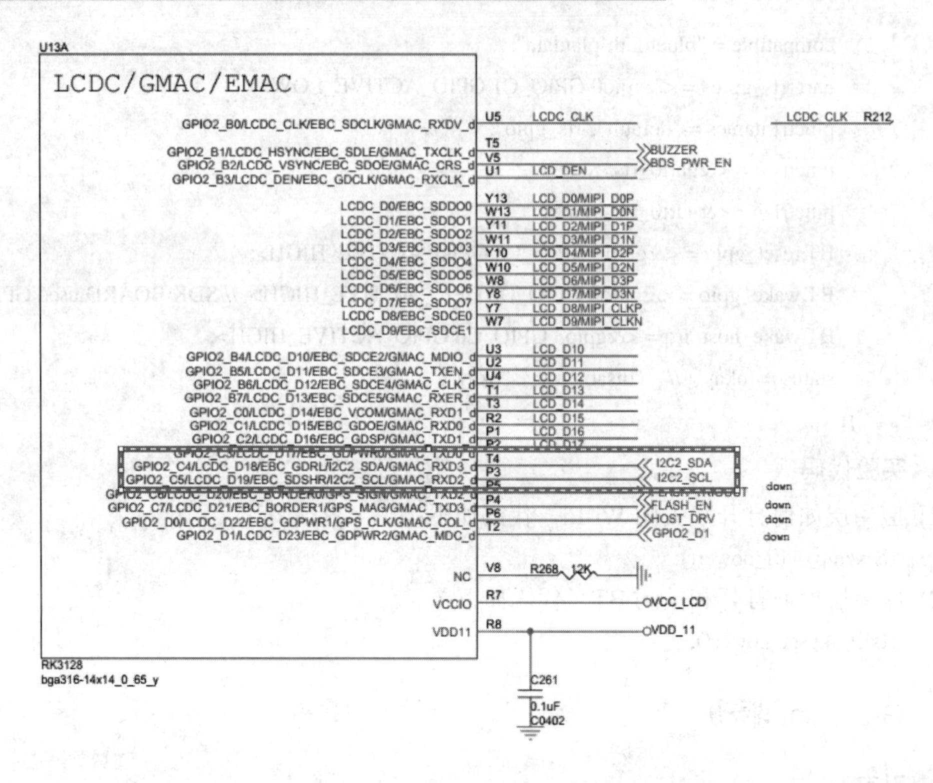

图 3-27

2．G-sensor 驱动代码结构

G-sensor 驱动代码结构如下：

$(dir)\rk3128-source\kernel\drivers\input\sensors\accel\mma8452.c

从代码路径可以看出 G-sensor 驱动和 input、sensor 设备有很大的关系，如图 3-28 所示。

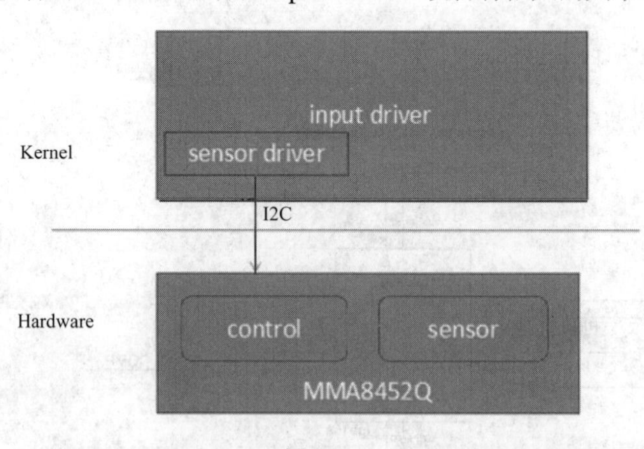

图 3-28

$(dir)\rk3128-source\kernel\drivers\input\sensors\sensor-dev.c

--- sensor 设备注册，主要是注册 sensor、input 设备，解析 DTS 配置文件

$(dir)\rk3128-source\kernel\drivers\input\sensors\sensor-i2c.c

---sensor 的 I2C 相关处理

3．实验代码

(1) DTS 修改如下：

```
sensor@1d {
            compatible = "gs_mma8452";
            reg = <0x1d>;
            type = <SENSOR_TYPE_ACCEL>;
            //irq-gpio = <&gpio8 GPIO_A0 IRQ_TYPE_EDGE_FALLING>;
            irq_enable = <0>;
            poll_delay_ms = <20>;          // for game of car
            factory = <1>;               --- 增加这一项目是为了调试
            layout = <0>;
    };
```

(2) 增加一个可以动态调节方向的测试函数(在 sensor-dev.c 中)，用户可以通过 ADB Shell 或者串口去输入数据完成屏幕方向调节的功能。

```
static ssize_t gsensor_set_orientation_online(struct class *class,
            struct class_attribute *attr, const char *buf, size_t count)
{
    int i=0;
    char orientation[64] = {0};
    char *tmp = NULL;

    struct sensor_private_data *sensor = g_sensor[SENSOR_TYPE_ACCEL];
    struct sensor_platform_data *pdata = sensor->pdata;

    char *p = strstr(buf, "gsensor_class");
    int start = strcspn(p, "{");
    int end = strcspn(p, "}");

    strncpy(orientation,p+start,end-start+1);
    tmp = orientation;

     while(strncmp(tmp,"}",1)!=0)
     {
          if((strncmp(tmp,",",1)==0)||(strncmp(tmp,"{",1)==0)||(strncmp(tmp,"",1)==0))
            {
               tmp++;
                    continue;
            }
            else if(strncmp(tmp,"-",1)==0)
```

```
            {
                pdata->orientation[i]=-1;
                DBG("i=%d,data=%d\n",i,pdata->orientation[i]);
            i++;
                tmp++;
            }
            else
            {
                pdata->orientation[i]=tmp[0]-48;
                DBG("----i=%d,data=%d\n",i,pdata->orientation[i]);
            i++;
            }
            tmp++;
        }

    for(i=0;i<9;i++)
            DBG("i=%d gsensor_info=%d\n",i,pdata->orientation[i]);

     DBG("count=%d\n",count);

     //if return 0 or 1 directly, what happened?
    return count;
}

static CLASS_ATTR(orientation, 0660, NULL, gsensor_set_orientation_online);

static int    gsensor_class_init(void)
{
    int ret ;
    struct sensor_private_data *sensor = g_sensor[SENSOR_TYPE_ACCEL];
    g_sensor_class[SENSOR_TYPE_ACCEL] = class_create(THIS_MODULE, "gsensor_class");
    ret =    class_create_file(g_sensor_class[SENSOR_TYPE_ACCEL], &class_attr_orientation);
    if (ret)
    {
            printk("%s:Fail to creat class\n",__func__);
            return ret;
    }
    printk("%s:%s\n",__func__,sensor->i2c_id->name);
    return 0;
}
```

(3) 输入命令格式。

① 系统缺省的方向配置如下：

```
echo gsensor_class={1, 0, 0, 0, 1, 0, 0, 0, 1} > /sys/class/gsensor_class/orientation
```

② 测试命令如下：

```
echo gsensor_class={1, 0, 0, 0, 0, 1, 0, 1, 0} > /sys/class/gsensor_class/orientation

echo gsensor_class={0, 1, 0, 1, 0, 0, 0, 0, 1} > /sys/class/gsensor_class/orientation
echo gsensor_class={0, 1, 0, 0, 0, 1, 1, 0, 0} > /sys/class/gsensor_class/orientation

echo gsensor_class={0, 0, 1, 1, 0, 0, 0, 1, 0} > /sys/class/gsensor_class/orientation
echo gsensor_class={0, 0, 1, 0, 1, 0, 1, 0, 0} > /sys/class/gsensor_class/orientation
```

(4) 代码调试中遇到的问题：

如果 gsensor_set_orientation_online()直接返回 0 或 1 而不是 count，会出现什么情况？为什么？

如果 echo gsensor_class={1, 0, 0, 0, 1, 0, 0, 0, 1} > /sys/class/gsensor_class/orientation 命令提示输入不生效，可以尝试输入 su 命令提高一下权限。在我们的开发板上面，ADB 默认是 root 的，所以 ADB Shell 之后，直接是 root 用户。可以用 su 切换，也可以不用切换。

4．实验步骤

G-sensor 怎么调节方向？

一般 G-sensor 芯片贴片的位置变了，变换坐标就要跟着调整。

我们的 G-sensor 是贴片好了的，这个用户无法更改。用户可以模拟当开发板不平放而是竖着放的同时屏幕平放(注意：这里屏幕和开发板应该看做两个不同的个体)来播放视频时，如何保证屏幕全屏显示该视频？

5．实验现象

开发板放置成如图 3-29 所示的方向，什么命令可以让屏幕横着播放视频？

```
echo gsensor_class={-1, 0, 0, 0, -1, 0, 0, 0, -1} > /sys/class/gsensor_class/orientation
```

图 3-29

输入如上命令后，屏幕变了，如图 3-30 所示。

图 3-30

3.3 Android 系统定制

3.3.1 Android HAL 硬件抽象层简介

Android 的 HAL 是为了保护一些硬件提供商的知识产权而提出的，也就是为了避开 Linux 的 GPL 束缚。其思路是把控制硬件的动作都放到 Android HAL 中，而 Linux Driver 仅仅完成一些简单的数据读/写操作，甚至把硬件寄存器空间直接映射到 user space。而 Android 是一个基于 Apache License 软件许可的操作系统，因此硬件厂商可以只提供二进制代码，所以说 Android 只是一个开放的平台，并不是一个开源的平台。也许也正是因为 Android 不遵从 GPL，所以 Greg Kroah-Hartman 才在 2.6.33 内核将 Android 驱动从 Linux 中删除了。GPL 协议和硬件厂商目前还有无法弥合的裂痕，Android 想要把这个问题处理好也是不容易的。

总结下来，Android HAL 存在的原因主要有：

(1) 并不是所有的硬件设备都有标准的 Linux Kernel 的接口；

(2) Kernel Driver 涉及 GPL 的版权，某些设备制造商并不愿意公开硬件驱动，所以才去用 HAL 方式绕过 GPL；

(3) 针对某些硬件，Android 有一些特殊的需求。

现有 HAL 架构是由 Patrick Brady (Google)在 2008 Google I/O 演讲中提出的，如图 3-31 所示。

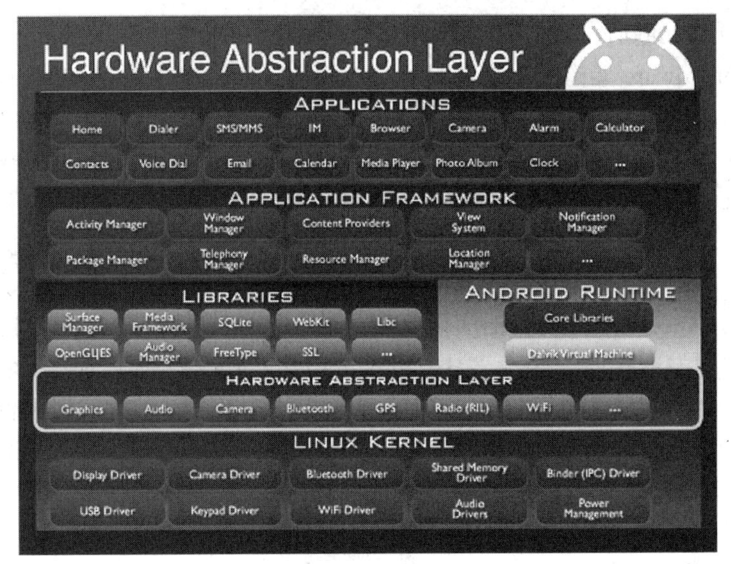

图 3-31

1．源码位置

/hardware/libhardware_legacy/ --- 旧的架构、采用动态链接库的方式

/hardware/libhardware/ --- 新架构、调整为模块注册方式，目录的结构如下：

/hardware/libhardware/hardware.c --- 负责各个模块*.so 的加载

/hardware/libhardware/include/ --- 各个硬件 HAL 头文件描述

/hardware/libhardware/modules --- 相应的硬件模块定义于此

这些硬件模块都编译成 xxx.xxx.so，目标位置为/system/lib/hw 目录。

2．HAL 层的实现方式

目前 HAL 存在两种构架，位于 libhardware_legacy 目录下的“旧 HAL 架构”和位于 libhardware 目录下的“新 HAL 架构”，两种框架如图 3-32 所示。

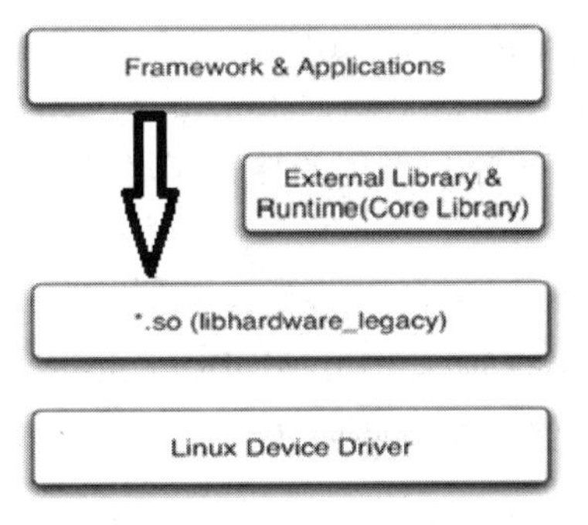

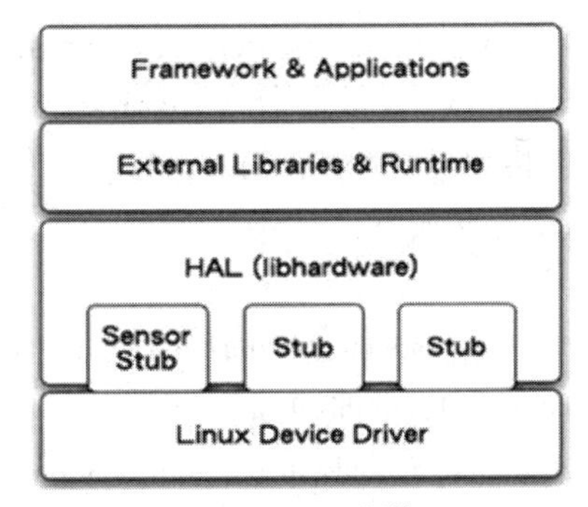

图 3-32

libhardware_legacy 架构是将*.so 文件当作 shared library 来使用的，在 runtime(JNI 部分)以 direct function call 使用 HAL module，通过直接函数调用的方式来操作驱动程序；当然，应用程序也可以不需要通过 JNI 的方式调用 HAL，而是直接依靠 dlopen 函数加载*.so

去调用它的符号(symbol)。总之就是没有封装，上层直接操作硬件。

现在的 libhardware 架构，就是利用了 stub 模块。HAL stub 是一种 proxy 的概念，stub 虽然仍是以*.so 的形式存在，但 HAL 已经将*.so 隐藏起来了。stub 向 HAL 提供操作函数，而 runtime 则是向 HAL 取得特定模块(stub)的 operations，再回调这些操作函数。这种以 indirect function call 的架构，让 HAL stub 变成是一种包含关系，即 HAL 里包含了多个 stub。runtime 只要知道 module ID(模块注册的名字)，就可以取得相应的操作函数。对于目前的 HAL，可以认为 Android 定义了 HAL 层结构框架，通过几个接口访问硬件从而统一了调用方式。Android 的 HAL 的实现需要通过 JNI，JNI 简单来说就是 Java 程序可以调用 C/C++写的动态链接库，因此，HAL 可以使用 C/C++语言编写。其实就是 Android Frameworks 中 JNI 调用 hardware.c 中定义的 hw_get_module 函数来获取硬件模块，然后调用硬件模块中的方法，硬件模块中的方法直接调用内核接口完成操作真正设备的工作。

在本书中将实现一个如图 3-33 所描述的 libhardware 架构的程序，整个程序实现了从应用层到内核驱动的调用过程。程序的编写方法用图 3-31 来表示每一层实现了什么，相关的详细信息请参考本书 3.3.3 节。

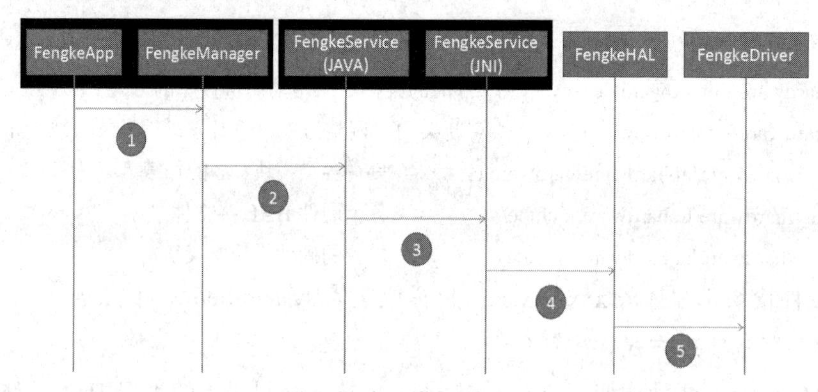

图 3-33

3. 源代码编写方法

头文件/hardware/libhardware/include/hardware/hardware.h 中描述了 HAL 层的三个重要数据结构：struct hw_module_t、struct hw_module_methods_t、struct hw_device_t。

通用硬件模块结构体 hw_module_t，声明了 JNI 调用的接口函数 hw_get_module、hw_module_t，定义如下：

```
/**
 * Every hardware module must have a data structure named HAL_MODULE_INFO_SYM
 * and the fields of this data structure must begin with hw_module_t
 * followed by module specific information.
 */
typedef struct hw_module_t {
    /** tag must be initialized to HARDWARE_MODULE_TAG */
    uint32_t tag;
    /** major version number for the module */
```

```
    uint16_t module_api_version;
    #define version_major module_api_version
    /** minor version number of the module */
    uint16_t hal_api_version;
    #define version_minor hal_api_version
    /** Identifier of module */
    const char *id;
    /** Name of this module */
    const char *name;
    /** Author/owner/implementor of the module */
    const char *author;
    /** Modules methods */
    struct hw_module_methods_t* methods;     //自定义的硬件模块的方法
    /** module's dso */
    void* dso;
    /** padding to 128 bytes, reserved for future use */
    uint32_t reserved[32-7];
}hw_module_t;
```

如注释所说，所有的 HAL 模块都要有一个以 HAL_MODULE_INFO_SYM 命名的结构，而且这个结构要以 hw_module_t 开始，即要继承 hw_module_t 这个结构(C 语言没有继承的概念，所以采用包含这个结构来代替继承)。

hw_module_t 中较重要的是硬件模块结构体 hw_module_methods_t，定义如下：

```
typedef struct hw_module_methods_t {
    /** Open a specific device */
    int (*open)(const struct hw_module_t* module, const char* id,struct hw_device_t** device);
}hw_module_methods_t;
```

该方法在定义 HAL_MODULE_INFO_SYM 的时候被初始化。目前该结构中只定义了一个 open 方法，其中调用的设备结构体参数 hw_device_t 定义如下：

```
/**
 * Every device data structure must begin with hw_device_t
 * followed by module specific public methods and attributes.
 */
typedef struct hw_device_t {
    /** tag must be initialized to HARDWARE_DEVICE_TAG */
    uint32_t tag;
    /**
     * Version of the module-specific device API. This value is used by
     * the derived-module user to manage different device implementations.
     *
```

```
     * The module user is responsible for checking the module_api_version
     * and device version fields to ensure that the user is capable of
     * communicating with the specific module implementation.
     *
     * One module can support multiple devices with different versions. This
     * can be useful when a device interface changes in an incompatible way
     * but it is still necessary to support older implementations at the same
     * time. One such example is the Camera 2.0 API.
     *
     * This field is interpreted by the module user and is ignored by the
     * HAL interface itself.
     */
    uint32_t version;
    /** reference to the module this device belongs to */
    struct hw_module_t* module;
    /** padding reserved for future use */
    uint32_t reserved[12];
    /** Close this device */
    int (*close)(struct hw_device_t* device);
} hw_device_t;
```

如注释所说，每一个设备的数据结构都必须也以 hw_device_t 开始。

4．HAL 硬件抽象层模块的加载过程

学习 Android 硬件抽象层模块的加载过程有助于理解它的编写规范以及实现原理。Android 系统中的硬件抽象层模块是由系统统一加载的，当调用者需要加载这些模块时，只要指定它们的 ID 值就可以了。

在 Android 硬件抽象层中，负责加载硬件抽象层模块的函数是 hw_get_module，它的原型如下(in hardware/libhardware/include/hardware/hardware.h)：

```
/**
 * Get the module info associated with a module by id.
 *
 * @return: 0 == success, <0 == error and *module == NULL
 */
int hw_get_module(const char *id, const struct hw_module_t **module);
```

它有 id 和 module 两个参数。其中，id 是输入参数，表示要加载的硬件抽象层模块 ID；module 是输出参数，如果加载成功，那么它指向一个自定义的硬件抽象层模块结构体。函数的返回值是一个整数，如果等于 0，则表示加载成功；如果小于 0，则表示加载失败。

下面我们就开始分析 hw_get_module 的实现(hardware/libhardware/hardware.c)。

```
/** Base path of the hal modules */
#define HAL_LIBRARY_PATH1 "/system/lib/hw"
#define HAL_LIBRARY_PATH2 "/vendor/lib/hw"
/**
 * There are a set of variant filename for modules. The form of the filename
 * is "<MODULE_ID>.variant.so" so for the led module the Dream variants
 * of base "ro.product.board", "ro.board.platform" and "ro.arch" would be:
 *
 * led.trout.so
 * led.msm7k.so
 * led.ARMV6.so
 * led.default.so
 */
static const char *variant_keys[] = {
"ro.hardware",   /* This goes first so that it can pick up a different file on the emulator. */
"ro.product.board",
"ro.product.device",
"ro.board.platform",
"ro.arch"
};
static const int HAL_VARIANT_KEYS_COUNT =
    (sizeof(variant_keys)/sizeof(variant_keys[0]));
/**
 * Load the file defined by the variant and if successful
 * return the dlopen handle and the hmi.
 * @return 0 = success, !0 = failure.
 */
static int load(const char *id,
        const char *path,
        const struct hw_module_t **pHmi)
{
...
    /*
     * load the symbols resolving undefined symbols before
     * dlopen returns. Since RTLD_GLOBAL is not or'd in with
     * RTLD_NOW the external symbols will not be global
    */
    handle = dlopen(path, RTLD_NOW);


...
```

```
        const char *sym = HAL_MODULE_INFO_SYM_AS_STR;
        hmi = (struct hw_module_t *)dlsym(handle, sym);
        ...
    /* Check that the id matches */
        if (strcmp(id, hmi->id) != 0) {
        ...
        }
        hmi->dso = handle;
    ...
    return status;
    }
    int hw_get_module_by_class(const char *class_id, const char *inst,
                                    const struct hw_module_t **module)
    {
    ...
        /* Loop through the configuration variants looking for a module */
        for (i=0 ; i<HAL_VARIANT_KEYS_COUNT+1 ; i++) {
        if (i < HAL_VARIANT_KEYS_COUNT) {
                if (property_get(variant_keys[i], prop, NULL) == 0) {
                continue;
    }
                snprintf(path, sizeof(path), "%s/%s.%s.so", HAL_LIBRARY_PATH2, name, prop);
    if (access(path, R_OK) == 0) break;
    snprintf(path, sizeof(path), "%s/%s.%s.so", HAL_LIBRARY_PATH1, name, prop);
    ...
                snprintf(path, sizeof(path), "%s/%s.default.so", HAL_LIBRARY_PATH1, name);
    if (access(path, R_OK) == 0) break;
                }
        }
        if (i < HAL_VARIANT_KEYS_COUNT+1) {
        /* load the module, if this fails, we're doomed, and we should not try
          * to load a different variant. */
        status = load(class_id, path, module);
        }
        return status;
    }
    int hw_get_module(const char *id, const struct hw_module_t **module)
    {
         return hw_get_module_by_class(id, NULL, module);
    }
```

数组 variant_keys 定义了要加载的硬件抽象层模块的文件名称。常量 HAL_VARIANT_KEYS_COUNT 表示数组 variant_keys 的大小。

宏 HAL_LIBRARY_PATH1 和 HAL_LIBRARY_PATH2 用来定义要加载的硬件抽象层模块文件所在的目录。编译好的模块文件位于 out\target\product\rk312x\system\lib\hw 目录中，而这个目录经过打包后，就对应于设备上的/system/lib/hw 目录。宏 HAL_LIBRARY_PATH2 所定义的目录/vendor/lib/hw，用来保存设备厂商所提供的硬件抽象层模块接口文件。

最终利用 for 循环根据数组 variant_keys 在 HAL_LIBRARY_PATH1 和 HAL_LIBRARY_PATH2 目录中检查对应的硬件抽象层模块文件是否存在，如果存在，则结束 for 循环再调用 load 函数来执行加载硬件抽象层模块的操作。

前面提到，硬件抽象层模块文件实际上是一个动态链接库文件，即.so 文件。因此，要调用 dlopen 函数将它加载到内存中。加载完成这个动态链接库文件之后，就调用 dlsym 函数来获得里面名称为 HAL_MODULE_INFO_SYM_AS_STR 的符号。这个 HAL_MODULE_INFO_SYM_AS_STR 符号指向的是一个自定义的硬件抽象层模块结构体，它包含了对应的硬件抽象层模块的所有信息。AL_MODULE_INFO_SYM_AS_STR 是一个宏，它的值定义为 HMI。根据硬件抽象层模块的编写规范，每一个硬件抽象层模块都必须包含一个名称为 HMI 的符号，而且这个符号的第一个成员变量的类型必须定义为 hw_module_t，因此，可以安全地将模块中的 HMI 符号转换为一个 hw_module_t 结构体指针。

获得了这个 hw_module_t 结构体指针之后，就调用 strcmp 函数来验证加载得到的硬件抽象层模块 ID 是否与所要求加载的硬件抽象层模块 ID 一致。如果不一致，就说明出错了，函数返回一个错误值-EINVAL。最后，将成功加载后得到的模块句柄值 handle 保存在 hw_module_t 结构体指针 HMI 的成员变量 dso 中，然后将它返回给调用者。

5. 两个任务

(1) 集成一个 GPS 模块的 HAL(未开放源代码)；

(2) 写一个从 APP 到 DRIVER 的带有自定义 HAL 的完整程序。

3.3.2 GPS Android HAL 实现

从厂商拿到 GPS 模块后，都会有一些相应的文档讲如何集成，有的厂商会提供 HAL 模块源代码，有的厂商会提供.so 文件，首先我们要做的是先手工集成 GPS 模块到我们的 Android 系统中，看模块是否可以正常运行。

1. 集成准备、操作命令及步骤

(1) 通过 ADB 挂载目标设备：

```
adb remount
```

(2) 把驱动、配置文件以及 FW 放置到相应的目录下：

```
adb push gps.default.so          /system/lib/hw/
adb push miniBL.bin              /system/etc/firmware/
    --- 此文件最后改名 fw_miniBL.bin
```

```
adb push martinFW.bin                /system/etc/firmware/
    --- 此文件最后改名 fw_martinFW.bin
adb push zsgps.conf                  /system/etc/
adb push gps.conf                    /system/etc/
```

(3) 修改配置文件 zsgps.conf：

```
ComDeviceName = /dev/ttyS1          --- 系统连接的硬件串口
ComBaudRate = 921600                --- 波特率设置
ConfigBaudRateInFW = 921600
#set dsu resume baudrate
DsuResumeBaudRate = 2000000   --- 缺省值不变
#set nmea antstatus cycle (the interval of the two sentences, unit: 500ms)
NmeaAntstatusCycles = 0

#set log file path and name, #
LogCatFileName = /data/misc/HAL_SUITE_LOG_INFO.bin
NmeaFileName = /data/misc/HAL_SUITE_NMEADEBUG.bin
LogBaudRateDetectFileName = /data/misc/bbtest.cnf

#set log file switch, 1 ~ enable log, else ~ disable log
LogCatFileEnable = 0;
NmeaFileEnable = 0;
ChipSendFileEnable = 0;
ChipRcvrFileEnable = 0;
ComBaudRateDetectEnable = 1;    --- 设置成 1

#set Download bin path and name, #firmware 文件路径设置
BLName = /system/etc/firmware/fw_miniBL.bin
FWName = /system/etc/firmware/fw_martinFW.bin

#set backup file path and name, #
BackupFileName = /data/misc/backupdiskdata.zs

#set system nav mode, 1 ~ BD only, 2 ~ GPS only, 3 ~ Mix
SystemNavMode = 3

#set rf clock parameters for ZS811
#ZS811_26Mhz TCXO input, 16.367667Mhz output
#RfClkFreq = 26000000
#RfClkPara = 0x013c6f
```

```
#RfClkPara = 0x0238f4

#set bb clock parameters for ZS1011
#00 ~ default[16.367667Mhz], 01 ~ 16.367667Mhz, 02 ~ 16.368000Mhz, others ~ reserved.
BBClkFreqType = 01
```

(4) 安装 APP：

```
adb install CronusViewer_Android_V0_95_06.apk
```

(5) 集成后测试，APP 能够识别卫星，如图 3-34 所示。

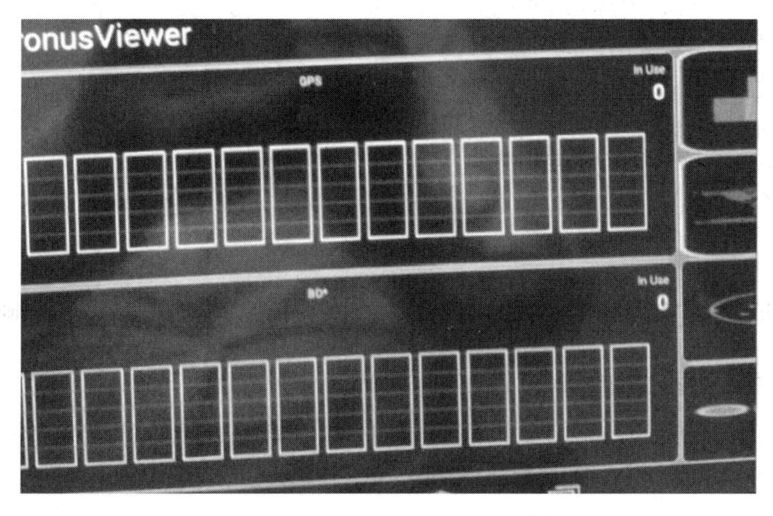

图 3-34

2. 集成到代码中

```
device\rockchip\rk312x\BoardConfig.mk
BOARD_L7Z_1216N_GPS := true
device\rockchip\rksdk\device.mk
include hardware/rk29/gps/gps_l7z_1216n/gps1216n.mk
hardware\rk29\gps\gps_l7z_1216n
--- 此目录中增加了从模块厂商得到的所有文件，相应的目录结构分布看源代码
device\rockchip\common\app\rkapk_312x.mk
--- 增加 CronusViewer 这一项，默认会拷贝 apk 到指定目录
build\core\envsetup.mk    --- 增加一个默认拷贝路径
TARGET_OUT_USER_APPS:= $(TARGET_OUT)/usr/app
device\rockchip\common\app\apk\Android.mk    --- 增加 apk 到产品目录
include $(CLEAR_VARS)
LOCAL_MODULE := CronusViewer
LOCAL_MODULE_CLASS := APPS
LOCAL_MODULE_PATH := $(TARGET_OUT_USER_APPS)
LOCAL_SRC_FILES := $(LOCAL_MODULE)$(COMMON_ANDROID_PACKAGE_SUFFIX)
```

```
LOCAL_CERTIFICATE := PRESIGNED
LOCAL_MODULE_TAGS := optional
LOCAL_MODULE_SUFFIX := $(COMMON_ANDROID_PACKAGE_SUFFIX)
include $(BUILD_PREBUILT)
device\rockchip\rksdk\init.rc        --- 启动脚本中增加拷贝信息
service gps1216n /system/bin/gps1216n.sh
    class main
    user root
    group root
    oneshot
```

总结：最终会将 CronusViewer.apk 拷贝到/data/app/目录中，此目录是 Android 中可以自由卸载软件的目录。但是我们的软件是集成在 system.img 中的，所以如果恢复出厂后这个软件还在。

3.3.3 Android 定制(LED 灯的 Android 程序)——硬件驱动程序及测试方法

1. AW9523B 电路原理图

图 3-35 和图 3-36 内容来源于文档 3128_sdk_a02_20170325.pdf 中的第 4 页和第 12 页。

图 3-35 所示的 AW9523B 的 SCL/SDA 与 RK3128 的 I2C0_SCL/SDA 相连。

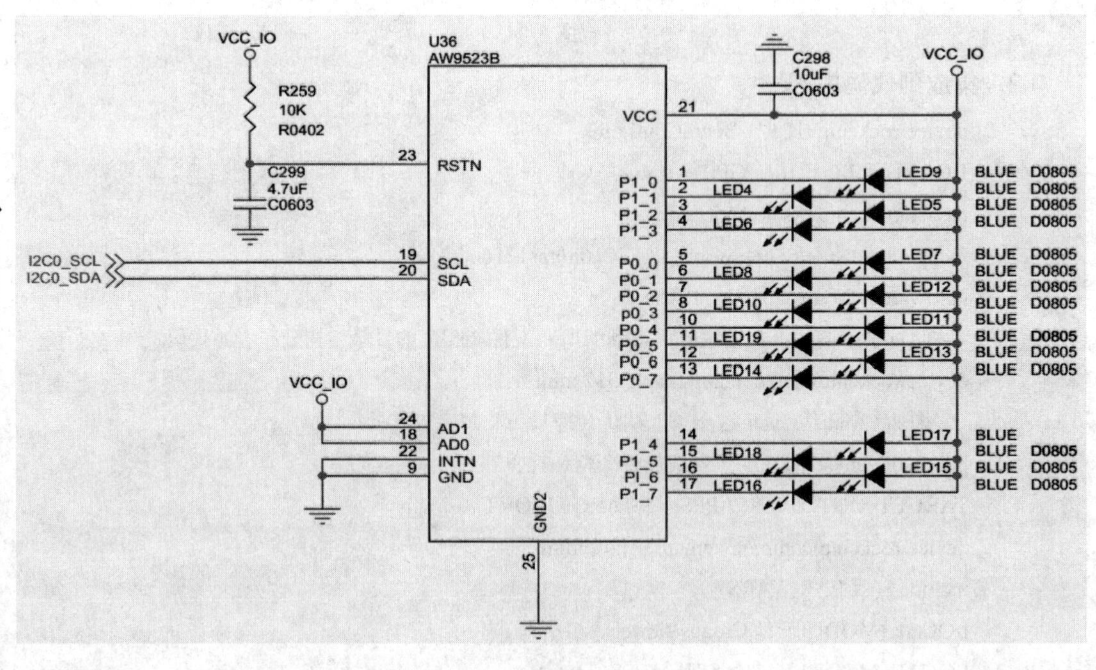

12 LEDS R

图 3-35

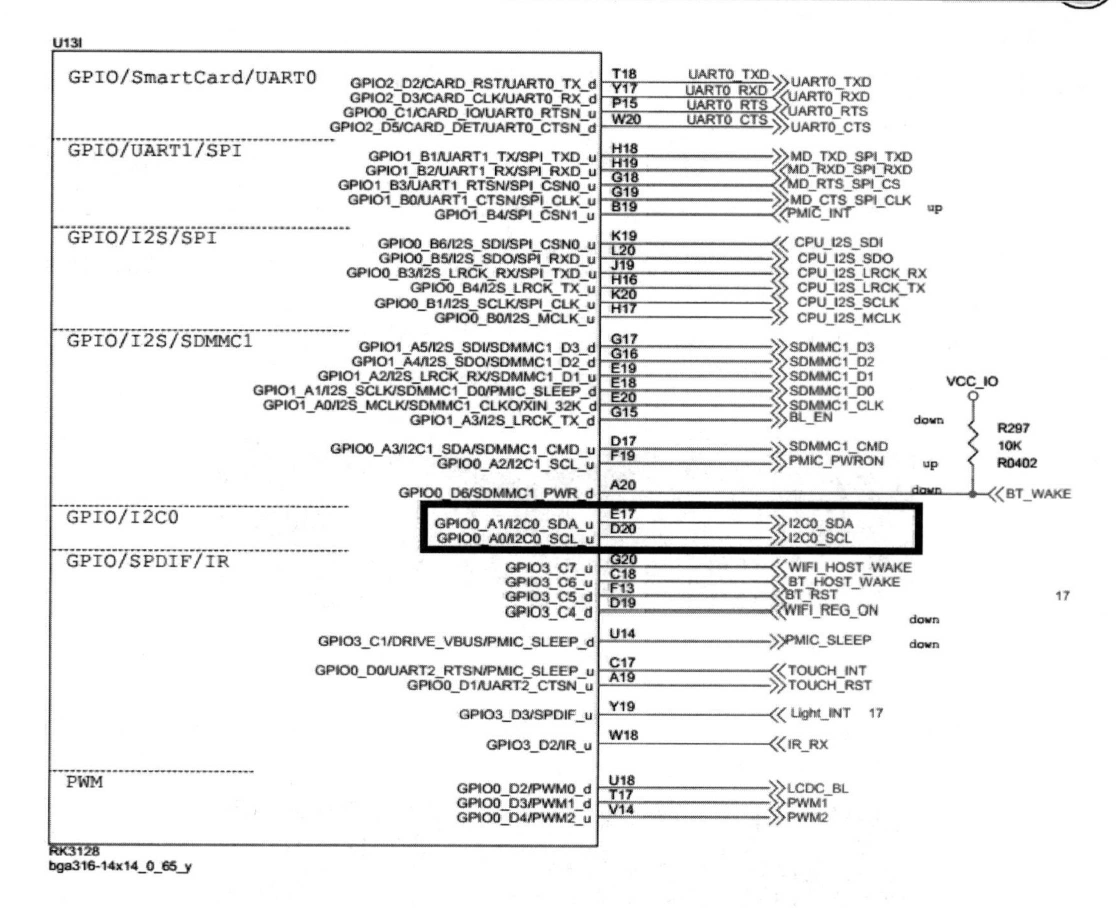

图 3-36

2．RK3128 开发板 i2c0 在 DTS 中的配置

RK3128 驱动配置使用的是 Device Tree 的方式，所以在 Kernel 路径$(dir)\rk3128-source\kernel\arch\arm\boot\dts 中 rk3128-study.dts 描述了整个系统的驱动配置，GPIO 的配置如下：

```
&i2c0 {
status = "okay";
    ...
    // AW9523B,breath led ctrl.
    // AD0/AD1 all high,addr = 1011011 = 0x5b
    bln_ctrl@5b {
            compatible = "bln_aw9523b";
            reg = <0x5b>;
            label = "fengke";
    };
```

3．确定 I2C 从机地址

AW9523B 提供 2 bits 地址引脚 AD1、AD0，这允许一个 I2C 总线最多可同时使用 4

个 AW9523B 器件。由 7 位从机地址加 1 位读写判断位(R/W)组成了 8 位地址，它在起始条件之后被首先传输。如果所传输的从机地址与总线上的某一个器件地址相符合，则被寻址的接收方将 SDA 线拉低(应答)。

从机地址的高五位固定为 10110；第六、七位依次是 AD1、AD0，其值由硬件引脚 AD1、AD0 的值决定；第八位(LSB)是读写标志位，它定义了接下来的操作是读或写操作：1 表示读，0 表示写。所以 7 位地址固定为 101 1011 = 0x5b。

4．实验步骤

(1) 如何看设备是否注册成功：

查看是否有主机设备 i2c0，如果/dev 目录下有 i2c0，则表示 i2c0 主设备注册成功(见图 3-37)。

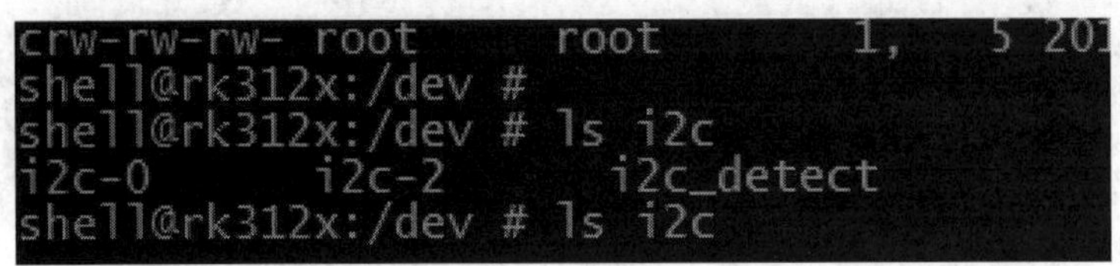

```
crw-rw-rw- root      root        1,   5 201
shell@rk312x:/dev #
shell@rk312x:/dev # ls i2c
i2c-0      i2c-2      i2c_detect
shell@rk312x:/dev # ls i2c
```

图 3-37

(2) 从机设备注册：

查看 i2c0 从机设备是否注册成功，查看路径：ls /sys/bus/i2c/devices/ (见图 3-38)。其中 0-005b 的含义是：0 表示硬件连接的是 i2c0，后面的 005b 表示从机地址。

```
shell@rk312x:/sys/bus/i2c # cd devices/
shell@rk312x:/sys/bus/i2c/devices # ls
0-001b
0-001c
0-003c
0-0040
0-005b
2-000f
2-001d
2-0048
2-0048-1
i2c-0
i2c-2
shell@rk312x:/sys/bus/i2c/devices # _
```

图 3-38

(3) 点亮/关闭 led 灯：

```
cd /sys/class/bln-left
echo 1,100 > model
echo 0,100 > model
```

3.3.4 Android 定制(LED 灯的 Android 程序)——增加 HAL 接口访问硬件驱动程序

简单来说，硬件驱动程序一方面分布在 Linux 内核中，这部分主要是处理硬件的读写；另一方面分布在用户空间的硬件抽象层中，这部分主要用来处理硬件逻辑，屏蔽硬件具体操作细节。本节我们将介绍 Android 系统硬件驱动程序的另一方面实现，即如何在硬件抽象层中增加硬件模块来和内核驱动程序交互，这样做的好处是可以将硬件实现的逻辑放到 HAL 层中，并可以不开放源代码，只提供.so 动态库。同样在本节中，还将学习到如何在 Android 系统创建设备文件确实的访问属性。

本节内容主要是教大家如何搭建一个 HAL 框架，至于框架中要实现什么细节就由需求本身决定，这里不做描述。

(1) 进入到 hardware/libhardware/include/hardware 目录，新建 fengke_aw9523b.h 文件，如下：

```
#ifndef ANDROID_FENGKE_HAL_AW9523B_INTERFACE_H
#define ANDROID_FENGKE_HAL_AW9523B_INTERFACE_H
#include <hardware/hardware.h>
__BEGIN_DECLS
/**
 * The id of this module
 */
//定义的模块 ID
#define FENGKE_AW9523B_HARDWARE_MODULE_ID "FengkeAW9523B"
#define FENGKE_AW9523B_PATH "/sys/class/bln-fengke/model"
/**
 * Every hardware module must have a data structure named HAL_MODULE_INFO_SYM
 * and the fields of this data structure must begin with hw_module_t
 * followed by module specific information.
 */
//硬件模块结构体
struct fengke_hal_aw9523b_module_t {
    struct hw_module_t common;
};
//硬件接口结构体
struct fengke_hal_aw9523b_device_t {
    struct hw_device_t common;
    int (*set_val)(struct fengke_hal_aw9523b_device_t *dev, int val);
    int (*get_val)(struct fengke_hal_aw9523b_device_t *dev, int *val);
};
__END_DECLS
#endif
```

这里按照 Android 硬件抽象层规范的要求，分别定义模块 ID、模块结构体以及硬件接口结构体。在硬件接口结构体中，set_val 和 get_val 为该 HAL 对上提供的函数接口。

对__BEGIN_DECLS 和 __END_DECLS 的理解为在 C 语言代码的头文件中，充斥着下面的代码片段：

```
__BEGIN_DECLS
…
…
__END_DECLS
```

展开后的宏定义如下：

```
#if defined(__cplusplus)
#define __BEGIN_DECLS extern "C" {
#define __END_DECLS }
#else
#define __BEGIN_DECLS
#define __END_DECLS
#endif
```

扩充 C 语言在编译的时候按照 C++编译器进行统一处理，使得 C++代码能够调用 C 编译生成的中间代码。由于 C 语言的头文件可能被不同类型的编译器读取，因此写 C 语言的头文件必须慎重。

编写代码时经常需要 C 和 C++混合使用，为了使 C 代码和 C++代码保持互相兼容的过程调用接口，需要在 C++代码里加上“extern "C"”作为符号声明的一部分，为了简化，从而定义了上面的两个宏方便我们使用。

(2) 进入到 hardware/libhardware/modules 目录，新建 fengke 目录，并添加 aw9523b_hw.c 文件。

```
//设备访问接口，相对于 I2C 接口只有读写操作，所以这里就一个 get 函数和一个 set 函数
static int fengke_aw9523b_set_val(struct fengke_hal_aw9523b_device_t *dev, int val)
{
    return 0;
}
static int fengke_aw9523b_get_val(struct fengke_hal_aw9523b_device_t *dev, int *val)
{
    return 0;
}
/*
* 在这里只是分配了相应数据结构的存储空间，并没有打开设备的操作，
* 只是注册相应 I2C 设备的读写函数。其实底层 driver 可以被二次封装成字符设备在此处打开。
*/
static int fengke_aw9523b_open(const hw_module_t *module, const char *name, hw_device_t
**device)
{
    struct fengke_hal_aw9523b_device_t *dev = NULL;
```

```
        dev = (struct fengke_hal_aw9523b_device_t *)malloc(sizeof(struct fengke_hal_aw9523b_device_t));
        if(dev) {
            memset(dev, 0x0, sizeof(struct fengke_hal_aw9523b_device_t));
            dev->common.tag = HARDWARE_DEVICE_TAG;
            dev->common.version = 0;
            dev->common.module = (struct hw_module_t *)module;
            dev->set_val = fengke_aw9523b_set_val;
            dev->get_val = fengke_aw9523b_get_val;

            *device = (hw_device_t *)dev;

            return 0;
        }

        return -EFAULT;
}
/* 模块方法表，这里按照 HAL 规范只需要实现 open 方法 */
static struct hw_module_methods_t fengke_aw9523b_module_methods = {
        .open = fengke_aw9523b_open
};
/* 模块实例化接口，之前写的函数被注册到这个接口中；
 * 模块 id 就是模块的名字，这个名字必须和编译后的 so 文件的前缀同名；
 * 实例变量名必须为 HAL_MODULE_INFO_SYM，tag 也必须为 HARDWARE_MODULE_TAG。
 *   --- 这是 Android 硬件抽象层规范规定的。
 */
struct fengke_hal_aw9523b_module_t HAL_MODULE_INFO_SYM = {
        .common = {
            .tag = HARDWARE_MODULE_TAG,
            .version_major = 1,
            .version_minor = 0,
            .id = FENGKE_AW9523B_HARDWARE_MODULE_ID,
            .name = "Fengke AW9523B HW HAL",
            .author = "The Fengke RockChip Project",
            .methods = &fengke_aw9523b_module_methods,
        },
};
```

(3) 驱动文件权限设置。

因为 DRIVER 并没有将 I2C 再二次封装成字符驱动设备(如果封装成字符设备，就可以在/dev 目录下看到相应的设备，并对它进行操作)，所以现在我们或许只需要应用层操作相应的 sys 目录(/sys/class/bln-fengke/)。但是此文件是驱动程序创建的，所以需要 root 权限才可以操作，于是为了应用程序可以操作此文件必须给它赋予非 root 权限。否则会有相应的 Permission denied 提示出现。

解决办法是打开 Android 源代码工程目录，进入到 system/core/rootdir 目录，里面有一个名为 ueventd.rc 的文件，在该文件的末尾添加如下内容：

```
# Fengke HAL
/sys/class/bln-fengke/*          0666    root    root
```

(4) 在 fengke 目录下增加 Android.mk 文件。

```
LOCAL_PATH := $(call my-dir)
include $(CLEAR_VARS)
LOCAL_MODULE := FengkeAW9523B.default
```

--- 名字非常关键，写错可能导致无法自动载入相应的.so 文件。注意，LOCAL_MODULE 的定义规则，FengkeAW9523B 后面跟有 default，FengkeAW9523B.default 能够保证模块总能被硬象抽象层加载到。

```
LOCAL_MODULE_PATH := $(TARGET_OUT_SHARED_LIBRARIES)/hw
```

--- 编译好的 so 将要拷贝到相应的目录 out/target/product/rk312x/system/lib/hw

```
LOCAL_SRC_FILES := aw9523b_hw.c
LOCAL_SHARED_LIBRARIES := liblog libcutils
LOCAL_MODULE_TAGS := optional
include $(BUILD_SHARED_LIBRARY)
```

(5) 编译方法及结果。

命令：mmm hardware/libhardware/modules/fengke/。

结果：编译成功后，就可以在 out/target/product/rk312x/system/lib/hw 目录下看到 FengkeAW9523B.default.so 文件了。

(6) 打包 system.img。

命令：make snod。

重新打包后，system.img 就已经包含了定义的硬件抽象层模块 FengkeAW9523B。

3.3.5 Android 定制(ILED 灯的 Android 程序)——编写服务的 JNI 方法

之前介绍了如何为 Android 系统的硬件编写驱动程序，包括如何在 Linux 内核空间实现内核驱动程序和在用户空间实现硬件抽象层接口。实现这两者的目的是为了向更上一层提供硬件访问接口，即为 Android 的应用核心层 Frameworks 提供硬件支持(硬件服务)。大家都知道，Android 系统的应用程序是用 Java 语言编写的，而硬件驱动程序是用 C 语言来实现的，那么，Java 接口如何去访问 C 接口呢？于是，Java 提供了 JNI 方法调用，同样在 Android 系统中，Java 应用程序通过 JNI 来调用硬件抽象层接口。这里，将介绍如何为 Android 硬件抽象层接口编写 JNI 方法，以便使得上层的 Java 应用程序能够使用下层提供的硬件服务。同时，还将学习到如何在 Android 系统创建设备文件的访问属性。

(1) 参照上一节 HAL 的介绍，准备好硬件抽象层模块 FengkeAW9523B.default.so，确保 Android 系统文件 system.img 已经包含 FengkeAW9523B HAL 模块。

(2) 进入到 frameworks/base/services/jni 目录，新建 com_android_server_FengkeAw-9523BService.cpp 文件。

在 com_android_server_FengkeAw9523BService.cpp 文件中，实现 JNI 方法。文件的命名规则：com_android_server 前缀表示的是包名，表示硬件服务 FengkeAw9523BService 是放在 frameworks/base/services/java/com/android/server 目录下的，也表示存在一个名字是 FengkeAw9523BService 的类。

```
namespace android
{
//在硬件抽象层中定义的硬件访问结构体，参考 hardware/libhardware/include/hardware/
fengke_aw9523b.h
    struct fengke_hal_aw9523b_device_t *aw9523b_device = NULL;
//通过硬件抽象层定义的硬件访问接口，可以用来设置 I2C 的寄存器
    static void aw9523b_setVal(JNIEnv *env, jobject clazz, jint value)
    {
int val = value;
    ALOGI("Fengke AW9523B JNI: set value %d to device", val);
    if(!aw9523b_device) {
            ALOGE("Fengke AW9523B JNI: device is not open");
    return;
    }
    aw9523b_device->set_val(aw9523b_device, val);
    }
//通过硬件抽象层定义的硬件访问接口，可以用来读取 I2C。I2C 的读取方式是先写入再读取
//分两步完成，写入的是要读取的寄存器地址，读取的是寄存器中的值。
    static jint aw9523b_getVal(JNIEnv *env, jobject clazz)
    {
            int val = 0;
            if(!aw9523b_device) {
                    ALOGI("Fengke AW9523B JNI: device is not open");
                    return val;
            }
            aw9523b_device->get_val(aw9523b_device, &val);
            ALOGI("Fengke AW9523B JNI: get value %d from device", val);
            return val;
    }
//通过硬件抽象层定义的硬件模块打开接口打开硬件设备
    static inline int aw9523b_device_open(const hw_module_t *module, struct fengke_hal_
aw9523b_device_t **device)
```

```
{
        return module->methods->open(module, FENGKE_AW9523B_HARDWARE_MODULE_ID,
        (struct hw_device_t**)device);
}
//通过注册的硬件模块 ID 来加载指定的硬件抽象层模块 HAL，并打开硬件
static jboolean aw9523b_init(JNIEnv *env, jclass clazz)
{
        fengke_hal_aw9523b_module_t *module = NULL;
        ALOGI("Fengke AW9523B JNI: initializing......");
        if(hw_get_module(FENGKE_AW9523B_HARDWARE_MODULE_ID,
          (const struct hw_module_t **)&module) == 0) {
                ALOGI("Fengke AW9523B JNI: Fengke AW9523B Stub found");
                if(aw9523b_device_open(&(module->common), &aw9523b_device) == 0) {
                        ALOGI("Fengke AW9523B JNI: Fengke AW9523B device is open");
                        return 0;
        }
        ALOGE("Fengke AW9523B JNI: failed to open Fengke AW9523B device");
                return -1;
        }
        ALOGE("Fengke AW9523B JNI: failed to get Fengke AW9523B stub module");
        return -1;
}
//JNI 方法表
static JNINativeMethod method_table[] =
{
        {"init_native",         "()Z",   (void *)aw9523b_init},
        {"setVal_native",       "(I)V", (void *)aw9523b_setVal},
        {"getVal_native",       "()I",   (void *)aw9523b_getVal},
};
//注册 JNI
int register_android_server_FKAw9523BService(JNIEnv *env)
{
        return jniRegisterNativeMethods(env, "com/android/server/FengkeAw9523BService",
                                        method_table, NELEM(method_table));
}
}
```

在 aw9523b_init 函数中，通过 Android 硬件抽象层提供的 hw_get_module 方法，来加载模块 ID 为 FENGKE_AW9523B_HARDWARE_MODULE_ID 的硬件抽象层模块。其中，FENGKE_AW9523B_HARDWARE_MODULE_ID 是在<hardware/fengke_aw9523b.h>

中定义的字符串 FengkeAW9523B。Android 硬件抽象层会根据 FENGKE_AW9523B_HARDWARE_MODULE_ID 的值在 Android 系统的/system/lib/hw 目录中找到相应的模块 FengkeAW9523B.default.so(命名有严格的限制)，然后加载起来，并且返回 hw_module_t 接口给调用者使用。在 jniRegisterNativeMethods 函数中，第二个参数的值必须对应 FengkeAw9523BService 所在的包的路径，即 com.android.server.FengkeAw9523BService。

(3) 修改同目录下的 onload.cpp 文件，首先在 namespace android 增加 register_android_server_FKAw9523BService 函数声明，如下：

```
namespace android {
    ...
    int register_android_server_FKAw9523BService(JNIEnv *env);
}
```

在 JNI_onLoad 增加 register_android_server_FKAw9523BService 函数调用，如下：

```
extern "C" jint JNI_OnLoad(JavaVM* vm, void* reserved)
{
    ...
    //在 Android 系统初始化时，它会自动加载该 JNI 方法调用表
    register_android_server_FKAw9523BService(env);
    ...
}
```

(4) 修改同目录下的 Android.mk 文件，如下：

```
LOCAL_SRC_FILES:= \
    ...
    com_android_server_FengkeAw9523BService.cpp \
    onload.cpp
```

(5) 编译及打包一起完成。

命令：mmm frameworks/base/services/jni;make snod。

注意：用这种分号隔开，连续的指令来编译可能会出现前面指令的编译有错误但是没有停止，也没有提示，后面指令编译没有问题以为编译通过。存在发现不了错误的问题，这点一定需要注意。调试阶段最好一条一条指令执行。

3.3.6 Android 定制(LED 灯的 Android 程序)——编写 Framework 层 Java 服务

在前面章节中着重介绍了 Linux Kernel 驱动编写、HAL 和 JNI 提供的自定义硬件服务接口，这些接口都是通过 C 或者 C++语言来实现的。本节我们将介绍如何在 Android 系统的 Application Frameworks 层提供 Java 接口的硬件服务。

在 Android 系统中，硬件服务一般是运行在一个独立的进程中为各种应用程序提供访问相应硬件的接口。因此，调用这些硬件服务的应用程序与这些硬件服务之间的通信需要通过代理来进行。Java 代理(proxy)是一种设计模式，提供了对目标对象另外的访问方式，

即通过代理对象访问目标对象。这样做的好处是：可以在目标对象实现的基础上，增强额外的功能操作，即扩展目标对象的功能。

(1) 进入到 frameworks/base/core/java/android/os 目录，新增 IFengkeAw9523BService.aidl 接口定义，如下：

```
/*
* IFengkeAw9523BService.aidl 定义了 IFengkeAw9523BService 接口，该接口主要提供了 I2C 设
备的读写功能，分别通 *过 setVal 和 getVal 两个函数来实现
*/
package android.os;
interface IFengkeAw9523BService {
    void setVal(int val);
    int getVal();
}
```

注意：在增加了这个接口后，如果进行局部编译(mmm frameworks/base)是没有错误产生的。但是如果要执行 make 进行增量编译就会出现编译错误，如下:

```
make: *** [out/target/common/obj/PACKAGING/checkapi-current-timestamp] 错误 38
```

相应问题的解决方案是:

```
make update-api
```

(2) 进入到 frameworks/base 目录，打开 Android.mk 文件，修改 LOCAL_SRC_FILES 变量的值，增加 IFengkeAw9523BService.aidl 源文件，如下：

```
## READ ME: ########################################################
##
## 在为 aidl 文件增加选项时候，考虑一下增加的 aidl 可不可以被看做是 SDK
## API 的一部分。如果可以就把他加到下面列表中，并可以随 SDK 一起发布。
##
## READ ME: ########################################################
LOCAL_SRC_FILES += \
    ...
    core/java/android/os/IFengkeAw9523BService.aidl \
    ...
```

(3) 编译 IFengkeAw9523BService.aidl 接口 mmm frameworks/base 之后，相应的 IHelloService.Stub 接口就会生成。

(4) 进入到 frameworks/base/services/java/com/android/server 目录，新增 FengkeAw9523BService.java 文件，如下：

```
package com.android.server;
import android.os.Handler;
import android.content.Context;
import android.os.IFengkeAw9523BService;
import android.util.Slog;
```

```
public class FengkeAw9523BService extends IFengkeAw9523BService.Stub {
private static final String TAG = "FENGKE_AW9523B";
FengkeAw9523BService() {
Slog.i(TAG, "Fengke AW9523B service init!!! ...");
init_native();
}
public void setVal(int val) {
Slog.i(TAG, "Fengke AW9523B service set!!! ...");
setVal_native(val);
}
public int getVal() {
return getVal_native();
}
private static native boolean init_native();
private static native void setVal_native(int val);
private static native int getVal_native();
};
```

FengkeAw9523BService 主要是通过调用 JNI 方法 init_native、setVal_native 和 getVal_native 来提供相应的硬件服务的。

(5) 开机启动相应的 Serveice。

修改同目录的 SystemServer.java 文件，在 ServerThread::run 函数中增加加载 FengkeAw9523BService 的代码，如下：

```
public void run() {
        Slog.i(TAG, "Making services ready");
...
if (!disableNonCoreServices) {
try {
        Slog.i(TAG, "Media Router Service");
        mediaRouter = new MediaRouterService(context);
        ServiceManager.addService(Context.MEDIA_ROUTER_SERVICE, mediaRouter);
    } catch (Throwable e) {
        reportWtf("starting MediaRouterService", e);
    }
}
try {
    Slog.i(TAG, "Fengke AW9523B Service");
    ServiceManager.addService("FengkeAw9523BService", new FengkeAw9523BService());
} catch(Throwable e) {
```

```
Slog.e(TAG, "Fail to start FengkeAw9523B Service", e);
}
...
```

(6) 编译和重新打包 system.img，如下：

```
mmm frameworks/base/services/java
make snod
```

3.3.7 Android 定制(LED 灯的 Android 程序)——编写通过 Manager 访问硬件服务

为 Android 系统增加硬件服务的目的是为了让应用层的 APP 能够通过 Java 接口来访问硬件服务。那 APP 如何通过 Java 接口来访问 Application Frameworks 层提供的硬件服务呢？本节将利用 Android Studio 集成开发环境增加一个应用程序，这个应用程序通过 ServiceManager 接口获取指定的服务，然后通过这个服务来获得硬件服务。在开发应用程序过程中 ServiceManager 其实可以省略，这样应用程序就可以直接获取相应的 Service 而不需要通过 ServiceManager 模块了。但是为了保证我们应用程序完整适应 Android 的开发框架，就保留了 ServiceManager 模块。有时候 ServiceManager 又是必须用到的，如果在遇到有些模块如 Wi-Fi、BT，在 Android 系统中它们本身可以提供很多服务，此时就必须通过使用 ServiceManager 模块来简化 Service 的调用。

1．导入 framework.jar 包

(1) framework.jar 包所在的位置如下：

```
out/target/common/obj/JAVA_LIBRARIES/framework_intermediates/classes.jar
```

(2) 为 Android Studio 导入 jar 包。

① 先从默认的 Android 切换到 Project，方法如图 3-39 所示。

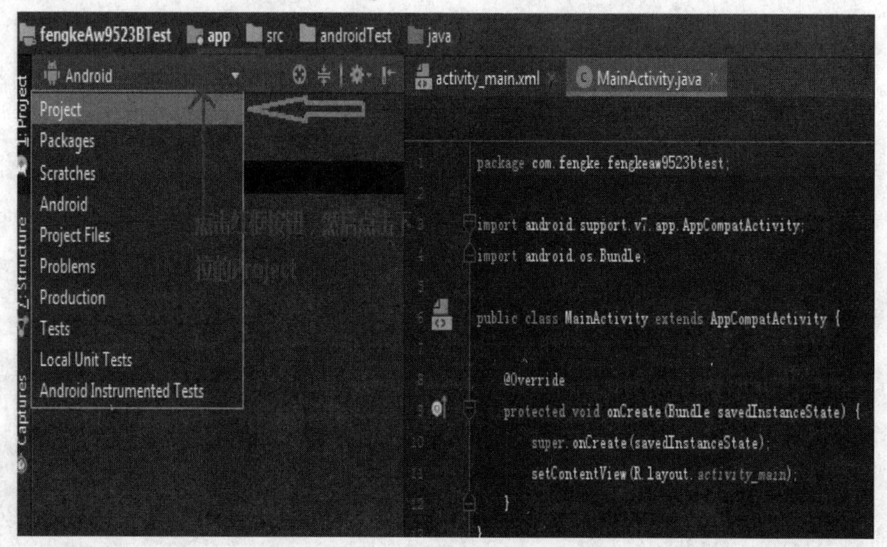

图 3-39

② 点击图 3-40 中的“APP”后出现 libs 目录，此时 libs 里没有任何 lib 文件。

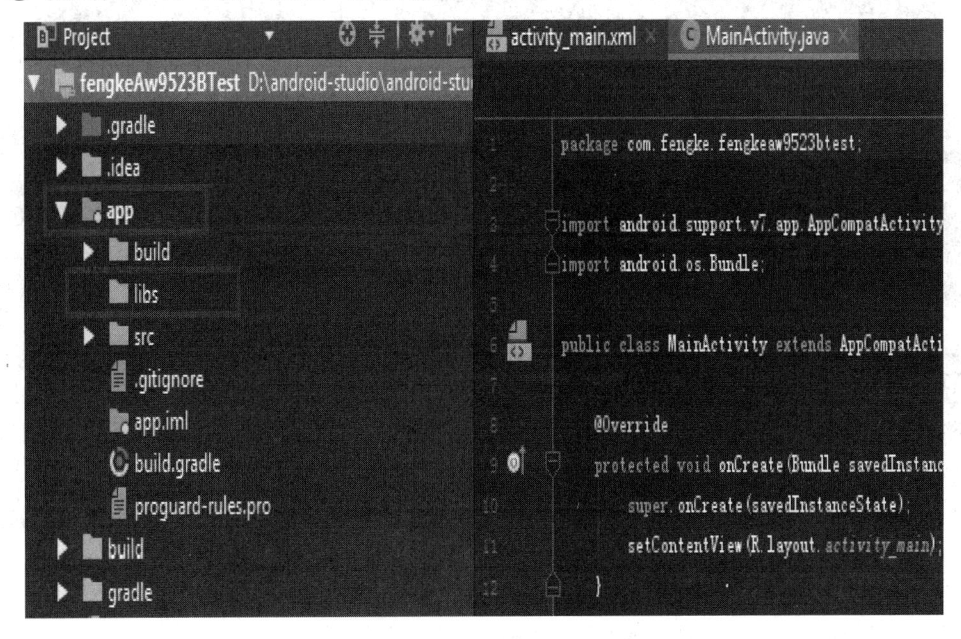

图 3-40

③ 拷贝 classes.jar(framework.jar)到 libs 目录。

先拷贝 classes.jar，然后在集成开发环境中点击“Paste”(见图 3-41 和图 3-42)。这样 class.jar(framework.jar)就被集成到了 APP 里面。

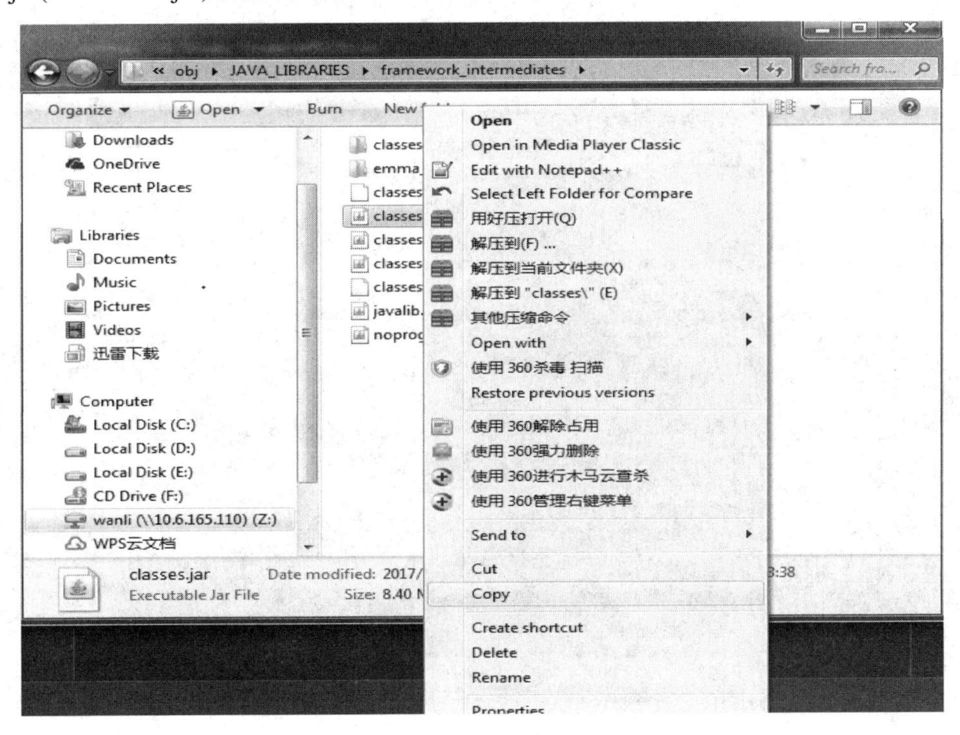

图 3-41

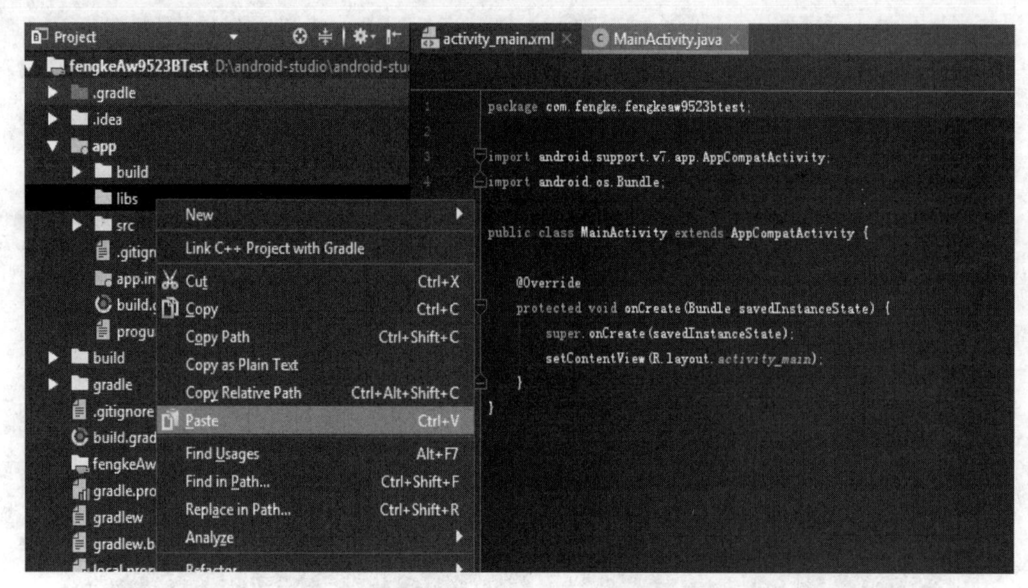

图 3-42

④ 如图 3-43 所示，点击“Add As Library...”。

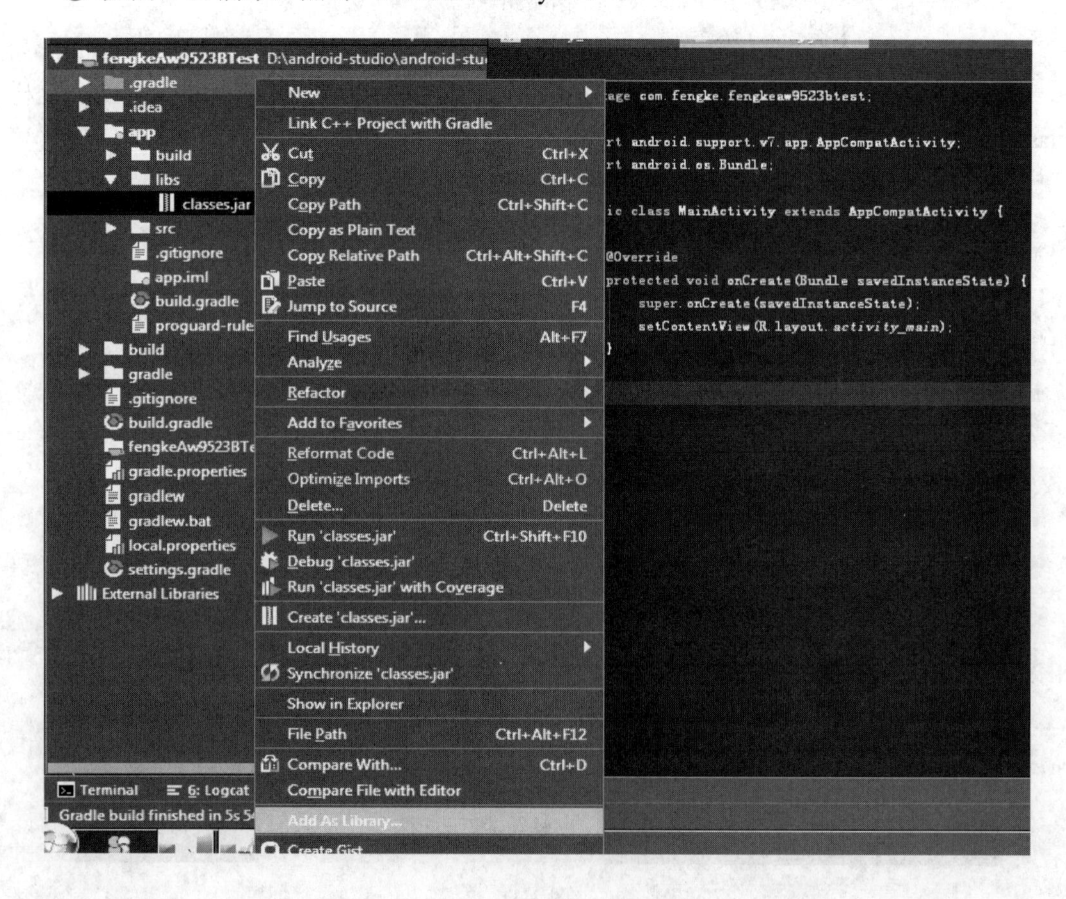

图 3-43

(3) 编译时遇到的问题(.dex 不允许超过 64K 问题)如下：

```
Error:Execution failed for task ':app:transformDexArchiveWithExternalLibsDexMergerForDebug'.
> com.android.builder.dexing.DexArchiveMergerException: Error while merging dex archives:
...
D:\android-studio\android-studio-project\fengkeAw9523BApp\app\build\intermediates\transforms\
    dexBuilder\debug\19.jar
     The number of method references in a .dex file cannot exceed 64K.
     Learn how to resolve this issue at https://developer.android.com/tools/building/multidex.html
```

怎么解决此问题：

在相应的 build.gradle 文件中增加一句：multiDexEnabled true，如图 3-44 所示。

```
compileSdkVersion 26
defaultConfig {
    applicationId "com.fengke.fengkeaw9523bapp"
    minSdkVersion 19
    targetSdkVersion 27
    versionCode 1
    versionName "1.0"
    testInstrumentationRunner "android.support.test.runner.AndroidJUnitRunner"
    //Enabled multidex support
    multiDexEnabled true
}
buildTypes {
    release {
        postprocessing {
```

图 3-44

2. 主程序

主程序是如下两个类：

fengkeAw9523BApp\app\src\main\java\com\fengke\fengkeaw9523bapp\MainActivity.java

```
public void onClick(View v) {
    if(mFengkeAw9523BManager == null) {
            Log.i(TAG, "Create a new FengkeAw9523BManager object");
            mFengkeAw9523BManager = new FengkeAw9523BManager();
    }else {
            Log.i(TAG, "Got a FengkeAw9523BManager object");
    }
    Log.i(TAG, "Fengke AW9523B Test Begin!!! ...");
    mFengkeAw9523BManager.setVal(1);
    }
```

fengkeAw9523BApp\app\src\main\java\com\fengke\fengkeaw9523bapp\FengkeAw9523BManager.java

```
package com.fengke.fengkeaw9523bapp;
import android.os.ServiceManager;
import android.util.Log;
import android.os.IFengkeAw9523BService;
/**
 * Class that lets you access the FengkeAw9523BService
 */
public class FengkeAw9523BManager
{
  private static final String TAG = "FENGKE_AW9523B";
  private IFengkeAw9523BService mFengkeAw9523BService;
  public FengkeAw9523BManager() {
      //在这里获得已经注册了的服务 FengkeAw9523BService
      mFengkeAw9523BService = IFengkeAw9523BService.Stub.asInterface
                          (ServiceManager.getService ("FengkeAw9523BService"));
      if(mFengkeAw9523BService != null) {
      Log.i(TAG, "The FengkeAw9523BManager object is ready.");
      }
  }
  public void setVal(int val) {
        try {
              Log.i(TAG, "Fengke AW9523B Manager set!!! ...");
              mFengkeAw9523BService.setVal(val);
        } catch(Throwable e) {
              Log.e(TAG, "The FengkeAw9523BManager object is not ready.");
        }
  }
  public int getVal() {
     try {
              mFengkeAw9523BService.getVal();
        } catch(Throwable e) {
              Log.e(TAG, "The FengkeAw9523BManager object is not ready.");
        }
        return 0;
     }
}
```

3．调试结果

为每一个模块增加相同的 TAG = "FENGKE_AW9523B"。调试输出如图 3-45 所示。

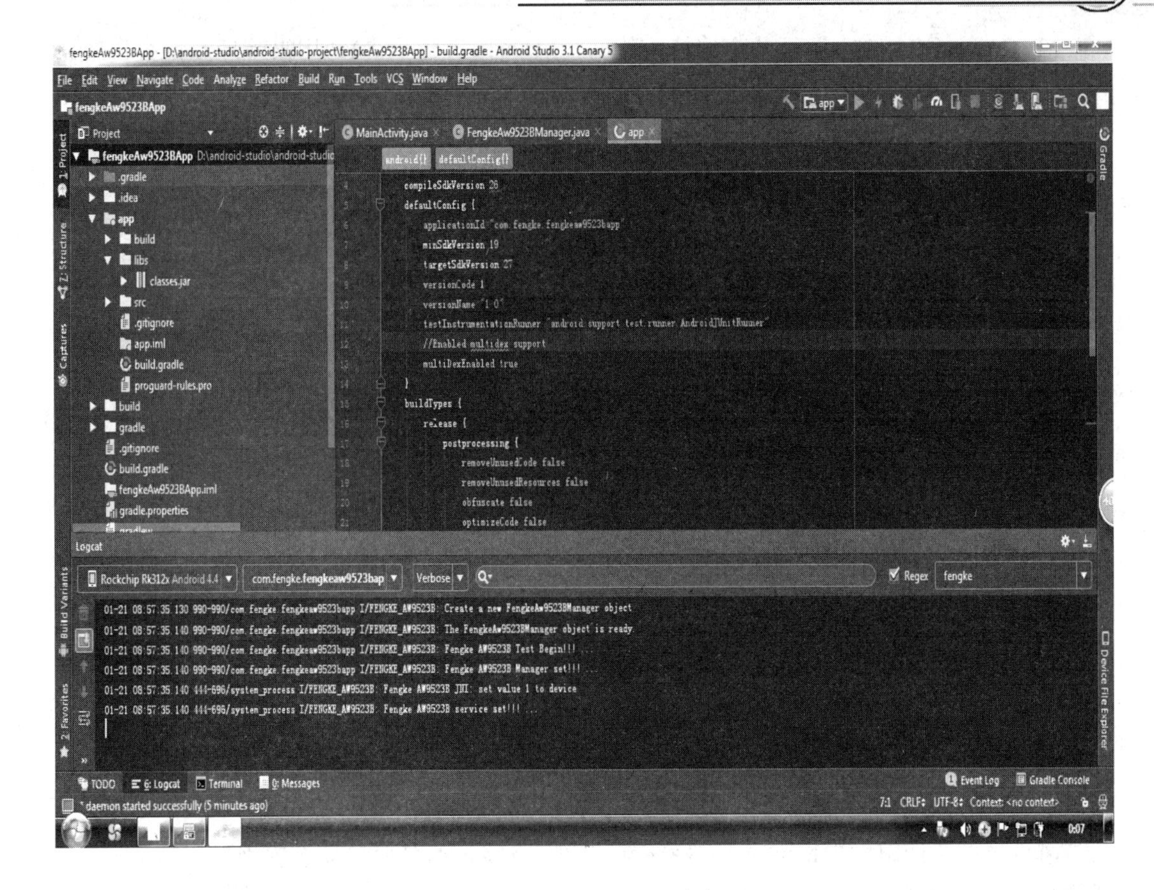

图 3-45

3.4　Android 应用开发

3.4.1　Android APP 基本结构

1．Android 应用程序的构成

Android 应用程序是由不同组件构成，并使用 Manifest.xml 文件绑定到一起的。Manifest 里描述了每一个组件和它们之间的交互方式、其硬件和平台要求、外部库以及各种权限。

1) 应用程序的基本结构

(1) Activity：应用程序的表示层。每个 UI 都是通过 Activity 类的一个或多个扩展实现的，Activity 使用 Fragment 和视图来布局和显示信息，以及响应用户动作。

(2) Service：应用程序中不可见的程序(后台运行)，运行时没有 UI，可以更新数据源和 Activity、触发通知和广播 Intent；主要用来执行一个运行时间长的任务，或者不需要和用户交互的任务。

(3) Content Provider：可共享的持久数据存储器(内容提供者)，用来管理和持久化应用程序数据，通常会与 SQL 数据库交互；可以通过配置自己的 Content Provider 来允许其他用程序访问，也可以访问其他应用的 Content Provider。

(4) Intent：消息传递框架。Android 中大量使用了 Intent、Service 或者 Broadcast Receiver 广播消息，以及请求对特定的一条数据执行操作。

(5) Broadcast Receiver：Intent 侦听器(广播接收者)，可以监听到那些匹配指定的过滤标准的 Intent 广播。它会自动地启动应用程序来响应某个接收到的 Intent。

(6) Widget：可视化应用程序组件。它是 Broadcast Receiver 的特殊变体，可用于创建动态的交互式应用程序组件，用户可以把这些组件添加到它们的主屏幕上。

(7) Notification：它允许向用户发送信号，但却不会打断他们当前的 Activity。它们是应用程序不活动时吸引用户注意的首选方法。

2) Manifest 文件简介

每一个 Android 项目都包含一个 Manifest 文件——AndroidManifest.xml，它可以用来定义和描述应用程序。

Manifest 包含了组成应用程序的每一个 Activity、Service、Content Provider 和 BroadcastReceiver 的节点，并使用 Intent Filter 和权限来确定这些组件和其他应用程序是如何交互的。此文件还可以指定应用程序的资源数据(图标、版本号、主题等)以及额外的顶层节点，这些节点可以指定必需的安全权限和单元测试，及硬件、屏幕和平台支持要求。

Manifest 文件由一个根<manifest>标签构成，该标签带有一个被设为项目包的 package 属性。它通常包含一个 xmlns:android 属性来提供文件内使用的某些系统属性。

使用 android:versionCode 属性将当前的应用版本定义为一个整数，每次版本更新，这个数字都增加，使用 android:versionName 可以定义一个显示给用户的公共版本号。

manifest 标签包含了一些节点(node)，定义了组成应用程序的应用程序组件、安全设置、测试类和需求。下面是一些 manifest 子节点标签：

(1) uses-sdk：要想正确运行程序，需要有 minSKDVersion、targetSDKVersion 属性。

(2) uses-feature：Android 可以在各种各样的硬件平台上运行。可以使用多个 uses-feature 节点来指定应用程序需要的每个硬件功能，以避免安装到不包含硬件功能的设备上(如 NFC、蓝牙、摄像头等)。

(3) uses-permission：声明应用程序所需权限(使用蓝牙、Wi-Fi)。

(4) Application：一个 Manifest 只能包含一个 Application 节点，用于指定应用程序的各种元数据(标题、图标和主题)。Application 节点包含了 Activity、Service、Content Provider 和 Broadcast Receiver 等子节点。

① Activity：应用程序的每一个 Activity 都需要一个此节点，并使用 andorid:name 属性来指定 Activity 类的名称。必须包含核心的启动 Activity 和其他所有可显示的 Activity。启动一个没有定义的 Activity 就会抛出运行时异常。每一个 activity 节点都可以使用 intent-filter 子标签来定义用于启动该 Activity 的 Intent。

② Service：Service 和 Activity 标签一样，需要为应用程中使用的每一 Service 类添加

一个此标签，同样它也支持使用 intent-filter 子标签来进行运行时绑定。

③ Provider：此标签用于指定应用程序中的每一个 Content Provider(Content Provider 用来管理数据库访问和共享)。

④ Receiver：通过添加 Receiver 标签，可以注册一个 Broadcast Receiver，而不用事先启动应用程序。一旦注册，无论何时，只要与它相匹配的 Intent 被系统或应用程序广播出来，它就会立即执行。通过在 Manifest 中注册一个 Broadcast Receiver，可以使这个进程实现完全自治。如果一个匹配的 Intent 被广播了，则应用程序就会自动启动，并且注册的 Broadcast Receiver 也会开始执行。每一个 Receiver 节点都允许使用 intent-filter 子标签来定义可以用来触发接收器的 Intent。

2．Application 类简介

1) Application 类的作用

Android 系统会为每个程序运行时创建一个 Application 类的对象且仅创建一个，所以 Application 类可以说是单例(singleton)模式的一个类。且 Application 类对象的生命周期是整个程序中最长的，它的生命周期就等于这个程序的生命周期。因为它是全局的单例，在不同的 Activity、Service 中获得的对象都是同一个对象，所以通过 Application 类进行一些数据传递、数据共享、数据缓存等操作。

2) 同一个 Application 中不同组件的数据传递方式

假如有一个 Activity A，跳转到 Activity B，并需要传递一些数据，通常的做法是 Intent.putExtra()让 Intent 携带，或者有一个 Bundle 把信息加入 Bundle 让 Intent 推荐 Bundle 对象，实现传递。但这样做有一个问题在于，Intent 和 Bundle 所能携带的数据类型都是一些基本的数据类型，如果想实现复杂的数据传递就比较麻烦了，通常需要实现 Serializable 或者 Parcellable 接口。这其实是 Android 的一种 IPC 数据传递的方法。如果两个 Activity 在同一个进程当中，则只要把需要传递的对象的引用传递过去就可以了。

基本思路是：在 Application 中创建一个 HashMap<String,Object>，以字符串为索引，Object 为 value，这样 HashMap 就可以存储任何类型的对象了。在 Activity A 中把需要传递的对象放入这个 HashMap，然后通过 Intent 或者其他途经再把这个索引的字符串传递给 Activity B，Activity B 就可以根据这个字符串在 HashMap 中取出这个对象了。只要再向下转个型，就可以实现对象的传递了。

3) 扩展和使用 Application 类

如下程序是扩展了 Application 类的框架代码：

```
public class FengkeApplication extends Application {
    private static FengkeApplication singleton;

    public static FengkeApplication getInstance(){
        return singleton;
    }

    @Override
```

```
    public final void onCreate() {
        super.onCreate();
        singleton = this;
    }
}
```

需要注意的是，在创建新的 Application 类后，需要在 Manifest 的 application 节点中注册它，代码如下：

```
<application
    android:allowBackup="true"
    android:name=".FengkeApplication"
    android:icon="@drawable/ic_launcher"
    android:label="@string/app_name"
    android:theme="@style/AppTheme">
<!-- ... -->
</application>
```

当应用程序开始运行时，Application 类的实现将会得到实例化。创建新的状态变量和全局资源，在程序中通过以下方式使用它：

```
//获取 Application 类实例化对象
FengkeApplication fengkeApp = FengkeApplication.getInstance();
//更改变量
fengkeApp.setTest("for test");
//获取变量
String test = fengkeApp.getTest();
```

(1) 首先创建 FengkeApplication 去继承 Application 类：

```
public class FengkeApplication extends Application {
    private static FengkeApplication singleton;
    private String test;
    public static FengkeApplication getInstance(){
        return singleton;
    }
    public String getTest() {
        return test;
    }
    public void setTest(String test) {
        this.test = test;
    }
    @Override
    public final void onCreate() {
        super.onCreate();
```

```
            singleton = this;
        }
    }
```

(2) 在 MainActivity 中获取 FengkeApplication 的实例化对象，并且改变 FengkeApplication 中 test 变量的值：

```
    public class MainActivity extends Activity {
        private FengkeApplication myApp;
        EditText FengkeTest;
        Button FengkeBn;
        @Override
        protected void onCreate(Bundle savedInstanceState) {
            super.onCreate(savedInstanceState);
            setContentView(R.layout.activity_main);
            myApp = FengkeApplication.getInstance();      //获取 Application 类实例化对象
            FengkeTest = (EditText)findViewById(R.id.fengke_test);
            FengkeBn = (Button)findViewById(R.id.fengke_bn);
            FengkeBn.setOnClickListener(new OnClickListener() {
                @Override
                public void onClick(View arg0) {
                    myApp.setTest(FengkeTest.getText().toString());
                                                        //改变 MyApplication 中 test 变量的值
                    Intent intent = new Intent(MainActivity.this, TestActivity.class);
                    startActivity(intent);
                }
            });
        }
    }
```

(3) 在 TestActivity 取出 FengkeApplication 中的 test 值并显示在 TextView 上：

```
    public class TestActivity extends Activity {
        private String test;
        @Override
        protected void onCreate(Bundle savedInstanceState) {
            super.onCreate(savedInstanceState);
            setContentView(R.layout.activity_test);
            TextView fengkeShow = (TextView)findViewById(R.id.fengke_show);
            test = FengkeApplication.getInstance().getTest();
            tvShow.setText(test);
        }
    }
```

4) 改写应用程序的生命周期

Application 类为应用程序的创建和终止，配置改变提供了事件处理程序。通过重写以下方法，可以为上述几种情况实现自己的应用程序行为：

(1) onCreate：创建应用程序时调用。可通过重写此方法来实例化应用程序的单态，以及创建和实例化任何应用程序的状态变量和共享资源。

(2) onLowMemory：当系统处于资源匮乏状态时，具有良好行为的应用程序可以释放额外的内存。此方法一般只会在后台进程已经终止，但是前台应用程序仍然缺少内存时调用。可通过重写此方法来清空缓存或者释放不必要的资源。

(3) onTrimMemory：作为 onLowMemory 的一个特定于应用程序的替代选择，在 Android 4.0(API level 13)中引入。

(4) onConfigurationChanged：在配置改变时，应用程序对象不会被终止和重启。如果应用程序使用到的值需要在配置改变时重新加载，可以通过重写此方法实现，代码如下：

```
public class FengkeApplication extends Application {
    private static FengkeApplication singleton;
    public static FengkeApplication getInstance(){
        return singleton;
    }
    @Override
    public final void onCreate() {
        super.onCreate();
        singleton = this;
    }
    @Override
    public final void onLowMemory() {
        super.onLowMemory();
    }
    @Override
    public void onTrimMemory(int level) {
        super.onTrimMemory(level);
    }
    @Override
    public void onConfigurationChanged(Configuration newConfig) {
        super.onConfigurationChanged(newConfig);
    }
}
```

3. Activity 探讨

在应用程序中至少包含一个用来处理 UI 功能的主界面屏幕，这个主界面一般由 Activity 组成。要在屏幕之间切换，就必须要启动一个新的 Activity，一般的 Activity 都占据了整个显示屏。

1) 创建 Activity

这部分由集成开发环境自动生成，只需看懂代码即可。

2) Activit 的生命周期

正确理解 Activity 的生存期，可以更好地对应用程序资源进行管理。

(1) Activity 栈。

每一个 Activity 的状态是由它在 Activity 栈中所处的位置所决定的，Activity 栈是当前所有正在运行的 Activity 的后进先出的集合。当一个新 Activity 启动，它就会变成 Activity 状态，并移到栈顶，当返回到前一个 Activity，前台 Activity 被关闭，那么栈里的下一个 Activity 就会移动到栈顶，变成活动状态。

(2) Activity 状态。

随着 Activity 的创建和销毁，从栈中移进移出的过程中经历了以下四种状态：

① 活动状态：当一个 Activity 处于栈顶，它是可见的、具有焦点的前台 Activity 并可以接受用户输入。

② 暂停状态：Activity 可见，但没有焦点，不能接受用户输入事件(例如：当一个透明的或者非全屏的 Activity 位于该 Activity 之前时)。

③ 停止状态：Activity 不可见。此时，Activity 仍然会保留在内存中，保存所有状态信息，然而当系统的其他地方要求使用内存时，会优先终止此类状态的 Activity。

④ 非活动状态：Activity 被终止。此时 Activity 已经从栈中移除了。

(3) 监控状态改变。

为了保证 Activity 可以对状态改变做出反应，Android 提供了一系列的回调方法，当 Activity 的状态改变时它们就会被触发。以下代码是整个 Activity 生存期的框架(建议实际到各个@Override 函数中增加 log 然后看实际信息的输出)：

```
public class FengkeApplication extends Activity {
    //创建 Activity 时候首先会调用
    @Override
    protected void onCreate(Bundle savedInstanceState) {
        super.onCreate(savedInstanceState);
        //初始化 Activity 并填充 UI
    }
    //在 onCreate 方法完成后调用，用于恢复 UI 状态
    @Override
    protected void onRestoreInstanceState(Bundle savedInstanceState) {
        super.onRestoreInstanceState(savedInstanceState);
        /*
         * 从 savedInstanceState 恢复 UI 状态
         * 这个 Bundle 也被传递给了 onCreate
         * 自 Activity 上次可见之后，只有系统终止了该 Activity 时，才会被调用
```

```
    */
}
//在随后的 Activity 进程可见之前调用
@Override
protected void onRestart() {
    super.onRestart();
    //加载改变，知道 Activity 在此进程中已经可见
}

//在 Activity 开始可见时调用
@Override
protected void onStart() {
    super.onStart();
    //可以实现任何的不耗时间 UI Change
}

//在 Activity 被重新唤醒到可见时调用
@Override
protected void onResume() {
    super.onResume();
    //恢复 Activity 时需要，可以用来保存 UI 状态的改变
}
//把 UI 状态改变保存到 saveInstanceState
@Override
protected void onSaveInstanceState(Bundle outState) {
    super.onSaveInstanceState(outState);
    /*
    * 如果进程在运行时终止并被重启，
    * 那么这个 Bundle 将被传递给 onCreate 和 onRestoreInstanceState
    */
}

//在 Activity 不再是前台活动的 Activity 时调用，但此时还在内存里
@Override
protected void onPause() {
    super.onPause();
    //挂起不需要更新的 UI
}
//在可见生存期结束时调用
```

```
        @Override
        protected void onStop() {
            super.onStop();
            /*
             * 挂起不需要的UI、线程
             * 当Activity不可见时，保存所有的状态改变，因为在调用这个方法后，
               进程可能会被终止
            */
        }
        //在完整生存期结束时调用
        @Override
        protected void onDestroy() {
            super.onDestroy();
            //清理所有的资源
        }
    }
```

(4) 理解Activity的生存期。

在一个Activity从创建到销毁的完整的生存期内，它会经历活动生存期和可见生存期的一次或者多次重复。接下来描述在不同生存期内哪些方法会被触发。

① 完整生存期：对onCreate()的第一次调用和对onDestroy()的最后一次调用之间的时间范围。

② 可见生存期：onStart和onStop之见的时间。此时，Activity可见，但可能没有焦点，Activity在完整生存期期间可能会包含多个可见生存期。

onStop方法应该用来暂停或者停止动画、线程、传感器监听器、GPS查找、定时器、Service或者其他专门用于更新用户界面的进程。当UI再次启动时，可以用onStart或者onRestart方 法来恢复或者重启这些进程。

onRestart在除了对onStart方法的第一次调用之外的所有方法之前被立即调用。可以用它完成只有当Activity在它的完整生存期之内重启时才能完成的处理。

onStart/onStop方法也可以用来注册或者注销那些专门用来更新用户界面的Broadcast Reciver。

③ 活动生存期：onResume及其对应的onPause之间的时间。

当Activity处于活动期时，可以接收用户输入事件。Activity被销毁前可能会经历多个活动生存期，在失去焦点时，活动生存期就结束了。应尽量让onPause和onResume方法中的代码执行迅速，以保证前后台切换时能够保持快速。

3.4.2 如何快速开发自己的Android APP

1. 如何快速开发Android APP来测试驱动程序

在Android里可能有的系统信息没有直接提供API接口来访问，为了获取系统信息就

要用到 shell 指令，这时可以在代码中执行相关命令，这里主要用到 ProcessBuilder 这个类。利用这种直接执行命令的方法可以在开发初期方便的验证驱动程序，这也是我们开发中不可避免的一直简洁的开发方式。

2．实现一个简单的 ls 命令调用

```
public class MainActivity extends Activity {
private final static String TAG = "fengkeCmdTest";
    private final static String[] args = {"ls", "-la"};
    private Button mBtn = null;
    private TextView mTv = null;
    @Override
    protected void onCreate(Bundle savedInstanceState) {
super.onCreate(savedInstanceState);
    setContentView(R.layout.activity_main);
    mBtn = (Button)findViewById(R.id.button1);
    mTv = (TextView)findViewById(R.id.textView1);
    mBtn.setOnClickListener(
new OnClickListener() {
public void onClick(View v) {
mTv.setText(getFengkeShellResult());
}
});
/* have to delete the code snippet
if(savedInstanceState == null) {
getFragmentManager().beginTransaction() .add(R.id.container, new PlaceholderFragment()).commit();
}
*/ }
    private class ShellExecute {
public String execute(String [] cmmand,String directory) throws IOException {
String result = "" ;
                try {
ProcessBuilder builder = new ProcessBuilder(cmmand);
                    if(directory != null)
builder.directory(new File(directory));
                    builder.redirectErrorStream(true);
                    Process process = builder.start();
                    //得到命令执行后的返回信息
                    InputStream is = process.getInputStream();
                    byte[] buffer = new byte[1024] ;
```

```
while(is.read(buffer) != -1) {
result = result + new String(buffer) ;
}
                    is.close();
}catch(Exception e) {
e.printStackTrace();
}
                return result;
}
}
public String getFengkeShellResult() {
ShellExecute fengkeCmd = new ShellExecute();
        String str = "";
        try {
str = fengkeCmd.execute(args, "/");
}catch(IOException e) {
Log.e(TAG, "test");
}
return str;
}
...
}
```

3. 增加相应驱动的测试命令

开/关灯 shell 命令：

```
echo "echo 0,100 > /sys/class/bln-left/model"> /sdcard/FengkeCmdTest.sh
echo "echo 1,100 > /sys/class/bln-left/model"> /sdcard/FengkeCmdTest.sh
```

重写 java 命令：

```
private final static String[] args = {"sh", "FengkeCmdTest.sh"};
```

编写 Linux 驱动程序最好的参考是源代码中的文档，可以在任何一份内核源代码目录中的 Documentation 里找到所需要的源代码的相关信息。例如，如果读者想了解关于 Linux 架构的驱动模型，那么首选的参考文档一定是 Documentation\driver-model\目录中的文档说明，这里面很好地阐述了 DEVICE 和 DRIVER 的关系。

参 考 文 献

[1] [美]Jonathan Corbet，等. LINUX 设备驱动程序. 3 版. 北京：中国电力出版社，2008.
[2] [美]Daniel P. Bovet，等. 深入理解 Linux 内核. 2 版. 北京：中国电力出版社，2003.
[3] [美]克尼汉，等. C 程序设计语言. 徐宝文，等，译. 北京：机械工业出版社，2004.
[4] [美]Mark Allen Weiss，等. 数据结构与算法分析. 冯舜玺，等，译. 北京：机械工业出版社，2004.
[5] 李宁. Android 深度探索(卷 1)：HAL 与驱动开发. 北京：人民邮电出版社，2014.